高等学校电子信息类系列教材

量子信息学导论

Introduction to Quantum Information

许定国　编著

西安电子科技大学出版社

内 容 简 介

量子信息学是近 30 多年发展起来的新型交叉学科，是量子力学与信息论、计算机科学、密码学、度量学等相结合的新兴研究领域。量子信息学主要涉及量子信息论、量子通信、量子计算、量子密码、量子模拟和量子度量等方面。

本书主要介绍量子信息学的基础理论、基本原理及其应用的主要成果。全书分为 8 章内容，第 1 章介绍量子信息学各主要领域的发展历史和现状以及量子信息学的性质、研究对象、内容、方法和意义，第 2 章介绍量子信息学的数学和物理基础，第 3 章介绍量子信息论的基本理论，第 4 章介绍量子密码术的方法和技术发展，第 5 章介绍量子通信及其量子通信网络的相关内容，第 6 章介绍量子算法和量子计算机的物理实现，第 7 章介绍现有的各种量子模拟方法，第 8 章介绍量子度量学及量子信息学在一些新领域的应用。

本书可以作为电子、信息、通信类各相关专业量子信息学课程的参考教材，也可供对量子信息学感兴趣的各类人员参考。

图书在版编目(CIP)数据

量子信息学导论/许定国编著. —西安：西安电子科技大学出版社，2015.11
(2025.6 重印)
ISBN 978 - 7 - 5606 - 3805 - 8

Ⅰ. ① 量… Ⅱ. ① 许… Ⅲ. ① 量子力学—信息学 Ⅳ. ① O413.1

中国版本图书馆 CIP 数据核字(2015)第 244549 号

责任编辑 雷鸿俊 秦志峰
出版发行 西安电子科技大学出版社(西安市太白南路 2 号)
电　　话 (029)88202421 88201467 　邮　　编 710071
网　　址 www.xduph.com 　　　　电子邮箱 xdupfxb001@163.com
经　　销 新华书店
印刷单位 广东虎彩云印刷有限公司
版　　次 2015 年 11 月第 1 版 2025 年 6 月第 3 次印刷
开　　本 787 毫米×1092 毫米 1/16 印张 17
字　　数 399 千字
定　　价 39.00 元
ISBN 978 - 7 - 5606 - 3805 - 8
XDUP 4097001 - 3

前　　言

　　量子信息科学是量子力学与信息科学相结合而发展起来的一门新兴的前沿交叉学科。量子信息科学以微观粒子作为信息载体，进行操纵、存储和传输量子状态，利用量子现象实现经典信息科学所无法完成的功能。经过 30 多年的迅猛发展，量子信息科学无论在理论上还是在实验上都取得了重要突破，有些方面开始走向实际应用。如今，量子信息科学已经形成了量子计算、量子通信、量子密码、量子模拟、量子度量与量子信息论等主要研究领域，其研究内容十分丰富。

　　由于量子信息科学涉及量子力学、计算机科学、传统的通信科学、密码学和度量学，所用到的数学知识有概率论、数论、群论等，成为典型的多学科交叉科学。一些基本的物理问题到现在还不能给出明确的解释，譬如量子纠缠问题，虽然目前给人以困惑，但量子纠缠已经成为量子信息科学非常有用的资源，在量子通信、量子计算、量子度量等研究领域扮演着重要的角色。利用量子纠缠现象，人们已经实现了 100 多公里距离的量子态的隐形传送，实现了量子成像，更有中国的研究者创造出了量子照相机！量子信息城域网已经在世界多地建成并初步应用。虽然量子雷达实现的难度很大，但由于它在探测隐身目标方面的特殊功能，因此已成为世界各个技术与经济强国竞相开发的一个重要的技术研究领域。

　　量子信息科学从诞生到如今的 30 多年里迅猛发展，显示出十分广阔的科学和技术应用前景。随着量子信息科学的进一步发展，有望解决量子理论中的一些悬而未决的问题，促进量子理论的完善。量子信息科学在技术方面正在成为推动 IT 产业更新换代的动力。

　　作者从 2007 年起由于为本科高年级与研究生开设量子信息学讲座，开始了又一次艰难的学习历程，迫使作者认真学习了量子信息科学所涉及的大量的有关专业知识和文献资料，近几年又担任量子信息学课程的主讲教师，不断吸收整理国际量子信息科学最新研究进展成果，从中选取课程讲授材料，不断修改和更新讲稿，组织教学。本书就是在这些讲稿的基础上，经过几番补充修改形成的。书中有的内容直接引用了多位先驱者已经出版的著作中的内容，已在参考文献中列出，在此，谨向这些先驱者表示感谢并致敬。

　　本书内容共分 8 章。第 1 章为绪论，介绍了量子信息科学各主要研究领域的发展历程，给出了过去 30 多年量子信息科学取得的主要研究成果。第 2 章为量子信息学的数学与物理基础，主要介绍了极式分解、奇异值分解、密度算符、量子纠缠等概念和理论。第 3 章为量子信息论基础，介绍了熵与量子信息的测度、香农编码定理和量子编码定理等，这些内容对于尚未涉足信息学的非通信专业的读者学习量子信息学是必要的。第 4 章为量子密码术，介绍量子密码的概念、量子密钥分配协议等内容。第 5 章为量子通信，介绍量子纠缠这一量子信息科学中极其重要的概念，以及量子纠缠态的性质、产生方法和测量原理及其在量子通信领域中的应用。第 6 章为量子计算基础，介绍量子比特概念、普适量子逻辑门工作原理、现有的几种量子算法，以及量子计算机物理实现的几种方案。第 7 章为量子模拟，介绍量子模拟器研究现状、量子模拟系统表示法、量子模拟的几个实例等。第 8 章为量子度量学，介绍光场压缩态、量子纠缠态这些量子领域特有的现象以及在量子测量中的应用，特别介绍了它们在量子成像、量子定位与量子雷达中的应用。

量子信息科学发展迅速，远没有定型，需要解决的问题很多，作者虽然尽心尽力想要在本书中给出量子信息科学的全貌，但由于作者的学识、水平有限，要达到理想境界确实是十分困难的。书中不妥、疏漏之处可能在所难免，敬请专家、同行指教。

最后，作者要特别指出，安毓英教授和杨志勇教授曾为"量子信息学"课程的设置以及教学大纲的制定和修订提出过许多良好的建议，多年来，他们的大力支持和鼓励，是作者坚持下来的动力；曾小东教授、刘继芳教授、王石语教授、邵晓鹏教授、王晓蕊教授、王学恩副教授、李军副教授、中国科学院西安光学精密机械研究所的张同意研究员、中国电科集团 39 所的吴养曹总工亦曾与作者就量子信息科学中的某些研究方面进行过多次有益的探讨和交流，使作者从这些活动中获益匪浅；西安电子科技大学物理与光电工程学院郭立新院长、李平舟副院长、杨光玮书记等领导以及金阳群、赵小燕、冯喆君、朱轩民、李兵斌、蒙文等老师给予作者很大的精神支持，研究生院领导也给以关心和支持，一些研究生帮忙校正了部分书稿，特别是孙怡莲女士帮忙输入了大部分书稿并在生活上给予作者很大关心；西安电子科技大学出版社的领导及李惠萍、雷鸿俊等编辑为本书的出版付出了艰辛的劳动。在此，作者特向相关单位及人员表示诚挚的感谢。

作　者
2015 年 6 月

目　　录

第1章　绪　　论

　　量子信息学是量子力学、计算机科学、信息与通信工程学科相结合的一门交叉学科。量子信息领域的开拓者——美国 IBM 研究院的 Bennett 在 2000 年曾说："量子信息对经典信息的扩展与完善，就像复数对实数的扩展与完善一样。"量子信息学不仅将经典信息扩充延伸为量子信息，而且它直接利用量子态来表达信息、传输信息和储存信息。信息读出是通过对量子态的测量来实现的，信息处理过程就是对量子态实施幺正变换的过程，在整个过程中充分利用了量子态的叠加性、量子相干性、量子非局域性、量子纠缠性、量子不可克隆性等量子领域特有的性质。量子信息学的发展突破了许多经典信息技术的物理极限，从而实现电子信息技术无法做到的新的信息功能，如量子搜索、大数因式分解、量子保密通信、量子隐形传态、量子"鬼"成像等。量子信息领域几十年的研究业已表明，量子信息处理在提高运算速度、确保信息安全、增大信息容量和提高检测精度等方面具有潜在的巨大的应用价值，量子信息学的迅猛发展必将引起新的信息技术革命。量子信息学的内容主要包括量子计算、量子通信、量子密码、量子度量、量子模拟和量子信息物理基础等领域。本章以文献[1]为线索并参考相关资料对量子信息学各个主要领域的发展历史、研究对象、研究内容和研究现状全面进行描述，以使读者对量子信息学的全貌有一个整体的认识。

1.1　量　子　计　算

1.1.1　量子计算的兴起

　　当今，电子计算机以其强大的信息处理功能深刻影响着人类社会的方方面面，它是经典图灵（Turing）机的物理实现，相对于正在发展中的量子计算机来说，它被称为传统计算机（或经典计算机、通用计算机）。它可以被描述为对输入信号序列按一定算法进行变换的机器，其算法由计算机的内部逻辑电路来实现。它有以下特点：

　　（1）其输入态和输出态都是传统信号，若用量子力学的语言来描述，亦即：其输入态和输出态都是某一力学量的本征态，如输入二进制串行码 0110110，用量子力学标记，就是 $|0110110\rangle$，所有的输入态均相互正交。对于经典计算机不可能输入如下叠加态：$c_1|0110110\rangle + c_2|1101101\rangle$。

　　（2）传统计算机内部的每一步变换都演化为正交态，而一般的量子变换没有这个性质，因此，传统计算机中的变换（或计算）只对应一类特殊集。

　　相应于经典计算机的以上两个限制，量子计算机分别作了推广。量子计算机的输入用一个具有有限能级的量子系统来描述，如二能级系统（称为量子比特（qubit）），量子计算机的变换（即量子计算）包括所有可能的幺正变换。因此量子计算机的特点为：① 量子计算机的输入态和输出态为一般的叠加态，其相互之间通常不正交；② 量子计算机中的变换为所有可能的幺正变换。得出输出态之后，量子计算机对输出态进行一定的测量，给出计算结果。由此可见，量子计算对传统计算作了极大的扩充，传统计算是一类特殊的量子计算。量子计算最本质的特征为量子叠加性和量子相干性。量子计算机对每一个叠加分量实现的变换相当于一种经典计算，所有这些传统计算同时完成，并按一定的概率振幅叠加起来，给出量子计算机的输出结果。这种计算称为量子并行计算。

那么，能用经典计算机模拟量子力学系统吗？量子计算的概念又是如何提出的呢？

随着计算机科学的发展，史蒂芬·威斯纳在 1969 年最早提出"基于量子力学的计算设备"。而关于"基于量子力学的信息处理"的最早文章则是由亚历山大·豪勒夫(1973)、帕帕拉维斯基(1975)、罗马·印戈登(1976)和尤里·马尼(1980)发表的。史蒂芬·威斯纳的文章发表于 1983 年。20 世纪 80 年代一系列的研究使得量子计算机的理论变得丰富起来。人们研究量子计算机最初很重要的一个出发点是探索通用计算机的计算极限。1982 年，Richard Feynman 论证了用经典计算机模拟量子力学系统时，随着输入粒子数或自由度的增大计算机在时间和空间方面的资源消耗会呈现爆炸式的指数增加，即使一个完好的模拟所需的运算时间也变得相当可观，甚至是不切实际的天文数字。这对于任何经典计算机来说都不可能承受得起。可见，量子力学系统是无法在经典计算机上模拟的。

这一现象引起了 Feynman 的进一步思考，他推测，按照量子力学规律工作的计算机(量子计算机)有可能解决这样的困难，这就是最早的量子计算的思想。传统计算机靠控制集成电路来记录及运算信息，量子计算机则希望控制原子或小分子的状态，记录和运算信息。限于那个年代的实验技术，量子计算机在 20 世纪 80 年代多处于理论推导状态。

1985 年，David Deutsch 深入地研究了量子计算机是否比经典计算机更有效的问题，他定义了量子图灵机(见图 1.1)，描述了量子计算机的一般模型。量子图灵机的计算与经典图灵机计算的最大区别是：表征基本信息单元的比特是一个两能级的量子系统，它的状态由 Hilbert(希尔伯特)空间的基矢量叠加而成，不同于经典比特只能处于 0、1 两种可能，它不仅可以处于 0、1 两种状态，还可以处于 0 和 1 的任意叠加态；对信息的操控满足闭系统的量子力学演化规律，由薛定谔方程控制。这样一来，对 N 个量子比特的单次操纵，等效于同时对 2^N 个基矢量同时做了变换，这就是量子并行性。量子图灵机的运转带有天然的并行性，这是量子力学中的态叠加原理所赋予的。但是对于最后信息的读出过程，量子力学原理告诉我们只能读出这 2^N 种可能性中的一种，每种可能性出现的概率由演化后状态的基矢量前面的概率振幅决定。所以，原则上量子计算机是一种概率计算，人们通过对于最后随机输出结果的分析来求解问题的答案。这就证明，建立在量子力学原理基础上的量子算法对特定

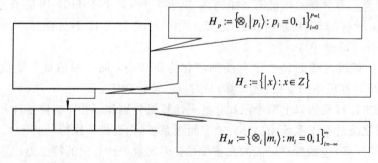

图 1.1　量子图灵机示意图

问题可以超越经典算法。这一证明反映出量子计算有解决经典计算机无法胜任的任务的可能。

开始人们并不能确信量子计算模式能够带来怎样的后果，转折性的事件发生在 1994 年，这一年贝尔实验室的专家 Peter Shor 发现了第一个具体的量子算法，它利用量子并行计算特性，在设想的量子计算机上用输入的多项式时间分解大数质因子，证明量子计算机能做出离散对数运算，理论上大大地降低了算法的计算复杂度，能应用于经典信息处理技术无法求解的 NP(Non-Polynomial) 难解问题，而且速度远胜传统计算机，因为量子计算机不像基于半导体的经典计算机只能记录 0 与 1，它可以同时表示多种状态。如果把经典计算机比成单一乐器，那么量子计算机就像交响乐团，一次运算可以处理多种不同状况，因此，一个 40 比特的量子计算机，就能在很短时间内解开 1024 位的传统计算机花上数十年才能解决的问题。大数质因子的快速分解意味着广泛应用于现在通行于银行及网络等领域的 RSA 加密算法可以破解，会使得传统密码通信中的公钥体制 RSA 算法失去意义。

Shor 算法的提出使量子计算和量子计算机的研究有了实际应用背景，因而也获得了新的推动力。接着在 1996 年，Grover 又发现了未加整理的数据库搜索的量子迭代搜索算法。使用 Grover 算法，在量子计算机上可以实现对未加整理数据库 $\sqrt{N}$ 量级加速搜索，能够快速地寻找到 DES(Date Encryption Standard) 加密算法的密钥，使得 DES 算法也不再具有安全性。Shor 算法和 Grover 算法的共同点都是利用了量子力学中的态叠加原理。以量子算法为代表的量子计算由于具有高度的并行性、指数级存储容量和对经典的启发式算法的指数加速作用，因此它们在计算复杂度、收敛速度等方面明显超过了常规算法，所有这一切让人们看到量子计算的巨大潜力，使得传统的经典加密技术在理论上显得危机重重。量子计算需要在量子计算机上才能实现真正意义上的并行运算。因此，从 1996 年以后，量子计算机变成了热门的话题，除了理论之外，也有不少学者着力于利用各种量子系统来实现量子计算机，量子计算和量子计算机的理论与实验研究都呈现迅猛发展的势头。

尽管目前量子计算机还处于研制的初级阶段，但是，量子算法与量子计算机的研究已经从最初的仅是学术上的兴趣研究领域变成对计算机科学、密码技术、通信技术以及国家安全和商业都有潜在重大影响的领域，使得量子算法和量子计算机研究很快成为人们关注的焦点。人们一方面在理论上不断尝试提出新的量子算法，另一方面力图制造出能够运行量子算法的量子计算机。目前，量子计算研究大体有计算模式的研究、硬件研究、软件研究和算法研究四个方向。

1.1.2 量子计算的模式

量子计算模式研究大体上可分为标准量子计算模式、基于测量的量子计算模式、拓扑量子计算模式和绝热量子计算模式四类。

1. 标准量子计算模式

Deutsch 在建立量子图灵机的理论模型之后，把建立一个普适量子计算机的任务转化为建立由量子逻辑门所构成的逻辑网络，并指出构成这种逻辑的普适部件应是 Deutsch 门。对照经典的逻辑电路，Deutsch 门的角色就像是异或门，在经典电路模型中，所有的逻辑电路都可以由异或门构建。同样，对于量子逻辑电路，级联量子 Deutsch 门可以构建任意的量子逻辑电路。1995 年，美国的 Bennett 等人进一步简化了 Deutsch 门的设计，获得了更为简单的普适逻辑门集合：采用单量子比特的任意旋转和两量子比特的受控非门，就可以构建任意的量子逻辑电路。由此可见，标准量子计算模式的理论发展与经典计算机的理论发展非常相似。

量子计算也面临与经典计算类似的纠错问题，量子错误更甚于经典错误。因为量子错误本身可以看成一个不可控的量子操作，它会对量子态造成并行影响。多次连续量子错误的累积效果会造成量子相干性的退化（简称为退相干）或消失。克服量子退相干的主要手段是量子纠错码。最早的量子纠错码方法是由 Shor 在 1995 年提出的。目前，几乎所有的传统的纠错码都有了量子情况下的对应。

现今，人们对于成功的量子计算过程有这样一个总的物理图像：首先将要参与量子计算的所有比特在指数维度的 Hilbert 空间中制备出一个纯的量子态，然后，利用量子逻辑电路对这个量子态进行幺正变换，当运行完所有的逻辑变换后，对得到的末态进行量子测量，输出计算结果。进一步，通过对结果的分析、处理，获得待求解的数学问题的答案。在这个过程中，退相干会使量子态偏离理想的演化过程，同时系统与环境的纠缠使得系统状态偏离原来的纯态特征而只能用混合态来描述。如果退相干的程度不是很大，可以采用量子纠错码，可以以很大的概率将系统纠错扭转到原来的轨道上，如果错误的概率超出了量子纠错码所能承受的域值，那么量子纠错就会失效。当然，对于一些由特殊错误类型占统治地位的环境，可以发展主要纠正该错误类型的纠错码方法，所以，容错域值并不是一个绝对的数值，它依赖于错误的类型和使用的纠错码方法。因此，若知道了引起退相干原因的类型，就可以制订应对的量子纠错码的方法。

在有了量子计算过程的物理图像后，量子计算的物理实现问题就变得清晰起来。美国物理学家 Divincenzo 将量子计算的物理实现对物理系统的条件和人为操控能力划分为五条，即 Divincenzo 判据：

（1）系统要有能很好地表征量子信息的基本单元——qubit，即一个两能级的 Hilbert 空间。

（2）在计算开始时，要能够对系统进行有效的初态制备，将每一个 qubit 制备到 0 状态。

（3）要有能力对系统的 qubit 实施普适量子逻辑门操作。具体来说，要能够对单个量子比特实施任意的单 qubit 的幺正变换，以及对任意两个量子比特实施受控非门操作。

（4）要能够对量子计算机幺正演化的终态实施有效的量子测量。

（5）系统要有长的相干时间，能够使得量子操作（包括纠错）和测量在相干时间内完成。这就是标准量子计算模式。

其他几种计算模式或是为了简化操作过程（如基于测量的量子计算模式），或是出于克服环境退相干的考虑（如拓扑量子计算模式和绝热量子计算模式），最终都需要满足 Divincenzo 判据这一标准量子计算。

2. 基于测量的量子计算模式

基于测量的量子计算模式最先为奥地利 Innsbruck 大学的 Raussendorf 和 Briegel 于 2000 年提出，当时被命名为单向量子计算机，其特点是：在计算的初始阶段，先制备出一个超大规模的称为图态的纠缠态，该纠缠态被命名为图态。这种图态相对来说很容易制备，只需要对初始化的 qubit 进行局域操作和紧邻的伊辛（Ising）相互作用即可。图态制备完毕后，相当于完成了初始化过程，接下来，量子计算机的所有逻辑门操作被证明只需要在图态上进行相应的局域测量和经典通信即可。局域操作和经典通信过程在很多物理体系中是最简单的操控手段，而这种基于测量的量子计算模式将量子逻辑电路中两比特门的实现难度都退化到图态的制备上。如今已证明，很多多体纠缠态都能够承担实现基于测量模式的量子计算的任务。

3. 拓扑量子计算模式

拓扑量子计算模式方案最早由 Kitaev 于 1997 年提出，他构造了一个具有特殊拓扑量子性质的强关联系统，该系统低能激发的准粒子是一种非阿贝尔任意子，这些任意子可以编码 qubit 信息；同时，任意子的交换满足群论中的辨群规则，通过任意子之间的交换来完成逻辑门操作；最后通过对任意子进行干涉测量来读出计算结果。拓扑量子计算的最大特点是：在该系统中，表征量子信息的量子态是一种拓扑态，它基本上不受局域噪声的影响，具有很强的天然容错功能。

4. 绝热量子计算模式

该方案最早为美国 Goldstone 等人提出。该方案的核心思想是通过绝热演化特征来等效地实现幺正变换：如果将系统冷却到零温，则系统处于体系的基态（假定基态无简并）。此时如果绝热地改变系统哈密顿量的参数，则体系会绝热地跟随系统演化，如果系统不会出现基态和激发态的能级交叉并且绝热演化的条件始终成立，则系统量子态会一直处于系统的基态。但是，由于体系的哈密顿量已经改变，所以此基态非彼基态，演化后的基态同初始的基态之间相差一个幺正变换，因此，绝热过程有实现幺正演化的功效。该方案的优点在于：理想情况下，系统始终处于基态，不存在退相干的问题。它的缺点是：绝热条件依赖于基态与第一激发态之间的能隙。能隙越窄，所需的绝热演化的时间就越长。如果随问题的变大，绝热演化时间指数地变长，那么就失去了量子计算的意义。这个问题于 2004 年由以色列的 Aharonov 等人解决，他们证明了绝热量子计算与标准量子计算模型的等价性。

1.1.3　量子计算机的物理实现

国际上围绕量子计算机物理实现的研究已经进行了几十年，学术上取得了显著的进展。例如，目前操控有效量子比特数目最多的系统——离子阱（ion trap）系统，已经实现了 14 比特的纠缠态的制备。从世界范围内的研究趋势来看，人们对于实现量子计算物理系统的探索，从开始时的百花齐放，人们相继提出了离子阱系统、中性原子系统、线性光学系统以及固态物理系统等。虽然目前人们还不能确定地回答未来的量子计算机究竟会在哪种物理系统中实现，但研究的焦点渐渐移向容易实现器件化和产品化的固态物理系统，如超导约瑟夫森结系统、半导体量子点自旋系统、金刚石 NV 色心系统、集成光子学系统等。

1. 超导约瑟夫森结系统

第一个基于超导量子比特的量子计算理论方案是在 1997 年由 Shnirman 等提出的。其核心元件是超导约瑟夫森结，这是一种“超导体—绝缘体—超导体”的三层结构，其中的绝缘层很薄，一般不超过 10 nm，这样的厚度可以使得两块超导体内的库柏对产生相互隧穿，从而使得两块超导体的波函数的相位差根据器件的外界电磁偏置产生确定的联系，这种约瑟夫森结隧穿效应是构建和调控超导量子比特的物理基础。

按照所调控的物理自由度不同，超导量子比特在目前分为超导电荷、超导磁通和超导相位比特三大类型。它们的物理构建和能级结构如图 1.2 所示。同传统的原子、光子之类的天然量子体系相比较，超导量子比特系统具有以下特点：

（1）超导量子比特的能级结构依赖于超导量子电路的具体设计和外加电磁信号的控制，可称其为人工原子；

（2）基于现有的微电子制造工艺，约瑟夫森结量子电路具有良好的可扩展性，易于实现大规模量子比特的集成化，同时也易于实现同其他量子体系之间的耦合。

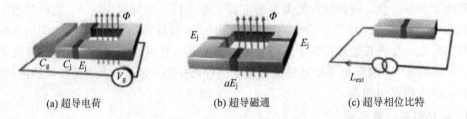

图 1.2　超导电荷、超导磁通和超导相位比特

自 20 世纪 90 年代末以来，围绕上述三种类型的超导量子比特的实验研究广泛开展，日本、美国和欧洲的研究组相继实现了单个量子比特的表征、两量子比特的受控逻辑操作和三个量子比特的简单逻辑电路的实现。值得一提的是，2010 年中国南京大学的孙国柱和于扬以及美国堪萨斯大学的韩思远等人在一个超导比特和两个两能级体系相耦合的系统中，实现了三量子比特系统的相干调控。而世界上最早的超导相位量子比特的表征和操控，是于扬和其导师韩思远教授在堪萨斯大学完成的。

目前，除了升级量子比特的数目之外，超导量子计算的另外一大趋势是：构建超导量子比特同超导微波腔中的微波光子比特之间相互耦合的杂化量子系统。这个概念最早是由美国耶鲁大学的 Schoekopf 等人提出的：超导电荷量子比特被放置在由三个平行的超导平板构成的传输线腔中，通过耦合电容来实现电荷量子比特同传输线腔中的电磁模式之间的耦合。这里，传输线腔既可以作为操控器件来实现对单个量子比特的操作，又可以作为数据总线，实现远距离的两个量子比特之间的信息传递。2004 年，Schoekopf 小组实现了传输线腔和电荷量子比特之间的共振强耦合，实验中观察到了强度为 12 MHz 的真空 Rabi 劈裂，远远大于传输线腔和量子比特的退相干强度。2007 年，美国 NIST 和耶鲁大学的实验组从实验上实现了利用超导传输线腔耦合两个远程量子比特的实验。NIST 的小组实现了在共振强耦合区域内，两个超导相位量子比特通过传输线腔的耦合；而耶鲁大学的小组实现了两个电荷量子比特在大失谐区域内的耦合。2012 年，美国加州大学河边分校和圣芭芭拉分校的研究者们又提出了超导量子计算的 RezQu（振子—零态—量子比特）构建（见图 1.3），其基本思想是：将每个量子比特分别同两个超导传输线腔耦合起来，其中的一个传输线腔作为存储器，另外一个传输线腔作为所有量子比特的数据总线。量子比特的能级是可以调节的，通过调节量子比特的能级，与不同类型的传输线腔模共振，从而实现量子信息在存储器—量子比特或数据总线—量子比特之间的交换。如果一个量子位处于闲置状态，则该处的量子比特处于零态，量子比特被存储在存储器中。如果该处的量子比特需要进行单比特操作，则将存储器中的信息交换到量子比特上，再对量子比特进行操作，操作完成后再将其重新存储到存储器中。如需实施两个量子位的操作，则将信息交换到量子比特上之后，调节量子比特的能级，将其同数据总线中的振子模式共振，通过量子比特—数据总线—量子比特的交替作用，实现两个量子位的逻辑门操作。该构建方案的优点是：除了能够保持超导电路良好的可扩展性，由于用作存储器的量子振子的退相干时间要长于超导比特的退相干时间，所以系统的相干性能够得到很好的保持。2011 年，两个量子比特的 RezQu 处理器已经在实验上获得实现，并且实施了 Noon 态的制备。进一步，该小组实现了量子的 Von - Neumann 架构。

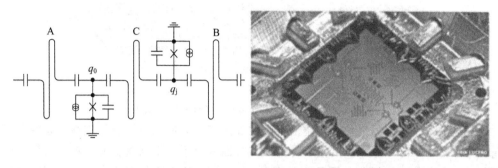

图 1.3　超导 RezQu 构建示意图及其超导芯片照片

除了上述对于量子计算进行系统性的构建之外，在超导量子比特系统中的单元技术研究方面，也取得了很大的进步。例如，在最初的超导量子计算的方案中，比特之间的耦合是不可调节的，虽然采用适当的方式可加以克服，但是会大大增加逻辑门操作的复杂程度。2006 年，Niskanen 等在实验上实现了超导磁通量子比特之间的可控耦合，其原理是使用第三个量子比特作为耦合器件，通过对耦合器件能级的射频调制来有效地开关两个量子比特之间的相互作用。在实验中，量子逻辑门的开关比达到了 19。近年来，随着材料加工和器件制备工艺的提高，超导量子比特的退相干时间也被大大延长，在电荷量子比特系统中，退相干时间 T_1 达到了 60 μs，T_2 达到了 14 μs。

超导量子比特系统除了用于标准量子计算模型的探索之外，还是绝热量子计算模式的可能候选者。通过构建耦合的磁通量子比特阵列，该系统可以模拟量子伊辛相互作用模型，通过调节系统的控制参数，可以对这个多体哈密顿系统进行绝热演化，来寻找变参数情况下体系的基态。这种所谓的量子退火算法，可用于解决特定的数学问题。2011 年，加拿大 D - wave 公司实现了 8 比特的量子退火算法。

由于超导系统具有高度可控性和易于集成的优点，它也有可能成为检验拓扑量子计算模式的候选体系。验证拓扑量子计算的第一步是获得具有非阿贝尔统计的任意子激发。2012 年，中国复旦大学游建强等人提出在超导约瑟夫森结阵列中操纵和探测 Majorana 费米子的方案。Majorana 费米子是一种已经被人们预言但迄今未被发现的具有非阿贝尔统计的准粒子，如能在实验体系中探测和证实，则具有重要的学术价值。

2. 基于门控量子点的量子计算系统

在量子计算中，通常用作量子比特的半导体量子点有两种，一种被称为"自组织生长的量子点"，一种被称为"门控量子点"。最早提出基于门控量子点上操纵单电子自旋的量子计算理论方案是瑞士巴塞尔大学的 Loss 和美国 IBM 研究院的 Divincenzo。所谓门控量子点，是指使用分子束外延方法生长出高纯净和高迁移率的 GaAs - AlGaAs 半导体异质结晶片，在其上刻蚀出金属门电极，在门电极上加负压，排空在门电极周围的二维电子气，形成一个电子受限的空间，使得只有少数电子甚至是单电子在百纳米大小的区域内运动。当只有单个电子被放置在这个受限的空间中时，系统很像一个氢原子。在外加磁场的作用下，由于塞曼效应，每个电子轨道会劈裂成自旋向上和自旋向下的两能级结构，以此来表示量子比特的 0 和 1。量子比特之间的相互作用可以通过控制两个量子点区域之间的门电极的电压来实现，这等效调控了两量子点区域的电子云之间的交叠（见图 1.4）。

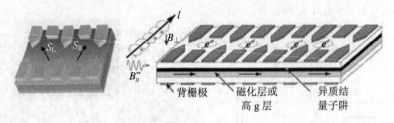

图 1.4　通过门控量子点实现量子计算的示意图

由于门控量子点方案继承了传统的半导体加工工艺，具有很好的集成性，世界上多个研究机构在基于半导体量子点的量子计算研究方面取得了一系列重要的进展，如量子比特的制备、量子逻辑门的操作、量子测量和量子相干性都已经在实验中获得了成功演示。2004 年，荷兰 Delft 大学的 Kouwenhoven 研究组首先实现了量子点上自旋量子比特的表征。他们将单量子点放置在稀释制冷机中，在 15 mK 环境中加一个 10 T 的强磁场，使得塞曼能级的劈裂达到 20 μeV，这个能量比热能要大近一个数量级，但是又小于轨道能级间隔和充电能，从而在该系统中很好地孤立出了一个两能级系统。

2004 年，美国加州大学洛杉矶分校的江宏文研究组和 Kouwenhoven 研究组也用量子点接触的方法实现了对单量子点样品中自旋本征状态的读取。2005 年，哈佛大学的 Marcus 研究组在一块双量子点样品中通过调控连接两个量子点区域的电极上的电压，等效实现了两个受限空间中电子波函数之间的交叠程度的调控，从而实现了平方根交换门的操作。2006 年，Kouwenhoven 研究组同样在一块双量子点样品中实现了用射频场对其中一个量子点中的自旋比特的单比特操作，在 100 ns 时间内观测到自旋比特的多个周期的 Rabi 振荡，显示了自旋量子比特的量子相干性。2008 年，日本的 Tarucha 研究组用一个倾斜的塞曼场，实现了对样品中单个电子自旋的共振操作。这两类操作的实现，就构成了量子计算的普适量子逻辑门集。2007 年年底，荷兰 Delft 大学的 Vanderspyen 研究组在同一块半导体量子点器件上用全电学技术实验实现了量子计算的全部要素：量子比特的制备、量子门的操作、量子测量和量子相干性的演示（见图 1.5）。该系统退相干的特征时间 T_1 在 1 ms 左右，T_2 在 10～25 ms 左右，通过自旋回声和动力学极化自旋的手段，T_2 可以延长到 1 μs 左右，从而能够在自旋退相干的时间之内完成多于 10^5 个平方根交换门操作，这在所有固体系统中是相当高的。

目前，该领域的研究趋势是设计和实现一些新的结构，提高门操作的效率和精度，同时进一步寻求新的高性能材料，使自旋量子比特获得更长的相干时间。在新结构的设计和探测方面，2011 年哈佛大学的 Marcus 研究组通过电容耦合实现了两个双量子点之间的内部控制。中国科学技术大学的郭国平研究组也曾经提出用超导传输线腔作为数据总线，来耦合量子点自旋比特的方法。近来，在探索新的高性能材料方面，人们开始关注一些具有零自旋背景的材料，如 Si/SiO_2、$Si/SiGe$、Ge/Si 纳米线、碳纳米管和石墨烯等，人们预言零自旋背景能使门控量子点中的自旋比特具有更长的相干时间。中国的科学家们在 2011 年实现了在 Ge/Si 纳米线量子点上对自旋状态的超高速处理，在世界上首次制备了处理石

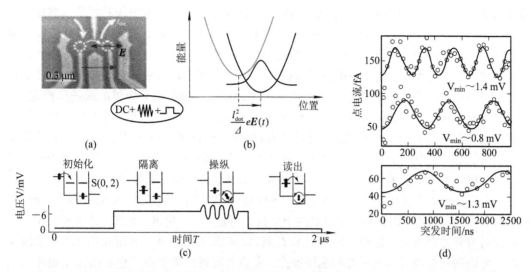

图 1.5　同一块半导体量子点器件上实现量子计算的全部要素所采用的实验装置、原理和结果

墨烯量子点附近的单电子晶体管结构，并利用该单电子晶体管作为测量装置，读出了量子点上的电子状态。

3. 基于金刚石 NV 色心的量子计算系统

在金刚石中，氮原子可以取代其中的一个碳原子，并与邻近的碳空位形成一个 NV 色心。带负电荷的 NV 色心光学跃迁远离金刚石材料自身的能级跃迁，不会被金刚石吸收并具有良好的光学性质，其激发态与基态间跃迁的零声子线在 637 nm 左右，带宽为几十兆赫兹，自发辐射速率达百兆赫兹(见图 1.6)。同时，金刚石 NV 色心拥有良好的电子自旋能级，其基态间磁共振跃迁对应 2.88 kMHz，室温下电子的相干时间可达毫秒量级。实验上 NV 色心的跃迁频率可以通过电场和磁场方便地调节；同时可以利用光学探测磁共振方法测量电子所处的状态，并可以利用光学方法实现初态制备以及利用光学或者微波相干控制其能级跃迁。此外，金刚石中的单个 NV 色心可以电子束或离子束注入几纳米内的定点制备，辅以成熟的微纳光学加工工艺，制备各种金刚石微腔和微纳结构，可以实现基于金刚石材料的可集成化的量子信息操作。国际上，德国斯图加特大学、美国哈佛大学以及美

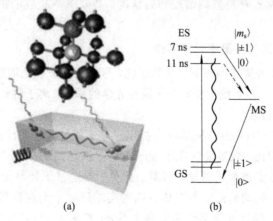

图 1.6　金刚石 NV 色心的能级及其寿命示意图

国加州大学圣芭芭拉分校在利用金刚石 NV 色心研究量子信息技术方面获得了众多成果。

金刚石中的 NV 色心可以通过共聚焦显微方式进行探测,单个 NV 色心即是良好的单光子源,脉冲宽度为几纳秒,对应数百兆赫兹的发射效率。实验上已经利用光学微纳结构,如微环腔、光子晶体腔、微柱和微透镜等提高光子发射速率以及收集效率。此外,可以利用光学泵浦把 NV 色心制备在 $m_s = 0$ 基态上;与此同时,利用电子能级的跃迁选择定则,通过自发辐射荧光的探测,可以识别电子处于 $m_s = 0$ 或 $m_s = \pm 1$ 态上。实验上已经可以直接利用光学泵浦方式调节电子跃迁,并已经观察到两个 NV 色心发出荧光的双光子干涉现象,产生了光子态与电子能级的纠缠态,并通过对光子的坍缩测量,实现两个远距离 NV 色心的纠缠,为实现基于 NV 色心的可扩展量子信息操作提供了良好方式。

NV 色心电子能级在 $m_s = 0$ 与 $m_s = \pm 1$ 间的磁共振跃迁对应 2.88 kMHz,因为碳-12 的核自旋是零,其相干时间较长,普通的 NV 色心可达 10 μs 量级;而在高纯度样品中,可以利用动力学去耦方式,把相干时间延长到毫秒(其能级及寿命示意图见图 1.6)。因此,室温下可以利用微波进行电子态的相干操控,实验上观察到单个 NV 色心的拉比振荡,并可以实现电子态的单比特旋转操作,操作频率可达千兆赫兹。中国科学技术大学的杜江峰研究组在研究 NV 色心的相干性方面做出了重要成果,并实现了量子算法的演示。通过与周围核自旋的耦合,实验上已经实现了三个量子比特的纠缠。进一步,可以把电子自旋态耦合到更长相干时间的核自旋中,实现量子信息的存储。

利用基于能级寿命测量和其他光学探测技术,可以实现间隔在数十纳米之内的相邻 NV 色心的识别和独立控制。而当两个 NV 色心间距在数十纳米之内时,它们之间的偶极相互作用很强,实验上已经观察到相邻 NV 色心之间的相互作用,实现了两个 NV 色心的纠缠态。与此同时,利用离子束注入,可以控制 NV 色心在纳米尺度的精确制备,并形成 NV 色心的晶格,实现可扩展的 NV 色心系统。

此外,实验上已经实现了金刚石 NV 色心与光学微腔、微波超导腔和纳米机械振子的相干耦合。室温下,金刚石中的 NV 色心就可以实现从核自旋到光学的不同体系的相干耦合,频率范围从微波频率到光学频率。因此,NV 色心不仅自身可以用于量子信息操作,还可为未来实现可能的光学、机械振子、电子以及核自旋的杂化体系提供了良好的媒介。因此,不同 NV 色心间的耦合及可扩展性、NV 色心与其他体系的耦合,以及可以利用现代微纳加工技术实现金刚石材料微纳结构和高精度、高效率 NV 色心的产生,是下一步研究的重点。

4. 原子—分子—光物理量子计算系统

除了前面介绍的几种固态物理量子计算系统,原子—分子—光物理量子计算系统也是研究量子计算的主流体系。该系统主要有基于线性光学的系统、离子阱系统和中性原子系统。

1)基于线性光学的系统

2000 年,Knill - Laflamme - Milbuem 提出了基于线性光学系统的量子计算方案(简称 KLM 方案)。该方案提出,仅需要优质的量子光源、高品质的单光子探测器,再辅以线性光学器件的操作,既可实现普适的量子计算。此外,单向量子计算模式的实验验证也多在线性光学系统中实施。我国的研究组在该方向的实验研究中走在世界前列。2007 年,我国科学家潘建伟研究组在线性光学系统中实现了 Shor 算法的 15=3×5 分解;同年,他们完成了 6 光子 cluster 态的制备,并先后在 cluster 态和非 cluster 态的情况下验证了单向量子计算模式。山西大学的张靖研究组将分离变量的 cluster 态的概念扩大至连续变量。2007 年他们依据所提出的理论方案实验产生了连续变量的 4 组分链式 cluster 态。

　　2013 年，潘建伟院士领衔的量子光学和量子信息团队的陆朝阳、刘乃乐研究小组，发展了世界领先的多光子纠缠操控技术，首次利用线性光学系统成功运行了求解一个 2×2 线性方程组的量子线路（见图 1.7 和图 1.8），首次从原理上证明了这一量子算法的可行性。

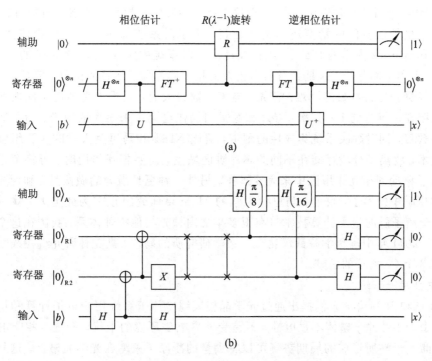

图 1.7　求解 2×2 线性方程组的量子电路图

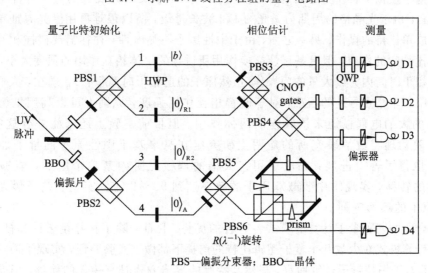

图 1.8　求解 2×2 线性方程组的实验装置示意图

线性方程组广泛地应用于几乎每一个科学和工程领域，包括数值计算、信号处理、经济学和计算机科学等。比如与我们日常生活紧密相关的气象预报，就需要建立并求解包含百万个变量的线性方程组，来实现对大气中各种物理参数（温度、气压、湿度等）的模拟和预测。而高准确度的气象预报则需要求解具有海量数据的方程组，假如要求解一个亿亿亿变量的方程组，即便是用现在世界上最快的超级计算机也至少需要几百年。

2）离子阱系统

离子阱系统是世界上最早尝试实现量子计算的物理体系。该体系的理论方案最早由Cirac 和 Zoller 于 1994 年提出，同年，美国 NIST 的实验组就开始了该方向的研究。目前，无论从操控量子逻辑门的精度还是比特数目，离子阱系统都达到了各个物理体系之冠。2011 年，Innsbruck 大学的 Blatt 小组在线性离子阱系统中实现了 14 个离子的 GHZ 态的制备和 64 个离子的分辨。这是到目前为止人类相干操控量子比特的记录。但是，线性离子阱存在升级量子比特数目的困难。首先，当离子数目大时，很难平衡掉离子间的库仑斥力而将其束缚在一维方向上；其次，寻址和逻辑门操作也会带来很大的困难。为了能够升级量子比特数目，同时解决系统集成性的困难，美国 NIST 和马里兰大学的实验组尝试采用芯片阱技术，将离子分段存储在不同的芯片阱区域里，需要相互作用时，再将拟进行相互作用的离子移动到相互作用区中来完成操作。另外一种更具潜力的做法是，利用光子来连接不同芯片阱中的离子，目前，马里兰大学的 Monroe 研究组正在为此努力。就目前的趋势看，基于离子阱的量子计算技术将在很多年之内领先其他物理体系。我国在这个方向上起步较晚，2011 年中国科学院武汉物理与数学研究所的冯芒、高克林研究组在线性离子阱中实现了 8 个 Ca 离子的囚禁。

3）中性原子系统

1998 年和 1999 年，人们提出通过光学晶格束缚冷原子系统用于量子计算和量子模拟的方案。由于中性原子整体不显电性，不易受外界电磁环境的干扰，系统退相干的时间很长，而由激光干涉所形成的周期势场可以将大量的冷原子束缚在光学晶格上。这是目前所知最佳的量子模拟平台。但是在这个系统上实现真正意义的大规模的量子计算有很大难度。一方面，由于光晶格的周期为激光的 1/2 波长量级，所以很难再用激光寻址单个晶格格点来完成单比特的操作；另一方面，由于中性原子不显电性，往往需要碰撞相互作用来诱导量子比特间的作用，但是基于超交换作用所诱导的两体相互作用的强度太小，很难在原子的退相干时间内完成大量的门操作（虽然原子的退相干时间很长）。现在，人们在实验上已经克服了单格点寻址的困难；对于改善相互作用强度，原则上可以利用里德堡原子高激发态的大的电偶极矩来诱导强的两体作用。但目前实验上还未能综合这些技术。中国科学院物理与数学研究所的詹明生研究组在从事基于中性原子的量子计算的实验研究中取得了若干进展：完成了用蓝失谐的偶极光阱囚禁单个原子，能够操控单阱—双阱的转移，实现阱中装载双原子的效率达到 90% 以上，实现了在环形光晶格中2～6 个原子的环形阵列。

前面介绍的四种量子计算的模式各有各的优势。目前，除了拓扑量子计算模式之外，其他量子计算模式在少数几个量子逻辑比特的前提下都做了实验验证，实现了简单的逻辑门操作。而对于拓扑量子计算而言，虽然其特有的容错方式具有迷人的前景，但是如何在实验上实现那些具有非阿贝尔任意子统计的量子多体系统，仍是一个很大的挑战，这不仅仅是对于量子计算，对于基础理论也具有非凡的意义。进一步，如何有效升级量子计算的规模到多量子比特系统，进而从计算速度上超越现有的经典计算机，更是一个非常难的挑战，对于任何一种计算模式都有很长的路要走。

2011 年，德国马克斯普朗克量子光学研究所的科学家格哈德·瑞普领导的科研小组，首次成功地实现了用单原子存储量子信息——将单个光子的量子状态写入一个铷原子中，经过 180 μs 后将其读出。最新突破有望助力科学家设计出功能强大的量子计算机，并让其远距离联网构建"量子网络"。但是量子计算机或量子网络所要求的存储时间要比这更长。另外，受到照射的光子中有多少被存储接着被读出——所谓的效率还不到 10%。科学家正着力进行研究以改进存储时间和效率。

研究人员霍尔格·斯派克特表示，使用单个原子作为存储单元有几大优势：首先单个原子很小；其次，存储在原子上的信息能被直接操作，这一点对于量子计算机内逻辑操作的执行来说非常重要；另外，它还可以核查出光子中的量子信息是否在不破坏量子状态的情况下被成功写入原子中，一旦发现存储出错，就会重复该过程，直到将量子信息写入原子中。

另一名科学家斯蒂芬·里特表示，单原子量子存储的前景不可估量。光和单个原子之间的相互作用让量子计算机内的更多原子能相互联网，这会大大增强量子计算机的功能。而且，光子之间的信息交换会使原子在长距离内实现量子纠缠。因此，科学家们正在研发的最新技术有望成为未来"量子网络"的必备零件。

2013 年，悉尼大学和澳大利亚国立大学的研究人员报告称，他们在单个元件上聚集了迄今数量最大的量子回路，将此前 14 个的世界纪录刷新为 10 000 个，提高了 3 个数量级。悉尼大学物理学院理论物理学家尼古拉斯·梅尼库奇博士说："制造量子计算机的两个最大障碍是微小量子系统的精确控制和可扩展性问题，这是制造大型超高速量子计算机的关键所在。我们已经在可扩展性方面取得突破性进展，通过激光制造出了可供量子计算机使用的'电路板'。如何精确控制这些量子回路将是下一步的研究重点。"

梅尼库奇称，虽然上述实验中的量子比特能存在于室温中，并在冷却和加热的整个过程中保持完好，但其被读取时的温度仍然需要低于零下 263.15℃，并且由于所有的量子比特都处于相同的量子态，无法满足量子运算所需要的基于量子比特的不同状态，因此无法用于量子计算。

研究人员说，支持多重状态的量子比特将成为未来一大挑战。他们希望有人能够创建一个能在室温下读取量子比特的系统。

2013 年 11 月，量子计算机研究领域还取得了另一项突破。加拿大西蒙·弗雷泽大学教授迈克·斯沃尔特领导的一个研究小组宣称，让室温下脆弱的量子比特的寿命延长到了创纪录的 39 分钟，将此前硅基系统中 25 秒的纪录提高了近 100 倍，克服了超高速量子计算机研究的一大障碍。

2014 年 1 月 3 日，美国国家安全局（NSA）研发了一款用于破解加密技术的量子计算机，以图破解几乎所有类型的加密技术。

根据爱德华·斯诺登提供的文件，美国国家安全局斥资约 7970 万美元（约合 4.8 亿元人民币）进行一项代号为"渗透硬目标"的研究项目，其中一项就是在美国马里兰州科利奇帕克的一处秘密实验室研发量子计算机，破解加密技术。

文件显示，国安局的部分研究工作是在一种名为"法拉第笼子"的特殊房间里完成的。"法拉第笼子"配备屏蔽装置，防止电磁能量进出，以确保脆弱的量子计算机实验顺利进行。

美国情报机构的预算通常被称为"黑色预算"，其中列举了"渗透硬目标"项目的细节内容，同时指出当前项目"将扩展至更大范围的相关领域，并伴随后续努力"。此外，另一个代号为"掌控网络"的项目将以量子研究为基础，开发新手段攻击 RSA 公钥加密算法等加密工具。

2014 年 1 月 3 日，"可实用化量子计算机"产学研联席研讨会在中科院量子信息实验室召开，来自中国科大、南京大学、浙江大学、北京大学、清华大学、中山大学、中科院微电子所、中科院半导体所、中科院系统所、中芯国际集成电路制造有限公司、西南集成电路设计公司、中电集团 55 所、江南计算技术研究所等产学研单位代表 30 多人参加会议。科技部基础司崔拓副司长等领导出席会议。

这次产学研联席研讨会以"可实用化量子计算机"的研制为目标。郭光灿院士、叶朝辉院士、吴培亨院士、祝世宁院士及数学工程与先进计算国家重点实验室谢向辉教授等分别从国家需求、科学背景、产业化技术路线等方面进行了主题发言。与会专家一致认为，可实用量子计算机在未来量子信息技术产业和国家安全中具有重大意义，已成为国际上战略竞争的焦点之一，美日与欧洲各国都在积极部署以抢占该领域的制高点。我国科技部部署的"固态量子芯片"项目已取得重要阶段性成果。与会专家指出，我国在该领域的竞争中整体实力尚有距离，应该统筹安排，实施长期稳定支持，协同创新、联合攻关，特别应加强产学研的紧密结合，聚焦可实用化量子计算机的研制，为我国下一代信息技术产业的发展赢得先机。

未来的量子计算机究竟会在哪种物理系统中实现，目前还没有定论，也许现有的物理系统会被未知的物理系统替代，但人们近几年的研究焦点正在逐渐移向容易实现器件化和产业化的固态物理系统却是不争的事实。

1.1.4　量子软件研究

如果量子计算的硬件研究获得真正的突破，大规模的量子信息处理能够获得实施，那么量子软件的开发必将处于非常关键的地位。由于量子系统与经典系统的本质差别，现有的软件技术无法应用于量子计算机。发展量子软件的一个基础是量子程序设计语言的理论与实现。

1996 年，美国国家标准技术研究所 Knill 提出将量子算法转化为伪代码的一系列基本原则，这些原则对于后来量子程序设计语言的设计产生了很大的影响。第一个量子程序设计语言于 1998 年由奥地利维也纳工业大学的 Ömer 提出，它包含一个相当完整的经典子语言。随后，很多经典程序语言的量子扩展被相继提出。2003 年，美国华盛顿大学计算机科学与工程系的 Oskin 与 Petersen 提出描述量子程序的量子代数，试图为量子程序设计语言提供代数基础。

由于量子信息的特殊性，很多在经典信息世界中能够完成的任务，到了量子信息世界则变为不可能，例如对比特信息的拷贝操作。在经典世界中，比特信息是可以被克隆的，但在量子世界中，存在不可克隆原理，即不存在一个普适的物理过程对任意的量子状态进行克隆操作。2004 年，美国 Brown 大学的 van Tonder 利用线性逻辑的 type 系统建立量子 Lambda 演算，希望克服量子不可克隆原理在量子程序中引起的困难。

对于计算机程序而言，如何验证程序的正确性非常重要。而量子世界与人类直觉有很大的不同，这使得量子程序设计比经典程序设计更容易出错。因此，量子程序验证甚至比经典情况下的验证更为重要。在经典情况下，Floyd－Hoare 逻辑是程序验证的基础，在程序方法学上处于核心地位。在量子计算领域，国际上多个研究组试图建立量子程序的 Floyd－Hoare 逻辑，但都没有成功。2009 年，清华大学的应明生教授彻底解决了这个问题，建立了量子程序的完整的 Floyd－Hoare 逻辑，并证明了其完备性。

鉴于目前物理系统中升级量子比特的困难，分布式的量子计算是绕过这种障碍的一种可能途径，即用中度规模的量子处理器作为量子信息处理终端，不同终端之间用量子通信协议建立联系。在经典计算领域，进程代数是通信协议验证的重要工具。为了给量子通信协议验证提供必要的形式化方法，国际上多个研究组开展了进程代数的研究，但是没有解决并行算子保持互模拟的问题。2010 年，应明生和冯元等人提出了一类新的量子进程代数解决了这个问题。

1.2 量子密码学

1.2.1 量子密码术的重要性

一旦新型的量子计算机能够替代现有的传统计算设备，现有的加密技术将不再安全。由于加密技术的安全性在当前信息时代起着举足轻重的作用，因而必须探索更加安全的加密技术来抵御强大的量子算法。由此，量子密码的研究应运而生。

量子密码是一种可以通过公开信道完成安全密钥分发的技术，是量子信息技术的一个重要分支。通信双方在进行保密通信之前，首先使用量子光源，通过公开的量子信道，依照量子密钥分配协议在通信双方之间建立对称密钥，再使用建立起来的密钥对明文进行加密。这种密钥建立方式的安全性由量子力学的测不准原理、不可克隆定理保证：当有窃听者对信道中传输的光子进行窃听时，会被合法的收发双方通过一定的检验步骤发现。由于其物理安全保障机制不依赖于密钥分发算法的计算复杂度，因此可以达到密码学意义上的无条件安全。将量子密码技术安全分发的密钥用于一次一加密，可以实现无条件安全的保密通信。图 1.9 给出了采用量子密码进行安全通信的基本过程。

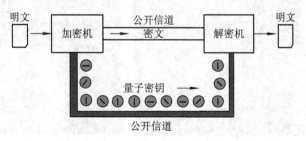

图 1.9　采用量子密码进行安全通信的基本过程示意图

1.2.2 量子密码术的发展简况

虽然量子密码术概念可以追溯到 1970 年 Stephon Wiesner 提出的"量子货币 (Quantum Money)"的概念，但使得量子密码术的实用性和重要性真正得到广泛承认并迅速发展起来却是从 1984 年开始的。这一年，IBM 公司的 Charles Bennett 和加拿大的 Gilles Brassard 基于量子力学中的量子测量的不确定性和量子不可克隆原理共同提出了简称为 BB84 的量子密钥分配(quantum key distribution)协议，这一基于量子力学基本原理的量子密钥分配协议使得通信的安全性得到了保证，从而奠定了量子密码学发展的基础。鉴于量子密码技术在下一代安全通信领域具有巨大的战略意义，近年来，美国、欧盟、日本等投入巨大的人力物力进行这一技术的研究，新一轮的技术竞赛正在激烈进行。例如，美国DARPA于 2002—2007 年在波士顿建设了一个 10 节点的量子密码网络，欧洲于 2009 年在维也纳建立了一个 8 节点的量子密码网络，2010 年日本 NICT 在东京建立了一个 4 节点的量子密码演示网络，使用了 6 种量子密钥分配系统。

2004 年，中国科学技术大学的韩正甫研究组分析了光纤量子系统工作不稳定的根本原因，并发明了"法拉第——迈克尔逊"编解码器，用于自适应补偿光纤量子信道受到的扰动，大大提升了光纤量子密码系统的实际传输距离和稳定工作时间。该小组利用这一方案，在北京和天津之间的 125 km 商用光纤中演示了量子密钥分配，创造了当时世界上最长的商用光纤量子密码实验记录。该小组随后发明了基于波分复用技术的"全时全通"型"量子路由器"，实现了量子密码网络中光量子信号的自动寻址，并使用这一方案分别在北京(2007 年)和芜湖(2009 年)的商用光纤通信网络中组建了 4 节点和 7 节点的城域量子密码演示网络。中国科学技术大学潘建伟研究组也于 2008 年和 2009 年在合肥实现了 3 节点和 5 节点量子密码网络。2012 年年初，潘建伟小组在安徽省合肥市建成了世界上规模最大的 46 节点量子通信试验网，标志着大容量的量子通信网络技术已取得关键突破；与此同时，新华社和中国科大合作建设的金融信息量子通信验证网在北京开通，在世界上首次实现了利用量子通信网络对金融信息的安全传输。2013 潘建伟领衔的联合研究小组，在国际上首次实现了与测量器件无关的量子密钥分发，成功解决了现实环境中单光子探测系统易被黑客攻击的安全隐患，大大提高了量子通信的安全性(见图 1.10)。目前，国际上建成的

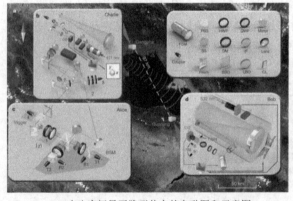 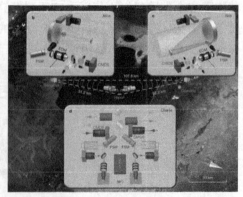

　　(a) 自由空间量子隐形传态的鸟瞰图和示意图　　　　　　(b) 量子纠缠分布的实验装置示意图

图 1.10　与测量器件无关的量子密钥分发示意图

几个重要的量子密码演示网络见图 1.11。

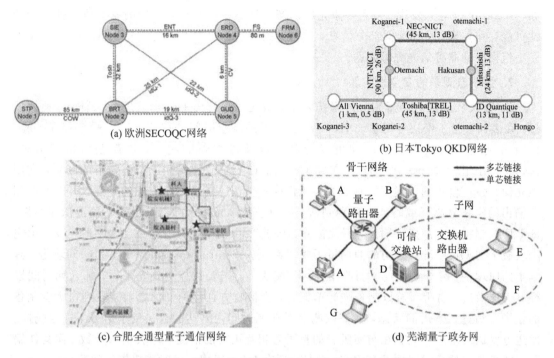

(a) 欧洲SECOQC网络

(b) 日本Tokyo QKD网络

(c) 合肥全通型量子通信网络

(d) 芜湖量子政务网

图 1.11 世界上几个重要的量子密码演示网络示意图

1.2.3 量子密码的攻防安全

量子密码的安全性是其核心价值。安全性分为协议安全性和实际系统安全性两个层面。量子密码概念提出至今，研究者已设计了多种量子密钥分配协议，并围绕这些通信协议的无条件安全性证明进行了大量工作。一些主要协议的安全性证明已经取得如下成果：BB84 协议的无条件安全性已经获得严格证明；差分相位量子密码通信协议在无误码条件下的绝对安全性已经获得证明，但在有误码条件下的普遍安全性尚未获得完全的证明；基于离散调制连续变量量子密钥分发协议的安全性已经获得证明。

在协议安全性得到证明的基础上，为了实现高可靠性的量子密码系统，还需要跨越理想协议模型和实现技术之间的鸿沟。这一问题的实质是：物理原理所要求达到的完美条件在真实世界中是否能够被无限逼近？如果理想的物理条件下不能无限逼近，那么有安全漏洞的实际量子密码系统的安全性如何保证？这导致了对实际非理想条件下的量子密码系统进行攻防的问题。实际的量子密码系统中，光源、探测器和编解码器等部件都可能出现安全性漏洞。

1. 量子态制备的安全性问题

以 BB84 量子密钥分配协议来说，其要求使用单光子来编码量子比特，然而受限于单光子源的研究状况，在实际的实验中普遍采用弱相干光光源替代单光子光源。但是，由于此类光源存在一定概率的多光子脉冲，如果采用分束攻击，窃听者原则上可以从多光子携带的编码信息中获得收发两者建立的量子密钥，并成功地欺骗通信双方。韩国的 Hwang、加拿大的 Lo 等人和清华大学的 Wang 提出并完善了诱骗态技术。这一技术的核心思想是：通过随机使用几种不同强度的弱相干光源，可以检测出分束攻击窃听行为。实现诱骗态方案的手段多种多样，为了避免引入新的安全漏洞，必须对其实现方案进行严格的分析。例如，Weinfurter 等人发现：采用多激光器来产生诱骗态，不同激光器的波长或其他物理特性可能存在差别，从而泄露部分信息，进而导致密钥建立的不安全。此外，还有 Lo 等及郭弘小组提出的非可信光源等问题。

2. 量子态测量的安全性问题

Lo 等人从多探测器密钥分配系统入手，最先对探测器的安全性进行了研究。他们发现，在多探头量子密钥分配系统中，不同探测器的响应时间和探测效率一般会存在差异。窃听者利用探测效率的不匹配可以控制接收端探测器的响应，进而获取密钥信息。Makarov 小组针对 InGaAs 的红外单光子探测器在"盖革"和线性工作模式下的区别，利用强光使"盖革"模式的单光子探测器变成线性模式输出，通过控制信号的光强，可以使探测器输出的电信号高于或略低于甄别阈值，从而控制单光子探测器输出或不输出探测结果，即彻底控制接收方的探测输出，因此被称为强光致盲攻击。利用这一攻击手段，该小组完全攻破了 IDQuantique 公司的商用量子密码系统。Weinfurter 小组提出了死时间攻击，其基本的原理是：红外单光子探测器在"盖革"模式下，需要在探测到光子后，加入死时间以抑制雪崩效应，窃听者可以制备强光偏振态，当接收方在探测开门之前接收到窃听者制备的量子态后进入死时间状态，使该探测器对在死时间内到达的合法量子信号不产生响应。发送方发送的量子态只有在与窃听者的量子态相互正交的情况下才会引入计数，而其他编码态在探测器的死时间内没有响应。此外，还有 Lo 小组提出的时移攻击等问题。

3. 编解码器的安全性问题

近年来，人们意识到在实际密钥系统中的编解码环节上也存在安全漏洞。Lo 等人提出了所谓的"相位重映射"攻击方法：他们针对往返式系统，利用调制器的有限响应时间，精确控制量子态调制时间，使量子态调制达不到既定的位置，从而诱使发送方提前或推后调制相位。在实际调相系统中，总是不可避免地存在调相器损耗和调制误差，此时实际系统中发送的态与理想的态之间存在偏差。韩正甫小组分析了这一问题，发现调相器损耗和调制误差将导致实际的编码态和标准量子密钥分配协议编码态存在差异，从而带来了安全性漏洞。他们提出了解决这些问题的方法，给出了相应的密钥率公式。韩正甫小组利用光纤分束器件作为编解码器的量子密码系统。

总体来讲，量子密码协议的安全性是值得信赖的，但是量子密钥分配系统的实现方案必须经过严格的评估。对于现有的实际量子密码系统来说，接收端的安全性漏洞较之发射端大，往返式系统的安全性明显弱于单向系统，单探测器系统的安全性强于多探测器系统，单激光器比多激光器安全，主动器件比被动器件安全。解决了上述器件实现方案中的实际安全性问题，量子密码才能做到真正的安全。

1.3 量子通信

随着量子计算和量子密码这一对矛和盾研究的深入，量子通信技术的方方面面也获得了迅速发展。在此，首先有必要澄清一个误解，即量子密钥分配过程利用了量子态，达到了保密通信的目的，为什么还要开发量子通信技术呢？的确，广义上讲，量子密钥分配过程的确是利用了量子状态行使保密通信的功能,但是,这里量子态的功能用在了建立通信双方之间经典信息的关联,也就是说,量子态只是充当了建立这个安全的经典信息关联的桥梁和保障,人们最终还是利用这个经典信息关联来做经典意义上的密码通信。而量子通信则是完全利用量子信道来传送和处理真正意义上的量子信息。因此,才有了开发众多量子通信技术的必要。

最近,量子网络这个名词频频出现在有关量子信息学的各种报道中。那么,量子网络有什么用?在此可以对照一下经典的网络。在几十年前,电子计算机刚刚投入应用时,它只是科研人员的专用物品,是远离大众的稀有事物。但是,随着计算机网络的出现,这一面貌被完全改变。现在网络已经深入到人们的生活之中,除了获取海量的信息、方便自由地通信,还可以实现网上购物、网上银行等便捷的功能。同样,我们也可以展望量子网络,量子网络的物理功能是联络量子处理终端(可以是量子计算机)。目前我们所知道的是:它可以协调若干量子终端来处理更复杂的量子计算功能,在目前量子计算机的可扩展性遇到阻碍的情况下,这不啻为一个提升量子计算能力的可行途径;利用量子网络,可以行使全量子的通信协议,用量子信息来完成特殊的信息处理功能;利用量子网络在处理多节点计算时,会大大降低通信的复杂度。另外,利用量子网络也可以行使经典信息的功能,如直接利用量子网络中的量子纠缠来达到安全的密钥分发的目的。随着量子网络逐渐地步入人类生活,更多的功能将会被开发出来。

1.3.1　量子隐形传态

量子通信最关键的一环是如何建立量子通道(也称为量子信道),通过这个量子通道来安全无误地传送量子态的信息。这一问题于 1993 年在理论上获得了解决:量子信息领域的开拓者 Bennett 及其合作者提出了著名的 Quantum Teleportation 方案,中文翻译为"量子隐形传态"。所谓量子隐形传态是指,如果能够在量子通信的双方(Alice 和 Bob)之间建立最大的量子纠缠态(Bell 态),那么 Alice 和 Bob 可以通过经典通信来协同两地的操作,利用量子纠缠态,可以将 Alice 处待发送的量子态准确无误地传送给 Bob。作为代价,成功传送量子态的同时,量子纠缠态被损毁。在这一量子通信的过程中,承载 Alice 处量子态信息的物理的量子系统并没有被发送出去,该系统仍然待在 Alice 处。但是,原先蕴藏在该系统中的量子态的信息已经借助量子纠缠态中奇妙的量子关联被传送到 Bob 处。仿佛一个量子物体的灵魂被抽走,重新装载在遥远异地的另外一个物体上,所以被称为量子隐形传态。有了量子隐形传态方案,我们就可以利用量子纠缠来做量子信道,充当联系各个节点的桥梁。那么接下来的一个问题就是,如何在遥远的异地之间建立起高品质的量子纠缠态的联系?这牵扯到一系列的问题。因为量子纠缠态是一种由多个微观粒子构成的复合系统的量子态,它如何产生?如何跨越物理空间进行分发而不受破坏?

1.3.2　量子纠缠态

量子纠缠是在 1935 年分别由 Schrodinger 及 Einstein、Podolsky、Rosen 在质疑量子力学的完备性时提出的。量子力学中,两个以上的粒子(包括两个以上的光子)组成的系统中的每个粒子可看做子系统。各子系统的量子状态之间可以是无关的,也可以是相关但可分离的,还有的是相关而且是不可分离的。这种由相关而且是不可分离的两个或者两个以上的子系统的量子状态所构成的系统的状态称为量子纠缠态(quantum entangled state)。在物理上，纠缠态意味着非定域性，即不能由各个子系统的定域操作来实现；在数学上，纠缠态意味着其系统总的密度矩阵无法分解为各个子系统的态的直积态的凸和形式，具有不可分离性和不可分解性。

量子信息与经典信息的深层次区别就在于量子纠缠的性质和应用。量子纠缠没有经典对应，因此，量子纠缠态就简称为纠缠态(entanglement)，有时也称为交缠态。其最为突出的性质有以下四点：

(1) 非局域相关性。子系统的局域状态不是相互独立的，对一个子系统的测量会获取另外子系统的信息。

(2) 量子相干性。量子比特可以处于两个本征态的叠加态，在对量子比特的操作过程中，两态的叠加振幅可以发生量子干涉现象。

(3) 量子不可克隆性。量子力学的线性特性禁止对任意量子态实行精确复制，这也是由测不准关系所导致的量子纠缠特性所决定的。

(4) 量子并行性。每个量子比特是由 Hilbert 空间的两个基矢量叠加构成的，对一个量子比特的操作，就是同时对两个基矢量进行了操作。

研究发现，存在自由纠缠(free entanglement)态和束缚纠缠(bound entanglement)态。束缚纠缠态不能直接用于量子通信和量子计算，但是，束缚纠缠态可激活为单个的自由纠缠粒子对。

关于如何产生纠缠态，目前已经不是困难，人们已经在各种不同的物理系统中产生量子纠缠态。并且，人们也找到了最适合做量子信道的物理系统，即光子系统。光子能够在媒介中快速传输而不易受到环境的扰动。而世界上第一个量子隐形传态的实验验证，是奥地利的 Zeilinger 小组于 1997 年在光子系统中完成的(见图 1.12)。迄今为止，基于纠缠光子的量子隐形传态的研究已广泛开展。1997 年，奥地利 Zeilinger 小组在室内首次完成了

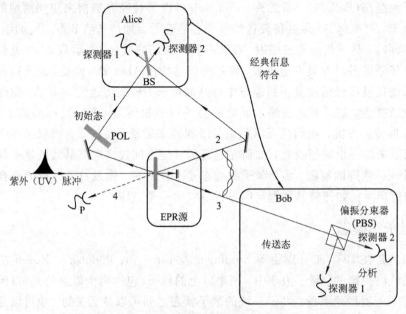

图 1.12　世界上第一个演示量子隐形传态的实验示意图

量子隐形传态的原理性实验验证，成为量子信息实验领域的经典之作。2004 年，该小组利用多瑙河底的光纤信道，成功地将量子隐形传态距离提高到了 600 m。但是，由于光纤信道中的损耗和退相干效应，传态的距离受到了极大的限制，如何大幅度地提高量子隐形传态的距离成了量子信息实验领域的重要研究方向。

为了在大尺度空间范围内建立高品质的量子纠缠通道，一些重要的理论方案被相继提出。1993 年 Zukowski 等人提出了纠缠交换的方案：对于两对纠缠光子，每对拿出一个光子，将它们做一个 Bell 态的测量后，剩余的两个光子由最初的没有纠缠的状态变成有纠缠的状态。这个 Bell 态的测量过程相当于将两段绳子结成一条长绳，而这条长绳就成了新的、具有更长距离的纠缠通道。Bennett 等人在 1996 年提出了著名的纠缠纯化方案：当身处异地的两者之间拥有很多对纠缠程度比较低的劣质纠缠态时，他们可以通过一些局部的量子操作和经典通信过程，从中提取少量高品质的纠缠态。1998 年，Briegel 等人提出了量子中继策略，基本上就是中和了纠缠交换和纠缠纯化技术，将遥远的两地分成很多中间节点，分发纠缠态的过程仅仅在最短的节点进行，但是，通过不断地纠缠纯化和纠缠交换过程，原则上可以在这样遥远的两地之间建立起高品质的纠缠态。

1.3.3 量子存储器

对于上述量子中继的方案，在物理实现方面还需要一个重要条件，就是在每个节点上都要有量子的存储器：能够将光子的量子状态较长时间地存储下来，并能够实施必要的量子操作步骤，以实现纠缠纯化和纠缠链接。在这方面，一个重要的理论进展是 Duan 等人提出了利用原子系综来做量子存储器的量子中继方案：将光子信息存储在系综原子的激发模式中，能够维持较长时间；同样，再次利用光和原子的相互作用，可以将存储于原子中的量子态的信息读出来，完成量子中继的步骤。但是 Duan 等人工作的一个不足之处在于，为了存储光量子态的信息到原子系综，需要单光子干涉过程：这需要将干涉的两条路径长度的差值控制在亚波长量级的精度，对于一个长路径的干涉，这在实验上是很难完成的。陈增兵和潘建伟等人改进了这一干涉过程，用双光子干涉取代单光子干涉，将干涉路径控制的精度提升至光子的相干长度范围，大大提升了系综原子中继方案的可用性。在实验上，他们也做了成功的演示。目前，潘建伟小组在基于冷原子系综的量子中继的研究方面已经取得了系列进展，除了完成单步量子中继的演示之外，他们还完成了光子与原子比特之间的量子隐形传态，制备出适合于冷原子系综存储的窄带纠缠光源。2009 年，他们将冷原子系综中量子态的存储时间提升至 1 ms，接近当时的国际最高水平（当时的最高水平为 6 ms）。2011 年，潘建伟小组完成了解除频率关联的窄带极化纠缠光子的存储，将经光腔压窄的自发参量下转换过程产生的纠缠光子很好地存储于冷原子系综的量子态上，便于进行进一步的操控。2012 年，潘建伟小组实现了 3.2 ms 的存储寿命及 73% 的读出效率的量子存储。2012 年，中科院量子信息重点实验室李传锋小组利用两块 1.4 mm 厚的掺钕钒酸钇晶体，分别处理光的两种正交偏振态，同时把一片特殊设计的光学元件置于两块晶体之间，整个量子存储器就像一片很小的"三明治"，紧凑而稳定，扩展和集成都十分方便。在实验中，摒弃了传统的固态量子存储方案中使用的"共线式"光路，设计出交叉式光路，使得预处理用的泵浦光与待存储的光不再重合，降低了泵浦光带来的噪声，从而极大地提高了存储器的保真度，可达 99.9%，远高于此前单光子偏振存储 95% 的最高保真度，被称赞为"新颖地解决了在固态器件中存储偏振比特的重要问题"。2013 年郭光灿院士领导的中科院量子信息重点实验室史保森研究小组，在国际上首次实现携带轨道角动量、具有空间结构的单光子脉冲在冷原子系综中的存储，从而迈出了基于高维量子中继器实现远距离大信息量量子信息传输的关键一步。

1.3.4　自由空间量子通信

除了量子中继技术之外，还有一种可能增大量子通信距离的方法是在卫星和地面之间开展光量子态的传输（见图 1.13）。相对于在地表大气中的光子传输，在星地之间的传输克服了地表曲率的影响，同时也没有障碍物的阻碍；另外，地表与人造卫星之间只有 5～10 km 的水平大气等效厚度，而大气对某些波长的光子吸收非常少，同时也能保持光子极化纠缠品质；在外太空无衰减和退相干。一个可能的展望是由星地之间的量子通信来联系不同的城域量子网络，完成量子密钥分配、量子隐形传态、类空间隔的量子非定域性的检验任务。

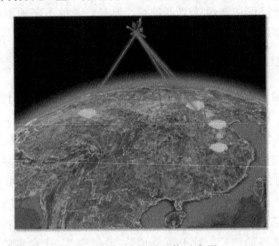

图 1.13　星地量子通信示意图

在直接以大气为媒介传输光子态的研究方面，2004 年，中国科学技术大学的潘建伟、彭承志等研究人员开始探索在自由空间信道中实现更远距离的量子通信。该小组 2005 年在合肥创造了 13 km 的双向量子纠缠分发世界纪录，同时验证了在外层空间与地球之间分发纠缠光子对的可行性。自 2007 年开始，中国科学技术大学—清华大学联合研究小组开始在北京八达岭与河北怀来之间架设长达 16 km 的自由空间量子信道，并取得了一系列关键技术突破，最终在 2009 年成功实现了世界上最远距离的量子隐形传态，证实了量子隐形传态过程穿越大气层的可行性，为未来基于卫星中继的全球化量子通信网奠定了可靠基础。除此之外，联合小组还在该研究平台上针对未来空间量子通信需求开展了诱骗态量子密钥分发等多个方向的研究，取得了丰富的成果。2007 年，欧洲的实验组已经实现了 144 km 的自由空间量子密钥分发；2010 年，潘建伟小组实现了 16 km 自由空间量子隐形传态的验证，该距离已经超过了星地之间的等效大气厚度，佐证了星地量子通信的可行性；2012 年 8 月，中国科学家潘建伟等人在国际上首次成功实现了百公里量级的自由空间量子隐形传态和纠缠分发，为发射全球首颗量子通信卫星奠定了技术基础。在高损耗的地面成功传输 100 km，意味着在低损耗的太空传输距离将能达到 1000 km 以上，基本上解决了量子通信卫星的远距离信息传输问题（该研究成果于 2013 年 5 月 1 日以长文形式发表在国际权威学术期刊《自然·光子学》杂志上）。2012 年 9 月，维也纳大学和奥地利科学院的物理学家实现了量子态隐形传态最远距离——143 km，创造了新的世界纪录。2013 年中国科学技术大学微尺度物质科学国家实验室潘建伟院士及其同事彭承志等，与中科院上海技术物理研究所王建宇、光电技术研究所黄永梅等组成的协同创新团队，在国际上首次成功实现了星地量子密钥分发即所谓的"星地量子通信"的全方位的地面验证，为未来实现星地量子通信的全球化量子网络奠定了坚实的技术基础。这是中科院量子科技先导专项继 2012 年实验实现拓扑量子纠错和百公里自由空间量子态隐形传输与纠缠分发后取得的又一阶段性重要突破，同时也是量子信息与量子科技前沿协同创新中心的最新重要成果。

1.3.5　量子网络

随着人们对光纤量子通信和自由空间量子通信的可行性研究与逐步实现，量子网络的构建引起了人们极大的关注。在当前量子计算机的可扩展性遇到阻碍的情况下，利用量子网络可提升量子计算的能力，同时，利用量子网络，可以行使全量子的通信协议，利用量子信息来完成特殊的信息处理功能；利用量子网络在处理多节点计算时，会大大降低通信的复杂度；另外，利用量子网络也可以行使经典信息的功能，如直接利用量子网络中的量子纠缠来达到安全的密钥分发的目的。

综上所述，构建一个全量子的通信网络，需要有通信波段的纠缠光源、高品质的量子存储器、高效的量子中继技术、节点的量子信息处理技术等环节。目前的进展主要有以下几方面：

（1）在量子通信协议方面：基于纠缠光子信号的量子隐形传态协议、量子密集编码协议、Ekert91 量子通信协议；基于单光子信号的 BB84 量子通信协议、B92 协议及六态量子通信协议、诱骗态量子通信协议；基于连续变量信号的连续变量量子隐形传态协议、连续变量量子密集编码通信协议、基于相干态的连续变量量子通信协议等。

（2）在量子信号的产生技术方面：纠缠光子信号产生技术（参量下转化纠缠光子产生技术、光子晶体光纤纠缠光子产生技术）、单光子信号产生技术（单光子枪、弱相干光脉冲产生技术）、连续变量量子信号产生技术（压缩态的产生技术、连续变量纠缠态的产生技术、连续变量相干态信号产生技术）。

（3）在量子信号的调制技术方面：真随机数的产生技术（基于光子路径的真随机数源、基于真空态量子噪声的真随机源）、单光子量子信号的调制技术（偏振调制、相位调制、频率调制）、连续变量量子信号调制技术（高斯调制、离散调制）等；2013 年日本东京大学研究小组针对光波传播时易偏离，造成粒子崩溃，直接影响传输成功率的难点，采用独特方法，利用 500 个以上的折镜组合，制作出精密、安定的光回路，成功开发出可以消减光波偏离的"gain‑tuning"信号调节技术，使量子传输成功率提高了 100 倍以上，达到 61%。

（4）在量子信号探测技术方面：单光子信号探测技术（基于雪崩光电二极管单光子信号探测技术、基于超导体单光子信号探测技术）、连续变量体系的探测技术（平衡零拍探测技术、光电转换探测技术）有了很大发展。

（5）在量子中继技术方面：基于拉曼散射的量子中继技术（基于单光子测量的纠缠产生、基于单光子的纠缠交换）、基于双光子测量的量子中继技术（基于双光子测量的纠缠产生、基于双光子的纠缠交换）、基于"薛定谔猫"态的连续变量量子中继方案（光学薛定谔猫态的制备、纠缠态的非局域制备、接近确定性的纠缠交换)应运而生。2012 年，潘建伟在国际上首次实现了八光子"薛定谔猫"态，刷新了纠缠态制备的世界纪录。

　　(6) 在量子通信网络技术方面：量子交换技术(量子空分交换、基于量子门的交换)、量子通信网络的体系结构(功能体系、协议体系、拓扑体系)等。现在人们还开发了一些典型的量子通信系统，如有线量子通信系统(基于单光子的光纤量子通信系统、基于连续变量的光纤量子通信系统)、无线量子通信系统(基于单光子的自由空间量子通信系统、基于纠缠光子的自由空间量子隐形传态)和一些量子通信实验网络(DARPA 量子保密通信网络、SECOQC 量子保密通信网络、Tokyo Quantum Network 高速量子保密通信网络、量子电话网等)。

　　(7) 在量子存储方面：2012 年，潘建伟小组实现了 3.2 ms 的存储寿命及 73% 的读出效率的量子存储；2013 年，郭光灿院士领导的中科院量子信息重点实验室史保森研究小组，在国际上首次实现携带轨道角动量、具有空间结构的单光子脉冲在冷原子系综中的存储，从而迈出了基于高维量子中继器实现远距离大信息量量子信息传输的关键一步。

　　(8) 在星地量子通信方面：2005 年，潘建伟小组在世界上第一次实现了 13 km 自由空间量子通信实验，证实了星地量子通信的可行性；2011 年 10 月，我国在国际上首次成功实现了百公里内量子信息传输，这为我国发射全球首颗"量子通信卫星"奠定了技术基础。

　　目前，由于光纤损耗和探测器的不完美性等因素，以光纤为信道的量子密钥分发距离已接近极限，而由于地球曲率和远距可视等条件的限制，地面间自由空间的量子密钥分发也很难实现突破。要实现更远距离甚至全球任意两点的量子密钥分发，基于低轨道卫星的量子密钥分发是最具潜力和可行性的方案。但这需要克服大气层传输损耗、量子信道效率、背景噪声等问题。尤其是低轨卫星和地面站始终处于高速相对运动中，存在角速度、角加速度、随机振动等情况，如何在这些情况下建立起高效稳定的量子信道，保持信道效率及降低量子密钥误码率，成为基于低轨道卫星平台实现量子密钥分发面临的关键。2012 年，在青海湖完成了百公里自由空间量子态隐形传输与纠缠分发实验；2013 年，在国际上首次成功实现了星地量子密钥分发的全方位地面验证，为实现基于星地量子通信的全球化量子网络奠定了坚实的技术基础。将这些技术组合在一起，构成一个全量子的通信网络，不存在原则上的困难。但是如何提高各个环节的品质，优化整个系统，达到高速率的量子信息传输，将是一个很大的挑战。

1.3.6　连续变量量子信息学

　　前面提到的用作量子信道的光子纠缠态，都利用了离散的 Hilbert 空间中的量子态，具有分离的自由度。对于无限维 Hilbert 空间中的量子光场，我们可以用所谓的连续变量的物理量(如光学模的正交分量)来刻画光场的量子性。此时，光场的纠缠特性体现在光场间的量子起伏上。采用连续变量的量子态依然可以行使量子通信中的计算功能。就量子通信而言，在连续变量的纠缠态系统中，人们也实验验证了量子隐形传态和量子密集编码协议，完成了以连续变量表征的光量子态在原子系综中的存储。

　　在以连续变量为基础的量子通信中，高品质的纠缠态是人们追求的目标。自 20 世纪 90 年代美国加州理工学院 Kimble 研究组制备出连续变量的 EPR 纠缠态以来，纠缠态的品质得到不断提高。2010 年，山西大学彭堃墀院士研究组采用模清洁器以及改进的锁频技术，将简并光学腔中产生的 EPR 纠缠光场的纠缠度提高到 6 dB，创造了当时世界上连续变量纠缠光场的最高品质。另外，山西大学张靖研究组在理论上提出了通过相敏简并光学参量放大器（DOPA）对于注入压缩真空态光场的操控和增强的方案，彭堃墀院士组在实验上实现了这一预言，当输入纠缠光场的纠缠度为 4 dB 时，通过满足一定条件的参量放大器后纠缠度可以达到 5.5 dB。

同离散变量的纠缠态一样，多组分的连续变量的纠缠态对多方的量子通信协议和利用纠缠态的单向量子计算至关重要。2000 年，英国的 Braunstein 等人提出：将压缩态光场通过多个分束器的线性变换，可以获得多组分纠缠的理论方案。2003 年，彭堃墀研究组在世界上最早实现了连续变量 3 组分纠缠态，在此基础上完成了受控量子密集编码的实验演示；2007 年，他们又率先实现了连续变量的 4 组分纠缠态。

连续变量量子信息学已具备进一步发展的理论和实验基础，形成了实现量子通信的另一种有效的可能途径。连续变量的纠缠光与现有的光通信技术兼容，能够无条件运转。连续变量量子通信技术各个方面的发展已在 1.3.5 节中列出，目前存在的主要问题是保真度还比较低。一种可能的克服途径是建立分离变量和连续变量混合的杂化量子信息系统，兼容二者的优势，提高量子通信的品质。

毫无疑问，在量子信息学的各个主要分支技术发展中，量子通信技术是进展最快的一个分支。

1.4　量　子　模　拟

所谓量子模拟，就是指在一个人工构建的量子多体系统的实验平台上去模拟在当前实验条件下难以操控和研究的物理系统，获得对一些未知现象的定性或定量的信息，促进被模拟的物理系统的研究。量子模拟的概念最初由诺贝尔奖得主费曼于 1982 年提出。费曼最初意识到，由于支配微观世界的基本规律是量子力学，所以要想模拟一个微观多体系统的演化，需要求解多体的薛定谔方程。费曼发现，这对于经典计算机来说，是不可能完成的任务。其主要原因在于，量子多体系统需要由量子波函数刻画，而波函数所处的 Hilbert 空间的维数随量子客体的数目指数增长，而经典计算机的存储空间根本不足以存储波函数的信息，所以也就无法刻画系统演化的规律。费曼当时的一个想法是：如果我们所用于模拟的机器本身就服从量子力学规律，即机器的状态也由量子波函数来刻画，我们用人工方法来控制机器，使之具有与被模拟对象相同的等效哈密顿量，于是，我们就可以用这台"量子模拟机"来模拟量子多体系统的演化。

量子模拟作为一个研究热点兴起于 1998 年。这一年，Jaksch 等人提出用光学晶格中束缚的冷玻色原子来仿真 Bose–Hubbard 型光学晶格的调控，Bose–Hubbard 模型哈密顿中的参数可以在很大范围内被随意调控，于是可以观测体系从 Mott 绝缘态到超流态的量子相变。这开创了采用人工量子平台来模拟强关联体系量子相变的先河，近十年来开展了大量的理论工作。迄今为止，量子模拟的研究内容十分广泛，除了模拟多体系统的演化、强关联系统的量子相变之外，还可能被用于模拟物态方程、各种规范场、量子化学、中子星和黑洞、理论上预言但尚未被观测到的准粒子，以及新的物质的态等。

目前，用于量子模拟可能的物理平台大致可以分为原子、离子和电子三类。原子系综中除了被人们所熟知的光晶格束缚冷原子系综外，还有微腔束缚原子的阵列系统等；离子主要是指离子阱系统；电子有超导约瑟夫森结阵列系统、量子点自旋的阵列系统以及液氦表面的电子系统等(见图 1.14)。这些可能的候选者中，冷原子系统以其独特的优势，处于上述所有提及的系统中最优越的地位。首先，在现有的技术条件下，它是目前所有提及的系统中唯一能够对大量粒子进行初始化的体系。其次，该系统具有很好的可调节性。以光晶格束缚冷原子为例，晶格的维度、晶格参数和几何以及格点间的隧穿强度，都可以通过调节光晶格势场来实现，而粒子之间的散射强度，则可通过 Feshbach 共振技术来调节。此外，人们还可以自由地控制原子的组分。到目前为止，人们操控冷原子晶格的能力也越来越强。例如，2011 年，德国的 Bloch 研究组已经实现了单原子的成像和寻址；美国的 Greiner 研究组利用单格点成像技术，成功地模拟并探测了一维反铁磁自旋链，这是继模拟 Bose－Hubbard 模型的量子相变以来，量子模拟领域最重要的实验进展。同样在 2011 年，人们还实现了二维经典阻挫模型的模拟。

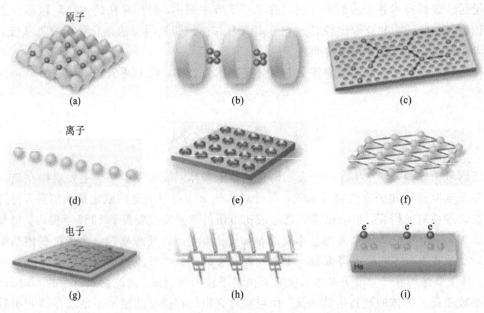

图 1.14　潜在的可以用于实现量子模拟的物理系统

　　采用冷原子系统进行量子模拟的先决条件是：首先要对原子系综进行一系列的激光冷却和蒸发冷却，使其达到几纳开(nK)的温度。这时，对于玻色子而言，将处于玻色-爱因斯坦凝聚(BEC)的状态；对于费米子，则处于量子简并的状态。此时，原子的相对热运动被高度抑制，由于原子间相互作用所导致的量子特性则被显现出来。我国的冷原子技术经历了几十年的发展，目前已经逐渐追上了世界的步伐。目前，已经有中国科学院上海光学精密机械研究所、北京大学、中国科学院武汉物理与数学研究所、中国科学院物理研究所、中国科学技术大学等多家单位在实验上实现了 BEC，山西大学的张靖研究组实现了费米子的量子简并。张靖研究组和中国科学技术大学陈帅研究组已经在规范场的量子模拟方面取得了很好的实验进展。另外，中国科学院物理研究所的刘伍明研究员在早期冷原子相干性质的研究中取得了非常重要的理论进展，他与合作者在理论上描述了玻色-爱因斯坦能聚态的干涉现象，理论上预言了可调幅和调频的原子激光，发现分数量子涡旋晶格等。

除了冷原子系统之外，目前离子阱系统已经显示出实施中度规模的量子模拟的潜力。如奥地利 Innsbruck 大学的 Blatt 研究组于 2011 年在线性离子阱中实现了开放系统的量子模拟器和普适的数字式量子模拟。由于二维离子阱阵列原则上是可以实现的，所以 10^2 量级的多体系统的量子模拟有可能在量子阱系统中获得实现。在固态系统中，超导约瑟夫森阵列系统目前最接近实现中度规模的量子模拟的目标。

另外，量子模拟也有可能被用来研究少体系统。例如，对于相对论量子力学的很多预言难以在实验上真正观测到。但是人们有可能以量子模拟的方式，在低速系统中构建相对论的量子力学方程的演化，进而观测量子模拟的结果。这方面，华南师范大学的朱诗亮等人，提出了在冷原子系统中模拟相对论量子力学中的 Klein 隧穿效应。中国科学技术大学的杜江峰研究组，在核磁共振系统中通过量子模拟的方式获得了氢分子的基态能量，模拟了化学中异构化反应的动力学。潘建伟研究组用 6 光子系统制备了图态去模拟阿贝尔任意子系统的编织效应等。

从技术上讲，量子模拟平台同量子计算机紧密相关，量子比特数目可升级也是对两者共同的要求。对于用作量子模拟的系统，在操控难度和相干时间长度上的要求比量子计算低很多，于是人们预期量子模拟机很有可能在实现大规模的量子计算之前就获得实际的应用，有可能对物理学、化学、材料化学等学科产生重要的影响，甚至有可能促成材料科学、能源等重要问题的解决。

1.5　量子度量学

人类的发展进程从某种意义上讲就是测量技术不断发展进步的过程。从早期用手或者脚等的长度作为长度单位，到目前人们通常使用的直尺、卷尺、游标卡尺等，人类的测量精度得到了极大的提高。在科学实验以及一些重要的应用中，人们利用光的干涉以及激光等手段大大提高了测量的精度。测量精度的提高不仅可以用来验证已有的物理学理论，而且可以推动新的理论和技术的发展。例如，通过相位测量的方式可以以亚波长的精度测量任意一个相对位移，这样的方法已经被运用到了宇宙学、纳米科技和医学等领域。

受经典物理学本身特性（如散粒噪声等）的限制，经典度量学的发展目前已经接近经典物理所能达到的极限——标准量子极限（Standard Quantum Limit，SQL）。人们希望能够找到另外一种方法或者系统来突破经典物理学的限制，进一步提高测量的精度。20 世纪初发展起来的量子力学，尤其随着近二三十年来量子信息学的发展，人们在量子纠缠态的性质、制备、控制以及测量方面做了大量的研究，得到了丰富的研究成果。近来，人们利用量子态（特别是量子纠缠态），结合经典度量学的方法与量子力学的特性，使得测量精度在一些领域大大突破了经典物理的极限（SQL）。例如，对任意微小位移（在光学中表现为相位变化）的测量精度在某些情况下已经逼近量子力学极限——海森堡极限（Heisenberg Limit）。这种利用量子力学方法，尤其是利用量子纠缠，研究如何对物理系统中某个物理量进行更精确测量的研究方向叫量子度量学。量子度量学向人们承诺发展相比于经典度量学更为精确的测量技术。目前量子度量学的研究主要集中在量子时钟、量子高精密相位测量、量子成像等领域。

1.5.1　原子钟

为了提高时间(频率)的计量精度，人们一直在寻求一个更准确的时间频率标准。量子力学和微波波谱学的发展促成了原子钟的实现。1936 年，Rabi 在哥伦比亚大学提出了原子和分子束谐振技术理论，并实验得到原子跃迁只与其内部固有特征相关而与外界电磁场无关的结果，提供了原子跃迁作为频率标准的可能性。1948 年，Smith 和 Lyon 在美国国家标准局利用 Rabi 的理论做成了第一台氨分子钟，但这个钟是吸收型的，因为多普勒效应，其长期稳定度也只有 10^{-7}，没有实用价值。但是，随着技术的发展，原子钟的精度有了极大的提高。1996 年，法国国家标准实验室(LPTF)的 Clairon 和法国高等师范大学的 Salomon 建成了基于冷原子喷泉概念的第一个铯原子时间频率基准。当前这种基准的不确定度已经进入 10^{-16} 量级。

随着飞秒激光的出现，可以直接通过拍频法测量激光的绝对频率，使光频与飞秒光梳结合为钟成为可能。基于各种元素的光频标研究成为时间频率领域的新热点，光钟与微波钟类似，只是光钟的原子被激光冷却囚禁到很低的温度以消除跃迁的多普勒增宽，然后用钟激光进行探测。钟探测光频率锁定在原子的跃迁共振线上，作为光钟的振荡器，光钟又有离子光钟、原子光钟和光晶格光钟三种形式。目前光钟的不确定度已经达到了 10^{-18} 量级。

近年来，人们开始考虑利用量子关联以及量子纠缠等特性进一步提高光谱测量的精度。2006 年奥地利的 Roos 等人利用无消相干子空间和特殊设计的纠缠态实现了对势阱中的两个钙离子(Ca^+)光谱的精确测量。研究发现，通过利用纠缠态可以消除电四极移位的问题。该研究为人们提供了一种光频标研究的新方法。

中国科学院上海光学精密机械研究所的王育竹院士研究组在小型星载原子钟的基础研究方面取得了若干进展。他们将量子信息存储的技术应用到原子钟。将探测光信息存储于原子介质中，将光的信息转变为原子的自旋波，当微波探测原子跃迁频率时，由于已无光场存在，消除了光场作用于原子产生的光频移效应，当控制光诱发原子自旋波转化为信号光输出时，信号光携带了微波探测原子跃迁的信息(误差信息)。误差信号的探测是将粒子数差的探测转变为原子相干性的探测，进而极大地提高了信号的对比度和信噪比，从而改善了原子钟的性能。

1.5.2　量子高精密相位测量

量子高精密相位测量是利用非经典光场的特殊形式实现对任意光学相位的高精密测量，其精度可以突破标准量子极限。假设有 N 个光子，如果这 N 个光子处于经典关联态，那么由于输出的随机性(散粒噪声)导致了相位测量的精度将小于标准量子极限。然而量子关联可以帮助我们克服这个限制。20 世纪 80 年代，人们利用压缩光场证明了这一性质。随后，理论物理学家开始研究利用一般的量子态如何实现最佳的相位测量，但是当时的实验条件无法实现利用相应的量子态进行相位测量。随着三光子和四光子路径纠缠态 NOON 态的实验制备的成功实现，人们又重新燃起了对量子精确测量的兴趣。2007 年，Nagata 等人利用选择性投影测量的方式实现了利用 NOON 完成超高精度的相位测量工作。随后，中国科学技术大学的孙方稳等人利用相似的方法得到了更高的测量精度。

以上工作都是对一个已知相位的起伏或者抖动的测量，然而有时人们需要测量一个未知相位。2007 年 Higgins 等人利用自适应测量和反馈控制的方式实现了对一个完全未知的相位的精确测量，该方法的理论精度可以达到海森堡极限。但是该工作在实验实现时，由于多次通过相移装置而带来了带宽的问题，使得相位测量精度在更多光子的情况下大大受限。2011 年，澳大利亚 Griffith 大学和中国科学技术大学的项国勇等人利用多光子纠缠态，将多次通过改为单次通过，用贝叶斯分析和最优化的自适应反馈控制方法成功解决了这一问题 。该方法可以推广到利用任意的纠缠态输入。

目前，人们开始考虑实际测量中在有光子损耗等情况下如何实现更高精度的相位测量以及海森堡极限能否被突破等问题，同时量子高精密相位测量的方法已经开始被应用到物质浓度测量和引力波测量中。

另外，华东师范大学的张卫平研究组利用控制原子系综的内态相干性来实现光学相位共轭分束器，并以此构建了非线性量子干涉仪。他们证明该非线性量子干涉仪的条纹强度远高于同等条件下的线性干涉仪，从而提高了相位测量的敏感度。

1.5.3　量子成像

量子成像是近十年提出并发展起来的一个新的研究领域。现在很多时候人们把"鬼"成像（ghost imaging）也叫做量子成像，然而"鬼"成像完全可以用经典关联来实现，例如现在逐步开始在军事方面用的基于"鬼"成像的量子雷达也可以用微波的经典关联来实现。另外一种利用光与原子相互作用的受激发射损耗（STED）的方式进行超越衍射极限的成像方法也发展了十年有余，已经逐步商用化。本书所介绍的量子成像是利用量子光场实现的超高分辨率的成像。

早在 2001 年，Brambilla 等人就对自发参量下转换过程（SPDC）产生的双光子对的特性进行了详尽的理论分析。相比于相干态，SPDC 产生两束光间的关联明显加强。在实验上低噪声成像已经被实现。Brida 等人通过测量信号光（s 光）和休闲光（i 光）的光子数并相减，得到了低于散粒噪声的数据。2010 年 2 月《Nature Photonics》刊登了 Brida 研究组关于对实际透过式图像进行低噪声成像的实验。在相同光子数的时候，噪声达到了经典光所能到达的极限之下，还是显示出了非经典光的巨大优势。

上面的方法只是提高了成像的对比度，而分辨率并没有得到改进。我们知道，在传统的刻蚀（Iithography）中，要想减小条纹间距，就必须减小光子的波长，但是光子的能量（频率）必然随着增加，当光子的能量足够高时，就会对被刻蚀的基板和上面的物质造成损害，而量子刻蚀束可以通过 N 个光子的纠缠特性，得到 N 光子的整体波长为实际波长的 $1/N$。这样，在同样波长的条件下将条纹间距扩大 N 倍，该方法将会在未来的芯片工业加工技术以及成像等方面有广泛的应用。量子刻蚀（quantum lithog - raphy）的概念首先由 Scully 和 Rathe 于 1995 年提出，但是该方向引起大家的兴趣是在 2000 年 Boto 介绍了一种基于光子吸收的测量方案之后。由于实验上的困难，目前人们只能实现两光子的量子刻蚀实验。2010 年，Tsang 提出的基于质心测量的量子刻蚀方案大大提高了量子刻蚀的效率，并且大大降低了实验难度。紧接着，Shin 等人利用该方法实验实现了两光子的量子刻蚀，得到了相比于标准量子刻蚀方法更高的探测效率。当然，由于 NOON 制备的困难，更高精度（更多光子数）的实验实现还比较困难。

总之，量子度量学利用量子力学特性，尤其是量子纠缠，为我们提供了更高精度的测量方法和技术。但是要真正实用化,如最近提出的量子雷达以及量子定时定位技术,还有大量的基础工作以及实验技术需要解决。

1.6　量子信息物理基础

近年来,随着量子信息领域研究的不断深入,反过来进一步推动了量子力学的发展,丰富了量子物理的内涵,加深了人们对量子世界的理解。本节主要论述量子信息的发展推动量子力学研究的若干事例,如量子关联、基于熵的不确定关系、量子开放系统环境的控制等问题。

关联是自然界中普遍存在的现象。在经典领域,关联可以很好地在 Shannon 信息理论框架内进行刻画,但是在量子世界中则不是那么简单。最初人们认识到量子纠缠是不同量子体系之间的一种特殊关联,它不同于经典关联。但是反过来,量子世界中所有的非经典关联特性并不都是量子纠缠导致的。最近,人们认识到量子关联比量子纠缠更普通,除了量子纠缠作为一种特殊的量子关联以外,进一步人们发现即便是可分离的量子状态中也含有非经典关联,即在没有量子纠缠的情况下,量子关联依然可能存在。人们理论上发现这种非纠缠的量子关联可以在非幺正的量子计算模型中实现计算的加速,并已经在实验上获得了验证。

那么量子关联如何量化呢?对于经典世界中的两个事件集,它们之间的经典关联由两者的互信息量来定义。对于两体量子系统,我们可以直接推广这个概念,用量子互信息量来刻画两体量子系统的总的关联,这一点已经被 Groisman 等人在 2008 年所证实。于是,从总的关联中剔除掉经典关联,剩下来的就是量子关联,但是具体如何剔除,由于量子系统的复杂性,人们很难给出一般性的解析形式。目前存在几种形式化的定义,其中非常著名的一个被称为量子失协。对于两体量子系统而言,对其中一个子系统的测量,将不可避免地导致对另一个子系统状态的扰动,但对于经典系统则不然。由于这点本质性的差别,在经典情况下对经典互信息量存在两种等价的表达形式,但在量子情况下,这两种定义形式表现出不一致,它们之间的差值被定义为量子失协。量子失协包含量子体系中的量子纠缠和非纠缠的量子关联,它度量了量子体系中总的非经典关联,该概念一经提出立刻引起了广泛的关注。在 2010 年 Ferraro 等人已经证明几乎所有的量子态都含有量子失协。最近,人们尤其关注量子失协(特别是非纠缠的量子关联)在量子信息处理过程中是如何被利用的,包括 DQC1 的量子计算方案以及 Grover 搜索算法等,这将有助于澄清量子方案能超越经典的真正原因。量子失协这一概念除了在某些基本的量子信息理论方面有重要的应用之外,在一些基本的物理问题中也起到了重要的作用,如解释麦克斯韦妖和量子相变等。考虑到消相干环境,量子失协在马尔科夫环境和非马尔科夫环境下的演化也被广泛研究。在实验上,中国科学技术大学中国科学院量子信息重点实验室的李传锋研究组,利用光学系统分别研究了量子失协在马尔科夫环境和非马尔科夫环境下的演化规律。Soares - Pinto 等人也在 NMR 体系中研究了量子失协在马尔科夫环境下的演化情况。自量子失协的概念被提出以后,人们也开始从不同的角度考虑量子系统中各种关联的度量方法。2010年,Modi 等人利用距离相对熵的方法对量子体系中的各种关联进行了定义。这样,所有的关联都能放在同一个框架内进行考虑,并且可以直接推广到多体高维系统。

下面介绍海森堡不确定原理（也称测不准原理）。经典的海森堡不确定原理认为，在一个量子力学系统中，一个粒子的两个不对易的力学量（如位置和动量）不可能被同时确定。精确地确定其中一个力学量的同时，必定不能精确地确定另外一个力学量。最原始的不确定关系的表达式 $\Delta R \Delta S \geqslant \hbar 2$ 由海森堡提出，由 Kennard 在 1927 年作了证明。此表达式只对特殊情况下成立。一般情况下的不确定关系表达式 $\Delta R \Delta S \geqslant \frac{1}{2}|\langle[R, S]\rangle|$ 由 Robertson 给出，但是这个结果的右边的下限是态依赖的，所以 30 多年来 Deutsch 等人又发展了基于熵的不确定关系，这类不确定关系的特点是下限不再依赖于具体的态。爱因斯坦等人 1935 年提出的 EPR 佯谬认为：如果 AB 两个粒子是孪生的，则可以同时准确测量 A 的位置和 B 的动量，而从 B 的动量又可以推出 A 的动量，等价于说可以同时确定 A 粒子的位置和动量。爱因斯坦等人以此来质疑量子力学的完备性。对于 EPR 佯谬的持续研究催生了量子纠缠的概念，人们认为利用量子纠缠，是有可能同时确定一个粒子的位置和动量的。2010 年 Berta 等人在理论研究进一步给出了这一问题的定量描述，在观测者拥有被测粒子"量子信息"的情况下，被测粒子测量结果的不确定度依赖于被测粒子与观测者所拥有的另一个粒子（存储量子信息）的纠缠度的大小。当它们处于最大纠缠态时，两个不对易的力学量可以同时被准确测量，此时经典的海森堡不确定原理将不再成立。此理论被称为新形式的海森堡不确定原理。

2011 年，中国科学技术大学的李传锋研究组首次验证了新形式的海森堡不确定原理（见图 1.15）。他们在光学系统中利用非线性过程产生的孪生光子对制备出一种特殊的纠缠态——贝尔对角态，把其中一个光子作为被测光子，另一个光子作为存储被测光子量子信息的辅助粒子。他们通过将辅助光子存储在自行研制的自旋回声式的量子存储器中（存储时间可以达到 $1.2~\mu s$），实现了对被测光子的两个不对易力学量的测量，并给出了两个力学量输出结果不确定度的下界。与此同时，Prevedel 等人利用单模光纤作为存储器也实现了新形式的海森堡不确定关系的实验验证。

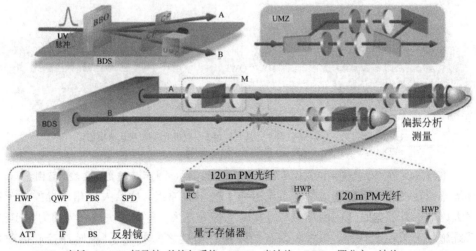

BDS—底板；UMZ—超马赫-曾德尔系统；HWP—半波片；QWP—四分之一波片；
PBS—双折射晶体（极化分束器）；SPD—探测器；BBO、BS—晶体

图 1.15 验证新形式海森堡不确定原理的实验示意图

　　量子开放系统是量子力学的一个非常重要的研究方向。因为薛定谔方程是描述封闭系统中量子态的演化的，而作为一个量子系统，不可避免地会同环境自由度发生相互作用，从而产生信息和能量的交换，这就是量子开放系统。对于量子开放系统，其处理思路非常简单，我们只需要将所有的环境自由度包含进来，将这个大的系统看成一个闭系统，用薛定谔方程来处理。对于某一时刻的系统状态的描述，我们可以通过约化掉环境的自由度来获得系统的约化密度矩阵。但是。由于这是一个量子多体系统，薛定谔方程的求解异常复杂，无法对一般情况进行求解。

　　在最初的研究中，人们考虑环境自由度非常大、系统和环境之间的耦合非常弱的情况，在这种情况下可以采用波恩-马尔科夫近似，进而可以求得系统约化密度矩阵演化的Lindblad方程，这种情况下，系统展现出马尔科夫特性，即系统的将来状态仅与系统的现在状态有关，与过去无关，也可以说系统流入环境的信息不会再反过来影响系统。但是，随着量子信息科学的发展，人们操控微观系统的能力越来越高，人们所处理的系统和环境越来越精细，波恩-马尔科夫近似下的结果越来越难以满足对系统精确描述的要求，所以对非马尔科夫行为的研究就显得越来越重要。2008~2011年，科学家们提出了几种非马尔科夫性的定义，使得非马尔科夫过程的定量研究成为可能。

　　如果量子开放系统是非马尔科夫性的，那么流入环境的信息将在将来的某一时刻重新对系统造成影响，这种情形下，环境就相当于量子信息的存储器。通常情况下，由于环境具有复杂的自由度，人们很难实现对环境的调控，使之从马尔科夫环境变成为非马尔科夫环境。但在2011年，李传锋研究组首次在实验上模拟了量子开系统中，环境从马尔科夫到非马尔科夫的转变。他们利用非线性晶体的自发参量下转换过程制备出高纯度纠缠光子对，并将其中一个光子的偏振比特作为量子系统，其频率（或者说波长）作为环境，然后通过石英片的双折射效应把量子系统与环境耦合起来，实现量子系统在环境中的演化。他们通过在光路中加入特制的法布里-玻罗腔，并通过改变法布里—玻罗腔的转动角度，利用另外一个光子辅助探测，从而实现了对环境（光子频率）的调控（见图1.16）。

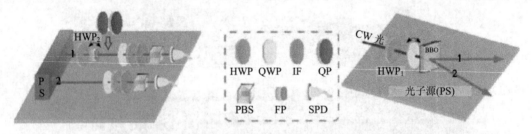

HWP—半波片；QWP—四分之一波片；PBS—双折射晶体(极化分束器)；
SPD—探测器；FP—法布里-玻罗腔

图 1.16　在光学系统中模拟从马尔科夫环境到非马尔科夫环境转变的实验示意图

　　环境自由度的存在，是造成量子系统退相干的主要原因，这给人们相干操控量子态带来了很大困难。为了克服这一困难，人们发展了若干方法，其中之一被称为动力学退耦合，即对系统施加若干控制脉冲，来斩断系统与环境自由度之间的联系（在脉冲控制的时间段中，将系统与环境的相互作用的哈密顿量平均掉，使开放系统的行为类似于一个封闭系统）。在动力学退耦合的研究中，一个重要的理论进展是，Uhrig在2007年提出了UDD的动力学退耦合序，大大简化了动力学退耦合中所需要的翻转脉冲数目。2009年，中国科学技术大学的杜江峰等人，在实验上实现了 UDD 的脉冲控制。他们在真实的固态系统中，使用 7 重 UDD 脉冲，从而将系统相干性提升了 3 个量级（见图 1.17）。随后，2010 年，Hanson 研究组也在金刚石 NV 色心中的单自旋系统中实现了对动力学退耦合过程的实验验证。

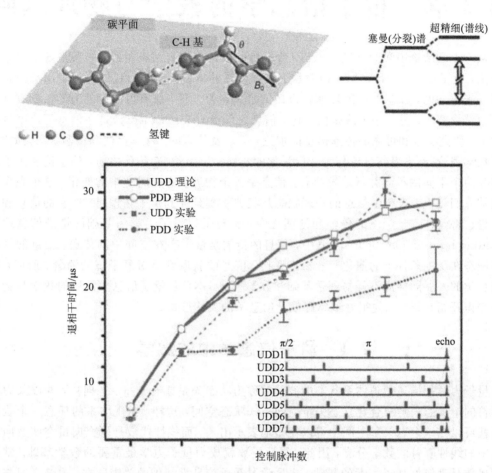

图 1.17　固态系统中通过 UDD 脉冲的控制，使系统相干性获得提升

量子开放系统中，系统和环境相互作用复杂性有时会展现出很多有违直观的现象。例如，一般而言，系统与环境的耦合作用越强，系统的退相干会越显著。但这一点并不总是正确的。香港中文大学的刘仁保等人发现，在自旋 1 的系统中，在动力学退耦合的控制之下，多跃迁过程可以比单跃迁过程具有更长的相干时间，虽然多跃迁过程会遭受更强的噪声影响。他们将此命名为反常退相干。杜江峰等人在 NV 色心系统中验证了这一点。

通过上述事例可以看出，量子信息的深入发展也推动了量子力学本身的发展与完善，使得人们对很多物理问题的认识比以前更加深刻。

第 2 章　　量子信息学的数学与物理基础

　　从第 1 章绪论中我们已经认识到：量子信息学的诞生有两条主线，一条是量子力学或量子论，量子论(quantum theory)揭示了客观世界的本质，任何微观体系都是用量子状态波函数来描述的，而状态的闭环演化遵循的是薛定谔方程，所有可测度的力学量都有其对应的力学量算符；另一条主线是信息论，信息论(information theory)是在信息可以度量的基础上，研究有效和可靠的传递信息的理论，它涉及信息的产生、存储和传输。香农的"通信的数学理论"标志着信息论作为一门科学的建立。20 世纪 80 年代之前，信息论和量子理论作为两个不同的科学并行地发展着。信息是源于物理状态在时空中的变化，这个观念已逐渐被人们认识，当产生信息的物理状态从经典物理延伸到量子物理时，所有的信息和计算理论也将延伸到量子态的传输和处理之中，出现了以量子力学为基础的量子信息理论(quantum information theory)。其中，信息的传输是量子态在空间中的传送，信息的处理是量子态在受控条件下的演化——幺正变换，信息的获取则是对量子态的测量。所以，量子信息学的发展同样离不开物理学基础和数学基础。本章从量子信息学常用的数学与物理基础知识开始介绍，以便很好地掌握量子信息学的表达形式。

2.1　　量子信息学中的数学

　　量子力学把描述微观体系状态的波函数称为状态矢量或态矢量、态向量，并以某力学量算符的本征态矢量集合建立态矢量空间—— 状态空间，这样，微观体系的任意一个状态矢量就可以在这个态矢量空间中得以完整地表示出来。而线性代数是研究向量空间及向量空间中的线性算符的数学分支，因此，线性代数就成为量子力学最重要的数学基础。掌握线性代数是理解好量子力学的基础，也是学习量子信息学基础的关键所在。本节学习与量子力学密切相关的一些线性代数的基本概念，并给出在量子力学中使用这些概念所采用的具体标记形式。实际上可以认为理解量子力学假设的主要障碍不是假设本身，而是理解这些假设所需要的大量线性代数概念。

2.1.1　向量

　　线性代数研究的基本对象是向量空间(vector space)。我们最感兴趣的向量空间是所有 n 元复数 $(z_1, \cdots, z_n)$ 构成的空间 $\boldsymbol{C}^n$，向量空间的元素称为向量，可以用列矩阵表示向量。例如，向量 z 可表示为

$$z = \begin{bmatrix} z_1 \\ \vdots \\ z_n \end{bmatrix} \tag{2.1}$$

同时，向量空间 $\boldsymbol{C}^n$ 中的两个向量间的加法可定义为

$$\begin{bmatrix} z_1 \\ \vdots \\ z_2 \end{bmatrix} + \begin{bmatrix} z_1' \\ \vdots \\ z_n' \end{bmatrix} = \begin{bmatrix} z_1 + z_1' \\ \vdots \\ z_n + z_n' \end{bmatrix} \tag{2.2}$$

其中，右边的加法运算就是复数加法。而且向量空间中还存在标量乘法运算，$\boldsymbol{C}^n$ 上的标量乘运算定义为

$$z \begin{bmatrix} z_1 \\ \vdots \\ z_n \end{bmatrix} \equiv \begin{bmatrix} zz_1 \\ zz_2 \\ zz_3 \end{bmatrix} \tag{2.3}$$

其中，z 是标量，即为一复数，右边的乘法是普遍的复数乘法。

量子力学研究的是 Hilbert(希尔伯特)空间中的量子系统的演化过程，所有的运算都包容于 Hilbert 内积空间。量子力学具有多种有效的标记形式，其中 Dirac 标记是常用的标记之一。在 Dirac 标记中的量子态即向量标记为

$$|\psi\rangle \tag{2.4}$$

其中，ψ 是该向量的标号(可以用任何标号，如 φ 和 ϕ)，符号 $|\cdot\rangle$ 用来表明该对象为一向量。整个对象 $|\psi\rangle$ 又称为右矢(Ket)。值得注意的是，在向量空间中存在一个特殊的向量——零向量，记作 $\boldsymbol{0}$。它满足：对任意向量 $|v\rangle$，$|v\rangle + \boldsymbol{0} = |v\rangle$ 都成立。在这里不用右矢 $|0\rangle$ 的记号来表示零向量，是因为通常标记的是计算基矢中的零向量，如一个量子比特的 $|0\rangle$ 向量实质为 $(1,0)^{\mathrm{T}}$，而不是向量的所有元素全为零的含义。同时对于任意的复数 z，都存在 $z \cdot \boldsymbol{0} = \boldsymbol{0}$。为了方便起见，可用 $(z_1, \cdots, z_n)^{\mathrm{T}}$ 表示项为 $z_1, \cdots, z_n$ 的列矩阵。如 $\boldsymbol{C}^n$ 的零元向量为 $(0, \cdots, 0)^{\mathrm{T}}$。向量空间 $\boldsymbol{V}$ 的一个子空间是 $\boldsymbol{V}$ 的一个子集 $\boldsymbol{W}$，需满足如下条件：$\boldsymbol{W}$ 也构成一个向量空间，即 $\boldsymbol{W}$ 也必须对标量乘和加运算封闭。

向量空间的张成集(spanning set)是一组向量 $|v_1\rangle$，$|v_2\rangle, \cdots |v\rangle_n$，它使得向量空间中的任意向量 $|v\rangle$ 都能表示成这组向量的线性组合，即 $|v\rangle = \sum_i a_i |v_i\rangle$。例如，向量空间的一组张成集是

$$|v_1\rangle = \begin{bmatrix} 1 \\ 0 \end{bmatrix}, \quad |v_2\rangle = \begin{bmatrix} 0 \\ 1 \end{bmatrix} \tag{2.5}$$

因为 $\boldsymbol{C}^2$ 中的任意向量 $|v\rangle = \begin{bmatrix} a_1 \\ a_2 \end{bmatrix}$ 都可以写成 $|v_1\rangle$ 和 $|v_2\rangle$ 的线性组合：

$$|v\rangle = a_1 |v_1\rangle + a_2 |v_2\rangle \tag{2.6}$$

于是 $|v_1\rangle$ 和 $|v_2\rangle$ 张成(span)向量空间 $\boldsymbol{C}^2$。通常情况下，向量空间可能存在许多不同的张成集。例如，向量空间 $\boldsymbol{C}^2$ 的另一组张成集为

$$|v_1\rangle \equiv \frac{1}{\sqrt{2}} \begin{bmatrix} 1 \\ 1 \end{bmatrix}, \quad |v_2\rangle \equiv \frac{1}{\sqrt{2}} \begin{bmatrix} 1 \\ -1 \end{bmatrix} \tag{2.7}$$

这是由于任意的向量 $|v\rangle = (a_1, a_2)^{\mathrm{T}}$ 也可以写成公式(2.7)中 $|v_1\rangle$ 和 $|v_2\rangle$ 的线性组合：

$$|v\rangle = \frac{a_1 + a_2}{2} |v_1\rangle + \frac{a_1 + a_2}{2} |v_2\rangle \tag{2.8}$$

如果存在一组复数 $a_1, \cdots, a_n$，至少存在一个 a_i，使得

$$a_1 |v_1\rangle + a_2 |v_2\rangle + \cdots + a_n |v_n\rangle = 0 \tag{2.9}$$

都成立，则非零向量 $|v_1\rangle$，$\cdots$，$|v_n\rangle$ 定义为线性相关；否则，非零向量 $|v_1\rangle$，$\cdots$，$|v_n\rangle$ 定义为线性无关。可以证明，如果任意两组线性无关向量都是向量空间 V 的张成集，这两个张成集一定包含相等数目的元素，称这样的向量组为向量空间的基。对于任一向量空间，基总是存在的，基所包含的数目称为向量空间 V 的维数。通常情况下，量子信息和量子计算更加关注有限维向量空间。

2.1.2 内积

内积是向量空间上的二元复数函数，即两个向量 $|v\rangle$ 和 $|w\rangle$ 的内积是一个复数。向量空间中向量 $|v\rangle$ 和 $|w\rangle$ 的内积通常标记成 $(|v\rangle, |w\rangle)$，但这不是量子力学的标记形式。内积 $(|v\rangle, |w\rangle)$ 在量子力学中的标准符号为 $\langle v|w\rangle$，其中 $|v\rangle$ 和 $|w\rangle$ 是内积空间中的向量，符号 $\langle v|$ 表示向量 $|v\rangle$ 的共轭转置，称为左矢(Bra)，也即行向量。

内积表示从 $V \times V$ 空间到复数空间 C 的函数 $(\cdot, \cdot)$，它必须满足以下条件：

(1) $(\cdot, \cdot)$ 对第二个自变量是线性的，即

$$\left(|v\rangle, \sum_i \lambda_i |w_i\rangle\right) = \sum_i \lambda_i (|v\rangle, |w_i\rangle)$$

(2) $(|v\rangle, |w\rangle) = (|w\rangle, |v\rangle)^*$。

(3) $(|v\rangle, |v\rangle) \geqslant 0$，当且仅当 $|v\rangle = \mathbf{0}$ 时等号成立。

例如，向量空间 C^n 的内积定义为

$$((y_1, \cdots, y_n), (z_1, \cdots, z_n)) \equiv \sum_i y_i^* z_i = (y_1^*, \cdots, y_n^*) \begin{bmatrix} z_1 \\ \vdots \\ z_n \end{bmatrix} \tag{2.10}$$

带有内积的空间称为内积空间。容易证明，任意内积 $(\cdot, \cdot)$ 对第一个自变量都是共轭线性的，即

$$\left(\sum_i \lambda_i |w_i\rangle, |v\rangle\right) = \sum_i \lambda_i^* (|w_i\rangle, |v\rangle) \tag{2.11}$$

若在 Hilbert 空间考虑量子力学系统，希尔伯特(Hilbert)空间就是复内积空间。在量子计算与量子信息中，我们常遇到有限维数复向量空间，此时希尔伯特空间与内积空间完全等价。因此，我们经常不加区分地使用这两个术语。

如果向量 $|v\rangle$ 和 $|w\rangle$ 的内积为 0，则称两向量相互正交(orthogonal)。例如，向量 $|w\rangle \equiv (1, 0)$ 和 $|v\rangle \equiv (0, 1)$ 相对于式(2.10)定义的内积为 0，它们是正交的。定义向量 $|v\rangle$ 的范数(norm)为

$$\||v\rangle\| \equiv \sqrt{\langle v|v\rangle} \tag{2.12}$$

如果满足 $\||v\rangle\| = 1$，则称向量 $|v\rangle$ 是归一的(Normalized)。对任意非零向量 $|v\rangle$，向量除以其范数，称为向量的归一化，即 $|v\rangle / \||v\rangle\|$ 是 $|v\rangle$ 的归一化形式。如果一组以 i 为指标的向量 $|i\rangle$ 中每个向量都是单位向量，且不同向量之间正交，即 $\langle i|j\rangle = \delta_{ij}$，其中 i 和 j 都是从指标集中获取的，则 $|i\rangle$ 称为标准正交基(orthonormal)。如果多数约定向量都是用标准正交基表示的，则 Hilbert 空间的内积可以方便地以矩阵的形式来表述。令 $|w\rangle = \sum_i w_i |i\rangle$ 和 $|v\rangle = \sum_j v_j |j\rangle$ 是向量 $|w\rangle$ 和 $|v\rangle$ 相对某个标准正交基 $|i\rangle$ 的表示，由于

$\langle i \,|\, j \rangle = \delta_{ij}$，因此可得到

$$\langle v \,|\, w \rangle = \left(\sum_i v_i \,|\, i \rangle, \ \sum_j w_j \,|\, j \rangle \right) = \sum_{ij} v_i^* w_j \delta_{ij} = \sum_j v_i^* w_i = (v_1^*, \cdots, v_n^*) \begin{bmatrix} w_1 \\ \vdots \\ w_n \end{bmatrix}$$

(2.13)

即如果向量是相对于某个标准正交基的，则两个向量的内积就等于向量矩阵表示的内积，表示为 $\langle v \,|\, w \rangle$。

2.1.3　线性算符与矩阵

向量空间 $V \rightarrow W$ 之间的线性算子(linear operator)定义为对于任意的线性函数 $A: V \rightarrow W$，满足：

$$A\left(\sum_i a_i \,|\, \varphi \rangle \right) = \sum_i a_i A(\,|\, \varphi \rangle)$$

(2.14)

通常把 $A(\,|\, \varphi \rangle)$ 记作 $A \,|\, \varphi \rangle$。如果一个线性算子 A 定义在向量空间 V 上，则表示 A 是从 V 到 W 的线性算子。恒等算子(identity operator)I 是任意线性空间 V 上的一个重要的线性算子，定义为对所有向量 $|\, v \rangle$ 有等式 $I \,|\, v \rangle = |\, v \rangle$ 成立。只要不引起混淆，就可以省略 $|\, v \rangle$，而只用 I 表示恒等算子。另一重要算子是零算子，记作 0。零算子把所有向量映射为零向量，即 $0 \,|\, v \rangle = 0$。从式(2.14)中容易得知，一旦确定了线性算子 A 在某一基矢上的作用，A 在所有输入量上的作用就完全被确定。

设 V、W 和 X 是一向量空间，且有 $A: V \rightarrow W$ 的线性算子和 $B: W \rightarrow X$ 的线性算子，则 BA(表示 B 和 A 的复合算子)可定义为

$$(BA)(\,|\, v \rangle) = B[A(\,|\, v \rangle)]$$

(2.15)

通常简记为 $BA \,|\, v \rangle$。

理解线性算子最方便的方法是矩阵表示(matrix representation)。事实上，线性算子和矩阵完全等价，即线性算子可以表示成矩阵，矩阵也可表示成线性算子。为明确二者的联系，首先要了解 $m \times n$ 阶，以 A_{ij} 为元素的矩阵 A 在同 C^n 向量进行矩阵乘法时，实际上是把 C^n 上的向量转移到 C^m 的一个线性算子。更确切的，矩阵 A 是线性算子意味着

$$A \sum_i a_i \,|\, \varphi \rangle = \sum_i a_i A(\,|\, \varphi \rangle)$$

(2.16)

该等式的作用是将 A 和列向量 $|\, \varphi \rangle$ 进行矩阵乘积。

我们已经看到矩阵可以被视为线性算子，能否给出线性算子的矩阵表示？事实上，矩阵和算子这个术语总被互换使用。假设 $A: V \rightarrow W$ 是向量空间 V 和 W 之间的一个线性算子，$|\, v_1 \rangle, \cdots, |\, v_n \rangle$ 是 V 的一个基，而 $|\, w_1 \rangle, \cdots, |\, w_n \rangle$ 是 W 的一个基。于是对于任意 $j \in 1, \cdots, m$，存在复数 A_{1j} 到 A_{nj}，使

$$A \,|\, v_j \rangle = \sum_i A_{ij} \,|\, w_i \rangle$$

(2.17)

因此，具有元素 A_{ij} 的矩阵称为算子 A 的一个矩阵表示。A 的矩阵表示与算子 A 的说法完全等价，以后可以交替使用。值得注意的是，为了把矩阵和线性算子联系起来，必须将线性算子的输入和输出的向量空间指定为相应向量空间的基矢。

例如，V 是以 $|\, 0 \rangle$ 和 $|\, 1 \rangle$ 为基的向量空间，A 是从 V 到 V 的线性算子，它使 $A \,|\, 0 \rangle =$

$|1\rangle$，$\boldsymbol{A}|1\rangle = |0\rangle$，则相对输入基 $|0\rangle$，$|1\rangle$ 和输出基 $|0\rangle$，$|1\rangle$，$\boldsymbol{A}$ 的矩阵表示为

$$\boldsymbol{A} = \begin{pmatrix} 0 & 1 \\ 1 & 0 \end{pmatrix} \tag{2.18}$$

在量子力学和量子信息处理技术中，常常涉及矩阵 Pauli(或称为算子 Pauli)，它们是 4 个 2×2 的矩阵，常具有一些特殊的标记，分别如下：

$$\boldsymbol{\sigma}_1 = \boldsymbol{I} = \begin{pmatrix} 1 & 0 \\ 0 & 1 \end{pmatrix}, \qquad \boldsymbol{\sigma}_2 = \boldsymbol{\sigma}_x = \boldsymbol{X} = \begin{pmatrix} 0 & 1 \\ 1 & 0 \end{pmatrix}$$

$$\boldsymbol{\sigma}_3 = \boldsymbol{\sigma}_y = \boldsymbol{Y} = \begin{pmatrix} 0 & -i \\ i & 0 \end{pmatrix}, \qquad \boldsymbol{\sigma}_3 = \boldsymbol{\sigma}_z = \boldsymbol{Z} = \begin{pmatrix} 1 & 0 \\ 0 & -1 \end{pmatrix} \tag{2.19}$$

由于 $\boldsymbol{I}$ 是单位矩阵，有时也把 $\boldsymbol{X}$、$\boldsymbol{Y}$ 和 $\boldsymbol{Z}$ 合称为 Pauli 矩阵或 Pauli 算子。

2.1.4 外积

外积(out product)是利用内积表示线性算符的一种有效方法。设 $|v\rangle$ 是内积空间 $\boldsymbol{V}$ 中的向量，而 $|w\rangle$ 是内积空间的向量，定义 $|w\rangle\langle v|$ 为从 $\boldsymbol{V}$ 到 $\boldsymbol{W}$ 的线性算符：

$$(|w\rangle\langle v|)(|v'\rangle) = |w\rangle\langle v|v'\rangle = \langle v|v'\rangle|w\rangle \tag{2.20}$$

此式与我们对符号的约定非常吻合，这是因为对表达式 $|w\rangle\langle v|v'\rangle$ 有两种可能的解释，其中一种是算符 $|w\rangle\langle v|$ 在 $|v'\rangle$ 上作用，使向量从 $\boldsymbol{V}$ 空间映射到 $\boldsymbol{W}$ 空间；表达式 $|w\rangle\langle v|v'\rangle$ 的另一种解释是 $|w\rangle$ 向量与一个复数 $\langle v|v'\rangle$ 相乘。

外积算符 $|w\rangle\langle v|$ 进行线性组合的方式非常明显，因为根据定义 $\sum_i a_i |w_i\rangle\langle v_i|$ 是一个线性算符，它在 $|v'\rangle$ 上的作用是产生输出 $\sum_i a_i |w_i\rangle\langle v|v'\rangle$。

同时，外积的定义保证了它们的完备性关系(completeness relation)。令 $|i\rangle$ 为向量空间 $\boldsymbol{V}$ 的任意标准正交基，于是任意向量 $|v\rangle$ 可写成 $|v\rangle = \sum_i v_i |i\rangle$，其中 v_i 是一组复数。因为 $\langle i|v\rangle = v_i$，于是

$$\left(\sum_i |i\rangle\langle i|\right)|v\rangle = \sum_i |i\rangle\langle i|v\rangle = \sum_i v_i |i\rangle = |v\rangle \tag{2.21}$$

因为式(2.21)对任意向量都成立，所以有

$$\sum_i |i\rangle\langle i| = \boldsymbol{I} \tag{2.22}$$

这个等式称为完备性关系。完备性关系有许多应用，它的一个应用是把任意线性算符表示成外积形式。设 $\boldsymbol{A}: \boldsymbol{V} \rightarrow \boldsymbol{W}$ 是一个线性算符，$|v_i\rangle$ 是 $\boldsymbol{V}$ 的一个标准正交基，且 $|w_j\rangle$ 是 $\boldsymbol{W}$ 的一个标准正交基，两次应用完备性关系可得到：

$$\boldsymbol{A} = \boldsymbol{I}_W \boldsymbol{A} \boldsymbol{I}_V = \sum_{ij} |w_j\rangle\langle w_j|\boldsymbol{A}|v_i\rangle\langle v_i| = \sum_{ij} \langle w_j|\boldsymbol{A}|v_i\rangle|w_j\rangle\langle v_i| \tag{2.23}$$

这就是 $\boldsymbol{A}$ 的外积形式，可以看到相对于输入基 $|v_i\rangle$ 和输出基 $|w_j\rangle$，$\boldsymbol{A}$ 的第 i 列第 j 行元素是 $\langle w_j|\boldsymbol{A}|v_i\rangle$，它符合前面描述的内积定义，是一个复数。

完备性关系还可以应用于 Cauchy-Schwarz 不等式的证明。Cauchy-Schwarz 不等式是 Hilbert 空间的一个重要的几何事实，它断言对两个任意的向量 $|v\rangle$ 和 $|w\rangle$，不等式 $\langle v|w\rangle^2 \leqslant \langle v|v\rangle\langle w|w\rangle$。证明中，将采用 Cauchy-Schwarz 过程构造向量空间的一个标准

正交基 $|i\rangle$，使基 $|i\rangle$ 的第一个成员为 $|w\rangle/\sqrt{\langle w|w\rangle}$。根据完备性关系 $\sqrt{\langle w|w\rangle}\sum_i |i\rangle\langle i| = I$，并舍弃一些非负项，可导出

$$\langle v|v\rangle\langle w|w\rangle = \sum_i \langle v|i\rangle\langle i|v\rangle\langle w|w\rangle \geqslant \frac{\langle v|w\rangle\langle w|v\rangle}{\langle w|w\rangle}\langle w|w\rangle - \langle v|w\rangle\langle w|v\rangle$$

$$= |\langle v|w\rangle|^2 \qquad\qquad (2.24)$$

不难看出，当且仅当 $|v\rangle$ 和 $|w\rangle$ 有线性关系，即 $|v\rangle = z|w\rangle$ 或 $|w\rangle = z|v\rangle$ 对某个标量 z 成立时，上式取等号。

若以 $|0\rangle$ 和 $|1\rangle$ 为标准正交基，常用的 Pauli 算子的外积形式可表示为

$$\begin{aligned} I &= |0\rangle\langle 0| + |1\rangle\langle 1| & X &= |0\rangle\langle 1| + |1\rangle\langle 0| \\ Y &= -i|0\rangle\langle 1| + i|1\rangle\langle 0| & Z &= |0\rangle\langle 0| - |1\rangle\langle 1| \end{aligned} \qquad (2.25)$$

2.1.5　特征向量与特征值

线性算子 A 在向量空间上的特征向量通常又称为本征向量(eigenvector)，其定义为，对于任意非零向量 $|v\rangle$，下式成立：

$$A|v\rangle = v|v\rangle \qquad\qquad (2.26)$$

其中，v 是一个复数，则称其为 A 对应于向量 $|v\rangle$ 的特征值(eigenvalue)，$|v\rangle$ 为对应于特征值 v 的特征向量。特征值和特征向量的计算可通过特征方程求出。特征函数(characteristic function)定义为

$$c(\lambda) = \det|A - \lambda I| \qquad\qquad (2.27)$$

其中，det 是矩阵的行列式，可以证明特征函数仅信赖于算符 A，而不信赖于 A 的特定矩阵表示。特征方程 $c(\lambda) = 0$ 的根就是算符 A 的特征值。由代数基本定理得知，每个多项式至少有一复数根，因此每个算符 A 至少有一个特征值和特征向量。特征值 v 的本征空间(eigenspace)是对于 v 的所有特征向量的集合，它是算符 A 在其上作用的向量空间的子空间。

向量空间 V 上算符 A 可用对角形式表示：

$$A = \sum_i \lambda_i |i\rangle\langle i| \qquad\qquad (2.28)$$

其中，向量组 $|i\rangle$ 是 A 的特征向量构成的标准正交向量组，对应的特征值为 λ_i。通常，若一个算符能够用对角形式表示，称该算符为可对角化的算符，有时也称为标准正交分解。

如果属于特征值 v 的特征向量 $|v\rangle$ 只有一个，或属于特征值 v 的子空间是一维的，则称特征值 v 或特征向量 $|v\rangle$ 是非简并的(non-degenerate)，否则称为简并(degenerate)的。在简并的情况下，属于同一特征值的线性独立的特征函数的数目称为简并度。如对于算符 A

$$A = \begin{pmatrix} 2 & 0 & 0 \\ 0 & 2 & 0 \\ 0 & 0 & 0 \end{pmatrix} \qquad\qquad (2.29)$$

可计算出对应特征值有一个二维的特征空间，其中特征向量$(1,0,0)$和$(0,1,0)$称为简并，简并度为 2。

2.1.6　伴随矩阵与 Hermite 算符

设 A 是 Hilbert 空间 V 上的一个线性算符，对于任意向量 $|v\rangle$ 和 $|w\rangle$，其中 $|v\rangle$、

$|w\rangle \in \boldsymbol{V}$，$\boldsymbol{V}$ 空间上存在一个唯一的线性算符 $\boldsymbol{A}^+$，使得

$$(|v\rangle, \boldsymbol{A}|w\rangle) = (\boldsymbol{A}^+|v\rangle, |w\rangle) \qquad (2.30)$$

成立，则称这个线性算符为 $\boldsymbol{A}$ 的伴随（Adjoint）或 Hermite 共轭。从定义易知 $(\boldsymbol{AB})^+ = \boldsymbol{B}^+\boldsymbol{A}^+$。对于量子态 $|v\rangle$，它的 Hermite 共轭 $|v\rangle^+$ 记为 $\langle v|$。根据定义，不难看出 $(\boldsymbol{A}|v\rangle)^+ = \langle v|\boldsymbol{A}^+$。

在算符 $\boldsymbol{A}$ 的矩阵表示中，Hermite 共轭运算的作用是把 $\boldsymbol{A}$ 的矩阵变为共轭转置矩阵，表示为 $\boldsymbol{A}^+ = (\boldsymbol{A}^*)^{\mathrm{T}}$。例如：

$$\begin{pmatrix} 1+2i & 3i \\ 1+i & 1-4i \end{pmatrix}^+ = \begin{pmatrix} 1-2i & 1-i \\ -3i & 1+4i \end{pmatrix}$$

如果算符 $\boldsymbol{A}$ 的共轭转置仍为 $\boldsymbol{A}$，则称 $\boldsymbol{A}$ 为 Hermite 算符或自伴算符（self-adjoint）。例如，投影算符（Projector）就是一类重要的 Hermite 算符。设 $\boldsymbol{W}$ 是 d 维向量空间 $\boldsymbol{V}$ 的 k 维子空间，采用 Gram-Schmitt 过程，可以为 $\boldsymbol{V}$ 构造一个标准正交基 $|1\rangle, \cdots, |d\rangle$，选取标准正交基 $|1\rangle, \cdots, |k\rangle$ 构造子空间 $\boldsymbol{W}$，则可定义

$$\boldsymbol{P} = \sum_{i=1}^{k} |i\rangle\langle i| \qquad (2.31)$$

为从 $\boldsymbol{V}$ 到 $\boldsymbol{W}$ 子空间上的投影算符。容易验证这个定义独立于 $\boldsymbol{W}$ 的标准正交基 $|1\rangle, \cdots, |k\rangle$。根据定义，任意向量 $|v\rangle$，$|v\rangle\langle v|$ 都是 Hermite 的，故 $\boldsymbol{P}$ 是 Hermite 的，所以 $\boldsymbol{P}^+ = \boldsymbol{P}$。

如果 $\boldsymbol{A}\boldsymbol{A}^+ = \boldsymbol{A}^+$，则称算符 $\boldsymbol{A}$ 为正规的（normal）。正规算符有一个很有用的特征，称为谱分解定理（Spectral Decomposition）。一个正规算符的充要条件是当且仅当它可对角化；并且，正规算符是 Hermite 算符，当且仅当它的特征值是实数。

在量子信息理论中，我们还常用到半正定算符（positive operator）。半正定算符是 Hermite 算符的一个极重要的子类。它定义为，对任意向量 $|v\rangle$，$|v\rangle \neq 0$，由算符 $\boldsymbol{A}$ 作用后算符 $\boldsymbol{A}|v\rangle$ 与 $|v\rangle$ 的内积都是非负的实数，即 $(|v\rangle, \boldsymbol{A}|v\rangle)$ 为非负实数。Hermite 算符具有以下重要的性质：

(1) Hermite 算符的特征值为非负的实数；

(2) 不同特征值对应的不同特征向量相互正交；

(3) Hermite 算符的特征向量张起一个完备的矢量空间。

以上结论的证明过程如下：

(1) 设 $\boldsymbol{A}$ 是 Hermite 算符，$|v\rangle$ 是属于特征值为 a_v 的特征向量，则

$$\boldsymbol{A}|v\rangle = a_v|v\rangle \qquad (2.32)$$

以 $\langle v|$ 作用于式(2.32)的两边，得

$$\langle v|\boldsymbol{A}|v\rangle = a_v\langle v|v\rangle \qquad (2.33)$$

因为 $\boldsymbol{A}$ 是 Hermite 算符，由 Hermite 算子的定义得

$$\langle v|\boldsymbol{A}|v\rangle = (\langle v|\boldsymbol{A}|v\rangle)^* \qquad (2.34)$$

因此 $\langle v|\boldsymbol{A}|v\rangle$ 是实数，代入式(2.33)，由于 $\langle v|v\rangle \geqslant 0$，得出 a_v 一定为实数。

(2) 设 $|u\rangle$ 和 $|v\rangle$ 分别是算符 $\boldsymbol{A}$ 属于特征值为 a 和 b 的两个特征向量：

$$\boldsymbol{A}|u\rangle = a|u\rangle, \quad \boldsymbol{A}|v\rangle = b|v\rangle \qquad (2.35)$$

以 $|v\rangle$ 作用于第一个方程，以 $|u\rangle$ 作用于第二个方程，得

$$\langle v|\boldsymbol{A}|u\rangle = a\langle v|u\rangle \tag{2.36}$$

$$\langle u|\boldsymbol{A}|v\rangle = b\langle u|v\rangle \tag{2.37}$$

因为 $\boldsymbol{A}$ 为 Hermite 算符，且 b 为实数，取代式(2.37)的复共轭，可变换为

$$\langle v|\boldsymbol{A}|u\rangle = (\langle u|\boldsymbol{A}|v\rangle)^* = b\langle v|u\rangle \tag{2.38}$$

将式(2.36)减去式(2.38)，得

$$0 = (a-b)\langle v|u\rangle \tag{2.39}$$

由于特征值 a 和 b 不相等，所以 $\langle v|u\rangle = 0$，即两特征向量相互正交。

值得说明的是，在简并情况下，对于算符 $\boldsymbol{A}$ 的本征函数系，总可以按照数学上的 Schmidt 正交化方法使属于同一特征值的多个特征向量正交化，因此可以说属于不同特征值的特征向量相互正交。

（3）完备是指任意一个量子态 $|\varphi\rangle$，只要它属于算符 $\boldsymbol{A}$ 的特征向量张成的矢量空间，它就可以用 $\boldsymbol{A}$ 的正交归一的特征矢量展开，即

$$|\varphi\rangle = \sum_n C_n|u_n\rangle \tag{2.40}$$

其中，展开系数 $C_n = \langle u_n|\varphi\rangle$。需要说明的是，在存在连续分布的特征值情况下，要包括对连续特征值相应特征函数的积分。

在离散特征值情况下，以 $\boldsymbol{A}$ 属于不同特征值的特征矢量 $\langle u_m|$ 左乘式(2.40)，并利用正交关系得

$$\langle u_m|\varphi\rangle = \sum_n C_n\langle u_m|u_n\rangle = C_m \tag{2.41}$$

将式(2.41)代入式(2.40)，得

$$|\varphi\rangle = \sum_n |u_n\rangle\langle u_n|\varphi\rangle \tag{2.42}$$

由于 $|\varphi\rangle$ 是任意量子态，所以

$$\sum_n |u_n\rangle\langle u_n| = \boldsymbol{I} \tag{2.43}$$

式(2.43)是完备性条件。

2.1.7　张量积

张量积是将向量空间组合在一起，构成更大向量空间的一种方法，这个构造对理解量子力学的多粒子系统具有重要意义。

设 $\boldsymbol{V}$ 和 $\boldsymbol{W}$ 是维数分别是 m 维和 n 维的向量空间，并假定 $\boldsymbol{V}$ 和 $\boldsymbol{W}$ 是 Hilbert 空间，于是 $\boldsymbol{V}\otimes\boldsymbol{W}$ 是一个 $m\times n$ 维的向量空间。$\boldsymbol{V}\otimes\boldsymbol{W}$ 的元素是 $\boldsymbol{V}$ 的元素 $|v\rangle$ 和 $\boldsymbol{W}$ 的元素 $|w\rangle$ 的张量积 $|v\rangle\otimes|w\rangle$ 的线性组合。特别地，如果 $|i\rangle$ 和 $|j\rangle$ 是 $\boldsymbol{V}$ 和 $\boldsymbol{W}$ 的标准正交基，则 $|i\rangle\otimes|j\rangle$ 是 $\boldsymbol{V}\otimes\boldsymbol{W}$ 的一个基，常用缩写符号 $|v\rangle|w\rangle$、$|v, w\rangle$ 或 $|vw\rangle$ 来表示张量积 $|v\rangle\otimes|w\rangle$。例如，若 $\boldsymbol{V}$ 是以 $|0\rangle$ 和 $|1\rangle$ 为基向量的二维向量空间，则 $|0\rangle\otimes|0\rangle + |1\rangle\otimes|1\rangle$ 是 $\boldsymbol{V}\otimes\boldsymbol{V}$ 空间的一个元素。

由定义，张量积满足以下基本性质：

对任意标量 z，$\boldsymbol{V}$ 的元素 v 和 $\boldsymbol{W}$ 的元素 w，满足：

$$z(|v\rangle \otimes |w\rangle) = (z|v\rangle) \otimes |w\rangle = |v\rangle \otimes (z|w\rangle) \tag{2.44}$$

对 $\boldsymbol{V}$ 中任意的 v_1 和 v_2 和 $\boldsymbol{W}$ 中的 $|w\rangle$，满足：

$$(|v_1\rangle + |v_2\rangle) \otimes |w\rangle = |v_1\rangle \otimes |w\rangle + |v_2\rangle \otimes |w\rangle \tag{2.45}$$

对 $\boldsymbol{V}$ 中任意的 $|v\rangle$ 和 $\boldsymbol{W}$ 中的 w_1 和 w_2，满足：

$$|v\rangle \otimes (|w_1\rangle + |w_2\rangle) = |v\rangle \otimes |w_1\rangle + |v\rangle \otimes |w_2\rangle \tag{2.46}$$

通过推导，能够得到，如果 $|v\rangle$ 和 $|w\rangle$ 是向量空间 $\boldsymbol{V}$ 和 $\boldsymbol{W}$ 中的向量，$\boldsymbol{A}$ 和 $\boldsymbol{B}$ 是 $\boldsymbol{V}$ 和 $\boldsymbol{W}$ 上的线性算符，则在 $\boldsymbol{V} \otimes \boldsymbol{W}$ 上的线性算符 $\boldsymbol{A} \otimes \boldsymbol{B}$ 可定义为

$$(\boldsymbol{A} \otimes \boldsymbol{B})(|v\rangle \otimes |w\rangle) \equiv \boldsymbol{A}|v\rangle \otimes \boldsymbol{B}|w\rangle \tag{2.47}$$

为了保证张量积算符的线性特性，$\boldsymbol{A} \otimes \boldsymbol{B}$ 的定义可以自然地扩展到 $\boldsymbol{V} \otimes \boldsymbol{W}$ 的所有元素，即

$$(\boldsymbol{A} \otimes \boldsymbol{B})\left(\sum_i a_i |v_i\rangle \otimes |w_i\rangle\right) \equiv \sum_i a_i \boldsymbol{A}|v_i\rangle \otimes \boldsymbol{B}|w_i\rangle \tag{2.48}$$

很显然，这两个算子张量积的概念可以推广到不同向量空间之间的映射 $\boldsymbol{A}: \boldsymbol{V} \rightarrow \boldsymbol{V}'$ 和 $\boldsymbol{B}: \boldsymbol{W} \rightarrow \boldsymbol{W}'$。实际上，任意把 $\boldsymbol{V} \otimes \boldsymbol{W}$ 映射到 $\boldsymbol{V}' \otimes \boldsymbol{W}'$ 的线性算符，都可以表示为把 $\boldsymbol{V}$ 映射到 $\boldsymbol{V}'$ 和把 $\boldsymbol{W}$ 映射到 $\boldsymbol{W}'$ 算符张量积的线性组合：

$$\boldsymbol{C} = \sum_i c_i \boldsymbol{A}_i \otimes \boldsymbol{B}_i \tag{2.49}$$

其中，由定义得

$$\left(\sum_i c_i \boldsymbol{A}_i \otimes \boldsymbol{B}_i\right)|v\rangle \otimes |w\rangle \equiv \sum_i c_i \boldsymbol{A}_i |v\rangle \otimes \boldsymbol{B}_i |w\rangle \tag{2.50}$$

可用 Kronecker 积矩阵表示加深对张量积的理解。设 $\boldsymbol{A}$ 是一个 $m \times n$ 矩阵，$\boldsymbol{B}$ 是一个 $p \times q$ 矩阵，则张量积的矩阵表示为

$$\boldsymbol{A} \otimes \boldsymbol{B} \equiv \begin{pmatrix} A_{11}B & A_{12}B & \cdots & A_{1n}B \\ A_{21}B & A_{22}B & \cdots & A_{2n}B \\ \vdots & \vdots & & \vdots \\ A_{m1}B & A_{m2}B & \cdots & A_{mn}B \end{pmatrix} \tag{2.51}$$

其中，$A_{11}B$ 的项代表 $p \times q$ 子矩阵，其元素正比于 $\boldsymbol{B}$，全局比例常数为 A_{11}。例如，向量 $(1,2)$ 和 $(2,3)$ 的张量积是向量：

$$\begin{pmatrix} 1 \\ 2 \end{pmatrix} \otimes \begin{pmatrix} 2 \\ 3 \end{pmatrix} = \begin{pmatrix} 1 \times 2 \\ 1 \times 3 \\ 2 \times 2 \\ 2 \times 3 \end{pmatrix} = \begin{pmatrix} 2 \\ 3 \\ 4 \\ 6 \end{pmatrix}$$

Pauli 矩阵 $\boldsymbol{X}$ 和 $\boldsymbol{Y}$ 的张量积为

$$\boldsymbol{X} \otimes \boldsymbol{Y} = \begin{pmatrix} 0 \times \boldsymbol{Y} & 1 \times \boldsymbol{Y} \\ 1 \times \boldsymbol{Y} & 0 \times \boldsymbol{Y} \end{pmatrix} = \begin{pmatrix} 0 & 0 & 0 & -i \\ 0 & 0 & i & 0 \\ 0 & -i & 0 & 0 \\ i & 0 & 0 & 0 \end{pmatrix}$$

最后说明一个有用的标记 $|\varphi\rangle^{\otimes k}$，它表示 $|\varphi\rangle$ 自身的 k 次张量积，例如 $|\varphi\rangle^{\otimes 2}=|\varphi\rangle\otimes|\varphi\rangle$。相应的记号也可用于张量积空间上的算符。

2.1.8　算符函数

在算子和矩阵上，可以定义很多重要的函数。一般而言，给定从复数到复数的函数 f，可以通过下面的步骤来定义正规矩阵上（或它的一个子类，如 Hermite 矩阵）的相应矩阵函数。令 $\boldsymbol{A}=\sum\limits_{a}a\,|a\rangle\langle a|$ 是正规算符 $\boldsymbol{A}$ 的一个谱分解，定义算符函数

$$f(\boldsymbol{A})=\sum_{a}f(a)\,|a\rangle\langle a|$$

容易看出 $f(\boldsymbol{A})$ 是唯一定义的。例如，正规算符的指数定义为

$$\exp(\theta\boldsymbol{Z})=\begin{bmatrix}e^{\theta}&0\\0&e^{-\theta}\end{bmatrix}\tag{2.52}$$

因为 $\boldsymbol{Z}$ 的特征值是 $+1$ 和 -1，特征向量是 $|0\rangle$ 和 $|1\rangle$。

另一个重要的矩阵函数是矩阵的迹（trace）。矩阵 $\boldsymbol{A}$ 的迹定义为它的对角元素之和，即

$$\mathrm{tr}(\boldsymbol{A})=\sum_{i}A_{ii}\tag{2.53}$$

容易看到迹具有循环性，即 $\mathrm{tr}(\boldsymbol{AB})=\mathrm{tr}(\boldsymbol{BA})$；迹是线性的，即 $\mathrm{tr}(\boldsymbol{A}+\boldsymbol{B})=\mathrm{tr}(\boldsymbol{A})+\mathrm{tr}(\boldsymbol{B})$，$\mathrm{tr}(z\boldsymbol{A})=z\mathrm{tr}(\boldsymbol{A})$，其中 $\boldsymbol{A}$ 和 $\boldsymbol{B}$ 是任意矩阵，z 是复数。而且，由循环性质得到矩阵的迹在酉变换下 $\boldsymbol{A}\rightarrow\boldsymbol{U}\boldsymbol{A}\boldsymbol{U}^{+}$ 保持不变，由于 $\mathrm{tr}(\boldsymbol{U}\boldsymbol{U}^{+}\boldsymbol{A})=\mathrm{tr}(\boldsymbol{U}\boldsymbol{A}\boldsymbol{U}^{+})=\mathrm{tr}(\boldsymbol{A})$，因此可以把算符 $\boldsymbol{A}$ 的迹定义为 $\boldsymbol{A}$ 的任意矩阵表示的迹。作为迹的例子，设 $|\varphi\rangle$ 是单位向量且 $\boldsymbol{A}$ 是一任意算符。采用 Gram - Schmidt 过程，把 $|\varphi\rangle$ 扩展成一个以 $|\varphi\rangle$ 为首个元的标准正交基 $|i\rangle$，则有

$$\begin{aligned}\mathrm{tr}(\boldsymbol{A}|\varphi\rangle\langle\varphi|)&=\sum_{i}\langle i|\boldsymbol{A}|\varphi\rangle\langle\varphi|i\rangle\\&=\sum_{i}\langle\varphi|i\rangle\langle i|\boldsymbol{A}|\varphi\rangle=\langle\varphi|\sum_{i}|i\rangle\langle i|\boldsymbol{A}|\varphi\rangle\\&=\langle\varphi|\boldsymbol{A}|\varphi\rangle\end{aligned}\tag{2.54}$$

这个结果，即 $\mathrm{tr}(\boldsymbol{A}|\varphi\rangle\langle\varphi|)=\langle\varphi|\boldsymbol{A}|\varphi\rangle$ 在计算算符迹时极为有用。

例 2.1　求 $\boldsymbol{A}=\begin{bmatrix}4&3\\3&4\end{bmatrix}$ 的平方根和对数。

解　首先根据算符函数的定义，求出该矩阵的特征值和特征向量。$\lambda_{1}=1$，$|v_{1}\rangle=\dfrac{1}{\sqrt{2}}(1,-1)^{\mathrm{T}}$ 和 $\lambda_{2}=7$，$|v_{2}\rangle=\dfrac{1}{\sqrt{2}}(1,1)^{\mathrm{T}}$，因此 $\boldsymbol{A}=|v_{1}\rangle\langle v_{1}|+7|v_{2}\rangle\langle v_{2}|$，可得

$$\sqrt{\boldsymbol{A}}=|v_{1}\rangle\langle v_{1}|+\sqrt{7}|v_{2}\rangle\langle v_{2}|=\begin{bmatrix}\dfrac{\sqrt{7}+1}{2}&\dfrac{\sqrt{7}-1}{2}\\\dfrac{\sqrt{7}-1}{2}&\dfrac{\sqrt{7}+1}{2}\end{bmatrix}$$

同样可以计算出它的对数为

$$\log A = \log 7 |v_2\rangle\langle v_2| = \frac{\log 7}{2}\begin{pmatrix} 1 & 1 \\ 1 & 1 \end{pmatrix}$$

2.1.9 对易式与反对易式

在量子力学中,描述两个算符的计算时常用到对易(commutator)和反对易(anti - commutator)的概念。两个算符 A 和 B 之间的对易式 $[A, B]$ 定义为

$$[A, B] \equiv AB - BA \tag{2.55}$$

如果 $[A, B] = 0$,即 $AB = BA$,则说明 A 和 B 对易。类似地,两个算符 A 和 B 的反对易式定义为

$$\{A, B\} \equiv AB + BA \tag{2.56}$$

如果 $\{A, B\} = 0$,则称 A 和 B 反对易。

若两个算符对易,则该两个算符将具有一些重要性质。如果 A 和 B 是 Hermite 算符,当且仅当存在一个标准正交基,使 A 和 B 在标准正交基下同时对角化,才存在 $[A, B]$。在这种情况下,算子 A 和 B 称为可同时对角化。这个概念在量子力学中称 A、B 两个力学量具有共同的特征态;若不对易,则 A 和 B 两个力学量必须满足海森堡(Heisenberg)测不准关系。

可以验证 Pauli(泡利)矩阵间是不对易的:

$$\begin{cases} [X, Y] = \begin{pmatrix} 0 & 1 \\ 1 & 0 \end{pmatrix}\begin{pmatrix} 0 & -i \\ i & 0 \end{pmatrix} - \begin{pmatrix} 0 & -i \\ i & 0 \end{pmatrix}\begin{pmatrix} 0 & 1 \\ 1 & 0 \end{pmatrix} = \begin{pmatrix} 2i & 0 \\ 0 & -2i \end{pmatrix} = 2i\begin{pmatrix} 1 & 0 \\ 0 & -1 \end{pmatrix} = 2i\,Z \\ [Y, Z] = \begin{pmatrix} 0 & -i \\ i & 0 \end{pmatrix}\begin{pmatrix} 1 & 0 \\ 0 & -1 \end{pmatrix} - \begin{pmatrix} 1 & 0 \\ 0 & -1 \end{pmatrix}\begin{pmatrix} 0 & -i \\ i & 0 \end{pmatrix} = \begin{pmatrix} 0 & 2i \\ 2i & 0 \end{pmatrix} = 2i\begin{pmatrix} 0 & 1 \\ 1 & 0 \end{pmatrix} = 2i\,X \\ [Z, X] = \begin{pmatrix} 1 & 0 \\ 0 & -1 \end{pmatrix}\begin{pmatrix} 0 & 1 \\ 1 & 0 \end{pmatrix} - \begin{pmatrix} 0 & 1 \\ 1 & 0 \end{pmatrix}\begin{pmatrix} 1 & 0 \\ 0 & -1 \end{pmatrix} = \begin{pmatrix} 0 & 2 \\ -2 & 0 \end{pmatrix} = 2i\begin{pmatrix} 0 & -i \\ i & 0 \end{pmatrix} = 2i\,Y \end{cases} \tag{2.57}$$

还可以进一步证明,Pauli 算符之间满足反对易关系:

$$\begin{cases} [X, Y] = \begin{pmatrix} 0 & 1 \\ 1 & 0 \end{pmatrix}\begin{pmatrix} 0 & -i \\ i & 0 \end{pmatrix} + \begin{pmatrix} 0 & -i \\ i & 0 \end{pmatrix}\begin{pmatrix} 0 & 1 \\ 1 & 0 \end{pmatrix} = 0 \\ [Y, Z] = \begin{pmatrix} 0 & -i \\ i & 0 \end{pmatrix}\begin{pmatrix} 1 & 0 \\ 0 & -1 \end{pmatrix} + \begin{pmatrix} 1 & 0 \\ 0 & -1 \end{pmatrix}\begin{pmatrix} 0 & -i \\ i & 0 \end{pmatrix} = 0 \\ [Z, X] = \begin{pmatrix} 1 & 0 \\ 0 & -1 \end{pmatrix}\begin{pmatrix} 0 & 1 \\ 1 & 0 \end{pmatrix} + \begin{pmatrix} 1 & 0 \\ 0 & -1 \end{pmatrix}\begin{pmatrix} 0 & -i \\ i & 0 \end{pmatrix} = 0 \end{cases} \tag{2.58}$$

2.1.10 极式分解和奇异值分解

极式分解(polar decomposition)和奇异值分解(singular value decomposition)是把线性算符分解成一系列简单的有用方法。特别地,这些分解可以把一般线性算符分解成酉算符和半正定算符的乘积。虽然我们对一般线性算符结构并不是非常了解,但是我们对酉算符和半正定算符的性质已有一定了解,极式分解和奇异值分解使我们可以利用已掌握的知识更好地理解一般线性算符。

极式分解定义为：令 A 是向量空间 V 上的线性算符，则存在酉算符 U 和半正定算符 J 与 K，使得

$$A = UJ = KU \tag{2.59}$$

其中 J 和 K 是唯一满足式(2.59)的半正定算符，定义为 $J = \sqrt{A^+A}$ 和 $K = \sqrt{AA^+}$，而且，如果 A 可逆，则 U 是唯一的。常将表达式 $A = UJ$ 称为 A 的左极式分解，而把 $A = KU$ 称为 A 的右极式分解。

证明过程如下：$J = \sqrt{A^+A}$ 是一个半正定算符，于是可以进行谱分解，令 $J = \sum_i \lambda_i |i\rangle\langle i|$ ($\lambda_i \geqslant 0$)，定义 $|\varphi_i\rangle = A|i\rangle$。从定义出发，可以看到 $\langle \varphi_i | \varphi_i \rangle = \lambda_i^2$。下面只考虑那些满足 $\lambda_i \neq 0$ 的 i，对这些 i，定义 $|e_i\rangle = \varphi_i / \lambda_i$，于是 $|e_i\rangle$ 是归一化的，而且它们正交，这是因为如果 $i \neq j$，则

$$\langle e_i | e_j \rangle = \frac{\langle i | A^+A | j \rangle}{\lambda_i \lambda_j} = \frac{\langle i | J^2 | j \rangle}{\lambda_i \lambda_j} = 0$$

考虑满足 $\lambda_i \neq 0$ 的 i，现在利用 Gram—Schmidit 过程来扩展标准正交基 $|e_i\rangle$，以形成标准正交基组，仍记作 $|e_i\rangle$。定义酉算符 $U = \sum_i |e_i\rangle\langle i|$，当 $\lambda_i \neq 0$ 时，有 $UJ|i\rangle = \lambda_i |e_i\rangle = |\varphi_i\rangle = A|i\rangle$；当 $\lambda_i = 0$ 时，有 $UJ|i\rangle = 0 = |\varphi_i\rangle$。我们已证明 A 和 UJ 在基 $|i\rangle$ 上的作用一致，于是 $A = UJ$。

J 是唯一的，因为 $A = UJ$ 的左边乘以伴随方程 $A^+ = JU^+$，给出 $J^2 = A^+A$，也就可看出 $J = \sqrt{A^+A}$ 是唯一的。容易知道若 A 是可逆的，则 J 也是可逆的，于是 U 唯一地由方程 $U = AJ^{-1}$ 确定，同时可以得到右极式分解，因为 $A = UJ = UJU^+U = KU$，其中 $K = UJU^+$ 是半正定算符，又因为 $AA^+ = KUU^+K = K^2$，故必有 $K = \sqrt{AA^+}$。

奇异值分解是把极式分解和谱分解定理相结合。它表示为：若 A 是一方阵，则必存在酉矩阵 U、V 和一个非负对角阵 D，使得

$$A = UDV \tag{2.60}$$

其中，D 的对角元素称为 A 的奇异值。

该分解的证明过程如下：首先由极式分解得到，对某个酉矩阵 S 和半正定矩阵 J，$A = SJ$ 成立，由谱分解定理，对酉矩阵 T 和非负对角阵 D，$J = TDT^+$ 成立。如果令 $U = ST$ 和 $V = T^+$，则证明式(2.60)成立。

例 2.2 求矩阵 $A = \begin{pmatrix} 1 & 0 \\ 1 & 1 \end{pmatrix}$ 的左右极式分解。

解 左极式为

$$J = \sqrt{A^+A} = \sqrt{\begin{pmatrix} 1 & 1 \\ 0 & 1 \end{pmatrix}\begin{pmatrix} 1 & 0 \\ 1 & 1 \end{pmatrix}} = \sqrt{\begin{pmatrix} 2 & 1 \\ 1 & 1 \end{pmatrix}}$$

右极式为

$$K = \sqrt{AA^+} = \sqrt{\begin{pmatrix} 1 & 0 \\ 1 & 1 \end{pmatrix}\begin{pmatrix} 1 & 1 \\ 0 & 1 \end{pmatrix}} = \sqrt{\begin{pmatrix} 1 & 1 \\ 1 & 2 \end{pmatrix}}$$

下面将与量子力学密切相关的一些线性代数概念总结于表 2.1 中。

表 2.1　　一些线性代数概念在量子力学中的标准记号的总结(记号称为 Dirac 记号)

记　号	含　义
z^*	复数 z 的复共轭，如 $(1+i)^* = 1-i$
$\lvert \varphi \rangle$	向量，又称为右矢态
$\langle \varphi \rvert$	$\lvert \varphi \rangle$ 的对偶向量，又称为左矢态
$\langle \varphi \lvert \psi \rangle$	向量 $\lvert \varphi \rangle$ 和 $\lvert \psi \rangle$ 的内积
$\lvert \varphi \rangle \otimes \lvert \psi \rangle$	$\lvert \varphi \rangle$ 和 $\lvert \psi \rangle$ 的张量积
$\lvert \varphi \rangle \lvert \psi \rangle$	$\lvert \varphi \rangle$ 和 $\lvert \psi \rangle$ 的张量积的缩写
A^*	矩阵 A 的复共轭
A^{T}	矩阵 A 的转置
A^+	矩阵 A 的共轭转置或 Hermite 共轭，$A^+ = (A^{\mathrm{T}})^*$
$\langle \varphi \lvert A \rvert \psi \rangle$	向量 $\lvert \varphi \rangle$ 和 $A \lvert \psi \rangle$ 的内积，等价地，它是向量 $A^+ \lvert \varphi \rangle$ 和 $\lvert \psi \rangle$ 的内积

2.2　量子信息学的物理基础

2.2.1　量子力学的基本概念

在学习量子信息学的内容时，经常会遇到一些量子力学的经典术语，它们涉及一些有趣的概念，下面将作一介绍。

什么是"量子"？它和"原子"、"电子"、"中子"这些客观存在的粒子一样也是某一种物质实体吗？答案是否定的。"量子"一词最早出现在光量子理论中，是微观系统中能量的一个力学单位。现代物理中的"量子"不是一种粒子，实际上指的是微观世界的一种行为倾向；物质或者说粒子(光子、电子、质子、中子等)的能量和其他一些性质(统称为可观测物理量)都倾向于不连续地变化。例如，我们说一个"光量子"，是因为一个光量子的能量是光能量变化的最小单位，光的能量是以光量子的能量为单位一份一份地变化的。其他的粒子情况也是类似的。例如，在没有被电离的原子中，绕核运动的电子的能量是"量子化"的，也就是说电子的能量只能取特定的离散的值。只有这样，原子才能稳定地存在，也才能解释原子辐射的光谱。不仅能量，对于原子中的电子，角动量也不再是连续变化的。量子物理学告诉我们，电子绕原子核运动时也只能处在一些特定的运动模式上，在这些运动模式上，电子的角动量分别具有特定的数值，介于这些模式之间的运动方式是极不稳定的。即使电子暂时以其他方式绕核运动，很快就必须回到特定的运动模式上来。实际上在量子物理中，所有物理量的值，都可以不连续地、离散地变化。这样的观点和经典物理学的观点是截然不同的，在经典物理学里所有的物理量都是连续变化的。

普朗克于 1900 年在有关黑体辐射问题的研究中提出了"物质辐射(或吸收)的能量只能是某些最小单位的整数倍数"的假说，这称为量子假说。该假说的含义是：对于一定频率 ν 的电磁辐射，物体只能以此最小单位吸收或发射它(由此可见微观世界物质的能量是不连续的)。换言之，吸收或发射电磁辐射只能以"量子"方式进行，每个"量子"的能量与频率成正比，即

$$\varepsilon = h\nu \tag{2.61}$$

其中，h 为一个普朗克常量。这和过去经典电动力学中电磁波的能量只与振幅有关而与频率无关完全不同。而且能量的吸收和发射是量子化的，这在经典力学中是无法理解的。在此基础上，爱因斯坦进一步推广了量子的概念，提出不仅黑体和辐射场的能量交换是量子化的，而且辐射场本身就由不连续的光量子组成，从而获得了著名的普朗克-爱因斯坦（Planck - Einstein）关系。

利用普朗克-爱因斯坦关系可以解释黑体辐射、光电效应和康普顿效应，这些结果表明：光在发射和吸收时的行为像粒子；但在光的传播过程中，干涉、衍射的现象又说明，光的行为像个波。光在传播时显示波动性，在转移能量时显示粒子性，光是波还是粒子，这是自牛顿和莱布尼兹时代以来数百年人们一直争论不休的问题。

微观世界中的量子具有宏观世界无法解释的微观客体的许多特性，这些特性集中表现在量子状态属性上，如量子态的叠加原理、概率性测量原理、量子态的纠缠、量子态的不可克隆、量子的"波粒二象性"（wave-particle dualism）以及量子客体的测量将导致量子状态"包络塌缩"等现象。这些奇异的现象来自于微观世界中微观客体间存在的相互干涉，即所谓的量子相干特性。利用微观粒子的量子态叠加及相干特性能够实现未来计算机超高速并行计算；利用微观粒子的量子态纠缠、量子态不可克隆的力学特性能够实现超高速的信息传送，实现不可破译、不可窃听的保密通信。

1. 薛定谔猫

20 世纪前叶，人们逐渐发现微观客体（光子、电子、质子、中子等）既有波动性，又有粒子性，即所谓"波粒二象性"。"波动"和"粒子"都是经典物理中从宏观世界获得的概念，在我们认识的范畴之内，容易直观地理解它们。然而，微观客体的行为与人们日常经验相差甚远，对每一个观察者来说显得十分怪诞和神秘，很难顺理成章地接受。微观粒子的波粒二象性告诉我们：微观客体既是粒子也是波，它是粒子和波二象性矛盾的统一。此波虽不再是经典概念下的波，但它却具有波动性最本质的东西，即波的"相干叠加性"，此粒子也不再是经典概念下的粒子，因为它不满足"粒子有确切的轨道"的属性，但它却具有粒子运动最本质的现象，即粒子的直线运动与反射。由于微观粒子的波粒二象性使得人们不得不引入波函数 $\psi(r)$（量子态）来描述它们的状态。

由于微观粒子的波动呈现出它运动的一种统计规律，因此称此波动为概率波（probability wave）。波函数 $\psi(r)$ 的绝对值的平方与粒子在空间点 r 附近出现的概率 p 成正比。

$$p = \psi(r)\psi(r) = |\psi(r)|^2 \tag{2.62}$$

即点 r 附近的小体积元 $\Delta x \Delta y \Delta z$ 中找到粒子的概率是 $|\psi(r)|^2 \Delta x \Delta y \Delta z$，因此也称 $\psi(r)$ 为概率波幅（probability amplitude）。$\psi(r)$ 是量子力学里最基本、最重要的概念，它是复数，它含有模和相位两部分：

$$\psi(r) = \psi(r)e^{i\psi(r)} \tag{2.63}$$

著名的物理学家费曼曾指出：量子力学的精妙之处在于引入了概率波幅（即量子态）的概念。事实上，微观世界千奇百态的特征正是起源于这个量子态，而关于量子力学理论是否完备的 EFR 佯谬长期激烈争论的焦点也在这个量子态上。在量子力学一百多年的学术争论中，影响最大的就是薛定谔（Schrodinger）于 1935 年提出的所谓"薛定谔猫"佯谬和爱因斯坦等人在 1935 年提出的 EPR 佯谬。

图 2.1 描述了所谓的"薛定谔猫"的假想实验。薛定谔设想在一个封闭的容器里有个放射源和一只猫，放射源以每秒 1/2 的概率释放一个粒子。换句话说，按照量子力学的叠加性原理，一秒钟后体系处于无粒子态和一个粒子态的等概率幅叠加态。一旦粒子发射出来（状态为 0），它将启动一个传动机构落下铁锤，打破装有氰化氢的瓶子，毒气释放后会导致容器里的那只猫立刻死亡（状态为"死猫"）。当然，如果无粒子的发射（状态为 1），这一切均不会发生，猫仍然活着（状态为"活猫"）。现在的问题是：一秒钟后容器里的猫是死还是活？既然放射性粒子是处于 0 和 1 的叠加态，那么这只猫理应处于死猫和活猫的叠加态。这只在特定状态下死了的、活着的还是半死半活的猫就是著名的"薛定谔猫"。

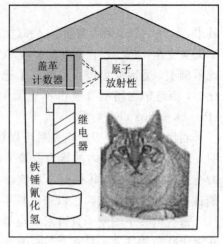

图 2.1　"薛定谔猫"假想实验

"薛定谔猫"的意义在于薛定谔通过这个假想实验将看不见的微观世界与我们熟悉的宏观世界联系起来，诱导观察者本能地用已有的宏观思维去考虑微观客体的行为，从而得到不可思议的结论。

在这个假想实验中，抛掉"猫"这个宏观形象表征，薛定谔想要阐述的物理问题是：微观世界遵从量子态叠加原理，那么，如果自然界确实按照量子力学运行，那么宏观世界也应遵从量子态叠加原理，但宏观物体一般量子效应并不显著。薛定谔的实验装置巧妙地把微观放射源与宏观的猫连接起来，最终诞生出这只死活不定的薛定谔猫，结论似乎否定了宏观世界存在可以区分的量子态的叠加态。然而，随着量子光学的发展，人们研究了各种制备宏观世界量子杰叠加的方案，1997 年，科学家终于在离子阱中观察到这种"薛定谔猫"态，即一个被观察的粒子在同一时间处于两个不同的状态。薛定谔的问题还可以进一步扩展为：宏观世界是否存在量子效应？事实上，大量的实验事实肯定地回答了这个问题。最近几年引起人们广泛兴趣的玻色-爱因斯坦凝聚的实验研究更有力地证实了宏观量子效应。但是这种相干性在通常状态下十分脆弱，难以长期保持，这也是日常生活中人们观测不到死猫活猫相干叠加的原因。

但是在介观尺度上，实现薛定谔猫是完全可能的。蒙诺尔等人在量子阱中的 $^9Be^+$ 的实验就是一例。他们通过激光制冷，使 $^9Be^+$ 制备在谐振子的基态，用以描述 $^9Be^+$ 的质心运动。而 $^9Be^+$ 的原子核，按壳层模型，四个质子已配对，自旋为 0，五个中子中未配对的中子处在 $P_{3/2}$ 能级，而价电子则处于最低能级 $2S_{1/2}$。因此原子的总角动量 $F=1$ 或 2。考虑到磁相互作用使 $^9Be^+$ 的最低两个能级处在超精细结构中，其中 $F=2$，$m_f=-1$，是基态；$F=1$，$m_f=-1$，是激发态，分别记为 $|\downarrow\rangle$ 和 $|\uparrow\rangle$。两能级之差为 $\frac{W_{HF}}{2\pi}=1.25\,GHz$。他们通过可控制持续时间的激光脉冲以引起 $^9Be^+$ 在 $|\downarrow\rangle$ 和 $|\uparrow\rangle$ 两个内部态之间作 Rabi 振荡。实验中还交替使用微波辐射场，使 $^9Be^+$ 的质心运动从基态激发到激发态，从而最终实现使 $^9Be^+$ 的质心运动的相干态波包和 $^9Be^+$ 内部运动的内部态 $|\downarrow\rangle$、$|\uparrow\rangle$ 之间的纠缠态：

$$|\psi\rangle = \frac{1}{\sqrt{2}}(|\uparrow\rangle|x_1\rangle + |\downarrow\rangle|x_2\rangle)$$

其中，$|x_1\rangle$、$|x_2\rangle$ 是中心位于 x_1 和 x_2 的相干波包。相干态波包本身宽度约为 7 nm，两个波包中心之间的距离约为 80 nm，在介观尺度上两个波包在空间上是明显分开的。该纠缠态实际上就是薛定谔猫，无非将猫的 |死猫⟩ 和 |活猫⟩ 态改成 $|x_1\rangle$ 和 $|x_2\rangle$ 态，于是人们就在介观意义上制备了薛定谔猫。

2. EPR 佯谬

EPR 佯谬在量子力学发展中起了重要的推动作用。这个实验是爱因斯坦等人与量子力学创始人之一的玻尔就有关量子力学是否自洽、是否完备的学术争论而引发的一系列假想实验中的一个著名的思想实验，这个思想实验所预示的结果完全遵从量子力学原理，但却令人难以接受。1935 年，爱因斯坦与波多尔斯基(B. Podolsky)、罗森(N. Rose)联名发表了一篇论文，以该思想实验结论的方式对量子力学的完备性提出了质疑。

在他们的文章中提出了以下量子态：

$$\psi(x_1, x_2) = \int_{-\infty}^{+\infty} \exp\left[\frac{i}{\hbar}(x_1 - x_2 + x_0)p\right]\mathrm{d}p$$

其中，x_1 和 x_2 分别代表两个粒子的坐标，这样的一个量子态不能写成两个子系统态的直积形式：

$$\psi(x_1, x_2) \neq \varphi(x_1)\varphi(x_2)$$

薛定谔将这样的量子态称为纠缠态。

爱因斯坦等人假设有由两个粒子 A 和 B 组成一对总自旋为 0 的粒子对（称为 EPR 对），将两个粒子在空间上分开，并设想分开的距离如此之大，以致对粒子 A 进行的任何物理操作都不会对粒子 B 产生干扰。假定将粒子 A 放在地球的 x_1 位置上，而将粒子 B 放在月球的 x_2 位置上，则两者之间的距离为 $a = x_1 - x_2$。如在地球上测得粒子 A 的位置为 x，就意味着测得粒子 B 的位置为 $x - a$；如果在月球上测得粒子 B 的动量为 p，就意味着测得粒子 A 的动量为 $-p$。也就是说，对粒子 A 的位置和动量都进行了测量，相当于对粒子 B 的同一物理量也进行了测量。量子力学(测不准原理)宣称，不能对粒子 A 的位置和动量同时进行精确的测量，也就是说，在测量粒子 A 位置的同时，连粒子 B 的动量也不能精确地测量了。若对此 EPR 对单独测量 A(或 B)的自旋，则自旋可能向上，也可能向下，各自概率为 1/2。但若地球上已测的粒子 A 的自旋向上，那么，月球上的粒子 B 不管测量与否，必然会处在自旋向下的本征态上。爱因斯坦认定真实世界绝非如此，月球上的粒子 B 决不会受到地球上对 A 的测量的任何影响。因此下列结论二者必居其一：① 存在着即时的超距离作用，在测量粒子 A 的位置的同时，立即干扰了粒子 B 的动量；② 一个粒子的位置和动量本来同时是有精确值的，只是量子力学的描述不完备。由此得出的结论是量子力学不足以正确地描述真实的世界。玻尔则持完全相反的看法，他认为粒子 A 和 B 之间存在着量子关联，不管它们在空间上分得多开，对其中一个粒子实行局域操作(如上述的测量)，必然会立刻导致另一个粒子状态的改变，这是由量子力学的非局域性所决定的。

这场争论的本质在于：真实世界是遵从爱因斯坦的局域实在论，还是玻尔的非局域性理论。长期以来，这个争论一直停留在哲学上，难以判断"孰是孰非"，直到贝尔基于玻姆的隐参数理论而推导出了著名的贝尔不等式(Bell inequality)，人们才有可能在实验上依据贝尔不等式寻找判定这场争论的依据。在拥有了可靠的纠缠源后，物理学家为检测贝尔不等式做出了不懈的努力。法国学者首先在实验上证实了贝尔不等式可以违背，即爱因斯坦的局域实在论在论微观世界不是真理，支持了玻尔的看法。实验结果都是和量子力学的预言相吻合，违背了贝尔不等式的限制。

量子纠缠是个多体的概念，单粒子不同自由度之间的关联并不能看成是一种纠缠。从关联测量的实验角度来看纠缠的本质是测量中体现的关联；从理论分析角度来说，纠缠等价于关联非定域性；从量子信息的角度看，纠缠的本质是量子关联中的信息。两子系统处于纠缠态就一定是有关联的，比如 EPR 态，但是有关联的量子态并不一定就是纠缠态，可分离态也可以有关联，但这时的关联不具有相干性质，只是经典关联，不是量子关联。量子纠缠不是一个纯粹与表象有关的如何进行因式化的数学表达的问题，而是纯量子的物理的概念。一个多体纠缠态不可能通过利用不同表象和任何因式化分析而成为可分离态，反过来，一个多体的可分离态，如果表面上看上去似乎是纠缠的，那也只是因为使用了量子纠缠态基矢作表达的结果。量子纠缠不一定要通过直接的相互作用来产生，比如通过纠缠交换的过程就可以间接并遥控的方式产生纠缠。

考虑分别属于 Alice 和 Bob 的量子比特组成的纠缠对：

$$|\psi\rangle = \frac{1}{\sqrt{2}}(|01\rangle - |10\rangle) \tag{2.64}$$

假定 Alice 和 Bob 彼此相距很远。设沿 v 轴在量子比特上进行自旋测量。实验结果表明：无论如何选择测量基，两个测量结果总是相反的，即设 Alice 得到结果为 $+1$，可以预测此时 Bob 沿 v 轴测量的结果为 -1。类似地，如果 Alice 得到 -1，则 Bob 将在他的量子比特上测得 $+1$。按照 EPR 准则，这个物理属性必对应一个实在元素，并且应该在任何完整的物理学理论中表示出来。然而，如量子力学所展示的，仅仅告诉人们如何计算测量 $v \cdot \sigma$ 得到的各种结果的概率，不包含任何对单位向量 v 表示的 $v \cdot \sigma$ 值，因此量子力学是不完整的。然而，自然规律否定了实用元素存在，自然与量子力学相符合。

贝尔不等式的结果是这项检验的关键。为了得到贝尔不等式，可进行一项想象实验，系统模型如图 2.2 所示。Charlie 制备了两个粒子，如式 (2.64) 所示。制备完毕后，发给 Alice 和 Bob 各一个粒子。

Alice 一收到粒子，就对其进行测量。想象有两台不同的测量设备，故可以从两种不同的测量中选一种

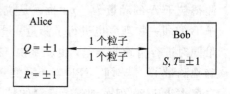

图 2.2 贝尔不等式的想象实验

进行，分别用 PQ 和 PR 标记。Alice 事先并不知道她要用哪种方法，测量时她随机地选择其中一种。假设 Alice 的粒子对测量 PQ 具有值 Q，为了简便起见，假设测量有两个结果（$Q = +1$ 和 -1），因此 Q 是 Alice 的粒子通过测量得到的客观性质，类似地，R 是 PR 得到的值。

同样，设 Bob 可以具有两种测量 PS 和 PT，它们的测量值分别是 S 和 T，取值也为 $+1$ 和 -1。Alice 和 Bob 绝对精确地同一时间进行测量，或更确切地说他们的测量间没有因果联系。于是，Alice 的测量不可能干扰 Bob 的测量结果，反之亦然。对 $QS + RS + RT - QT$ 进行简单的计算可得到：

$$QS + RS + RT - QT = (Q + R)S + (R - Q)T \tag{2.65}$$

因为 R、$T = \pm 1$，所以 $(Q + R)S = 0$ 或者 $(R - Q)T = 0$。从式 (2.65) 容易看出。对于每

种情况 $QS+RS+RT-QT=\pm2$。如果假设测量前系统处于 $Q=q$、$R=r$、$S=s$ 和 $T=t$ 的概率是 $p(q,r,s,t)$，则这些概率将依赖于 Charlie 是如何制备量子态及实验噪声的。令 $E(\cdot)$ 表示均值，则

$$E(QS+RS+RT-QT)=\sum_{qrst} p(q,r,s,t)(qs+rs+rt-qt)$$

$$\leqslant \sum_{qrst} p(q,r,s,t)\times 2 = 2 \qquad (2.66)$$

而且

$$E(QS+RS+RT-QT)=\sum_{qrst} p(q,r,s,t)qs+\sum_{qrst} p(q,r,s,t)rs$$

$$+\sum_{qrst} p(q,r,s,t)rt-\sum_{qrst} p(q,r,s,t)qt \qquad (2.67)$$

$$=E(QS)+E(RS)+E(RT)-E(QT)$$

比较式(2.66)和式(2.67)，可得到贝尔不等式：

$$E(QS)+E(RS)+E(RT)-E(QT)\leqslant 2 \qquad (2.68)$$

此不等式又称 CHSH 不等式，是四个发现者的首字母缩写，它是诸多贝尔不等式中的一个。

从量子力学的角度考虑贝尔不等式。此时 Charlie 制备的双量子比特用公式(2.64)表示，Alice 和 Bob 的测量算子分别设定为

$$Q=Z_1,\ S=\frac{-Z_2-X_2}{\sqrt{2}}$$

$$R=X_1,\ T=\frac{Z_2-X_2}{\sqrt{2}} \qquad (2.69)$$

进行简并计算，可给出这些观测算子的平均值为

$$\langle QS\rangle=\langle RS\rangle=\langle RT\rangle=\frac{1}{\sqrt{2}} \qquad (2.70)$$

$$\langle QT\rangle=-\frac{1}{\sqrt{2}}$$

于是

$$\langle QS\rangle+\langle RS\rangle+\langle RT\rangle-\langle QT\rangle=2\sqrt{2} \qquad (2.71)$$

这个计算结果与公式(2.68)所示贝尔不等式不一致。光子的精巧实验已在量子力学预言和直观推理的贝尔不等式之间作出判断，它支持了量子力学的预言。

之后，随着量子光学的发展，有更多的实验支持了这个结论，即宏观世界遵守贝尔不等式，而微观世界能够违背贝尔不等式。1997 年瑞士学者更直截了当地在 10 km 光纤中测量到作为 EPR 对的两个光子之间的量子关联。因此，现在可得出结论：① 量子力学是正确的(起码迄今完全与实验相自洽)；② 非局域性是量子力学的基本性质。现在由爱因斯坦等人在佯谬中首先揭示的量子关联效应常被称为 EPR 效应，它是非局域性的体现。

事实上，按照量子力学理论，EPR 粒子对是处于所谓纠缠态的一对粒子，这个量子状态最大地违背贝尔不等式，它有着奇特的性质：人们无法单独地确定某个粒子处在什么量子态上，这个态给出的唯一信息是"两个粒子之间的相互关联"这类整体的特性。现在实验上已成功地制备出这类具有纠缠性的量子态。

3. 贝尔态基

爱因斯坦等人认为量子力学只给微观客体以统计性描述是不完备的，因为这样的描述不能解释微观粒子的某些行为。玻姆认为有必要引入一些附加变量对微观客体作进一步的描述，因此有了隐变量理论。贝尔源于隐变量理论推出了著名的贝尔不等式。由于贝尔不等式与量子力学的预言不相符，因此人们有可能通过在满足必需的条件下，以实验结果是否满足该不等式来判定以玻尔为代表的哥本哈根学派对量子力学的解释是否正确，即量子力学是否自洽，本身是否完备。

贝尔不等式大致给出了这样一个事实：假设两个观察者 A 和 B 分别对光子对的个别光子做偏振测量，两人可以任意选择各种不同的测量基底，假设 A 选了 a 和 a' 两种基底，而 B 选了 b 和 b'。$E(a, b)$ 代表当 A 用基底 a 而 B 用基底 b 时，在他们重复多次同样的实验后，统计的结果"平行"与"垂直"的两种概率差（即期望值），那么经典的理论预测总是有以下的不等式：

$$-2 \leqslant E(a, b) - E(a, b') + E(a', b) + E(a', b') \leqslant 2 \qquad (2.72)$$

这就是贝尔不等式。用某个算符 $\hat{B}$（称为贝尔算符）在一定量子态上的平均值将贝尔不等式表示成

$$-2 \leqslant \langle \varphi | \hat{B} | \varphi \rangle \leqslant 2 \qquad (2.73)$$

贝尔算符的本征态称为贝尔态基。贝尔态基由四个态矢组成，分别为

$$\begin{cases} |\beta_{00}\rangle = \dfrac{|00\rangle + |11\rangle}{\sqrt{2}} = \dfrac{1}{\sqrt{2}} \begin{pmatrix} 1 \\ 0 \\ 0 \\ 1 \end{pmatrix} \\[20pt] |\beta_{01}\rangle = \dfrac{|01\rangle + |10\rangle}{\sqrt{2}} = \dfrac{1}{\sqrt{2}} \begin{pmatrix} 0 \\ 1 \\ 1 \\ 0 \end{pmatrix} \\[20pt] |\beta_{10}\rangle = \dfrac{|00\rangle - |11\rangle}{\sqrt{2}} = \dfrac{1}{\sqrt{2}} \begin{pmatrix} 1 \\ 0 \\ 0 \\ -1 \end{pmatrix} \\[20pt] |\beta_{11}\rangle = \dfrac{|01\rangle - |11\rangle}{\sqrt{2}} = \dfrac{1}{\sqrt{2}} \begin{pmatrix} 0 \\ 1 \\ -1 \\ 0 \end{pmatrix} \end{cases} \qquad (2.74)$$

贝尔态基也可以写成下列形式：

$$\begin{cases} |\varphi^{\pm}\rangle = \dfrac{|01\rangle \pm |10\rangle}{\sqrt{2}} = \dfrac{1}{\sqrt{2}} (|0\rangle \otimes |1\rangle \pm |1\rangle \otimes |0\rangle) \\[16pt] |\Phi^{\pm}\rangle = \dfrac{|00\rangle \pm |11\rangle}{\sqrt{2}} = \dfrac{1}{\sqrt{2}} (|0\rangle \otimes |0\rangle \pm |1\rangle \otimes |1\rangle) \end{cases} \qquad (2.75)$$

利用 EPR 纠缠对和贝尔态基可以实现量子密钥分配、量子隐形传态以及量子稠密编码。

4. 测不准原理

在经典力学中，一个质点的运动状态可用坐标、动量及其所描绘的轨道等概念来描述。已知质点在某时刻的坐标、动量以及质点所处的力场的性质，就可通过牛顿方程，求解出质点在任一时刻的坐标和动量以及质点的运动轨道。这种宏观质点的运动(包括天体和地面上的物体)已被无数观察和实验所证实。然而，在量子世界中，这一切将不再成立。

量子物理与经典物理最重要的区别可以概括为互补性和相关性。常说的波粒二象性就是一个量子体系的两种互补属性。在著名的杨氏双缝实验中，如果想确知发出的某光子通过哪个缝隙，从而来探测系统的微粒性，结果将导致无法观测到光的干涉现象；同样，如果想观测光的干涉现象，在测量系统的波动性时，就无法确定光子通过的路径。这是量子力学的基本原理，它在量子密码术中具有重要的应用。

设 A 和 B 分别是表示一个量子体系的算符，二者不对易，即

$$[A, B] = AB - BA \neq 0 \tag{2.76}$$

这意味着 A 和 B 不能同时有确定值，在同一个态 ψ 下，A 和 B 不确定程度满足下列关系式：

$$\langle(\Delta A)^2\rangle\langle(\Delta B)^2\rangle \geqslant \frac{1}{4}\|\langle(A, B)\rangle\|^2 \tag{2.77}$$

这里，$\Delta A = A - \langle A\rangle$，$\Delta B = B - \langle B\rangle$，$\langle(\Delta A)^2\rangle$ 代表算符 A 的均方偏差，$\langle(\Delta B)^2\rangle$ 代表算符 B 的均方偏差。这就是著名的海森堡测不准关系式。

海森堡测不准原理说明，微观粒子两类非相容可观测态的属性是互补的，对其中一种属性的精准测量必然会导致其互补属性的不确定性。在量子力学中，一个物质体系(例如一个电子或一个光子)是用 Hilbert 空间中的一个态矢量来表示的，体系的每种物理属性(例如坐标或动量)均用专用算符表示，而每个算符的所有本征态(组成完全系)构成 Hilbert 空间中一组相互正交的基态(基矢)，任何态矢量都可以按照一组完备的基矢进行展开。例如，态矢量 $|\psi\rangle$ 按照算符 A 的本质态展开如下：

$$|\psi\rangle = \sum_j |a_j\rangle\langle a_j|\psi\rangle \tag{2.78}$$

其中，a_j 是算符 A 在各本征态上的本征值，满足方程 $A|a_j = a_j|a_j\rangle$。

式(2.78)说明，对算符 A 进行数值测量，测量结果为 a_j，同时使被测量体系处于新的基矢 $|a_j\rangle$ 的概率为 $|a_j|^2$。具体地说，就是在量子通信中，窃听者对传送的光子序列所进行的任何干扰、窃听，例如量子克隆，截取/重发等，都将导致光子状态的改变，从而影响接收者的测量结果，由此可对窃听者的行为进行判定和检测。图 2.3 是正常的量子信道的收与发模型。

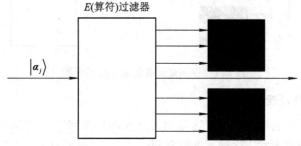

图 2.3　量子信道的收与发模型

态矢量 $|a_j\rangle$ 入射到 B 过滤器上，只允许其本征态 $|\beta_k\rangle$（满足 $B|\beta_k\rangle=\beta_k|\beta_k\rangle$）通过，根据展开式：

$$|a_j\rangle = \sum_k |\beta_k\rangle\langle\beta_k||a_j\rangle$$

测量的本征值为 $|\beta_k\rangle$ 的概率为 $|\langle\beta_k|a_j\rangle|^2$。如果基态矢量 $|a_j\rangle$ 按照另一个算符 E 的本征态进行展开：

$$|a_j\rangle = \sum_m |\varepsilon_m\rangle\langle\varepsilon_m|a_j\rangle \tag{2.79}$$

则

$$\left|\langle\beta_k|a_j\rangle\right|^2 = \left|\sum_m \langle a_j|\varepsilon_m\rangle\langle\varepsilon_m|\beta_k\rangle\right|^2$$

$$= \sum_m \sum_{m'} \langle a_j|\varepsilon_m\rangle\langle\varepsilon_m|\beta_k\rangle\langle\beta_k|\varepsilon_{m'}\rangle\langle\varepsilon_{m'}|a_j\rangle \tag{2.80}$$

如果假设态矢量 $|a_j\rangle$ 在入射到 B（算符）过滤器之前，被插入 E（算符）过滤器（如图 2.4 所示），那么此系统最终测得本征值为 β_k 的所有可能的概率总计为

$$p = \sum_m \left|\langle a_j|\varepsilon_m\rangle\right|^2\left|\langle\varepsilon_m|\beta_k\rangle\right|^2 = \sum_m \langle a_j|\varepsilon_m\rangle\langle\varepsilon_m|a_j\rangle\langle\beta_k|\varepsilon_m\rangle\langle\varepsilon_m|\beta_k\rangle \tag{2.81}$$

通过比较式（2.80）和式（2.81），可得出：

$$\|\langle\beta_k|a_j\rangle\|^2 = p + \sum_m \sum_{m'} \langle a_j|\varepsilon_m\rangle\langle\varepsilon_m|\beta_k\rangle\langle\beta_k|\varepsilon_{m'}\rangle\langle\varepsilon_{m'}|a_j\rangle \quad (m \neq m') \tag{2.82}$$

用前面的双缝实验进行类比，可形象地加以说明。E（算符）过滤器就相当于检测光子的精确轨迹，式（2.81）是代表波动性的干涉现象遭到破坏后的结果的数学表达式，那么能鉴别出中途是否进行过精确测量吗？答案是肯定的。因为无法鉴别就是要使式（2.81）和式（2.82）相等，这必须满足：

$$\langle a_j|\varepsilon_m\rangle\langle\varepsilon_m|a_j\rangle\langle\beta_k|\varepsilon_m\rangle\langle\varepsilon_m|\beta_k\rangle = \delta_{mm'} \tag{2.83}$$

也就是说，$|\varepsilon_m\rangle$ 要同时是算符 E 和 A 或者 E 和 B 的本征态，即

$$[A, B] = 0 \quad \text{或} \quad [B, E] = 0 \tag{2.84}$$

因此，只要算符 A 和 B 本身是相容的客观测态，而 E 与 A、B 不对易（属性互补），通过对 B（算符）过滤器输出结果进行数理统计，就能检测出是否应用 E（算符）过滤器进行了干扰。以上的模型和分析是量子密码通信协议的理论基础。

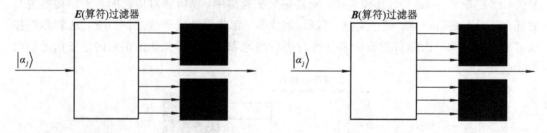

图 2.4　存在窃听者的量子信道模型

5. 量子不可克隆定理

经典信息是可以被精确克隆的。这是因为经典的各个状态之间总是互相正交的，可以对它进行测量而不造成干扰。比如，我们看到一个"0"，再照抄一个"0"，就实现了对这一信息的克隆。因此在经典范畴内，我们可以用冗余的方式进行纠错。比如把一个数据克隆

成多份进行存储。如果在一段时间内只有不超过一半的存储单元会出错，我们就可以用少数服从多数的方式找回正确的数据。量子层面是否也是这样？1982 年 W. K. Wootters 和 W. H. Zurek 给出了否定的答案。

　　量子不可克隆定理(quantum no-cloning theorem)：能把任意的未知量子态精确克隆的通用变换 T 不存在。

　　证明：先给出 W. K. Wootters 和 W. H. Zurek 的证明。设二态体系状态空间的两个正交归一基矢为 $|0\rangle$ 和 $|1\rangle$。根据量子态的叠加原理，这个体系的任何一态矢 $|\psi\rangle$ 都可以表示成 $|0\rangle$ 和 $|1\rangle$ 的线性叠加。设复制(或放大)装置的初态为 $|A\rangle$，量子态的完全精确复制过程可以表达为

$$|A\rangle|\psi\rangle \rightarrow |A_\psi\rangle|\psi\rangle|\psi\rangle \tag{2.85}$$

其中，$|A_\psi\rangle$ 是复制后复制装置所处的状态，它可以依赖于也可以不依赖于被复制的量子态 $|\psi\rangle$。设状态 $|0\rangle$ 以及与它正交的状态 $|1\rangle$ 可以被这个装置完全复制，即

$$|A\rangle|0\rangle \rightarrow |A_0\rangle|0\rangle|0\rangle$$
$$|A\rangle|1\rangle \rightarrow |A_1\rangle|1\rangle|1\rangle \tag{2.86}$$

则对于线性叠加态 $|\psi\rangle = a|0\rangle + b|1\rangle$，有

$$|A\rangle|\psi\rangle = |A\rangle(a|0\rangle + b|1\rangle) \rightarrow a|A_0\rangle|0\rangle|0\rangle + b|A_1\rangle|1\rangle|1\rangle \tag{2.87}$$

而纯态

$$|\psi\rangle|\psi\rangle = (a|0\rangle + b|1\rangle)(a|0\rangle + b|1\rangle) \rightarrow a^2|0\rangle|0\rangle + ab|0\rangle|1\rangle + ab|1\rangle|0\rangle + b^2|1\rangle|1\rangle \tag{2.88}$$

比较式(2.87)与式(2.88)可见，不管 $|A_0\rangle$ 是否与 $|A_1\rangle$ 相等，都有

$$|A\rangle|\psi\rangle \nrightarrow |A_\psi\rangle|\psi\rangle|\psi\rangle$$

　　再用反证法证明。设这样的通用变换 T 存在，即它能实现

$$T|\psi\rangle \otimes |e_0\rangle = |\psi\rangle \otimes |\psi\rangle \tag{2.89}$$

这里，$|e_0\rangle$ 表示 T 的工作环境的初态，用于存储克隆出来的副本。那么 T 首先必须能对 $|0\rangle$ 和 $|1\rangle$ 精确克隆，即

$$T|0\rangle \otimes |e_0\rangle = |0\rangle \otimes |0\rangle \tag{2.90}$$
$$T|1\rangle \otimes |e_0\rangle = |1\rangle \otimes |1\rangle \tag{2.91}$$

由于量子力学是线性的，根据这两个式子，如果把 T 作用于 $|+\rangle = \frac{1}{\sqrt{2}}(|0\rangle + |1\rangle)$，则结果为

$$
\begin{aligned}
T|+\rangle \otimes |e_0\rangle &= \frac{1}{\sqrt{2}} T(|0\rangle + |1\rangle) \otimes |e_0\rangle \\
&= \frac{1}{\sqrt{2}}(T|0\rangle \otimes |e_0\rangle + T|1\rangle \otimes |e_0\rangle) \\
&= \frac{1}{\sqrt{2}}(|0\rangle \otimes |0\rangle + |1\rangle \otimes |1\rangle) \tag{2.92}
\end{aligned}
$$

但如果 T 能对任意态都精确克隆，应有

$$T|+\rangle \otimes |e_0\rangle = |+\rangle \otimes |+\rangle = \frac{1}{\sqrt{2}}(|0\rangle + |1\rangle) \otimes \frac{1}{\sqrt{2}}(|0\rangle + |1\rangle)$$

$$= \frac{1}{2}(|0\rangle \otimes |0\rangle + |0\rangle \otimes |1\rangle + |1\rangle \otimes |0\rangle + |1\rangle \otimes |1\rangle)$$

$$\neq \frac{1}{\sqrt{2}}(|0\rangle \otimes |0\rangle + |1\rangle \otimes |1\rangle) \tag{2.93}$$

式(2.93)与式(2.92)矛盾。即如果一个变换 T 能够对一组正交态 $|0\rangle$ 和 $|1\rangle$ 精确克隆，那么它必然不能克隆与 $|0\rangle$ 和 $|1\rangle$ 不正交的态 $|+\rangle$。因此通用克隆机不存在。

证毕。

从上述证明过程可以注意到以下几点：

(1) 不可克隆定理中的待克隆的量子态必须是未知的。如果已经知道一个量子态的具体形式，则只需另外制备一个就实现了克隆。

(2) 如果已知待克隆的量子态只可能是几种相互正交的态之中的一个，该定理也并不否定它是可以被克隆的。因此经典世界内没有不可克隆定理，量子世界才有，它是量子力学的固有属性，关键就在于量子态存在非正交的情形。而非正交的量子态来自正交态的线性叠加，因此量子不可克隆定理不是一个独立的基本定理，而是态叠加原理的导出结果，本质上来源于量子力学第二假设。

(3) 该证明仅限于精确克隆。如果一个变换 T' 的效果是能以一个小于1的概率 p 对任意未知量子态 $|\psi\rangle$ 成功克隆，而剩下的 $(1-p)$ 机会克隆失败，那么它就不受上述证明的制约，亦即下列克隆是可能的：

$$T'|\psi\rangle \otimes |e_0\rangle = \sqrt{p}|\psi\rangle \otimes |\psi\rangle + \sqrt{1-p}|\varphi\rangle \otimes |e'\rangle \tag{2.94}$$

其中，$|e'\rangle \neq |\psi\rangle$，$p$ 的值可以与 $|\psi\rangle$ 有关，$|\varphi\rangle$ 与 $|\psi\rangle$ 相同或不同均可。这样的变换叫做概率克隆（probabilistic cloning）。一个最简单的例子就是 T' 等于恒等变换，即保持 $|\psi\rangle$ 和 $|e_0\rangle$ 不变。由于 $|\psi\rangle$ 是任意态，概率不为零，正好与 $|e_0\rangle$ 的概率相同，这样就满足了式 (2.94)。当然这个简单的 T' 的效率是非常低的。后来人们提供了不少高效的概率克隆方案。量子不可克隆定理只是限制这些方案的成功克隆概率 p 永远不能达到1。

尽管定理的证明过程简单，但其意义重大。一方面，它意味着我们不能像经典纠错码那样，把一个未经测量的量子态克隆成很多个相同的备份存储起来以达到纠错的目的。这对量子计算机的实验技术发展带来了很大的障碍。这同时也意味着世界上的事物不可能通过人工的方式克隆出完全一模一样的副本。例如，即使我们通过仿制每一个细胞来复制出一个人的副本，但这些细胞内部的原子里面的电子仍然不会处在完全相同的状态。因此，复制人与被复制者即使外表相似，仍然可能有着不同的思想和记忆——如果这些因素是由量子力学决定的话。但是另一方面，量子不可克隆定理在量子密码术中却会带来正面的帮助，它确保了量子密码的安全性，使得窃听者不可能采取复制技术来获得合法用户的信息，使得信息的安全达到经典密码术所不能及的高度。

6. 量子测量坍塌原理

如前所述，任一量子态 $\{|n\rangle\}$ 在为基矢的表象中可表示为

$$|\psi\rangle = \sum_n C_n |n\rangle, \quad C_n = \langle \psi | n \rangle, \quad \sum_n |C_n|^2 = 1 \tag{2.95}$$

其中，$|C_n|^2$ 是测量时的概率。也可以说测量时，量子态 $|\psi\rangle$ 坍塌到 $|n\rangle$ 态矢的概率为 $|C_n|^2$。实质上量子态的测量是将测量前的系统状态投影到被测力学量所张成的整个系统空间的子空间中。测量过程可分为三个步骤实现。首先将系统量子态进行谱分解，即将被测量子态按所测力学量的本征态矢展开。然后进行量子态的坍缩，将量子态坍缩在某一特定的本征态上。最后以坍缩后的量子态为初态，在新的哈密顿（Hamilton）算子作用下，进行新一轮的量子态演化。因此，量子态的测量具有四个明显的特征，表现为结果的随机性、坍塌不可逆性、坍塌的非定域性和坍塌的斩断已有的相干性。

对于二体系统来说，量子态的测量可归纳为以下几种形式：

（1）局部测量。若对 $A+B$ 系统中的 A 进行测量，则力学量算符为

$$\Omega = \Omega_A \otimes I_B \tag{2.96}$$

其中，Ω_A 是对子系统 A 的测量的力学量，I_B 对子系统 B 不作任何变化。

（2）关联测量。关联测量分别是对 A 和 B 作局部测量：

$$\Omega = \Omega_A \otimes \Omega_B \tag{2.97}$$

其中，Ω_A 是对子系统 A 的测量力学量，Ω_B 是对子系统 B 的测量力学量。

（3）联合测量。对 A 与 B 不作局部测量，而作联合测量。如沿着贝尔基矢测量，可确定两个系统所处的纠缠方式，在隐形传态中有具体应用。

基于量子力学的基本特征，量子信息和量子计算具有一些不同于经典信息和计算的特性。以上仅简单介绍了一些在量子信息和量子计算中应用得较多的概念，有关量子力学的其他概念和理论，可以参考相关量子力学文献。

2.2.2　量子力学的基本假设

量子力学是物理理论发展的一个数学框架。量子力学本身不能告诉我们物理系统服从什么定律，但它却提供了研究这些定律的数学概念和框架。由于微观粒子的坐标和动量不再同时取得确定值，经典描述方法对微观粒子自然失效。在量子力学中如何描述一个微观粒子或多个微观粒子系统的状态？关于这些问题存在一些假设。

为了理解量子信息技术，下面将给出量子力学的基本理论，包括量子力学基本假设的完整描述，这些假设把客观物理世界和量子力学的数学描述联系了起来。

1. 状态空间

量子力学第一条假设是建立量子力学使用的场所，即线性代数中所熟知的 Hilbert 空间。

假设 1　任一孤立的物理系统都有一个称为系统状态空间（state space）的复内积向量空间（即 Hilbert 空间）与之相联系，系统完全由状态向量所描述，这个向量是系统状态空间的一个单位向量。

量子力学没有告诉我们，对于一个给定的物理系统，它的状态空间是什么；也没有告诉我们，系统的状态向量是什么。但是它告诉我们如何用状态空间去描述物理系统。例如，量子电动力学理论（常称为 QED）描述了原子和光的相互作用，它告诉我们用什么样的状态空间给出原子和光的量子描述。尽管我们对 QED 这样复杂的理论不太关心，但对我们而言，对系统状态空间作一些非常简单（并且合理）的假设，并认同这些假设就足够了。

最简单也是让我们最关心的量子系统是单个量子比特系统。一个量子比特有一个二维的状态空间。设 $|0\rangle$ 和 $|1\rangle$ 构成这个状态空间的一组标准正交基，则状态空间的任意状态向量可表示为

$$|\psi\rangle = a|0\rangle + b|1\rangle \tag{2.98}$$

其中 a 和 b 是复数。于是，$|\psi\rangle$ 为单位向量的必要条件，即 $\langle\psi|\psi\rangle = 1$，等价于 $|a|^2 + |b|^2 = 1$。条件 $\langle\psi|\psi\rangle = 1$ 常称为状态向量的归一化条件。

对量子比特的讨论总是基于某个已经固定的标准正交基 $|0\rangle$ 和 $|1\rangle$，直观上，状态 $|0\rangle$ 和 $|1\rangle$ 对应于一个比特可能取得两个值 0 和 1。量子比特与比特的不同之处在于量子比特还可以处于两个标准正交基的叠加态上，这就是量子力学中的态叠加原理（principle of superposition），如 $a|0\rangle + b|1\rangle$，且叠加态下不能确定是状态 $|0\rangle$ 还是 $|1\rangle$。如状态

$$\frac{|0\rangle + |1\rangle}{\sqrt{2}} \tag{2.99}$$

是基状态 $|0\rangle$ 和 $|1\rangle$ 的叠加态，状态 $|0\rangle$ 具有幅度 $1/\sqrt{2}$，状态 $|1\rangle$ 具有幅度 $1/\sqrt{2}$。

2. 演化

量子力学系统的状态 $|\psi\rangle$ 是如何随时间而变化的？假设 2 为系统状态的变化提供了一种规则。

假设 2　一个封闭量子系统的演化（evolution）可以由一个酉变换（unitary transformation）来描述，即系统在时刻 t_2 的状态 $|\psi\rangle$ 和系统在时刻 t_2 的状态 $|\psi'\rangle$，可以通过一个仅依赖于时间 t_1 和 t_2 的酉算符 U 相联系，其中

$$|\psi'\rangle = U|\psi\rangle \tag{2.100}$$

正如量子力学不告诉我们状态空间或一个特定量子系统的量子状态一样，它也不告诉我们什么样的酉算符描述了现实世界的量子动态。量子力学仅仅说明任意封闭量子系统的演化都可以用这种方式来描述。一个显然的问题是：自然选择什么样的酉算符？实际上针对单量子比特形式的情形，所有酉算符都可以在实际系统中实现。值得注意的是，薛定谔给出了封闭量子系统演化的动态方程：

$$i\hbar \frac{\partial|\psi\rangle}{\partial t} = H|\psi\rangle \tag{2.101}$$

其中，$\hbar$ 是普朗克常数，H 是封闭系统的哈密顿量，它不随时间变化，而量子态 $|\psi\rangle$ 是时间函数。作为描述运动规律的另一种方式是认为可观察量算符 $\widetilde{F}(t)$ 是时间 t 的函数，而 $|\psi\rangle$ 不变，称为海森堡（Heisenberg）绘景，满足的动态方程为

$$i\hbar \frac{\partial}{\partial t} F_H(t) = [F_H(t), H(t)] \tag{2.102}$$

假设 2 要求所描述的系统是封闭的，即它们的系统没有任何相互作用。现实中任何系统都在某种程度上与别的系统间存在着相互作用。然而，可以近似描述为封闭的系统是存在的，并且可用酉演化很好地近似描述，而且，至少原则上每个开放系统都可以描述为一个更大的进行着酉演化中的封闭系统的一部分。

泡利（Pauli）算符是量子计算与量子信息中非常重要的单量子比特上的酉算子，其中 X 算符常称为量子非门，它与传统的非门概念相对应，把状态变 $|0\rangle$ 为 $|1\rangle$，把状态 $|1\rangle$ 变为 $|0\rangle$。哈达玛（Hadamard）算符是另一种有用的酉算符，记作 H：

$$\begin{cases} H|0\rangle = \dfrac{(|0\rangle + |1\rangle)}{\sqrt{2}} \\ H|1\rangle = \dfrac{(|0\rangle - |1\rangle)}{\sqrt{2}} \end{cases} \tag{2.103}$$

酉算符具有以下重要的性质：

(1) 酉算符不改变两个态矢的内积；

(2) 酉算符不改变算符的特征值；

(3) 算符表示的矩阵的迹在酉算符作用下保持不变；

(4) 在酉算符作用下，任何力学量的平均值保持不变；

(5) 在酉算符作用下，算符的线性和 Hermite 性保持不变；

(6) 算符间的代数关系在酉算符的作用下保持不变。

关于这些性质的简单证明过程如下：

(1) 系统在时刻 t_1 的状态 $|\psi\rangle$、$|\varphi\rangle$ 和时刻 t_2 的状态 $|\psi'\rangle$ 和 $|\varphi'\rangle$，可以用酉算符 U 表示为

$$|\psi'\rangle = U|\psi\rangle, \quad |\varphi'\rangle = U|\varphi\rangle \tag{2.104}$$

则

$$\langle\varphi'|\psi'\rangle = \langle\varphi|U^+ U|\psi\rangle = \langle\varphi|\psi\rangle \tag{2.105}$$

所以两态矢的内积在酉算符作用下保持不变。

(2) 设 A 算符对应的本征方程为

$$A|\psi\rangle = a|\psi\rangle \tag{2.106}$$

注意到 a 是算符 A 的特征值，以算符 U 左乘上式两边，利用酉算符的幺正变换特性 $UU^+ = I$，得到

$$UAU^{-2}U|\psi\rangle = aU|\psi\rangle \tag{2.107}$$

若 U 是两表象间的变换矩阵，令 $A' = UAU^{-1}$，$|\psi'\rangle = U|\psi\rangle A' = UAU'$，$|\psi'\rangle = U|\psi\rangle$，将可以得到：

$$A'|\psi'\rangle = a|\psi'\rangle \tag{2.108}$$

这表明在新表象中 A' 算符的特征值仍为 a，所以酉算符不改变算符的特征值。

(3) 由于 $A' = UAU^{-1}$，在求迹时矩阵成积因子可以变换，所以

$$\mathrm{tr}(A') = \mathrm{tr}(UAU^{-1}) = \mathrm{tr}(UU^{-1}A) = \mathrm{tr}(A) \tag{2.109}$$

在算符 A 的表象中，算符 A 的迹是它的诸多特征值之和。这一性质说明一个算符的特征值之和与表象无关。

(4) 设 $|\psi'\rangle = U|\psi\rangle$，$|\varphi'\rangle = U|\varphi\rangle$，由于

$$A' = UAU^{-1}$$

所以

$$\langle\varphi'|A'|\psi'\rangle = \langle\varphi|U^{-1}UAU\psi^{-1}U|\psi\rangle = \langle\varphi|A|\psi\rangle$$
$$\langle\varphi|A|\psi\rangle = \langle\varphi|U^{-1}UAU\psi^{-1}U|\psi\rangle = \langle\varphi|A|\psi\rangle \tag{2.110}$$

上式表明任一力学量算符的平均值在酉算符作用下保持不变。

(5) 设 C_1、C_2 是两个任意复常数，若在原表象中对于算符 A 存在

$$A(C_2|\psi_1\rangle) + C_2|\psi_2\rangle = C_2A|\psi_1\rangle + C_2A|\psi_2\rangle \tag{2.111}$$

则在新表象中有

$$A'(C_1|\psi_1'\rangle + C_2|\psi_2'\rangle) = UAU^{-1}(C_1U|\psi_1\rangle + C_2U|\psi_2\rangle)$$
$$= UA(C_1|\psi_1\rangle + C_2|\psi_2\rangle) = C_1UA|\psi_1\rangle + C_2UA|\psi_2\rangle$$
$$= C_1UAU^{-1}U|\psi_1\rangle + C_2UAU^{-1}U|\psi_2\rangle$$
$$= C_1A'|\psi_1'\rangle + C_2A'|\psi_2'\rangle \tag{2.112}$$

所以在酉算符作用下，算符的线性性质保持不变。

若算符 A 是 Hermite 算符，则 $A^+ = A$。在新表象中，$A'^+ = (UAU^{-1})^+ = UA^+U^+ = A'$，所以算符的 Hermite 特性在酉算符作用下保持不变。实际上算符的线性和 Hermite 性是算符本身的性质，不应与表象有关。

（6）可以证明两算符的相加不随酉算符的作用而改变，我们也可以证明两个算符的乘积性质在酉算符作用下保持不变，现以乘积性质为例，证明这一过程。

设 $C = AB$，则即 $UCU^{-1} = UAU^{-1}UBU^{-2}$，即 $C' = A'B'$。

两算符的相加、相乘是更复杂代数关系的基础，因此一般的算符之间的代数关系在酉算符作用下保持不变，特别是算符之间的对易关系也不随酉算符的作用而变化。

3. 量子测量

前面已经假设封闭量子系统按酉算符演化，尽管系统演化可以不与其他外部相互作用，但是某些时刻一定有实验者要用实验设备（外部物理世界）观察系统，了解系统内部的状态。这个观察使系统不再封闭，也就是不再服从酉演化。为了获取量子系统信息，下面引入假设 3。

假设 3　量子测量由一组测量算符 $\{M_m\}$ 描述，这些算符作用在被测系统状态空间上，m 描述实验中可能得到的测量结果。若在测量前，量子系统的状态为 $\{\psi\}$，则结果 m 发生的可能性为

$$p(m) = \langle\psi|M_m^+M_m|\psi\rangle \tag{2.113}$$

测量后系统的状态为

$$\frac{M_m|\psi\rangle}{\sqrt{\langle\psi|M_m^+M_m|\psi\rangle}} \tag{2.114}$$

同时，测量算符满足完备性关系：

$$\sum_m M_m^+M_m = I \tag{2.115}$$

实际上，完备性方程表达了概率之和为 1 的事实，这是因为

$$1 = \sum_m p(m) = \sum_m \langle\psi|M_m^+M_m|\psi\rangle$$
$$= \langle\psi|\sum_m M_m^+M_m|\psi\rangle = \langle\psi|\psi\rangle = 1 \tag{2.116}$$

上述方程对所有 $|\psi\rangle$ 成立，等价于完备性关系。但是直接检验完备性关系要容易得多，这就是我们将完备性关系描述在假设叙述中的原因。

测量的一个简单例子是单量子比特在计算基矢下的测量，这是在单量子比特上的测量，有两个测量算符 $M_0 = |0\rangle\langle0|$ 和 $M_1 = |1\rangle\langle1|$ 定义的两种结果。注意到每个测量算符都是 Hermit 的，并且 $M_0^2 = M_0$，$M_1^2 = M_1$，于是完备性关系 $I = M_0^+M_0 + M_1^+M_1 = M_0 + M_1$ 得到满足，如果假设被测量状态是 $a|0\rangle + b|1\rangle$，则获得测量结果为 0 的概率是

$$p(0) = \langle \psi | M_m^+ M_m | \psi \rangle = \langle \psi | \psi \rangle = |a|^2 \tag{2.117}$$

类似地，获得测量结果为 1 的概率是 $p(1) = |b|^2$。在两种情况下，测量后的状态分别为

$$\begin{cases} \dfrac{M_0 | \psi \rangle}{|a|} = \dfrac{a}{|a|} |0\rangle \\[2mm] \dfrac{M_1 | \psi \rangle}{|b|} = \dfrac{b}{|b|} |1\rangle \end{cases} \tag{2.118}$$

像 $a/|a|$ 这样的模为 1 的倍数实际上可以忽略，因此测后有效状态实际上是 $|0\rangle$ 和 $|1\rangle$。

在量子信息和量子计算实际应用中，存在一些常用的测量方法，分别是投影测量和半正定算子值测量(POVM)，下面将详细描述这两种测量方法。

投影测量由被观察系统状态空间上的一个可观测量 Hermite 算符 M 描述。该可观测量具有谱分解：

$$M = \sum_m m P_m \tag{2.119}$$

其中，P_m 是到特征值 m 的本征空间 M 上的投影。测量的可能结果是对应于测量算符的特征值 m。测量状态 $|\psi\rangle$ 时，得到结果 m 的概率为

$$p(m) = \langle \psi | P_m | \psi \rangle \tag{2.120}$$

给定测量结果，测量后量子系统的状态立即为

$$\frac{P_m | \psi \rangle}{\sqrt{p(m)}} \tag{2.121}$$

投影测量可视为假设 3 的一种特殊情况。它使假设 3 中的测量算符除了满足完备性关系 $\sum_m M_m^+ M_m = I$ 之外，还满足 M_m 是正交投影算符的条件，即 M_m 是 Hermite 的，且 $M_m M_{m'} = \delta_{m,m'}$，$M_m M_{m'}$。有了这些附加限制，假设 3 就退化为刚刚定义的投影测量。

投影测量具有许多好的性质，例如很容易计算投影测量的平均值。由定义得测量的平均值为

$$\begin{aligned} E(M) &= \sum_m m p(m) = \sum_m m \langle \psi | P_m | \psi \rangle \\ &= \langle \psi | \Big(\sum_m m P_m \Big) | \psi \rangle = \langle \psi | M | \psi \rangle \end{aligned} \tag{2.122}$$

这是一个非常有用的公式，可以简化很多计算。可观测量 M 的平均值常写作 $\langle M \rangle \equiv \langle \psi | M | \psi \rangle$。从这个平均值公式可导出与观测 M 相联系的标准偏差的公式如下：

$$[\Delta(M)]^2 = \langle (M - \langle M \rangle)^2 \rangle = (M^2) - (M)^2 \tag{2.123}$$

标准偏差是测量 M 的观测值分散程度的一个度量。特别地，如果进行大量状态为 $|\psi\rangle$ 的观测 M 的实验，则观测值标准偏差 $[\Delta(M)]^2$ 由公式 $[\Delta(M)]^2 = (M^2) - (M)^2$ 决定。这个对可观测量给出的测量值和偏差公式是导出海森堡测不准原理的一种较好方法。

量子测量假设涉及两个要素。首先，它给出一个描述测量统计特性的规则，即分别得到不同测量结果的概率；其次，它给出描述系统测量后的系统状态。不过对于某些应用，系统测量后的状态几乎没有什么意义，主要关心的是系统得到不同结果的概率。例如，仅在结束阶段对系统进行一次测量的实验，我们关心的是获得的测量值是什么。POVM(Positive-Valued Measure)作为数学工具适合于分析这类情况的测量结果。POVM 是假设 3 一般描述的简单结论，但它应用非常广泛，值得在此特别讨论。

设测量算符 M_m 在状态为 $|\psi\rangle$ 的量子系统上进行测量,则得到结果 m 的概率由公式 (2.121)给出。如果定义

$$E_m = M_m^+ M_m \tag{2.124}$$

则根据假设 3 和初等线性代数可知,E_m 是满足 $\sum_m E_m = I$ 和 $p(m) = \psi\langle|E_m|\psi\rangle$ 的半正定算符。于是算符集合 E_m 足以确定不同测量结果的概率,算子 E_m 称为与测量相联系的 POVM 元,完整的集合 $\{E_m\}$ 称为一个 POVM 测量。

由测量算符 P_m 描述的投影测量,其中 P_m 是满足 $P_m P_{m'} = \delta_{m,m'} P_m$ 和 $\sum_m P_m = I$ 的投影算符,就是 POVM 测量的一个特例。在此特例中所有 POVM 元与测量算符本身相同,因为 $E_m = P_m^+ P_m = P_m$。

上面提到 POVM 算符是半正定的,满足 $\sum_m E_m = I$,这就构成 POVM 测量的充分条件。设 $\{E_m\}$ 是任意满足 $\sum_m E_m = I$ 的半正定算符集合,可证明存在一组测量算子 M_m,来定义由 POVM$\{E_m\}$ 所描述的测量。例如,可以定义 $M_m = \sqrt{E_m}$,则我们能够看到

$$\sum_m M_m^+ M_m = \sum_m E_m = I$$

因此,集合 M_m 描述了一个具有 POVM$\{E_m\}$ 的测量。由于这个原因,我们可以把 POVM 定义为任意满足如下条件的算符集合 $\{E_m\}$:首先每个算符 $\{E_m\}$ 是半正定的;其次算符需满足完备性关系,$\sum_m E_m = I$,即概率和为 1。为了获得完整的 POVM 的描述,还需注意对于给定的 POVM$\{E_m\}$,得到结果 m 的概率由 $p(m) = \psi\langle|E_m|\psi\rangle$ 给出。

下面举例说明 POVM 测量在量子计算与量子信息中的应用。设 Alice 发送给 Bob 处于 $|\psi_1\rangle = |0\rangle$ 或者 $|\psi_2\rangle = (|0\rangle + |1\rangle)/\sqrt{2}$ 两种状态之一的一个量子比特,由于两量子不相互正交,Bob 不可能完全可靠地确定他得到的是 $|\psi_1\rangle$ 还是 $|\psi_2\rangle$,但他可以进行一次 POVM 算符测量,得到精确的接收结果。对此测量的 POVM 算符可设计为

$$\begin{cases} E_1 = \dfrac{\sqrt{2}}{1+\sqrt{2}} |1\rangle\langle 1| \\[2mm] E_2 \equiv \dfrac{\sqrt{2}}{1+\sqrt{2}} \dfrac{(|0\rangle - |1\rangle)(|0\rangle - |1\rangle)}{2} \\[2mm] E_3 \equiv I - E_1 - E_2 \end{cases} \tag{2.125}$$

可以验证这些半正定算符满足完备性关系,因此构成合格的 POVM 测量。设 Bob 收到的状态 $|\psi_1\rangle = |0\rangle$,则进行 POVM$\{E_1, E_2, E_3\}$ 描述的测量,得到结果 E_1 的概率是 0,因为 $\langle \psi_1|E_1|\psi_1\rangle = 0$。于是,如果 Bob 用算符 E_1 测量,得到结果,则可断定接收的量子态为 $|\psi_2\rangle$。同样,如果 Bob 用算符 E_2 测量,得到结果,则可断定接收的量子态为 $|\psi_1\rangle$。当 Bob 用算符 E_3 测量时,将不能对所收到的状态作任何判断。Bob 用算符 E_1、E_2 测量结果的确定性是以 Bob 用 E_3 测量得不到状态信息为代价的。

4. 复合系统

设想我们感兴趣的是两个(或两个以上)不同的物理系统组成的复合量子系统,如何描述该复合系统的状态呢?下面的假设给出了如何从子系统的状态空间构造出复合的状态空

间的方法。

假设 4　复合物理系统的状态空间是子物理系统状态空间的张量积，若将子系统编号为 $1 \sim n$，系统 i 的状态置为 $|\psi_i\rangle$，则整个系统的状态为 $|\psi_1\rangle \otimes \cdots \otimes |\psi_n\rangle$，或记作 $|\psi_1 \cdots \psi_n\rangle$。

如果复合系统不能被写作它的子系统状态的张量积，则复合系统的状态称为纠缠状态（entangled state）。纠缠态在量子计算与量子信息中扮演着关键角色，在量子隐形传态、量子密集编码中有具体应用。

例 2.2.1　求状态 $(\langle 00| + \langle 11|)/\sqrt{2}$ 的双量子比特系统的观测 $X_1 Z_2$ 测量的平均值为零。

解
$$\langle X_1 Z_2 \rangle = \frac{1}{\sqrt{2}} (\langle 00| + \langle 11|) X_1 Z_2 \frac{(|00\rangle + |11\rangle)}{\sqrt{2}}$$
$$= \frac{1}{2} (\langle 00| + \langle 11|)(|10\rangle - |01\rangle) = 0$$

2.3　密 度 算 符

2.3.1　密度算符（密度算子）

在系统状态已知的条件下，我们可以用状态向量（量子态）描述量子系统，这时量子系统通常都是假设为孤立的封闭的量子系统。还存在另一种描述量子系统的方法，称为密度算符（density operator）或密度矩阵（density matrix）。密度算符为描述状态不完全已知的量子系统提供了一种方便的途径。这种形式在数学上等价于向量方法，但它为量子力学在某些场合的应用提供了便捷的方法。

1. 纯态和混合态

1）纯态

如果一个量子系统能够用单一态矢量（或在态矢空间中任一正交完备基矢的相干叠加态）描述，就称其处于纯态。

态 $|\psi\rangle = |\varphi\rangle$，叠加态 $|\psi\rangle = \sum_n C_n |\varphi_n\rangle$（$|\varphi_n\rangle$ 是正交归一基矢）都是纯态。

例如，研究一个粒子的物理性质，其状态总可以用希尔伯特空间的一个态矢量来表示，这些态矢量满足态叠加原理：

$$|\psi\rangle = C_1 |\psi_1\rangle + C_2 |\psi_2\rangle \tag{2.126}$$

其中，$|\psi_1\rangle$、$|\psi_2\rangle$ 和 $|\psi\rangle$ 都是纯态。

再比如考虑两体系统 $A + B$，若它们的状态 $|\psi\rangle_{AB}$ 能用单一波函数描述，则它们为纯态，或者说纯态 $|\psi\rangle_{AB}$ 是两体系统 $A + B$ 态空间 $H_A \otimes H_B$ 中的任一相干叠加态，也可以表示为 $|\psi\rangle_{AB} = \sum_{mn} C_{mn} |\psi_m\rangle_A \otimes |\psi_n\rangle_B$。这里 $H_A \otimes H_B$ 表示 A、B 系统对应的 Hilbert 子空间的直积。已经证明，两体系统的任一纯态 $|\psi\rangle_{AB}$ 总可以表示成

$$|\psi\rangle_{AB} = \sum_i \sqrt{P_i} |i\rangle_A \otimes |i'\rangle_B \qquad \left(\sum_i P_i = 1\right) \tag{2.127}$$

上式被称为 Schmidt 分解。

总之，凡是能用希尔伯特空间中一个矢量描述的量子态都是纯态。在一个纯态

$|\psi\rangle$ 上，力学量 F 的取值是以概率的形式表现的，这就意味着，对单个粒子的预言是与大量粒子构成的系综的统计平均相联系的。或者说，量子力学具有统计的性质。从统计规律性的角度看，由纯态所描述的统计系综称为纯粹系综。

2) 混和态

混合态是系统若干纯态的非相干混合，这些纯态之间不存在固定的相位关联，也不会产生干涉。即如果一个量子系统是若干个不同的态矢量描写的子系统（不一定是正交归一的）的非相干的混合，就称它处于混合态。系统不能用一个态矢量描述，而需用一组态矢量及其在该系统中出现的相应的概率来描述。

例如，研究由 N 个原子组成的量子系统，如果每个原子都处于相同的状态 $|\psi\rangle$，能用同一个态矢量描述，则系统处于纯态；反之，若 N 个原子的状态各不相同，系统不处于纯态，不能用一个态矢量来描述系统的态，在这种情况下，系统可以用态 $|\psi_1\rangle$，$|\psi_2\rangle$，$\cdots$，$|\psi_n\rangle$ 及其概率集 P_1，P_2，$\cdots$，P_n 来描述，其中 $P_i \geqslant 0$，$\sum_i P_i = 1$，系统就处于混合态。

混合态的波函数可以写成

$$
\begin{array}{cccc}
|\psi_1\rangle, & |\psi_2\rangle, & \cdots, & |\psi_n\rangle \\
P_1, & P_2, & \cdots, & P_n
\end{array}
\tag{2.128}
$$

混合态所描述的系综 x 称为混合系综。

混合态与 $|\psi\rangle = \sum_n C_n |\varphi\rangle$ 所表示的 N 个原子态叠加后形成的纯态区别在于：当混合态中的 $|\psi_i\rangle (i=1, 2, \cdots, n)$ 构成正交归一集，即

$$
|\psi\rangle = \sqrt{P_1}|\psi_1\rangle + \sqrt{P_2}|\psi_2\rangle + \cdots + \sqrt{P_n}|\psi_n\rangle
\tag{2.129}
$$

也是系统的可能量子态时，则系统是纯态。

根据以上定义可以得到，由同样的波函数可以组成纯态和混合态。例如，若知道每个态为 $|\psi_1\rangle$，$|\psi_2\rangle$，$\cdots$，$|\psi_n\rangle$，则其线性叠加态 $|\psi\rangle = \sum_n C_n |\psi_n\rangle$ 描写的仍是一个纯态。另一方面，根据混合态定义可知，如果知道系统处于态 $|\psi_1\rangle$ 的概率为 P_1，处于态 $|\psi_2\rangle$ 的概率为 P_2，$\cdots$，则存在一个混合态，它将随机地处于不同的量子态。由此可见，混合态可以看做是纯态按特定比例的集合，而纯态仅是混合态的特殊情形。若描写混合态的系数中只有一项为 1，其他项均为 0，则该混合态就是纯态。

2. 密度算符和密度矩阵

能够统一描写纯态和混合态的方法是 1927 年 Von Neumann 提出的密度算符方法。量子力学的基本特征之一是用波函数所代表的概率幅描述微观物理体系的状态。原则上，通过基于波函数进行的量子测量，可以得到关于微观系统运动规律的全部信息。而密度矩阵与波函数在描述物理体系状态方面是等价的，因此通过对密度矩阵进行量子测量，也可以得到微观系统运动规律的全部信息。

当系统的状态能够用归一的态矢量 $|\psi\rangle$ 描述时（即为纯态），测量某一可观测量 F，若 $|\psi\rangle$ 不是 F 的本征态，将 $|\psi\rangle$ 用 F 的本征态 $|\varphi\rangle$ 展开，可得到

$$
|\psi\rangle = \sum_n C_n |\varphi_n\rangle
\tag{2.130}
$$

其中，$C_n = \langle \varphi_n | \psi \rangle$，经过多次测量得到 F 的平均值

$$\bar{F} = \psi | \hat{F} | \psi \rangle = \sum_{mn} C_m^* C_n \langle \varphi_m | \hat{F} | \varphi_n \rangle \qquad (2.131)$$

将 $C_n = \langle \varphi_n | \psi \rangle$ 及 $C_m^* = \langle \varphi_m | \psi \rangle^* = \langle \psi | \varphi_m \rangle$ 代入式(2.131)，得到

$$\bar{F} = \sum_{mn} \langle \varphi_n | \psi \rangle \langle \psi | \varphi_m \rangle \langle \varphi_m | \hat{F} | \varphi_n \rangle \qquad (2.132)$$

引进密度算符 $\rho = |\psi\rangle\langle\psi|$，式(2.131)可表示为

$$
\begin{aligned}
\bar{F} = \langle \psi | \hat{F} | \psi \rangle &= \sum_{mn} C_m^* C_n \langle \varphi_m | \hat{F} | \varphi_n \rangle \\
&= \sum_{mn} \langle \varphi_n | \rho | \varphi_m \rangle \langle \varphi_m | \hat{F} | \varphi_n \rangle \\
&= \sum_n \langle \varphi_n | \rho \hat{F} | \varphi_n \rangle \\
&= \mathrm{tr}(\rho \hat{F})
\end{aligned}
\qquad (2.133)
$$

式中，tr 是矩阵的迹，即矩阵对角元素之和，它与表象无关。

可以证明，纯态的密度算符有以下性质：

$$
\begin{cases}
\text{厄米性 } \rho^+ = \rho \\
\text{等幂性 } \rho^2 = \rho \\
\text{幺迹性 } \mathrm{tr}(\rho) = 1 \\
\text{正定性} \langle \psi | \rho | \psi \rangle \geqslant 0
\end{cases}
\qquad (2.134)
$$

对于混合态

$$|\psi_1\rangle : P_1 ;\quad |\psi_2\rangle : P_2 ;\quad \cdots ;\quad |\psi_n\rangle : P_n$$

的情况，求 F 的平均值要经过两次平均：第一次是量子力学的平均，求 F 在每一个 $|\psi_i\rangle$ 上的平均值 $\langle \psi_i | \hat{F} | \psi_i \rangle$；第二次是统计物理的平均，求出在混合系统中各量子纯态 $|\psi_i\rangle$ 以不同的概率 P_i 出现时的平均值，即

$$\bar{\bar{F}} = \sum_i P_i \langle \psi_i | \hat{F} | \psi_i \rangle \qquad (2.135)$$

引进混合态的密度算符 $\rho = \sum_i |\psi_i\rangle P_i \langle \psi_i|$，则式(2.127)同样可推导为

$$\bar{\bar{F}} = \mathrm{tr}(\rho \hat{F}) \qquad (2.136)$$

混合态的密度算符满足

$$
\begin{cases}
\rho^+ = \rho ; \\
\rho^2 \leqslant \rho ; \\
\mathrm{tr}\rho = \sum_i \rho_i \mathrm{tr}\rho_i , \ \mathrm{tr}\rho^2 \leqslant 1
\end{cases}
\qquad (2.137)
$$

此式是普遍的公式，用起来十分方便。

密度算符在一个具体表象中的矩阵称为密度矩阵。在薛定谔绘景中的密度矩阵是含时的，而在海森堡绘景中，密度矩阵是不含时的。

设 Q 表象的基矢为 $\{|n\rangle\}$，则 Q 表象中的密度矩阵为

$$\boldsymbol{\rho}_{mn} = \langle m|\rho|n\rangle = \sum_i \langle m|\psi_i\rangle P_i\langle\psi_i|n\rangle \tag{2.138}$$

下面给出密度算符性质的证明。

证明：(1) 根据定义式 $\rho = \sum_i |\psi_i\rangle p_i\langle\psi_i|$，则

$$\mathrm{tr}(\rho) = \mathrm{tr}\Big(\sum_i p_i|\psi_i\rangle\langle\psi_i|\Big) = \sum_i p_i\mathrm{tr}(|\psi_i\rangle\langle\psi_i|) = 1$$

将密度算符定义式代入正定性定义，则有

$$\langle\varphi|\psi|\varphi\rangle = \sum_i p_i\langle\varphi|\psi_i\rangle\langle\psi_i|\varphi\rangle = \sum_i p_i|\langle\psi_i|\varphi\rangle|^2 \geqslant 0$$

(2) $$\mathrm{tr}\rho^2 = \sum_{ij} p_i p_j \mathrm{tr}(|\psi_i\rangle\langle\psi_i|\psi_j\rangle\langle\psi_j|) = \sum_i p_i^2 \leqslant 1$$

仅对于纯态时，才能使得 $\sum_i p_i^2 = 1$。

(3) 对于密度算符 $\rho = \dfrac{3}{4}|0\rangle\langle0| + \dfrac{1}{4}|1\rangle\langle1|$ 的量子系统，常有的设想是该系综以 3/4 概率处于状态 $|0\rangle$，而以 1/4 概率处于状态 $|1\rangle$。然而事实并非如此，如果定义状态

$$\begin{cases} |a\rangle = \sqrt{\dfrac{3}{4}}|0\rangle + \sqrt{\dfrac{1}{4}}|1\rangle \\[2mm] |b\rangle = \sqrt{\dfrac{3}{4}}|0\rangle - \sqrt{\dfrac{1}{4}}|1\rangle \end{cases} \tag{2.139}$$

并且使量子系统状态以 1/2 概率处于状态 $|a\rangle$，1/2 概率处于状态 $|b\rangle$。容易检验相应的密度矩阵为

$$\rho = \frac{1}{2}|a\rangle\langle a| + \frac{1}{2}|b\rangle\langle b| = \frac{3}{4}|0\rangle\langle0| + \frac{1}{4}|1\rangle\langle1| \tag{2.140}$$

也就是说两种不同的量子状态系综可以产生同一个密度矩阵。更一般地，密度矩阵的特征值和特征向量仅表示可能产生密度矩阵许多系综中的一个，没有理由表明哪个系统是特殊的。

3. 约化密度算符

约化密度算符(reduced density operator)为复合系统在子系统上的测量提供了正确的测量统计。假设有 A 和 B 两个子系统组成的复合系统，其状态由密度算子 ρ^{AB} 描述，它可以是纯态，也可以是混合态。针对子系统 A 的约化密度算符定义为

$$\rho^A = \mathrm{tr}_B(\rho^{AB}) \tag{2.141}$$

其中，tr_B 是一算子映射，称为在系统 B 上的偏迹，定义为

$$\mathrm{tr}_B(|a_1\rangle\langle a_2| \otimes |b_1\rangle\langle b_2|) = |a_1\rangle\langle a_2|\mathrm{tr}|b_1\rangle\langle b_2|) = \langle b_1|b_2\rangle|a_1\rangle\langle a_2| \tag{2.142}$$

对于任一仅作用在子系统 A 上的力学量子算子 F^A，可以定义一个作用于整个系统态矢量空间上的力学量算子

$$F = F^A \otimes I^B \tag{2.143}$$

对于子系统 A 的力学量算子的平均值，等于对总系统测量得到的平均值。

例 2.2.2　求状态 $|\psi\rangle = 1/\sqrt{2}(|00\rangle + |11\rangle)$ 的密度算子，并求第一量子比特的约化密度算符。

解　由密度算符的定义得

$$\rho = \frac{|00\rangle + |11\rangle}{\sqrt{2}} \frac{\langle 00| + \langle 11|}{\sqrt{2}}$$

$$= \frac{|00\rangle\langle 00| + |00\rangle\langle 11| + |11\rangle\langle 00| + |11\rangle\langle 11|}{2}$$

由约化密度算符定义得

$$\rho^I = \mathrm{tr}_2(\rho) = \mathrm{tr}_2\left(\frac{|00\rangle\langle 00| + |00\rangle\langle 11| + |11\rangle\langle 00| + |11\rangle\langle 11|}{2}\right)$$

$$= \frac{|0\rangle\langle 0| + |1\rangle\langle 1|}{2} = \frac{I}{2}$$

由 $\mathrm{tr}((I/2)^2) = 1/2 < 1$，与 $\mathrm{tr}(I/2)^2) = 1/2 < 1$ 根据纯态和混合态的定义，即 $\mathrm{tr}(\rho^2) = 1$ 时系统为纯态，$\mathrm{tr}(\rho^2) < 1$ 时系统为混合态，得到在双量子比特联合系统是一精确已知纯态时，第一量子比特处于混合态，实际上这是纠缠态的另一特点。

2.3.2　基于密度算符的量子力学基本假设

量子力学的全部假设都可以以密度算符的形式重新描述。下面将详细介绍由密度算符所描述的量子力学的四大基本假设。

假设 1　任意孤立物理系统与该系统的状态空间相关联，它是个带内积的复向量空间（即 Hermite 空间）。系统由作用在状态空间上的密度算符完全描述，密度算符是一个半正定、迹为 1 的算符 ρ。如果量子系统以概率 p_i 处于状态 ρ_i，则系统的密度算符为 $\sum_i p_i \rho_i$。

由于 $\rho = \sum_i p_i |\psi_i\rangle\langle\psi_i|$，所以 $\mathrm{tr}(\rho) = \mathrm{tr}\left(\sum_i p_i |\psi_i\rangle\langle\psi_i|\right)$，因此

$$\mathrm{tr}(\rho) = \mathrm{tr}\left(\sum_i p_i |\psi_i\rangle\langle\psi_1|\right) = \sum_i p_i \mathrm{tr}(|\psi_i\rangle\langle\psi_i| = 1$$

同样，对于任意的状态 $|\varphi\rangle$，

$$\langle\varphi|\rho|\varphi\rangle = \sum_i p_i \langle\varphi|\psi_i\rangle\langle\psi_i|\varphi\rangle = \sum_i p_i |\langle\psi_i|\varphi\rangle|^2 \geqslant 0$$

假设 2　封闭量子系统的演化可由一个酉变换描述，即系统在时刻 t_1 的状态 p 和在时刻 t_2 的状态 p' 由一个依赖于时间 t_1 和 t_2 的酉算符 U 联系：

$$\rho' = U\rho U^+ \tag{2.144}$$

由假设 2 知 $|\psi'\rangle = U|\psi\rangle$，根据密度算符定义得到：

$$\rho' = \sum_i p_i |\psi'\rangle\langle\psi'| = \sum_i p_i U|\psi\rangle\langle\psi|U^+ = U\sum_i p_i |\psi\rangle\langle\psi|U^+ = U\rho U^+ \tag{2.145}$$

假设 3　量子测量是由一组测量算子 $\{M_m\}$ 描述的，这些算子作用在所测量的状态空间上，指标 m 指实验中可能出现的测量结果。如果量子系统在测量前的状态是 ρ，则得到结果 m 的概率由

$$p(m) = \mathrm{tr}(M_m^+ M_m \rho) \tag{2.146}$$

给出，且测量后的系统状态为

$$\frac{M_m \rho M_m^+}{\mathrm{tr}(M_m^+ M_m \rho)} \tag{2.147}$$

测量算符满足完备性方程：

$$\sum_m M_m^+ M_m = I \tag{2.148}$$

证明过程如下：如果初态的密度算符定义为 $\rho = \sum_i p_i |\psi_i\rangle\langle\psi_i|$，其中状态 $|\psi_i\rangle$ 以概率 p_i 出现，对测量结果为 m 的概率是 p_i，且

$$p(m/i) = \langle\psi_i|M_m^+ M_m|\psi_i\rangle = \mathrm{tr}(M_m^+ M_m |\psi_i\rangle\langle\psi_i|) \tag{2.149}$$

得到 m 的概率是

$$p(m) = \sum_i p(i)p(m/i) = \sum_i p_i \mathrm{tr}(M_m^+ M_m |\psi_i\rangle|\psi_i\rangle) = \mathrm{tr}(M_m^+ M_m \rho) \tag{2.150}$$

测量后状态 $|\psi_i\rangle\rangle$ 坍缩为

$$|\psi_i^m\rangle = \frac{M_m|\psi_i\rangle}{\sqrt{\langle\psi_i|M_m^+ M_m|\psi_i\rangle}} \tag{2.151}$$

经过得到结果 m 的测量，密度算符为

$$\rho_m = \sum_i p(i/m)|\psi_i^m\rangle\langle\psi_i^m| = \sum_i \frac{p_i p(i/m)}{p(m)} \frac{M_m|\psi_i\rangle\langle\psi_i|M_m^+}{p(m/i)}$$

$$= \sum_i \frac{p_i M_m|\psi_i\rangle\langle\psi_i|M_m^+}{p(m)} = \frac{M_m \rho M_m^+}{\mathrm{tr}(M_m^+ M_m \rho)} \tag{2.152}$$

假设 4　复合物理系统的状态空间是量子物理系统状态空间的张量积，而且，如果有系统 $1\sim n$，其中系统 i 处于状态 ρ_i，则复合系统的共同状态是 $\rho_1\otimes\rho_2\otimes\cdots\otimes\rho_n$。

在数学上，这些密度算符形式描述的量子力学基本假设等价于用状态向量来描述；不过，作为一种认识量子力学的方式，密度算符方法在描述状态未知的量子系统和描述复合系统的子系统等方面具有突出的应用。通常情况下，对于具有精确已知状态的量子系统认为其处于纯态（pure state），它的密度算符表示为 $\rho = |\psi\rangle\langle\psi|$；将由不同纯态的混合构成的系综称为混合态（mixed state）。以密度算符作为标准，可以给出纯态和混合态的一个简单判据：纯态满足 $\mathrm{tr}(\rho^2)=1$，而混合态满足 $\mathrm{tr}(\rho^2)<1$。

2.3.3　Schmidt 分解定理

下面对应用得较多的处于纯态的复合系统 Schmidt 分解进行简单介绍。

当两个或两个以上部分构成一个复合系统时，这个复合系统总可以划分为两个子系统。当复合系统由两部分构成时，则每一部分即可看做一个子系统，但对于大部分构成的复合系统，子系统的划分有一定的任意性。对于处于纯态的符合系统，可以证明下面的复合系统纯态定理成立。

当两个或大部分构成的复合系统处于纯态 $|\psi\rangle$ 时，若以任意方式将这个复合系统划分为两个子系统，则描述两个子系统的密度算符将具有相同的本征值谱 $\{\lambda_m\}$，且 $|\psi\rangle$ 可以展开为一般形式：

$$|\psi\rangle = \sum_m \sqrt{\lambda_m} e^{i\alpha_m} |\psi_m^1\rangle |\psi_m^2\rangle \tag{2.153}$$

其中，$|\psi_m^1\rangle$、$|\psi_m^2\rangle$ 分别是两个子系统中属于同一本征值 λ_m 的本征态，α_m 是某一实数。

证明　设 $|u_m^1\rangle$ 是第一子系统 ρ^1 的本征态，本征值为 λ_m，则

$$\rho^1|u_m^1\rangle = \lambda_m|u_m^1\rangle \tag{2.154}$$

且 $\{|v_n^2\rangle\}$ 是第二子系统的正交归一基矢，则

$$|\phi_{mn}\rangle = |u_m^1\rangle|v_n^2\rangle \tag{2.155}$$

是复合系统的一组正交归一化基。整个系统的纯态 $|\psi\rangle$ 可以用这组基展开为

$$|\psi\rangle = \sum_{mn} C_{mn} |\phi_{mn}\rangle = \sum_m \left(\sum_n C_{mn} |v_n^2\rangle \right) |u_m^1\rangle \tag{2.156}$$

令 $C_{mn}|u_m^2\rangle = \sum_n C_{mn}|v_n^2\rangle$，则 $|u_m^2\rangle$ 是第二子系统的一个态矢，且 $|C_m|^2 = \sum_n |C_{mn}|^2$，总可以取系数 C_m 使态归一。将此代入式(2.145)，得

$$|\psi\rangle = \sum_m C_m |u_m^2\rangle |u_m^1\rangle \tag{2.157}$$

再证明 $|u_m^2\rangle\langle u_m^2|$ 是正交的。实际上

$$\langle u_m^2 | u_{m'}^2 \rangle = \frac{1}{C_m^* C_{m'}} \sum_n C_m^* C_{m'n} \tag{2.158}$$

其中，$C_{mn} = \langle \phi_{mn} | \psi \rangle = \langle u_m^1 | \langle v_m^2 | \psi \rangle$，得

$$\sum_n C_{mn} C_{m'n}^* = \langle u_m^1 | \sum_n \langle v_n^2 | \psi \rangle \langle \psi | \langle v_n^2 | u_{m'}^1 \rangle \tag{2.159}$$

$$= \langle u_m^1 | \sum_n \langle v_n^2 | \rho | v_n^2 \rangle | u_{m'}^1 \rangle = \langle u_m^1 | \rho^1 | u_{m'}^1 \rangle = \lambda_m \delta_{mm'}$$

利用这一结果，可求得

$$C_m = \sqrt{\lambda_m} e^{i\alpha_m} \tag{2.160}$$

其中，α_m 是某个实数。利用这些结果可以将式(2.147)变为

$$\langle u_m^2 | u_{m'}^2 \rangle = \delta_{mm'} \tag{2.161}$$

这表明，当 $|u_m^1\rangle$ 是 ρ^1 的正交归一化本征态时，$|u_m^2\rangle$ 是归一化正交的，将式(2.156)代入式(2.152)，得

$$|\psi\rangle = \sum_m \sqrt{\lambda_m} e^{i\alpha_m} |u_m^2\rangle |u_m^1\rangle \tag{2.162}$$

剩下的问题是证明 $\{\lambda_m\}$ 也是第二子系统的本征值谱，$|u_m^2\rangle$ 是相应的本征态。由定义得

$$\rho^2 = \text{tr}\rho^1 = \sum_m \langle u_m^1 | \rho | u_m^1 \rangle = \sum_m \langle u_m^1 | \psi \rangle \langle \psi | u_m^1 \rangle \tag{2.163}$$

将式(2.158)代入，并考虑 $\{|u_m^2\rangle\}$ 的正交归一化性质，则

$$\rho^2 = \sum_m \lambda_m |u_m^2\rangle\langle u_m^2| \tag{2.164}$$

因为 $|u_m^2\rangle$ 也是正交归一的，上式表明 $|u_m^2\rangle$ 是第二子系统密度算子的本征态，本征值也是 λ_m；另外，由于 $\{\lambda_m\}$ 是密度算子 ρ^1 的本征值谱，$\sum_m \lambda_m = 1$，所以 $\{\lambda_m\}$ 也穷尽了 ρ^2 的非零本征值，且相位因子可以归纳入子系统状态矢量中。习惯上将公式(2.156)写成标准形式：

$$|\psi\rangle = \sum_m \sqrt{\lambda_m} |\psi_m^1\rangle |\psi_m^2\rangle \tag{2.165}$$

称之为复合系统纯态的 Schmidt 分解或 Schmidt 极化形式。

2.4　量子纠缠

2.4.1　量子比特

　　"比特"是经典信息与通信中最基本的概念，量子信息理论以及量子通信也建立在一个

相似的概念基础之上，称之为量子比特(quantum bit，qubit)。与经典比特一样，量子比特也描述一种状态。经典比特常用 0 和 1 表示，量子比特也经常写成 $|0\rangle$ 和 $|1\rangle$ 的形式，称为计算基矢(computational basis state)，其中"$|\rangle$"为 Dirac 标记，一般用 $|0\rangle$ 表示 0，用 $|1\rangle$ 表示 1。但是量子比特不仅是 $|0\rangle$ 和 $|1\rangle$ 两种状态，而且可以是这两种状态的任意线性组合，所以量子态称为"叠加态"(superposition)，表示为

$$|\psi\rangle = \alpha|0\rangle + \beta|1\rangle \tag{2.166}$$

其中，α、β 是复系数 $\alpha^2 + \beta^2 = 1$，满足 $\alpha^2 + \beta^2 = 1$，$|0\rangle$ 和 $|1\rangle$ 常称为正交基态。当 $\alpha = 0$ 或 $\beta = 0$ 时，量子比特退化为 $|0\rangle$ 或 $|1\rangle$，和经典比特(取值 0 和 1)具有一样的特性，即量子比特退化为经典比特。因此，经典比特可看做是量子比特的一个特例。

量子比特的两个极化状态 $|0\rangle$ 和 $|1\rangle$ 是二维复数列向量，它们构成二维复数空间的一对正交归一基，也就是说复数向量 $|0\rangle$ 和 $|1\rangle$ 的长度均为 1，且 $|0\rangle$ 和 $|1\rangle$ 的内积为 0。因此，可以用以下的方法选择 $|0\rangle$ 和 $|1\rangle$。例如，可以选择

$$|0\rangle = \begin{pmatrix} 1 \\ 0 \end{pmatrix}, \quad |1\rangle = \begin{pmatrix} 0 \\ 1 \end{pmatrix} \tag{2.167}$$

也可以选择

$$|0\rangle = \frac{1}{\sqrt{2}}\begin{pmatrix} 1 \\ 1 \end{pmatrix}, \quad |1\rangle = \frac{1}{\sqrt{2}}\begin{pmatrix} 1 \\ -1 \end{pmatrix} \tag{2.168}$$

无论选择哪一对，它们的向量长度均为 1，计算其内积可知都是 0。

决定状态 $|0\rangle$ 和 $|1\rangle$ 对应于(选择)怎样的复向量，这依赖于实际的信息的载体采用哪一类微观粒子。假设采用光量子的偏振状态，那么我们可以认为量子比特的状态 $|0\rangle$ 和 $|1\rangle$ 分别对应于两个相互正交的偏振状态；若采用电子的自旋方向，那么我们可以把量子比特的状态 $|0\rangle$ 和 $|1\rangle$ 看成是电子的不同的自旋方向。若采用二能级原子模型，那么我们可以把量子比特的状态 $|0\rangle$ 和 $|1\rangle$ 看成电子能级处在基态或激发态上等。

我们可以检查一个经典比特，以便判决它是处于"0"状态还是"1"状态。然而，我们却不能用这样的方法来处理一个量子比特。量子力学告诉我们，如果对公式(2.162)的量子比特进行测量，或者得到结果"0"的可能性大小为 $|\alpha|^2$，或者得到结果"1"的可能性大小为 $|\beta|^2$；当然 $\alpha^2 + \beta^2 = 1$，即概率总和为 1。一个量子比特是二维复矢量空间中的一个单位向量，它能描述从 $|0\rangle$ 到 $|1\rangle$ 状态的所有过程状态。

量子比特处于叠加态的可能性与我们理解身边物理世界的常识相矛盾。经典比特就像掷一枚硬币的结果一样：要么正面向上(为 0)，要么反面向上(为 1)。但是，一个量子比特表示的是从 $|0\rangle$ 态到 $|1\rangle$ 态之间的所有可能连续状态，直到它被测量后坍缩到某一特定态为止。例如，一个量子比特为 $1/\sqrt{2}(|0\rangle + |1\rangle)$，经过测量，有 50% 的可能得到 0，50% 的可能得到 1，在后面的内容中常会见到这样的量子态，有时记作 $|+\rangle$。

值得注意的是，对于某个特定的正交基，其测定的结果是确定的，如果改变状态 $|0\rangle$ 和 $|1\rangle$ 的选择方法，则由测量获取的比特信值，即比特 0 和比特 1 的发生概率也将发生变化。例如，对于式(2.166)所示的量子比特，选择式(2.168)所示的测量基，则该量子态可表示为

$$|\psi\rangle = \frac{\alpha + \beta}{\sqrt{2}}|+\rangle + \frac{\alpha - \beta}{\sqrt{2}}|-\rangle \tag{2.169}$$

那么该量子态取比特 0 的概率为 $\dfrac{|\alpha+\beta|^2}{2}$，取比特 1 的概率为 $\dfrac{|\alpha-\beta|^2}{2}$。

所有对量子比特理解最直观的方法是它的几何表示。因为 $|\alpha|^2+|\beta|^2=1$，公式 (2.166) 可表示为

$$|\psi\rangle = \mathrm{e}^{\mathrm{i}\gamma}\left(\cos\frac{\theta}{2}|0\rangle + \mathrm{e}^{\mathrm{i}\varphi}\sin\frac{\theta}{2}|1\rangle\right) \tag{2.170}$$

其中，θ、φ、γ 是实数。由于 $\mathrm{e}^{\mathrm{i}\gamma}$ 对测量结果没有影响，因此上式可进一步地表示为

$$|\psi\rangle = \cos\frac{\theta}{2}|0\rangle + \mathrm{e}^{\mathrm{i}\varphi}\sin\frac{\theta}{2}|1\rangle \tag{2.171}$$

于是，用参量 θ 和 φ 就可以定义单位球面上的一个点，可用图 2.5 表示。这个球体通常称为 Bloch 球。所以一个量子比特从几何上看，应当是 Bloch 球面的一个点。

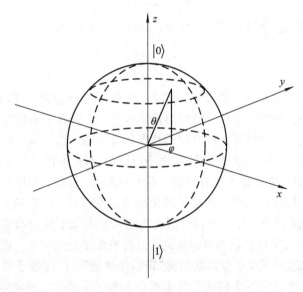

图 2.5 量子比特的 Bloch 球表示

如果两个经典比特表述信息，则可以获取 4 个状态：{00，01，10，11}。但是，如果拥有两个量子比特，或者说拥有一个量子比特对，那么我们将拥有 4 个正交归一基底{$|00\rangle$，$|01\rangle$，$|10\rangle$，$|11\rangle$}。这些量子比特对的状态也可以写成两个量子比特的直积的形式，即 {$|0\rangle|0\rangle$，$|0\rangle|1\rangle$，$|1\rangle|0\rangle$，$|1\rangle|1\rangle$}。这里应该注意的是量子比特的排列顺序有其特定含义，即 $|0\rangle|1\rangle \neq |1\rangle|0\rangle$。与单个的量子比特相同，量子比特对也可以取这些基底状态的叠加状态。一般来说量子比特对可以写成

$$|\psi\rangle = \alpha|00\rangle + \beta|01\rangle + \delta|10\rangle + \gamma|11\rangle \tag{2.172}$$

其中，复数 α、β、δ、γ 必须满足下列等式：

$$|\alpha|^2 + |\beta|^2 + |\delta|^2 + |\gamma|^2 = 1 \tag{2.173}$$

与单个的量子比特情况相同，通过测定量子比特对可获得其值，它们的值是经典比特列值 00、01、10、11 之一，获取各种列值的概率分别为 $|\alpha|^2$、$|\beta|^2$、$|\delta|^2$ 和 $|\gamma|^2$。

在量子比特对的量子的情况下，我们能够仅测定其中某一个量子比特的值。例如，考虑式 (2.171) 中测定量子比特对的第一位量子比特值的情形：其取值比特 0 的概率应等于量子比特对 00 出现的概率 $|\langle 00|\psi\rangle|^2$ 加上 01 出现的概率 $|\langle 01|\psi\rangle|^2$ 之和，取值比特 1 的

概率等于同时测定第二位量子比特时 10 出现的概率 $|\langle 10|\psi\rangle|^2$ 加上 11 出现的概率 $|\langle 11|\psi\rangle|^2$ 之和，同时测量后第二量子比特的状态则需要重新归一化。

例 2.5　考察贝尔基中的量子比特对。

解　量子比特对的概念可以推广到多量子比特。在经典物理中，具有 n 个粒子的一个系统可能的状态构成了 2^n 维空间里的一个向量，其中单个粒子可以用二维复数空间里的一个向量来描述。然而，多个量子比特系统的状态空间大得多，n 个量子比特系统的状态空间将是 2^n 维。这是因为经典系统中 n 个粒子的每个状态空间通过笛卡尔积结合起来，然而量子系统空间却是通过张量积结合起来的。

n 个量子比特串可以表示 $N=2^n$ 维空间的任一矢量，描述为

$$|\psi\rangle = \sum_{i=0}^{N-1} \psi_i |i\rangle \tag{2.174}$$

其中，ψ_i 是一复数，满足 $\sum_i |\psi_i\rangle|^2 = 1(\forall i \neq j, \langle i|j\rangle = 0, \langle i|i\rangle = 1)$。

2.4.2　纠缠态

无论是 EPR 佯谬还是"薛定谔猫"佯谬，都是另一种违反经典世界常识的量子现象——量子纠缠现象。考虑两个粒子组成的量子体系，它的量子叠加态会有什么特殊之处吗？量子力学预言说，可以制备一种两粒子共同的量子态，其中每个粒子状态之间的关联关系不能被经典解释。这称为量子关联，这样的态称为两粒子量子纠缠态。爱因斯坦的"相对论"指出：相互作用的传播速度是有限的，不大于光速。可是，如果将处于纠缠态中的两个粒子分开很远，当我们完成对一个粒子的状态进行测量时，任何相互作用都来不及传递到另一个粒子上。按道理讲，另一个粒子因为没有收到扰动，这时状态不应该改变。但是这时另一个粒子的状态受到关联关系的制约，已经发生了变化。这一现象被爱因斯坦称为"诡异的互动性"。它似乎违反了爱因斯坦的"定域因果论"，因此量子纠缠态的关联被称为非定域的量子关联。量子纠缠指的就是两个或多个量子系统之间的非定域的量子关联。量子纠缠的非定域、非经典型已由大量的实验结果所证实。科学家认为，这是一种"神奇的力量"，可成为具有超级计算能力的量子计算机和量子保密系统的基础，可以在许多领域中突破传统技术的极限。

从物理学角度讲，量子纠缠状态（entangled state）指的是两个或多个量子系统之间的非定域的、非经典的关联，是量子系统内各子系统或各自由度之间关联的力学属性。从数学描述的角度讲，当量子比特的叠加状态无法用各个量子比特的张量积表示时，这种状态就称为量子纠缠状态。例如，有一量子叠加状态：

$$\frac{1}{\sqrt{2}}(|00\rangle + |11\rangle) = \frac{1}{\sqrt{2}}(|0\rangle|0\rangle + |1\rangle|0\rangle) \tag{2.175}$$

由于其最后一位量子比特都是 $|0\rangle$，因此式（2.164）能够写成量子态 $\frac{1}{\sqrt{2}}(|0\rangle + |1\rangle)$ 与量子态 $|0\rangle$ 的直积，即

$$\frac{1}{\sqrt{2}}(|0\rangle + |1\rangle) \otimes |0\rangle \tag{2.176}$$

因此，它不是纠缠态。但是对于量子态：

$$\frac{1}{\sqrt{2}}(\,|01\rangle + |10\rangle) \tag{2.177}$$

无论采用什么方法都无法写成两个量子比特的直积, 这个叠加状态就成为量子纠缠状态。

再看下面的叠加状态:

$$\frac{1}{2}(\,|010\rangle + |011\rangle + |100\rangle + |101\rangle) \tag{2.178}$$

我们能够将其写成以下乘积的形式:

$$\frac{1}{\sqrt{2}}(\,|01\rangle + |10\rangle) \otimes \frac{1}{\sqrt{2}}(\,|0\rangle + |1\rangle) \tag{2.179}$$

但乘积的左因子的最初两位量子比特是纠缠状态, 所以这个叠加状态也是纠缠状态。

我们知道贝尔态基由四个态矢组成:

$$
\left\{
\begin{aligned}
\beta_{00} &= \frac{|00\rangle + |11\rangle}{\sqrt{2}} = \frac{1}{\sqrt{2}}\begin{pmatrix}1\\0\\0\\1\end{pmatrix}\\[2em]
\beta_{01} &= \frac{|01\rangle + |10\rangle}{\sqrt{2}} = \frac{1}{\sqrt{2}}\begin{pmatrix}0\\1\\1\\0\end{pmatrix}\\[2em]
\beta_{10} &= \frac{|00\rangle - |11\rangle}{\sqrt{2}} = \frac{1}{\sqrt{2}}\begin{pmatrix}1\\0\\0\\-1\end{pmatrix}\\[2em]
\beta_{11} &= \frac{|01\rangle - |10\rangle}{\sqrt{2}} = \frac{1}{\sqrt{2}}\begin{pmatrix}0\\1\\-1\\0\end{pmatrix}
\end{aligned}
\right. \tag{2.180}
$$

显然四个贝尔态基都是纠缠状态。贝尔态基在量子信息理论中, 特别是在量子纠错编码理论中有着不可代替的作用。为了深入地理解量子纠缠状态的性质, 我们将简单地介绍量子纠缠状态生成法。图 2.6 给出的量子线路可以生成贝尔态基。

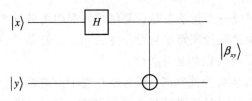

图 2.6　生成贝尔状态的量子线路图

当回路的输入状态是 $|xy\rangle$ 量子比特对, 其中一个量子比特作变换后再与另一个量子比特同时经过可控非门变换后得到的输出结果 $|\beta_{xy}\rangle$ 就是贝尔态基之一。四个基底 $|00\rangle$、$|01\rangle$、$|10\rangle$、$|11\rangle$ 经过图 2.6 所示的量子线路输出四种贝尔基。

贝尔状态是量子比特对的一组正交归一基底。这是因为，对于任意的贝尔态基，如 $|\beta_{00}\rangle$，有

$$
\begin{aligned}
\langle\beta_{00}|\beta_{00}\rangle &= \frac{(\langle 00|+\langle 11|)(|00\rangle+|11\rangle)}{2} \\
&= \frac{\langle 00|00\rangle+\langle 11|00\rangle+\langle 00|11\rangle+\langle 11|11\rangle}{2} \\
&= \frac{1+0+0+1}{2} = 1
\end{aligned}
\tag{2.181}
$$

$$
\begin{aligned}
\langle\beta_{00}|\beta_{10}\rangle &= \frac{(\langle 00|+\langle 11|)(|00\rangle-|11\rangle)}{2} \\
&= \frac{\langle 00|00\rangle-\langle 00|11\rangle+\langle 11|00\rangle-\langle 11|11\rangle}{2} \\
&= \frac{1-0+0-1}{2} = 0
\end{aligned}
\tag{2.182}
$$

下面来看一看测定一个纠缠状态时，纠缠状态所呈现出的性质。以具有代表性的贝尔状态 $|\beta_{00}\rangle = \dfrac{|00\rangle+|11\rangle}{\sqrt{2}}$ 为例。在对贝尔状态 $|\beta_{00}\rangle$ 实施测定时，通过测定各个量子比特获得的概率分别如下：输出 00 的概率为 $|\langle 00|\beta_{00}\rangle|^2 = 1/2$；输出 01 的概率为 $|\langle 01|\beta_{00}\rangle|^2 = 0$；输出 10 的概率为 $|\langle \beta_{00}|01\rangle|^2 = 0$；输出 11 的概率为 $|\langle 11|\beta_{00}\rangle|^2 = 1/2$。

由此可见，贝尔状态量子比特对的测定结果为：当第一位的测定结果为 0 时，第二位也必定为 0；或者当第一位的测定结果 1 时，第二位也必定为 1。正因为存在如此现象，我们可以理解在量子纠缠状态中，量子比特对之间存在一种十分强烈的"量子相关作用"。

2.4.3　纠缠的度量

人们发现违背贝尔不等式虽然是量子纠缠的一个显著特征，但并非所有的纠缠态都违背贝尔不等式，因此就需要对一个纠缠态在多大程度上违背贝尔不等式以定量描述。这就启发了最初的关于纠缠态度量问题的研究。量子纠缠的定量研究是量子纠缠研究的重要方面，从应用的角度来说，纠缠态的度量是十分重要的并且有利于对量子纠缠本质的探索和理解。所谓量子纠缠的度量，就是量化量子系统中量子态含有纠缠的多少。所谓纠缠度就是指所研究的纠缠态携带纠缠的量的多少。纠缠度的提出为不同的纠缠态之间建立了可比关系。

任何量，只要能够区分一个量子态是否是纠缠的都叫可分性判据，包括好的判据和一般的判据。所谓好的判据就是指该判据是可分性的充分必要条件(尽管很难操作)，一般的判据就是指这个判据仅是可分性的必要条件。

纠缠度量是一种特殊的可分性判据，因为通常它不但能够区分量子态是否纠缠，而且能对纠缠进行定量的描述，同时还要满足一系列要求。另外，不同的量子信息任务，不同的纠缠度度量不同类型的纠缠，得到的结果在一定范围内也会有所不同。对于某些纠缠态，有的纠缠的度量可能为零(如可提纯纠缠度量等)，有的纠缠态可能为其他值，但总的来说所得到的结论是相似的。

最近几年在纠缠度量的研究方面已经取得了一些进展，对由两个子系统构成的纠缠态

的度量已经比较清楚,但是对于多系统纠缠态的度量仍在探讨之中。

目前,对于两体系统的纠缠度一般有四种定义:部分熵纠缠度、形成纠缠度、相对纠缠度和可提纯纠缠度。

1. 部分熵纠缠度

当两体量子态处于纯态 $|\psi\rangle_{AB}$ 时,部分熵纠缠度定义为

$$E_P = S(\boldsymbol{\rho}_A) \tag{2.183}$$

其中,$S(\boldsymbol{\rho}_A)$ 为 $\boldsymbol{\rho}_A$ 的 Von Neumann 熵,$S(\boldsymbol{\rho}_A) = -\operatorname{tr}(\boldsymbol{\rho}_A \ln \boldsymbol{\rho}_A)$,$\boldsymbol{\rho}_A$ 为体系 A 的约化密度矩阵,$\boldsymbol{\rho}_A = \operatorname{tr}(|\psi\rangle_{AB}\langle\psi|)$。因为 AB 总体系处于纯态,有 $\boldsymbol{\rho}_A = \boldsymbol{\rho}_B$,即 $S(\boldsymbol{\rho}_A) = S(\boldsymbol{\rho}_B)$,所以 E_P 可定义为 A、B 中任何一个的 Von Neumann 熵。

对形如 $|\psi\rangle_A \otimes |\psi\rangle_B$ 的直积纯态,有 $E_P = 0$;对两个量子比的最大纠缠态贝尔基态,可得 $E_P = \ln 2$。为了研究方便,有时把 Von Neumann 熵定义中的对数取成 2,从而将贝尔基态纠缠度归为 1。

部分熵纠缠度 E_P 向两体混态的直接推广是 Von Neumann 相对信息熵 E_l,定义为

$$E_l(\boldsymbol{\rho}_{AB}) = \frac{1}{2}\{S(\boldsymbol{\rho}_A) + S(\boldsymbol{\rho}_B) - S(\boldsymbol{\rho}_{AB})\} \tag{2.184}$$

部分熵纠缠度表征了系统局域的混乱程度。它说明,量子态纠缠得越厉害,从局部上看"局部态"的"不确定程度"就越大。由于纯态的量子熵为零,所以纠缠态的局部一定比整体更加混乱。这一定义包含了经典信息的关系,在量子信息压缩和信道容量的研究中起着关键作用。然而进一步的理论研究证明,它仍不是对量子纠缠程度最好的度量和描述。但对于两体纯态而言,它仍是两体纯态唯一合理的纠缠度定义。

2. 形成纠缠度

对两体量子态 $\boldsymbol{\rho}_{AB}$,形成纠缠度 $E_F(\boldsymbol{\rho}_{AB})$ 的定义为

$$E_F(\boldsymbol{\rho}_{AB}) = \{P_i \overset{\min}{|\psi_i\rangle}\} \sum_i P_i E_P(|\psi_i\rangle) \tag{2.185}$$

其中,把 $\{P_i|\psi_i\rangle\}$ 看成是 $\boldsymbol{\rho}_{AB}$ 的任意一种分解方式,即

$$\boldsymbol{\rho}_{AB} = \sum_i P_i |\psi_i\rangle\langle\psi_i| \tag{2.186}$$

而 $E_P(|\psi_i\rangle)$ 为 $|\psi_i\rangle$ 的部分熵纠缠度,式中求极小值是对 $\boldsymbol{\rho}_{AB}$ 的所有可能的分解方式求的,$|\psi_i\rangle$ 为任意的两体归一纯态,不一定相互正交。

很显然,形成纠缠度有如下性质:

(1) 当且仅当 $\boldsymbol{\rho}_{AB}$ 为可分离态时,有 $E_F(\boldsymbol{\rho}_{AB}) = 0$。这条性质可作为对可分离态的一个充分必要判据。

(2) 对于纯态 $\boldsymbol{\rho}_{AB} = |\psi\rangle_{AB}\langle\psi|$,形成纠缠度与部分熵纠缠度相等,这可从定义得出。

一般两体量子态形成纠缠度的计算并不简单,但是对于两能级体系,即 A 体系和 B 体系态空间都是 2 维时,可以将形成纠缠度直接算出。此时,记

$$\bar{\boldsymbol{\rho}}_{AB} = (\sigma_2^A \otimes \sigma_2^B)\boldsymbol{\rho}_{AB}^*(\sigma_2^A \otimes \sigma_2^B) \tag{2.187}$$

算符 $\rho\bar{\rho}$ 不一定厄米,但半正定。设其根为 λ_i^2,且按递减顺序排列,即

$$\boldsymbol{\rho}_{AB}\bar{\boldsymbol{\rho}}_{AB}|\bar{v}_i\rangle = \lambda_i^2|\bar{v}_i\rangle \qquad (\lambda_1 \geqslant \lambda_2 \geqslant \lambda_3 \geqslant \lambda_4) \tag{2.188}$$

对于混合态 $\boldsymbol{\rho}_{AB}$,其 Concurrence 定义为

$$C(\boldsymbol{\rho}_{AB}) \equiv \max\{0, \lambda_1 - \lambda_2 - \lambda_3 - \lambda_4\} \tag{2.189}$$

根据 Concurrence，体系的形成纠缠度为

$$E_F(\boldsymbol{\rho}_{AB}) = \varepsilon(C) = H\left\{\frac{1 + \sqrt{1 - C^2(\boldsymbol{\rho}_{AB})}}{2}\right\} \tag{2.190}$$

其中

$$H(p) \equiv -p\,\mathrm{lb}\,p - (1-p)\mathrm{lb}(1-p) \tag{2.191}$$

容易知道 E_F 是 $C(\rho_{AB})$ 的单调函数，即 $E_F(\rho_1) = E_F(\rho_2)$，当且仅当 $C(\rho_1) = C(\rho_2)$。

Concurrence 是两体量子比特系统可分性的充分必要条件，由于 $\varepsilon(C)$ 是 $[0, 1]$ 的单调递增函数，因此，$C(\rho_{AB})$ 本身也是一个纠缠度量，这就是著名的 Concurrence。

3. 相对纠缠度

将两体量子系统所有量子态集合 T 分成不相交的两部分，包含所有可分离态的子集 D 和包含所有两体纠缠态的子集 E。对两体纠缠态 $\boldsymbol{\rho}_{AB}$，相对熵纠缠度 $E_r(\boldsymbol{\rho}_{AB})$ 定义为：态 $\boldsymbol{\rho}_{AB}$ 对于全体可分离态的相对熵的最小值

$$E_r(\boldsymbol{\rho}_{AB}) = \min_{\sigma_{AB} \in D} S(\boldsymbol{\rho}_{AB} \| \sigma_{AB}) \tag{2.192}$$

其中 $S(\boldsymbol{\rho}_{AB} \| \sigma_{AB}) = \mathrm{tr}\{\boldsymbol{\rho}_{AB}(\log\boldsymbol{\rho}_{AB} - \log\sigma_{AB})\}$。这种定义可以看成是密度矩阵 $\boldsymbol{\rho}_{AB}$ 与非纠缠态集合的最小距离。而且这种相对熵纠缠度在两体纯态的情况下就可以约化为部分熵纠缠度，等于形成纠缠度和可提纯纠缠度等。对于两体混态，它给出了可提纯纠缠度的上限。

4. 可提纯纠缠度

如果 Alice 和 Bob 共享两体量子态 ρ_{AB} 的 n 份拷贝，通过局域操作和经典通信过程，Alice 和 Bob 最多能提取出 k' 个贝尔态，则可提纯纠缠度 $D(\boldsymbol{\rho}_{AB})$ 定义为

$$D(\boldsymbol{\rho}_{AB}) = \lim_{n \to \infty} \frac{k'_{\max}}{n} \tag{2.193}$$

形成纠缠度和可提纯纠缠度不是完全独立的，它们满足 $E_F(\boldsymbol{\rho}_{AB}) \geqslant D(\boldsymbol{\rho}_{AB})$。而实际上任何满足条件的纠缠度 $E(\boldsymbol{\rho}_{AB})$ 总是满足 $E_F(\boldsymbol{\rho}_{AB}) \geqslant E(\boldsymbol{\rho}_{AB}) \geqslant D(\boldsymbol{\rho}_{AB})$，也就是说形成纠缠度和可提纯纠缠度给出了纠缠度的上下限。

关于两体纠缠度量问题的解决主要是依赖于两体系统的 Schmldt 分解，但是这种分解无法有效地推广到多体的情况。对于多体的纠缠度量，还没有形成一个统一的理论，因此这方面的研究仍然处于探索阶段。

2.4.4   纠缠的判定

纠缠的判定方法其中一种是通过检验贝尔不等式及其各种推广形式，来判定态的纠缠。这是因为任何可分离态都可以用隐变量模型来模拟，从而满足贝尔不等式及其推广形式，因此如果违背了贝尔不等式就证明了一定存在纠缠。但是贝尔不等式的违背与否并不能完全区分纠缠态和可分离态，贝尔不等式的违背只是纠缠的充分条件，而不是必要条件，有些纠缠态并不一定违背贝尔不等式，也就是说，能违背贝尔不等式的一定是纠缠态，但是并不是所有的纠缠态一定违背贝尔不等式，比如 Wemer 态。

对于两体双态系统关于量子态的可分离性有强有力的部分转置正定判据——Peres 判据。两体双态系统 $\boldsymbol{\rho}_{AB}$ 是可分的充分必要条件为：对任意一体做部分转置运算后所得矩阵

仍是半正定的,即不出现负的本征值。从物理本质上看,Peres 判据等价于只对两体中的任意一体做部分时间反演操作。对于两体问题,若其中一体的空间维数是 2,另一体的维数是 2 或 3 的情况,Peres 判据是充分必要的,但对其他的两体情况,Peres 判据是可分离的必要而非充分条件。如果用它来对量子态进行分类,就会出现 Bound 纠缠态。任何一个部分转置正定的量子态(PPT)必定不能用 LOCC 提纯 EPR 型纠缠对,此类纠缠态称为 Bound 纠缠态。对于不是双态体系的一般情况,则有的纠缠态遵守 Peres 判据,有的纠缠态却不遵守 Peres 判据。这个判据最大的优点是它的可操作性强。

另外一种近几年吸引很多研究者兴趣的有效纠缠判定的方法就是纠缠目击者。这个方法利用了可分态的凸性这一特点,根据凸性,如果量子态是纠缠的,我们总能找到一个超平面将其和凸集分开,所谓的纠缠目击者就是将这个点和凸集分开的超平面。因此,只要量子态是纠缠的,我们就总能找到恰当的纠缠目击者来判断它的纠缠。如果一个算符可以作为纠缠目击者,则必须满足三个条件。一是对于所有的乘积矢量 $|e, f\rangle$ 都有 $\langle e, f|W|e, f\rangle \geqslant 0$,这就意味着对于所有的可分离态 ρ,$\langle \rho \rangle_w \equiv \mathrm{tr}(W\rho) \geqslant 0$。因此对于某个 $\rho \geqslant 0$,如果有 $\langle \rho \rangle_w < 0$,则这个量子态 ρ 就是纠缠的。二是要求纠缠目击算符至少有一个负的本征值。三是 $\mathrm{tr}(W) = 1$,也就是归一化的要求。只要找到恰当的纠缠目击者,我们就可以通过实际测量来判定量子态的纠缠,这种方法简化了在实际测量中的探测纠缠的难度,具有很强的可操作性。量子态纠缠判定是一个重要的问题,已经有大量的研究工作提出了各种各样的判据,这里只是简单地介绍了比较常用的几种。

第 3 章　　量子信息论基础

　　信息论(information theory)是通信的数学基础,它通过数学描述与定量分析来研究通信系统的有效性、安全性和可靠性,包括信息的测度、信道的容量、信源和信道编码理论等问题。经典通信的基础是香农信息论,香农信息论已发展得比较成熟;量子通信的数学基础是量子信息论,而量子信息论还处在发展过程中。为了使读者更好地了解量子信息论的基础知识以及量子信息论与经典信息论的异同之处,本章采用经典信息论与量子信息论并行介绍的方法进行阐述。

　　本章主要讲解信息熵的意义、性质及系统信息熵的计算方法。

3.1　熵与量子信息的测度

　　熵的概念来自热力学与统计物理学。热力学中最重要的定理是热力学第二定理,它指出任何一个孤立系统的热力学过程总是向熵增加方向进行。熵作为系统混乱度的量度,在统计物理中,近独粒子系统的熵与粒子速度分布函数 $f(v)$ 的关系可表示为

$$s = -\int f(v)\ln f(v)\,\mathrm{d}v$$

　　1948 年,信息论创始人香农(Shnnon)创造性地将概率论方法用于研究通信中的问题,并引入了信息熵的概念。信息熵作为信息量多少的测度,已成为经典信息论和量子信息论中最重要的概念。用它来度量物理系统状态所包含的不确定性,也是我们对物理系统测量后所获得信息多少的一个测度。本节将讲述经典信息论与量子信息论中熵的定义和基本性质。

3.1.1　经典香农熵

　　香农熵是经典信息论中的基本概念。对于随机变量 X,它具有不确定性,可以取不同值:x_1,x_2,$\cdots x_n$。X 的香农熵即测到 X 的值之前关于 X 的不确定性的测度,也可以视为测到 X 值之后我们得到信息多少的一种平均测度。

　　定义 3.1　设对随机变量 X,测到其值为 x_1,x_2,$\cdots x_i$,$\cdots$,x_n,概率分别为 P_1,P_2,$\cdots$,P_i,$\cdots$,P_n,则与该概率分布相联系的香农熵定义为

$$H(X) = H(P_1, P_2, \cdots, P_n) = -\sum_{i=1}^{n} p_i \mathrm{lb} p_i \tag{3.1}$$

其中 P_i 是测到 x_i 的概率。

　　必须强调的是,这里对数是以 2 为底的,因此熵的单位是比特(bit),且约定为 $0\mathrm{lb}0 = 0$;另外,概率满足 $\sum_{i=1}^{n} P_i = 1$。

　　例如,投掷两面均匀的硬币,每面出现的概率为 1/2,其相应熵为

$$H(X) = -\sum_{i=1}^{2} P_1 \mathrm{lb} P_1 = -\frac{1}{2}\mathrm{lb}\frac{1}{2} - \frac{1}{2}\mathrm{lb}\frac{1}{2} = \frac{1}{2} + \frac{1}{2} = 1$$

若投掷均匀的四面体，则熵为

$$H(X) = 4\left(-\frac{1}{4}\mathrm{lb}\frac{1}{4}\right) = 4 \times \frac{1}{2} = 2\ \mathrm{bit}$$

一般地，如果随机变量取两个值，概率分别为 p 与 $1-p$，则给出熵为

$$H_2(P) = -P\mathrm{lb}P - (1-P)\mathrm{lb}(1-P) \tag{3.2}$$

人们称它为二元熵。

二元熵函数与概率 P 的关系如图 3.1 所示。可以看出，当 $P = 1/2$ 时，$H_2(P)$ 取最大值，为 1。

二元熵为理解熵的一些性质提供了一个容易掌握的实例。例如，可以用它来讨论两个概率分布混合时系统的行为。

设想 Alice 有两个硬币，一个是美元，另一个是人民币，两硬币都不均匀，两面出现的概率不是 1/2，设美元正面出现的概率为 P_U，人民币正面出现的概率为 P_C，假定 Alice 投美元的概率为 Q，投人民币的概率为 $1-Q$，Alice 告诉 Bob 正面或反面，平均而言 Bob 获得多少信息？其获得的信息会大于或等于单独投美元和人民币获得的信息，数学表示为

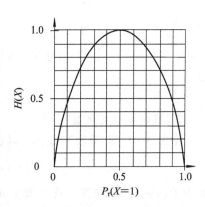

图 3.1　二元熵函数与概率 P 的关系

$$H_2(QP_U + (1-Q)P_C) \geqslant QH_2(P_U) + (1-Q)H_2(P_C) \tag{3.3}$$

不等式(3.3)表示 Bob 不仅获得硬币是正面或反面的信息，还可能获得硬币类型的附加信息。例如，若 $P_U = 1/3$，$P_C = 5/6$，而出现为正面，这就告诉 Bob，该币很可能是人民币。具体计算如下（取 $Q = 1/2$）：

$$H_2(P_U) = H_2\left(\frac{1}{3}\right) = -\frac{1}{3}\mathrm{lb}\frac{1}{3} - \frac{2}{3}\mathrm{lb}\frac{2}{3} = \frac{1}{3} \times 1.585 + \frac{2}{3} \times 0.585 = 0.918$$

$$H_2(P_C) = H_2\left(\frac{5}{6}\right) = -\frac{5}{6}\mathrm{lb}\frac{5}{6} - \frac{1}{6}\mathrm{lb}\frac{1}{6} = \frac{5}{6} \times 0.262 + \frac{1}{6} \times 2.585 = 0.649$$

$$QH_2(P_U) + (1-Q)H_2(P_U) = \frac{1}{2}H_2(P_U) + \frac{1}{2}H_2\left(\frac{5}{6}\right) = 0.784$$

$$H_2(QP_U + (1-Q)P_U) = H_2\left(\frac{1}{6} + \frac{5}{12}\right) = H_2\left(\frac{7}{12}\right) = 0.98$$

定义 3.2　如果一个实函数 f 满足以下关系：

$$f[Px + (1-P)y] \geqslant Pf(x) + (1-P)f(y) \tag{3.4}$$

其中，$0 \leqslant P$，x、$y \leqslant 1$，则称函数 f 具有凹性。

一般信息熵都具有凹性。若不等式(3.4)反过来，则称函数 f 具有凸性。下面介绍有关熵的几个重要概念，它涉及几个概率分布关系。

1) 相对熵

定义 3.3　对同一个随机变量 X 有两概率 $P(x)$ 和 $Q(x)$，$P(x)$ 到 $Q(x)$ 的相对熵定义为

$$H[P(x) \| Q(x)] = \sum_{x} P(x)\mathrm{lb}[P(x)/Q(x)] = -H(X) - \sum_{x} P(x)\mathrm{lb}Q(x) \tag{3.5}$$

相对熵可以作为两个分布间距离的一个度量。可以证明相对熵满足 $H[P(x)\|Q(x)]\geqslant 0$，即是非负的。

利用相对熵的非负性可以证明一个重要定理：

定理 3.1　设 X 是具有 d 个结果的随机变量，则 $H(X)\leqslant \mathrm{lb}d$，且当 X 在 d 个结果上分布相同时取等号。

证明：设 $P(x)$ 是 X 的一个具有 d 个结果的概率分布，令 $Q(x)=1/d$，则有

$$H[P(x)\|Q(x)]=H\left[P(x)\|\frac{1}{d}\right]=-H(X)-\sum_x P(x)\mathrm{lb}\frac{1}{d}$$

因为 $\sum_x P(x)=1$，所以

$$H[P(x)\|Q(x)]=\mathrm{lb}d-H(X)\geqslant 0$$

即

$$\mathrm{lb}d\geqslant H(X)$$

2）联合熵与条件熵

定义 3.4　设 X 和 Y 是两个随机变量，X 和 Y 的联合熵定义为

$$H(XY)=\sum_{xy}P(xy)\mathrm{lb}P(xy)\tag{3.6}$$

其中 $P(xy)$ 是 X 取值 x 及 Y 取值 y 同时发生的概率。

联合熵是测量 XY 整体不确定性的测度，若从该熵中减去 Y 的熵就得到已知 Y 条件下 X 的条件熵表示，即

$$H(X\mid Y)=H(XY)-H(Y)\tag{3.7}$$

它是在已知 Y 值条件下，平均而言对 X 值的不确定性的测度。

3）互信息

定义 3.5　将包含 X 信息的 $H(X)$ 加上包含 Y 信息的 $H(Y)$，再减去联合信息 $H(XY)$，就得到 X 和 Y 的共同信息 $H(X:Y)$，称为互信息，即有

$$H(X:Y)=H(X)+H(Y)-H(XY)\tag{3.8}$$

将条件熵和互信息联系起来有

$$H(X:Y)=H(X)-H(X\mid Y)-H(Y\mid X)\tag{3.9}$$

各种熵之间的关系可以用一个图形来表示，如图 3.2 所示。此图也称为维恩（Venn）图，利用它可以帮助我们理解各种熵之间的关系，但此图对量子熵不适用。下面集中给出香农熵的几点性质。

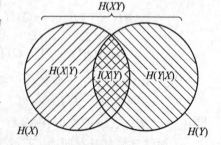

图 3.2　互信息和各类熵之间的关系

（1）$H(XY)=H(YX)$；$H(X:Y)=H(Y:X)$。

（2）$H(Y\mid X)\geqslant 0$，从而 $H(X:Y)\leqslant H(Y)$，只有当 Y 是 X 的函数即 $Y=f(X)$ 时，才取等号。

（3）$H(X)\leqslant H(XY)$，当 Y 是 X 的函数时取等号。

（4）$H(XY)\leqslant H(X)+H(Y)$，称为熵的次可加性，当 Y 与 X 是两个独立随机变量时取等号。

（5）$H(Y\mid X)\leqslant H(Y)$，从而 $H(X:Y)\geqslant 0$，当 Y 与 X 是两个独立随机变量时取等号。

（6）三个随机变量熵满足强次可加性，即

$$H(XYZ) + H(Y) \leqslant H(XY) + H(YZ) \tag{3.10}$$

当 $Z-Y-X$ 构成马尔可夫(Markov)链时取等号。

一个离散随机变量序列 X_1，X_2，$\cdots$，其概率分布函数满足

$$P(X_{n+1} = x_{n+1} \mid X_n = x_n, \cdots, X_1 = x_1) = P(X_{n+1} = x_{n+1} \mid X_n = x_n) \tag{3.11}$$

则称该随机变量序列为马尔可夫序列，即当前符号的概率仅与前一符号有关，而与更前面的符号无关。

Z 的概率只与 Y 有关而与 X 无关，则 $Z-Y-X$ 构成马尔可夫链。

（7）条件减少熵

$$H(X \mid YZ) \leqslant H(X \mid Y) \tag{3.12}$$

即在已知 YZ 时关于 X 的不确定性会低于仅知 Y 时 X 的不确定性。代入条件熵，式(3.12)成为

$$H(XYZ) - H(YZ) \leqslant H(XY) - H(Y) \tag{3.13}$$

结论式(3.13)可以由性质(6)移项得到。有关进一步的讨论将在后面量子熵中进行。

（8）设 $X-Y-Z$ 是一个马尔可夫链，则

$$H(X) \geqslant H(X:Y) \geqslant H(X:Z) \tag{3.14}$$

表达式(3.14)称为数据处理不等式，表示 XZ 共享任何信息也必为 XY 共享。

3.1.2　量子冯·诺依曼熵

将香农经典熵推广到量子状态，就是用密度算符代替熵中概率分布。

定义 3.6　若量子系统用密度算符 ρ 描述，相应量子熵定义为

$$S(\rho) = - \operatorname{tr}(\rho \operatorname{lb} \rho) \tag{3.15}$$

量子熵最早由冯·诺依曼(Von Neumann)引入，故又称冯·诺依曼熵。若 λ_n 是 ρ 的特征值，则冯·诺依曼熵又可以写为

$$S(\rho) = - \sum_n \lambda_n \operatorname{lb} \lambda_n \tag{3.16}$$

在具体计算中，式(3.16)用得多。例如：

（1）取 $\boldsymbol{\rho} = \dfrac{1}{2}\begin{bmatrix} 1 & 1 \\ 1 & 1 \end{bmatrix}$，由 $\begin{vmatrix} \lambda - \dfrac{1}{2} & \dfrac{1}{2} \\ \dfrac{1}{2} & \lambda - \dfrac{1}{2} \end{vmatrix} = 0$ 得其特征值 $\lambda = 1, 0$，则其冯·诺依曼

熵为 $s(\rho) = - 1\operatorname{lb}1 - \operatorname{lb}0 = 0$；

（2）对于 d 维空间中完全混合密度算符 $\boldsymbol{\rho} = \dfrac{1}{d}\begin{bmatrix} 1 & 0 & \cdots & 0 \\ 0 & 1 & \cdots & 0 \\ \vdots & \vdots & & \vdots \\ 0 & 0 & \cdots & 1 \end{bmatrix}$，其冯·诺依曼熵为

$$S(\rho) = - d \times \frac{1}{d} \operatorname{lb} \frac{1}{d} = \operatorname{lb} d;$$

（3）若 $\rho = \sum P_i |i\rangle\langle i|$，则冯·诺依曼熵为 $S(\rho) = - \sum_i P_i \operatorname{lb} P_i$。

定义 3.7　若 ρ 和 σ 是密度算符，ρ 到 σ 的量子相对熵定义为

$$S(\rho \| \sigma) = \operatorname{tr}(\rho \operatorname{lb} \rho) - \operatorname{tr}(\rho \operatorname{lb} \sigma) \tag{3.17}$$

可以证明量子相对熵是非负的，即 $S(\rho\|\sigma)\geqslant 0$，$\rho=\sigma$ 时取等号。此不等式称为 Klein 不等式。

下面介绍冯·诺依曼熵的几点性质。

(1) 熵是非负的，对于纯态，熵为 0。

例如，贝尔态 $|\psi\rangle=\dfrac{1}{\sqrt{2}}(|10\rangle+|01\rangle)$，它是一个纯态，其密度矩阵为

$$\boldsymbol{\rho}=|\psi\rangle\langle\psi|=\frac{1}{2}\begin{bmatrix}0&0&0&0\\0&1&1&0\\0&1&1&0\\0&0&0&0\end{bmatrix}$$

特征值为 0、1、0、0，其冯·诺依曼熵 $S(\rho)=0$。

(2) 在 d 维希尔伯特空间中，熵最大为 $\mathrm{lb}d$，但只有系统处于在完全混合态，即 $\rho=\dfrac{1}{d}I$ 时，才能取得最大值。

(3) 设复合系统 AB 处在纯态，则 $S(A)=S(B)$。

性质(2)可以从相对熵的非负性得到，具体地，在 d 维中相对熵满足：$0\leqslant S\left(\rho\|\dfrac{1}{d}\right)=-S(\rho)+\mathrm{lb}d$，移项后可得到性质(2)，即 $S(\rho)\leqslant \mathrm{lb}d$；性质(3)可从施密特分解得到，因为系统 A 和 B 的密度算符特征值相同，而熵完全由特征值决定，故 $S(A)=S(B)$。

(4) 在正交子空间，状态设为 ρ_i，其概率为 P_i，则有

$$S\left(\sum_i P_i\rho_i\right)=H(P_i)+\sum_i P_iS(\rho_i)\tag{3.18}$$

若 λ_i^j 和 $|e_i^j\rangle$ 分别是 ρ_i 的特征值和特征矢量，则 $\sum_i P_i\lambda_i^j$ 和 $|e_i^j\rangle$ 分别是 $\sum_i P_i\rho_i$ 的特征值与特征矢量，从而有

$$\begin{aligned}S\left(\sum_i P_i\rho_i\right)&=-\sum_i P_i\lambda_i^j\mathrm{lb}P_i\lambda_i^j\\&=-\sum_i P_i\mathrm{lb}P_i-\sum_i P_i\sum_j\lambda_i^j\mathrm{lb}\lambda_i^j\\&=H(P_i)+\sum_i P_iS(P_i)\qquad(因为\sum_i\lambda_i^j=1)\end{aligned}\tag{3.19}$$

从式(3.19)还可以得到所谓的联合熵定理。

(5) 联合熵定理：设 P_i 是概率，$|i\rangle$ 是子系统 A 的正交状态，ρ_i 是另一系统 B 的任一组密度算符，则有

$$S\left(\sum_i P_i|i\rangle\langle i|\otimes\rho_i\right)=H(P_i)+\sum_i P_iS(P_i)\tag{3.20}$$

利用联合熵定理可以证明：两个系统直积态的熵等于两个系统熵之和，即 $S(\rho\otimes\sigma)=S(\rho)+S(\sigma)$。

类似于经典香农熵，对复合量子系统也可以定义量子联合熵、量子条件熵和量子互信息。

定义 3.8　若 A、B 组成复合系统，其密度矩阵为 $\boldsymbol{\rho}^{AB}$，定义 A 和 B 的联合熵为

$$S(AB)=-\mathrm{tr}(\boldsymbol{\rho}^{AB}\mathrm{lb}\boldsymbol{\rho}^{AB})\tag{3.21}$$

定义 3.9　在已知 B 条件下 A 的条件熵定义为

$$S(A|B) = S(AB) - S(B) \tag{3.22}$$

定义 3.10　A 和 B 的互信息定义为

$$S(A:B) = S(A) + S(B) - S(AB) = S(A) - S(A|B) = S(B) - S(B|A) \tag{3.23}$$

但注意香农经典熵的某些结果对量子冯·诺依曼熵并不成立。例如，两随机变量 X 与 Y 的香农熵满足 $H(XY) \geqslant H(X)$，即联合熵大于单个变量的熵，而对于量子系统，此结论就不一定成立。比如，双量子比特系统 A、B 处于纠缠态 $|AB\rangle = \frac{1}{\sqrt{2}}(|00\rangle + |11\rangle)$，它是一个纯态，其量子冯·诺依曼熵 $S(AB) = 0$，而对子系统 A，其约化密度矩阵为

$$\rho^A = \text{tr}_B |\psi\rangle\langle\psi| = \frac{1}{2}\text{tr}_B(|00\rangle + |11\rangle)(\langle 00| + \langle 11|)$$

$$= \frac{1}{2}(|0\rangle\langle 0| + |1\rangle\langle 1|) = \frac{1}{2}\begin{bmatrix} 1 & 0 \\ 0 & 1 \end{bmatrix} = \frac{1}{2}I$$

则熵 $S(A) = -\frac{1}{2}\text{lb}\frac{1}{2} - \frac{1}{2}\text{lb}\frac{1}{2} = 1$，显然得 $S(A) > S(AB)$。此结果的另一表示为 $S(B|A) = S(BA) - S(A) < 0$。因此，若 $|AB\rangle$ 为纠缠态，则其条件熵 $S(B|A) < 0$。

对于联合熵，还可以给出下面两个不等式：

$$S(AB) \leqslant S(A) + S(B) \tag{3.24}$$

$$S(AB) \geqslant |S(A) - S(B)| \tag{3.25}$$

第一个不等式 (3.24) 称为冯·诺依曼熵的次可加性不等式，等号对应于 $\rho^{AB} = \rho^A \otimes \rho^B$，即 A、B 是独立系统；第二个不等式 (3.25) 称为三角不等式。

下面介绍两个定理。

定理 3.2（熵的凹性定理）　若量子系统的状态以概率 P_i 处在状态 ρ_i，其中 P_i 满足 $\sum_i P_i = 1$，则熵函数满足以下关系：

$$S\left(\sum_i P_i \rho_i\right) \geqslant \sum_i P_i S(\rho_i) \tag{3.26}$$

满足条件式 (3.26) 的函数称为凹函数，表明冯·诺依曼熵与香农熵同样具有凹性，同时也表明混合系统的不确定性高于状态 ρ_i 的平均不确定性。

证明：设 $\{p_i\}$ 是系统 A 的一组状态，引入铺助系统，其相应密度矩阵为 $|i\rangle\langle i|$，则联合状态为 $\rho^{AB} = \sum_i P_i \rho_i \otimes |i\rangle\langle i|$。对应 A、B 系统的熵分别为 $S(A) = S\left(\sum_i P_i \rho_i\right)$，$S(B) = S\left(\sum_i P_i |i\rangle\langle i|\right) = H(P_i) = -\sum_i P_i \text{lb} P_i$，利用性质 (4) $S\left(\sum_i P_i \rho_i\right) = H(P_i) + \sum_i P_i S(\rho_i)$，$S(AB) = \left(\sum_i P_i \rho_i\right)$ 和次可加性关系 $S(AB) \leqslant S(A) + S(B)$ 得 $\sum_I P_i S(\rho_i) \leqslant S\left(\sum_i P_i \rho_i\right)$。

定理 3.3（混合量子状态熵的上限估值定理）　设 $\rho = \sum_i P_i \rho_i$，其中 P_i 是一组概率，ρ_i 为相应的密度算符，则

$$S(\rho) \leqslant H(P_i) + \sum_i P_i S(\rho_i) \tag{3.27}$$

且当 ρ_i 为正交子空间上的支集时取等号，即前面说的冯·诺依曼熵的性质(4)。

证明： 将 ρ_i 进行标准正交基分解，即 $\rho_i = \sum_j P_j^i |e_j^i\rangle\langle e_j^i|$，则有 $\rho = \sum_{ij} P_i P_j^i |e_j^i\rangle\langle e_j^i|$，再利用投影测量不减熵有

$$S(\rho) \leqslant - \sum_{ij} P_i p_j^i \mathrm{lb}(p_i p_j^i) = - \sum_i P_i \mathrm{lb}P_i - \sum_i P_i \sum_j P_j^i \mathrm{lb}p_j^i \tag{3.28}$$

因为 $\sum_j P_j^i = 1$，所以有

$$- \sum_i P_i \mathrm{lb}p_i - \sum_i P_i \sum_j P_j^i \mathrm{lb}P_j^i = H(P_i) + \sum_i P_i S(\rho_i) \tag{3.29}$$

于是结论得证。

利用上面两个定理，可以得到混合量子系统状态熵的一个很重要的关系：

$$\sum_i P_i S(\rho_i) \leqslant S\left(\sum_i P_i \rho_i\right) \leqslant H(P_i) + \sum_i P_i S(\rho_i) \tag{3.30}$$

式(3.30)给出了混合量子系统熵的上下限。

3.1.3　冯·诺依曼熵的强次可加性

二量子系统的次可加性和三角不等式可以推广到三量子系统，结果为强次可加性，它是量子信息论中重要的结论之一。

对任意的三量子系统 A、B、C，以下不等式成立：

$$S(A) + S(B) \leqslant S(AC) + S(BC) \tag{3.31}$$

$$S(ABC) + S(B) \leqslant S(AB) + S(BC) \tag{3.32}$$

式(3.31)表示 A、B 两系统的不确定性之和不大于 AC 和 BC 两联合系统不确定性之和；式(3.32)表示 A、B、C 三系统联合不确定性加上 B 系统的不确定性小于等于 AB 和 BC 联合系统不确定性之和。这两个结果要进行严格证明是很困难的，下面给出一个简单的论证。

对系统 ABC 定义密度算符函数 $T(\rho^{ABC})$，取

$$T(\rho^{ABC}) = S(A) + S(B) - S(AC) - S(BC) \tag{3.33}$$

利用条件熵定义，有

$$T(\rho^{ABC}) = - S(C \mid A) - S(C \mid B) \tag{3.34}$$

由条件熵 $S(C|B)$ 具有凹性且与 $-S(C|B)$ 只差一个符号，易知 $T(\rho^{ABC})$ 是 ρ^{ABC} 的凸函数。取 ρ^{ABC} 的谱分解 $\rho^{ABC} = \sum_i P_i |i\rangle\langle i|$，由 T 的凸性有

$$T(\rho^{ABC}) \leqslant \sum_i P_i T |i\rangle\langle i| \tag{3.35}$$

对于纯态，$T(|i\rangle\langle i|) = 0$，$S(AC) = S(B)$，$S(BC) = S(A)$，$T(\rho^{ABC}) = 0$；对于一般态，$T(\rho^{ABC}) \leqslant 0$，则得到第一个不等式：

$$S(A) + S(B) \leqslant S(AC) + S(BC)$$

引入一个辅助系统 R，使 $ABCR$ 为纯态，则 $S(R) = S(ABC)$，而对 RBC 形成的三量子态系统有

$$S(R) + S(B) \leqslant S(RC) + S(BC) \tag{3.36}$$

再利用 $S(RC) = S(AB)$，则 $ABCR$ 为纯态时，有

$$S(ABC) + S(B) \leqslant S(AB) + S(BC)$$

即证明了强次不等式。

熵的强次可加性也可以用条件熵和互信息的语言来描述。由式(3.24)可以得到

$$0 \leqslant S(C \mid A) + S(C \mid B) \tag{3.37}$$

用互信息的语言可表述为

$$S(A;B) + S(A;C) \leqslant 2S(A) \tag{3.38}$$

设 ABC 是复合量子系统，则式(3.32)用条件可表述为

$$S(A \mid BC) \leqslant S(A \mid B) \tag{3.39}$$

式(3.39)表明增加条件熵减少；用互信息的语言可表述为

$$S(A;B) \leqslant S(A;BC) \tag{3.40}$$

式(3.40)表明丢弃量子态不增加互信息。

另外，熵的强次可加性也表明相对熵具有单调性，即若 ρ^{AB} 和 σ^{AB} 是复合系统 AB 的任意两个密度矩阵，则有 $S(\pmb{\rho}^A \| \pmb{\sigma}^A) \leqslant S(\pmb{\rho}^{AB} \| \pmb{\sigma}^{AB})$，表示忽略系统一部分相对熵减少，这一性质称为相对熵的单调性。

另一个结果是量子运算不增加互信息。若 AB 是复合量子系统，F 是作用在系统 B 上的保迹的量子运算，令 $S(A;B)$ 是 F 作用前 A 与 B 的互信息，$S(A';B')$ 是 F 作用后 A' 与 B' 的互信息，则有 $S(A';B') \leqslant S(A;B)$，表示量子运算不会增加互信息。证明从略。

3.2　最大信息的获取

设 Alice 有一个信源，按概率 P_1，P_2，$\cdots$，P_n 产生随机变量 X 的值，Alice 选择量子态 ρ_x 发给 Bob，Bob 对状态进行量子测量，结果为 Y，然后根据测量结果 Y 给出 X 值的最好猜测——获取的最大信息。

根据上节关于熵的讨论，Bob 从测量得到 Y 的信息应由互信息 $H(X;Y)$ 来度量。若 $H(X;Y) = H(X)$，则 Bob 可以从 Y 推断出 X，但一般是 $H(X;Y) \leqslant H(X)$，于是人们将 $H(X;Y)$ 和 $H(X)$ 接近的程度作为 Bob 可以确定 X 程度的一个量化测度。Bob 的目标是选择一种测量，使 $H(X;Y)$ 尽量接近 $H(X)$，人们将 Bob 可获取的最大信息定义为取遍所有测量方案的情况下互信息的最大值，它是 Bob 能够在多大程度上推断出 Alice 制备状态的一种度量。

Holevo 限给出可获取信息的一个常用的上限，下面就来讨论 Holevo 限。

3.2.1　Holevo 限

定理 3.4　设 Alice 以概率 P_1，P_2，$\cdots$，P_n 制备量子态 ρ_x，其中 $x = 1, 2\cdots, n$，Bob 进行正定算符值测量，其 POVM 元为 $\{E_y\} = \{E_1, \cdots, E_M\}$，测量结果为 Y，Bob 进行任何此类测量所得信息上限为

$$H(X;Y) \leqslant S(\rho) - \sum_x P_x S(\rho_x) \tag{3.41}$$

式(3.41)右边称为 Holevo 限，有时记为 χ。因此，Holevo 限给出了可获取信息的一个上限。

证明： 设 Q 是 Alice 给 Bob 的量子系统，为了证明，引入两个辅助系统。取 P 为制备系统，它具有正交基 $|X\rangle$，其元素对应于量子系统 Q 可制备态的标号 $1, \cdots, n$；另一个辅助系统为 R，为 Bob 测量系统，其正交基为 $|Y\rangle$，初始处在基态 $|0\rangle$，则对复合系统 PQR，初态取为 $\rho^{PQR} = \sum_x P_x |x\rangle\langle x| \otimes \rho_x \otimes |0\rangle\langle 0|$，该状态表示 Alice 以概率 P_x 选择 X 一个值制备一个状态 ρ_x 并发给 Bob，Bob 将使用他的测量设备进行测量，测量设备初态为 $|0\rangle$，测量仅影响 Q 和 R，测量量子运算的作用是在系统 Q 上进行具有元 $\{E_y\}$ 的正定算符值测量，结果保存在系统 R 中，有

$$F(\sigma \otimes |0\rangle\langle 0|) = \sum_y \sqrt{E_y}\sigma \sqrt{E_y} \otimes |y\rangle\langle y| \tag{3.42}$$

其中，σ 是系统 Q 的任意状态，$|0\rangle$ 为测量设备初态，$|y\rangle$ 为末态。测量后状态为 $P'Q'R'$。由于 R 开始与 PQ 不相关，则初始的互信息为

$$S(P:Q) = S(P:QR) \tag{3.43}$$

由于测量不会增加互信息，有

$$S(P:QR) \geqslant S(P':Q'R') \tag{3.44}$$

再由于丢弃系统不会增加互信息，有

$$S(P':Q'R') \geqslant S(P'R') \tag{3.45}$$

联合上面三式，即得到

$$S(P':R') \leqslant S(P:Q) \tag{3.46}$$

式(3.46)是 Holevo 限的另一种表示形式，表示测量不能增加互信息。利用式(3.46)可以推出表示式(3.41)。

首先看式(3.46)右边，对 PQ 系统，密度矩阵为 $\rho^{PQ} = \sum_x P_x |x\rangle\langle x| \otimes \rho_x$，$\rho_x$ 对应 Q 系统，由 $S(\rho) = H(P_x)$，$S(Q) = S(\rho)$，利用联合熵公式得

$$S(PQ) = S(\rho) - \sum_x P_x S(\rho_x) \tag{3.47}$$

这正好是关系式(3.47)的右边。

再计算式(3.46)的左边，测量后系统 $P'Q'R'$ 的密度矩阵为

$$\boldsymbol{\rho}^{P'Q'R'} = \sum_{xy} P_x |x\rangle\langle x| \otimes \sqrt{E_y}\rho_x\sqrt{E_y} \otimes |y\rangle\langle y| \tag{3.48}$$

对 Q' 求偏迹得

$$\boldsymbol{\rho}^{P'R'} = \sum_{xy} P_x(xy) |x\rangle\langle x| \otimes |y\rangle\langle y| \tag{3.49}$$

其中

$$P(xy) = P_x\rho(y|x\rangle) = P_x \text{tr}(\rho_x E_y) = P_x \text{tr}(\sqrt{E_y}\rho_x\sqrt{E_y})$$

为联合分布，则有

$$S(P'R') = -\sum_{xy} P(xy)\text{lb}P(xy) = H(XY) \tag{3.50}$$

从而有

$$S(P':R') = H(X:Y) \tag{3.51}$$

式(3.51)右边为等式(3.41)的左边。再结合式(3.47)，则有

$$H(X:Y) \leqslant S(\rho) - \sum_x P_x S(\rho_x)$$

3.2.2　Holevo 限的应用

利用混合量子状态熵的上限定理

$$S(\rho) \leqslant \sum_x P_x S(\rho_x) + H(P_x)$$

并联合 Holevo 上限定理得

$$H(X:Y) \leqslant S(\rho) - \sum_x P_x S(\rho_x) \leqslant H(P_x) \tag{3.52}$$

当 ρ_x 对应正交支集时取等号。

$H(X:Y) \leqslant H(X)$ 表示基于测量结果 Y，Bob 不可能以完全的可靠性确定 X，即若 Alice 制备态非正交时，Bob 不可能完全确定 Alice 制备的是哪个态。下面给出一个简单实例来说明。

假定 Alice 制备两个量子态为量子比特 $|0\rangle$ 和 $|\alpha\rangle = \cos\theta|0\rangle + \sin\theta|1\rangle$，当 $\theta = \pi/2$ 时，两态正交，$\theta \neq \pi/2$ 时不正交。在基 $|0\rangle$ 和 $|1\rangle$ 中定义态 $|\psi\rangle = \dfrac{1}{\sqrt{2}}(|0\rangle + \langle\alpha|)$，则其相应的密度矩阵为

$$\boldsymbol{\rho} = \frac{1}{2}(|0\rangle\langle 0| + |\alpha\rangle\langle\alpha|) = \frac{1}{2}\begin{bmatrix} 1 & 0 \\ 0 & 0 \end{bmatrix} + \frac{1}{2}\begin{bmatrix} \cos^2\theta & \sin\theta\cos\theta \\ \sin\theta\cos\theta & \sin^2\theta \end{bmatrix}$$

由

$$\begin{vmatrix} \lambda - \dfrac{1}{2}(1+\cos^2\theta) & \dfrac{1}{2}\sin\theta\cos\theta \\ \dfrac{1}{2}\sin\theta\cos\theta & \lambda - \dfrac{1}{2}\sin^2\theta \end{vmatrix} = 0$$

得 $\boldsymbol{\rho}$ 对应的特征方程和特征值分别为

$$\lambda^2 - \lambda + \frac{1}{4}\sin^2\theta = 0, \qquad \lambda = \frac{1}{2}(1 \pm \cos\theta)$$

相应的 Holevo 限是二元熵，即

$$H\left[\frac{(1+\cos\theta)}{2}\right] = -\frac{1}{2}(1+\cos\theta)\text{lb}\,\frac{1}{2}(1+\cos\theta)$$
$$-\frac{1}{2}(1-\cos\theta)\text{lb}\,\frac{1}{2}(1-\cos\theta)$$

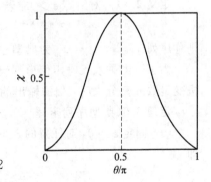

图 3.3　Holevo 限与 θ/π 的关系

Holevo 限与 θ/π 的关系如图 3.3 所示。当 $\theta = \pi/2$ 时，Holevo 限达到最大，为

$$H\left(\frac{1}{2}\right) = -\frac{1}{2}\text{lb}\,\frac{1}{2} - \frac{1}{2}\text{lb}\,\frac{1}{2} = 1 \text{ bit}$$

只有在这种情况下，Bob 才可以从测量确定 Alice 制备的是什么态，即为 $|0\rangle$ 态还是 $|1\rangle$ 态。

3.3　量子无噪声编码定理

为了了解量子无噪声编码定理，必须先回顾一下经典香农无噪声信道编码定理。

3.3.1　香农无噪声信道编码定理

香农无噪声信道编码定理量化了由经典信源产生的信息在无损耗信道中其编码压缩的程度。经典信源有多种模型，一个简单有用的模型是随机变量序列 X_1，X_2，…，X_n 构成的源。随机变量的值表示该源的输出，设源持续发出随机变量 x_1，x_2，…，x_n，若各随机变量彼此是独立的，并且有相同的概率分布，则称这样的信源为 IID（Independent and Identically Distributed）信息源。

考虑二值 IID 源产生比特 x_1，x_2，…，x_n，每比特以概率 P 出现 0，而以概率 $(1-P)$ 产生 1。香农定理的关键是把随机变量 X_1，X_2，…，X_n 的值 x_1，x_2，…，x_n 的可能序列分为两类，经常出现的序列称为典型序列，而很少出现的序列称为非典型序列。利用 IID 源的独立性假设，典型序列概率为

$$P(x_1, x_2, \cdots, x_n) = P(x_1)P(x_2)\cdots P(x_n) \approx P^{nP}(1-P)^{(1-P)n} \tag{3.53}$$

式(3.53)第一个等式来自独立性假设，总概率为独立概率之积；第二个等式来自同概率分布，每个取 0 的概率为 P，而取 0 的个数为 nP，取 1 的概率为 $1-P$，其数目为 $(1-P)n$。两边取对数得

$$-\text{lb}P(x_1, x_2, \cdots, x_n) \approx -nP\text{lb}P - n(1-P)\text{lb}(1-P) = nH(X) \tag{3.54}$$

其中 n 是随机变量数，也是比特数。$H(X) = -P\text{lb}P - (1-P)\text{lb}(1-P)$ 是二元熵，是每个随机变量的熵，称为信源的熵率(entropy rate)，因此典型序列概率为 $P(x_1, x_2, \cdots, x_n) \approx 2^{-nH(X)}$。由于典型序列总概率不会超过 1，则典型序列个数最多为 $2^{nH(X)}$。

典型序列概念可以推广到多值的 IID 源。下面给出更一般典型序列的定义。

定义 2.11　对给定 $\varepsilon > 0$，若 IID 元产生的 x_1，x_2，…，x_n 序列概率满足

$$2^{-n(H(X)+\varepsilon)} \leqslant P(x_1, x_2, \cdots, x_n) \leqslant 2^{-n(H(X)-\varepsilon)} \tag{3.55}$$

则称序列 x_1，x_2，…，x_n 为典型序列，有时也称 ε 典型，序列数目为 $T(n\varepsilon)$。

为了引出香农无噪声信道编码定理，先要证明典型序列定理，该定理的含义是：在随机变量数 n 充分大时，信源输出的大多数序列是典型序列。

定理 3.5（典型序列定理）

(1) 固定 $\varepsilon > 0$，对任意的 $\delta > 0$ 和充分大的 n，一个序列为 ε 典型的概率至少是 $1-\delta$，即

$$1-\delta \leqslant \sum_{T(n\varepsilon)} P(x_1, x_2, \cdots, x_n) \leqslant 1 \tag{3.56}$$

(2) 对任意固定的 $\varepsilon > 0$ 和 $\delta > 0$ 及充分大的 n，ε 典型序列的数目 $T(n\varepsilon)$ 满足：

$$(1-\delta)2^{n(H(X)-\varepsilon)} \leqslant T(n\varepsilon) \leqslant 2^{n(H(X)+\varepsilon)} \tag{3.57}$$

证明　概率论中的大数定理为

$$\lim_{n\to\infty} P\left(\left|\frac{1}{n}\sum_{i=1}^{n}\xi_i - \mu\right| < \varepsilon\right) = 1 \tag{3.58}$$

其中 ξ_i 是随机变量，μ 是 ξ_i 的有限平均值，$\mu = E(\xi_i)$，ε 为任意大于零的小数。若令 $\xi_i = -\text{lb}P(x_i)$，考虑到 X_i 是独立的且有相同概率的分布，则有

$$\sum_{i=1}^{n} -\text{lb}P(x_i) = \sum_{j=1}^{m} -P_{ij}\text{lb}P_{ij} = H(X_i) = H(X) \tag{3.59}$$

其中：p_{ij} 是随机变量 X_i 的取值 x_{ij} 的概率；X_i 有 m 种可能取值，当 $m=2$ 时，$H(x_i)$ 为二元熵，则大数定理可以写为

$$\lim_{n\to\infty} P\left(\left|-\frac{1}{n}\mathrm{lb}P(x_1,\ x_2,\ \cdots,\ x_n)-H(X)\right|<\varepsilon\right)=1 \qquad (3.60)$$

当 n 充分大时可以写为

$$P\left(\left|-\frac{1}{n}\mathrm{lb}P(x_1,\ x_2,\ \cdots,\ x_n)-H(X)\right|<\varepsilon\right)\geqslant 1-\delta \qquad (3.61)$$

当 n 足够大时，δ 可以为任意小数。

现讨论 ε 典型序列。设序列 $x_1,\ x_2,\ \cdots x_n$ 的概率为 $P(x_1,\ x_2,\ \cdots x_n)$，$T(n\varepsilon)$ 为典型序列个数，从式(3.61)知全部典型序列出现概率在 $1-\delta$ 与 1 之间，即有

$$1-\delta \geqslant \sum_{T(n\varepsilon)} P(x_1,\ x_2,\ \cdots,\ x_n) \leqslant 1$$

这就证明了式(3.56)。再利用 ε 典型序列定义式(3.55)，有

$$T(n\varepsilon)2^{-n(H(X)+\varepsilon)} \leqslant \sum_{T(n\varepsilon)} P(x_1,\ x_2,\ \cdots,\ x_n) \leqslant T(n\varepsilon)2^{-n(H(X)-\varepsilon)}$$

结合式(3.56)，有

$$T(n\varepsilon)2^{-n(H(X)-\varepsilon)} \geqslant 1-\delta,\ T(n\varepsilon)2^{-n(H(x)+\varepsilon)} \leqslant 1$$

联立求解即得

$$(1-\delta)2^{n(H(X)-\varepsilon)} \leqslant T(n\varepsilon) \leqslant 2^{n(H(x)+\varepsilon)}$$

即证明了式(3.57)。

香农无噪声信道编码定理是典型序列定理的一个应用。

定理 3.6（香农无噪声信道编码定理）　设 $\{X_i\}$ 是一个具有熵率为 $H(X)$ 的 IID 信源，R 为编码压缩率。若 $R>H(X)$，则存在一种可靠的编码压缩方案，使编码压缩为新序列只需 nR 比特表示；反之，若 $R<H(X)$，则不存在可靠的编码压缩方案。

所谓可靠编码压缩方案，是指通过解码后可将压缩后新序列以接近 1 的概率还原为原来的序列。

证明　若 $R>H(X)$，选取 $\varepsilon>0$，使 $H(X)+\varepsilon=R$，根据典型序列定理，当 n 充分大时，属于典型序列的概率

$$\sum_{T(n\varepsilon)} P(x_1,\ x_2,\ \cdots,\ x_n) \geqslant 1-\delta \qquad (\delta>0)$$

且典型序列的总数

$$T(n\varepsilon) \leqslant 2^{n(H(X)+\varepsilon)} = 2^{nR}$$

因此只需要 nR 比特就足可以代表一切可能的典型序列，即使忽略非典型序列，编码压缩也是可靠的，因为当 n 充分大时，ε 和 δ 可任意小。

若 $R<H(X)$，令 $R=H(X)-2\varepsilon$，用 nR 表示的序列总数为 2^{nR} 个，根据典型序列定理

$$T(n\varepsilon) \geqslant (1-\delta)2^{n(H(X)-\varepsilon)}$$

有

$$\frac{2^{nR}}{T(n\varepsilon)} \leqslant \frac{2^{-n\varepsilon}}{1-\delta}$$

当 n 很大时，$\dfrac{2^{nR}}{T(n\varepsilon)}$ 很小，就是说 2^{nR} 远小于典型序列总数，因而无法呈现可靠的编码

压缩。

　　这一定理也表明随机序列的熵率 $H(X)$ 是最小的编码压缩率。

3.3.2　量子舒马赫无噪声信道编码定理

　　在量子信息论中将量子状态视为信息，这是量子信息论概念上的突破。本节将定义量子信源，并研究该信源产生的信息——量子状态在多大程度上可以被编码压缩。

　　量子信源有多种定义方式，且不完全等价，这里我们将纠缠态作为编码压缩和解压缩的对象。具体一个 IID 量子信息源，由一个希尔伯特空间 H 和该空间上的一个密度矩阵 $\boldsymbol{\rho}$ 来描述，表示为 $\{H, \boldsymbol{\rho}\}$。对信源作压缩率为 R 的编码压缩操作，这个操作由两个量子运算 C'' 和 D'' 组成，其中 C'' 为压缩运算，它把 n 维希尔伯特空间 $H^{\otimes n}$ 中的状态映射到 2^{nR} 维压缩空间状态，相应于 nR 量子比特；D'' 运算是一个解操作，它将压缩后空间状态返回到原来空间状态，因此编码压缩与解压运算合成 $D'' \cdot C''$。可靠性的准则是对充分大的 n，纠缠忠实度（Fidelity）$F(\rho^{\otimes n} D'' \cdot C'')$ 应趋于 1，即 $F(\rho^{\otimes n} D'' \cdot C'') = \sum_{jk} (\mathrm{tr}(D_k C_{jl} \rho^{\otimes n})) \to 1$。量子数据压缩的基本思路如图 3.4 所示，压缩运算 C'' 将 $n\mathrm{lbd}$ 量子比特量子源 ρ 压缩为 $nS(\rho)$ 量子比特，然后通过解压运算 D'' 而恢复到 $n\mathrm{lbd}$ 量子比特。

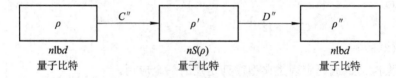

图 3.4　量子数据编码压缩

　　要将经典的无噪声信道编码定理改造为量子的无噪声信道编码定理，首先应将经典典型序列定理进行修改，变成量子典型子空间定理。

　　设与量子信源相关的密度算符 ρ 具有标准正交分解 $\rho = \sum_i p_i |x_i\rangle\langle x_i|$，其中 $|x_i\rangle$ 为标准正交集；P_i 是 ρ 的特征值，具有与概率分布相似的性质；非负的且和为 1，则相应信源的熵

$$S(\rho) = -\mathrm{tr}\rho\mathrm{lb}\rho = -\sum_i p_i \mathrm{lb} p_i = H(X) \tag{3.62}$$

　　经典 ε 典型序列 $x_1, x_2, \cdots, x_n$ 设为 ε 典型状态 $|x_1\rangle, |x_2\rangle, \cdots, |x_n\rangle$，由 ε 典型状态 $|x_1\rangle, |x_2\rangle, \cdots |x_n\rangle$ 张成的子空间 ε 典型子空间。ε 典型子空间维数记为 $T(n\varepsilon)$，其上的投影算符为 $p(n\varepsilon)$，则 $P(n\varepsilon) = \sum_{x_i \in 典型} |x_1\rangle\langle x_1| \otimes |x_2\rangle\langle x_2| \otimes \cdots \otimes |x_n\rangle\langle x_n|$ 是多个投影算符的直积。下面给出量子典型子空间定理。

　　定理 3.7　（量子典型子空间定理）

　　(1) 固定 $\varepsilon > 0$，对任意 $\delta > 0$ 和充分大的 n，有

$$\mathrm{tr}(P(n\varepsilon)\rho^{\otimes n}) \geqslant 1 - \delta \tag{3.63}$$

　　(2) 对任意固定的 $\varepsilon > 0$、$\delta > 0$ 和充分大的 n，子空间的维数 $T(n\varepsilon)$ 满足

$$(1-\delta)2^{n(S(\rho)-\varepsilon)} \leqslant T(n\varepsilon) \leqslant 2^{n(S(\rho)+\varepsilon)} \tag{3.64}$$

　　证明　由经典典型序列定理类比得到

$$\mathrm{tr}(P(n\varepsilon)\rho^{\otimes n}) = \sum_{x_i \in \text{典型}} P(x_1)P(x_2)\cdots P(x_n) \overset{\text{IID源}}{=} \sum_{T(n\varepsilon)} P(x_1, x_2, \cdots, x_n)$$

测试(3.63)可以直接从典型序列定理中的式(3.56)得到；典型序列的数目即为子空间的维数以及式(3.62)结论(3.64)可直接由典型序列定理中的式(3.57)得到。

有了典型子空间定理就不难得到量子无噪声信道编码定理，该定理也称舒马赫 (Schumacher)无噪声信道编码定理。

定理 3.8（舒马赫无噪声信道编码定理）

令 $\{H, \rho\}$ 是 IID 量子信源，若 $R > S(\rho)$，则对该源存在压缩率为 R 的可靠编码压缩方案；若 $R < S(\rho)$，则压缩率为 R 的任何压缩方案都是不可靠的。

下面通过计算纠缠忠实度来证明该定理。

证明　当 $R > S(\rho)$ 时，纠缠忠实度

$$F(\rho^{\otimes n}D^n \cdot C^n) = \sum_{jk}(\mathrm{tr}(D_k C_j \rho^{\otimes n}))^2$$

$$= [\mathrm{tr}(\rho^{\otimes n}P(n\varepsilon))]^2 + \sum_i |\mathrm{tr}\rho^{\otimes n}A_i|^2$$

$$\geqslant |\mathrm{tr}(\rho^{\otimes n}P(n\varepsilon))|^2 \qquad (A_i = |0\rangle\langle i|)$$

利用典型子空间定理结论(1)，则有

$$|\mathrm{tr}(\rho^{\otimes n}P(n\varepsilon))|^2 \geqslant |1-\delta|^2 \geqslant 1-2\delta \xrightarrow{n \to \infty} 1$$

纠缠忠实度趋于 1，表示编码压缩方案是可行的，即可以找到一个编码压缩与解码方案 $C^n \cdot D^n$。

而当 $R < S(\rho)$ 时，纠缠忠实度

$$F(\rho^{\otimes n}D^n C^n) = \delta \sum_{jk} \mathrm{tr}(D_k C_j \rho^{\otimes n})^2$$

由于 $C^n \cdot D^n$ 是保迹的，则有

$$F(\rho^{\otimes n}D^n C^n) = \delta \sum_{jk} \mathrm{tr}\rho^{\otimes n} = \delta \xrightarrow{n \to \infty} 0$$

其纠缠保真度为 0，表明实行压缩方案是不可靠的。

定理 3.8 表明信源的熵 $S(\rho)$ 是信道编码可靠性压缩的最小比率。

3.4　带噪声量子信道上的信息

上节介绍了无噪声量子信道编码定理，本节讨论有噪声的情况。为了讨论带噪声量子信道上的信息，下面先回顾一下带噪声经典信道上的信息，并介绍香农带噪声信道编码定理。

3.4.1　带噪声经典信道上的信息

噪声是通信信道无法回避的问题，纠错码可以用来对抗噪声的影响。对一个特定的带噪声的信道，信息论的一个基本问题是要确定信道 N 可靠通信的最大传送率，即信道的容量。香农带噪声信道编码定理是对这一问题最明确的回答。无论是量子的还是经典的带噪声信道编码的许多重要思想都可以通过研究二元对称信道来了解。所谓二元对称信道是针

对一个单比特信息的带噪声信道而言的，设想人们通过带噪声经典信道从 Alice 发送一个比特给 Bob，信道中由于噪声作用使传输比特信息以概率 $P > 0$ 发生翻转（如从 0 到 1），使比特无差错传输的概率为 $1-P$，这样的信道就称为二元对称信道，如图 3.5 所示。

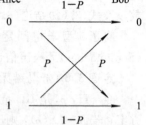

图 3.5　二元对称信道

每次使用二元对称信道可以可靠传送多少信息，在使用纠错码的情况下，通过论证其信息可以可靠传输的最大比率为 $1-H(P)$，其中 $H(P)$ 是香农熵，有关论证略。

香农带噪声信道编码定理是将二元对称信道的容量结果推广到离散无记忆信道。信道无记忆是指每次使用信道时它的作用都相同，并且不同的使用之间是独立的。离散无记忆信道具有有限的输入字母表 A 和有限的输出字母表 B，对二元对称信道，输入字母和输出字母表为 $A=B=\{0,1\}$。信道的作用将由条件概率 $P(y|x)$ 来描述，它表示在给定输入是 x 的条件下，从信道输出不同 y 的概率，其中 $x \in A$，$y \in B$。条件概率满足下列两个条件：

(1) $P(y|x) \geqslant 0$，即非负的；

(2) 对所有 x，$\sum\limits_{y} p(y|x) = 1$。

经典信息在带噪声信道中的传送如图 3.6 所示。N 表示带噪声经典信道，Alice 从 2^{nR} 个可能的消息中产生一个消息 M 并用映射（Map）C^n 进行编码，即 $\{1, 2, \cdots, 2^{nR}\} \to A^n$；映射为 Alice 的每条消息分配一个输入串，输入串通过噪声信道 N 以 n 次使用而传给 Bob，Bob 对信道的输出用映射 D^n 进行编码，即 $B^n \to \{1, 2, \cdots, 2^{nR}\}$；然后输出映射的信号，每个可能输出分配一个消息 $D(Y)$。

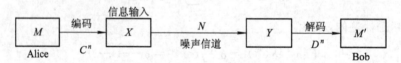

图 3.6　经典信息在带噪声信道中的传送

定义 3.12　对于给定的编码/解码对 $C^n D^n$，差错概率定义为输出消息 $D^n(Y)$ 不等于消息 M 的最大概率，即

$$P(C^n D^n) = \max_M P(D^n(Y) \neq M | x = C^n(M)) \tag{3.65}$$

定义 3.13　如果编码/解码对 $C^n D^n$ 存在，且满足 $n \to \infty$ 时 $P(C^n D^n) \to 0$，则称相应比率 R 是可达到的。一个给定的带噪声信道 N 的容量 $C(N)$，定义为信道可达到的比率的上确界（supremum）。

要通过计算 $P(C^n D^n)$ 而给出信道容量 $C(N)$ 显然是很困难的，而香农通过引入互信息回答了这个问题，这就是香农带噪声信道编码定理。

定理 3.9（香农带噪声信道编码定理）

对一个带噪声信道 N，其容量由 $C(N) = \max\limits_{P(x)} H(X : Y)$ 给出。其中，最大是相对 X 取值的，所以，对输入分布 $P(X)$ 而言，X 是信道输出端得到的相应随机变量。

将定理用于二元对称信道。考虑以概率 P 翻转比特，且输入概率 $P(0) = q$，$P(1) =$

$1-q$，则有

$$H(X;Y) = H(Y) - H(Y|X) = H(Y) - \sum_x P(x)H(Y|X=x) \tag{3.66}$$

对每个 x 有

$$H(Y|X=x) = H(P) \quad 且 \quad \sum_x P(x) = 1$$

从而

$$H(X;Y) = H(Y) - H(P) \tag{3.67}$$

对多个可能的 Y，当 $q = 1/2$ 时，熵达到最大，即 $H(Y) = 1$，则从香农带噪声信道编码定理得到二元对称信道容量 $C(N) = 1 - H(P)$，这与前面提到的计算结果一致。

3.4.2　带噪声量子信道上的经典信息

假设 Alice 和 Bob 使用带噪声量子信道进行通信，即 Alice 有某个消息 M 期望传给 Bob，她不用经典算随机数方法编码，而是用量子状态进行编码，并经过带噪声量子信道传送，人们期望得到计算带噪声量子信道上传送经典信息容量的方法。

考虑量子信道 ε，Alice 将消息利用量子态直积方式编码 $\boldsymbol{\rho}_1 \otimes \boldsymbol{\rho}_2 \cdots$，其中每个密度矩阵 $\boldsymbol{\rho}_1$，$\boldsymbol{\rho}_2$，… 都是信道 ε 的输入，人们将带有这个限制的容量称为直积状态容量，记为 $C^{(1)}(\varepsilon)$，表示输入态中不使用纠缠态。有人认为纠缠态不增加容量，但无证明，直积状态容量的上限由 HSW（Holevo – Schumacher – Westmoreland）定理给出。

定理 3.10（HSW 定理）　设 ε 是一个保迹的量子运算，定义 Holevo 量

$$\chi(\varepsilon) = \max_{(P_j\rho_j)}\left\{ S\left[\varepsilon\left(\sum_j P_j \rho_j\right)\right] - \sum_j P_j S[\varepsilon(\rho_j)] \right\} \tag{3.68}$$

其中最大值是在所有输入态 ρ_j 的全部系统 $\{P_j, \rho_j\}$ 中取值，则 $\chi(\varepsilon)$ 是信道 ε 的直积状态容量，即

$$\chi(\varepsilon) = C^{(1)}(\varepsilon) \tag{3.69}$$

$C^{(1)}(\varepsilon)$ 是量子信道所能传送的最大经典信息容量。所取系综包括 d^2 个元，其中 d 是信道输入的维数。定理 2.10 表示若 Alice 想从集合 $\{1, 2, \cdots, 2^{nR}\}$ 中选取一个消息 M 发给 Bob，她将消息利用 $\rho_{M1} \otimes \rho_{M2} \otimes \cdots \otimes \rho_{Mn}$ 编码，其中比率 R 存在一个上限，由 $\chi(\varepsilon)$ 确定。

定理证明应包括两方面：

(1) 证明对任何小于 Holevo 量 $\chi(\varepsilon)$ 的比率 R，总可以使用直积状态进行编码，从而使信息能通过信道 ε 传输，证明略；

(2) 证明另一方面，当比率 R 大于 Holevo 限 $\chi(\varepsilon)$ 时，Alice 不可能通过信道 ε 以此比率向 Bob 发送信息。

下面证明第(2)点。

证明的策略是：设 Alice 均匀随机从集合 $\{1, 2, \cdots, 2^{nR}\}$ 中选取消息 M，若其比率 R 大于定义的 $\chi(\varepsilon)$，则其平均出错概率必大于 0，故最大出错概率也大于 0，这是不行的。

设 Alice 把消息 M 编码为 $\rho_M = \rho_1^M \otimes \rho_2^M \otimes \cdots \otimes \rho_n^M$，而相应输出用 σ 代替 ρ，Bob 用正定算符值测定进行解码，并假定每个 M 包含一个 E_M，使得 $\sum_M E_M = I$，则平均差错概率为

$$P_{av} = \frac{\varepsilon_M (1 - \mathrm{tr}(\sigma_M E_M))}{2^{nR}} \tag{3.70}$$

对经典信息，比率 $R < \mathrm{lb}d$，其中 d 是信道输入的维数，由于利用 Holevo 界可以论证 n 量子比特不能用于传送多于 n 比特的经典信息，因此 $\{E_M\}$ 中包含 $d^n + 1$ 个元。

下面利用经典信息论中的费诺（Fano）不等式来证明这个定理。

在测到随机变数 Y 条件下，在大多程度上可以推断另一个随机变数 X 的取值，费诺不等式给出了一个有用的界。

设 $\bar{x} = f(Y)$ 是 Y 的某个函数，是我们对 X 的最好猜测，令 $P_e = P(X \neq \bar{x})$ 为该猜测不正确的概率，费诺不等式断言：

$$H(P_e) + P_e \mathrm{lb}(|x| - 1) \geqslant H(X|Y) \tag{3.71}$$

其中，$H(P_e)$ 为二元熵，$|x|$ 是 X 可能取值的个数，$H(X|Y)$ 为条件熵。

费诺不等式给出了条件熵的上限。取 $P_e = P_{av}$，$|x| = d^n + 1$，$x = M$，则费诺不等式 (3.71) 写为

$$H(P_{av}) + P_{av} \mathrm{lb}d^n \geqslant H(M|Y) \tag{3.72}$$

Y 是 Bob 解码的测量结果，利用 $H(M|Y) = H(M) - H(M;Y)$ 有

$$nP_{av}\mathrm{lb}d \geqslant H(M) - H(M;Y) - H(P_{av})$$
$$= nR - H(M;Y) - H(P_{av}) \tag{3.73}$$

利用 Holevo 界和熵次可加性得

$$H(M;Y) \leqslant S(\sigma) - \sum_M \frac{S(\sigma_1^M \otimes \sigma_2^M \otimes \cdots \otimes \sigma_n^M)}{2^{nR}}$$
$$\leqslant \sum_{j=1}^{n} \left[S(\bar{\sigma}_j) - \sum_M \frac{S(\sigma_j^M)}{2^{nR}} \right] \tag{3.74}$$

其中 $\bar{\sigma}_j = \sum_M \frac{\sigma_j^M}{2^{nR}}$，不等式右边和式中的每一项，即 $S(\bar{\sigma}_j) - \sum_M \frac{s(\sigma_j^M)}{2^{nR}}$ 都不大于 HSW 定理中的 $\chi(\varepsilon)$，则有

$$H(M;Y) \leqslant n\chi(\varepsilon)$$

代入式 (3.73) 得到

$$nP_{av}\mathrm{lb}d \geqslant n(R - \chi(\varepsilon)) - H(P_{av})$$

在 n 很大的情况下，右边第二项远小于第一项，可以忽略，得到

$$P_{av} \geqslant \frac{R - \chi(\varepsilon)}{\mathrm{lb}d}$$

若 $R > \chi(\varepsilon)$，则 P_{av} 大于 0，表示平均差错概率大于 0，这是不行的，因此要求 $R \leqslant \chi(\varepsilon)$，即 HSW 定理给出带噪声量子信道上带经典信息容量的上限为 $\chi(\varepsilon)$。

3.4.3　带噪声量子信道上的量子信息

带噪声量子信道能够可靠传输多少量子信息，目前对这一问题还缺少明确的结论，这里只能介绍在这一问题研究中已取得的某些有关信息论的结果，它们是量子费诺不等式、量子数据处理不等式和量子单一界，下面分别介绍。

1. 熵交换与量子费诺不等式

我们将量子信源视为处于混合态 ρ 的系统与别的量子系统纠缠的量子系统，量子信息

通过量子运算 ε 传输的可靠性测量是纠缠保真度 $F(\rho\varepsilon)$ 用 Q 表示 ρ 所在系统，R 表示初始纯化 Q 的参考系统，这样，纠缠保真度就是在系统 Q 上的 ε 作用下保持 Q 和 R 之间纠缠程度的一种测度。

量子运算作用到量子系统 Q 的状态 ρ 上会引起多少噪声，一个测度方法是扩展到系统 RQ，它开始处在纯态，在量子运算 ε 作用下变成混合态。定义运算 ε 在输入 ρ 态上的熵交换为 $S(\rho\varepsilon) = S(R'Q')$，$R'Q'$ 是运算的系统。对熵交换 $S(\rho\varepsilon)$ 大小有一个上限，它由量子费诺不等式给出。

定理 3.11（量子费诺不等式） 令 ρ 为一量子状态，ε 为一个迹的量子运算，相应熵交换为

$$S(\rho\varepsilon) \leqslant H_2(F(\rho\varepsilon)) + (1 - F(\rho\varepsilon))\mathrm{lb}(d^2 - 1) \tag{3.75}$$

这个表达式称为量子费诺不等式，其中 $F(\rho\varepsilon)$ 是纠缠保真度，$H_2(o)$ 是二元香农熵，d 是 Q 的维数。

从量子费诺不等式看出，如果一个过程的熵交换大，则这个过程的纠缠保真度就小，显示 R 和 Q 之间纠缠没得到很好的保持。对比经典费诺不等式，熵交换类似于经典信息论中条件熵 $H(X|Y)$ 的作用。

证明 取 $|i\rangle$ 为系统 RQ 的标准正交基，引入量 $p_i = \langle i| p^{R'Q'} |i\rangle$，它是 $p^{R'Q'}$ 的特征值。由于测量过程引起熵增加，则有

$$S(R'Q') \leqslant H(p_1, p_2, \cdots, p_{d^2}) \tag{3.76}$$

H 是测后熵，表明测后熵大于测前熵。$H(P_i)$ 是集合 $\{P_i\}$ 的香农熵，简单地代数运算后得到

$$H(p_1, p_2, \cdots, p_{d^2}) = H_2(p_1) + (1 - p_1)H\left(\frac{p^2}{1 - p_1}, \cdots, \frac{P_{d^2}}{1 - p_1}\right) \tag{3.77}$$

由于

$$H\left(\frac{p_2}{1 - p_1}, \cdots, \frac{p_{d^2}}{1 - p_1}\right) \leqslant \mathrm{lb}(d^2 - 1)$$

定义 $p_1 = F(\rho\varepsilon)$，得

$$S(\rho\varepsilon) \leqslant H_2[F(\rho\varepsilon)] + [1 - F(\rho\varepsilon)]\mathrm{lb}(d^2 - 1)$$

此即为量子费诺不等式。

2. 量子数据处理不等式

回忆经典数据处理不等式：对一个马尔可夫链过程 $X \rightarrow Y \rightarrow Z$，有

$$H(X) \geqslant H(X:Y) \geqslant H(X:Z) \tag{3.78}$$

只有在 Y 恢复随机变量 X 的概率为 1 时，式(3.78)才取等号。因此经典数据处理不等式为纠缠的可能性提供了信息论方面的充要条件。

定义 3.14 对量子系统，考虑由于量子运算 ε_1 和 ε_2 描述的两阶的量子过程 $p \xrightarrow{\varepsilon_1} \rho' \xrightarrow{\varepsilon_2} \rho''$，我们定义量子相干信息为

$$I(\rho\varepsilon) = S[\varepsilon(\rho)] - S(\rho\varepsilon) \tag{3.79}$$

在量子信息论中，相干信息起着经典信息论中互信息 $H(X:Y)$ 的作用，我们利用它给出量子数据处理不等式。

定理 3.12(量子数据处理不等式)

令 ρ 是一量子状态,ε_1 和 ε_2 是保迹的量子运算,则有

$$S(\rho\varepsilon) \geqslant I(\rho\varepsilon_1) \geqslant I(\rho\varepsilon_2\varepsilon_1) \tag{3.80}$$

只有能够完全逆转运算 ε_1 时第一个关系式才取得等号。完全逆转将存在保迹逆运算 R,使得保真度 $F(\rho R\varepsilon_1) = 1$。

虽然相干信息类似于经典的互信息,但类似于给出经典互信息与经典信道容量关系的香农带噪声信息编码定理,即量子带噪声信息编码定理至今还未建立,量子运算完全可逆要求 ρ 中每个状态都有 $(R \cdot \varepsilon_1)(|\psi\rangle\langle\psi|) = |\psi\rangle\langle\psi|$。

3. 量子单一界

对于有噪声信道,可以通过量子纠错码来减少噪声,提高信息容量。量子单一界(quantum singleton bound)是给出量子纠错码纠错能力的估界。

考虑 nkd 编码,使用 n 量子比特对 k 量子比特进行编码,并纠正 $d-1$ 量子比特上的错误。经典单一界给出的结果是 $n-k \geqslant d-1$,量子单一界给出的为 $n-k \geqslant 2(d-1)$,这表明量子纠错比经典纠错难。

下面论证这一结果。考虑系统 Q 有 2^k 维子空间,其标准正交基为 $|x\rangle$,为编码引入具有同样正交基 $|x\rangle$ 的 2^k 维参考系统 R,RQ 纠缠态为

$$|RQ\rangle = \frac{1}{\sqrt{2^K}} \sum_X |X\rangle\langle X|$$

将 Q 的 n 量子比特分为不相交的 3 块,Q_1 与 Q_2 分别有 $d-1$ 量子比特,剩余的 $n-2(d-1)$ 量子比特组成 Q_3。由于编码间距为 d,任一组被定位 $d-1$ 量子比特差错可以纠正,由此可以校正 Q_1 与 Q_2 上的差错。由于 R 与 Q_1 或 R 与 Q_2 是无关的,让 $RQ_1Q_2Q_3$ 形成纯态,利用熵次可加性有

$$S(R) + \overset{\text{无关}}{S(Q_1)} = \overset{\text{纯态}}{S(RQ_1)} = \overset{\text{有关}}{S(Q_2Q_3)} \leqslant S(Q_2) + S(Q_3) \tag{3.81}$$

$$S(R) + \overset{\text{无关}}{S(Q_2)} = \overset{\text{纯态}}{S(RQ_2)} = \overset{\text{有关}}{S(Q_1Q_3)} \leqslant S(Q_1) + S(Q_3) \tag{3.82}$$

两式相加得

$$2S(R) + S(Q_1) + S(Q_2) \leqslant S(Q_1) + S(Q_2) + S2(Q_3)$$

消去两边 $S(Q_1)$ 与 $S(Q_2)$,取 $S(R) = k$ 得

$$k \leqslant S(Q_3)$$

而 Q_3 大小为 $n-2(d-1)$ 量子比特,则有

$$S(Q_3) \leqslant n-2(d-1)$$

所以

$$k \leqslant n-2(d-1)$$

进而得到

$$2(d-1) \leqslant n-k$$

即证明了量子单一界。

经典信息论与量子信息论的比较如表 3.1 所示。

表 3.1　经典信息论与量子信息论的比较

经典信息论	量子信息论
信息定义	
香农熵	冯·诺依曼熵
$H(X) = -\sum_x p(x)\mathrm{lb}p(x)$	$S(\rho) = -\mathrm{tr}(\rho\mathrm{lb}\rho)$
可区分与可获取信息	
字母总是可区分	Holeve 界
$N = \lvert x \rvert$	$H(X:Y) \leqslant S(\rho) - \sum_x P_x S(\rho_x)$ $\rho = \sum_x p_x \rho_x$
无噪声信道编码	
香农定理	舒马赫定理
$n_{\mathrm{bit}} = H(X)$	$n_{\mathrm{qubit}} = \left(\sum_x P_x \rho_x\right)$
带噪声信道对经典信息的容量	
香农带噪声编码定理	HSW 定理
$C(N) = \max_{p(x)} H(X:Y)$	$C^{(1)}(\varepsilon)\max_{p_x\rho_x}\left[S(\rho') - \sum_x p(x)S(\rho'_x)\right]$ $\rho'_x = \varepsilon(\rho_x)\rho' = \sum_x p_x \rho'_x$
信息论关系	
费诺不等式	量子费诺不等式
$H(P_x) + P_x \mathrm{lb}(\lvert x \rvert - 1) \geqslant H(X\mid Y)$	$H(F(\rho\varepsilon)) + (1 - F(\rho\varepsilon))\mathrm{lb}(d^2 - 1) \geqslant S(\rho\varepsilon)$
互信息	相干信息
$H(X:Y) = H(Y) - H(Y\mid X)$	$I(\rho\varepsilon) = S(\varepsilon(\rho)) - S(\rho\varepsilon)$
数据处理不等式	量子数据处理不等式
马尔科夫序列 $X \to Y \to Z$	$\rho \to \varepsilon_1(\rho) \to (\varepsilon_2\varepsilon_1)(\rho)$
$H(X) \geqslant H(X:Y) \geqslant H(X:Z)$	$S(\rho) \geqslant I(\rho\varepsilon_1) \geqslant I(\rho\varepsilon_2\varepsilon_1)$

第 4 章　量子密码技术

量子加密是一种利用量子力学原理对信息进行加密的信息安全技术,与已有的信息安全技术相比,它从物理机制上严格保证了加密过程的安全性。它是信息安全领域中的一项新的理论与技术。量子加密可以表现为两种不同的形式。一种是量子密钥分配过程:这是因为香农在信息论中已证明一次一密的绝对安全性,所以加密技术的安全性将完全依赖于密钥分配的安全性。另一种则是从加密算法的本身出发实现量子加密。因为量子密钥分配具有可证明的安全性以及在分配过程中提供对外界干扰的检测机制,从 1984 年首次提出开始,吸引了人们大量的关注。为了更好地理解量子密码技术,本章从经典加密开始,阐述量子密钥分配协议,并给出量子密钥分配协议的安全性证明,以及在现有计算机上仿真实现每种协议的过程和结果分析。

4.1　密码学与经典加密

随着人类进入信息时代,信息的传递、存储和交换日益骤增。特别是因特网的迅速发展,使得信息的安全和保密问题日益严峻。由于量子加密及量子密钥分配协议中的许多概念来源于经典加密,在介绍量子加密之前,下面首先回顾经典加密技术,值得说明的是这里所指的"经典"是相对于"量子"而言的。

4.1.1　密码学的历史

自人类文明开始,通信的保密性就显得很重要。在古代的美索不达米亚、埃及、印度和中国都发明了保密通信的方法,但是关于密码起源的细节仍不为人知。

大约公元 400 年前,古希腊国王 Spartans 就采用了名为 SCYTALE 的设备来加密,它是用在军事指挥官间进行通信的一根逐渐变小的短棒,上面包裹着的是含有消息的螺旋上升的细长的羊皮纸。短棒上纵长地写着单词,每个单词都绕长条旋转。在未绕时,消息上的字母显得杂乱无章,羊皮纸就在这种状态下传送出去。接收者解开羊皮纸并把它绕在同样形状的细棒上,原来的消息就会显示出来,如图 4.1 所示。另据称 Julis Caesar 在他的通信中用了一种简单的字母替位方法。Caesar 消息的每个字母都被它后面的三位字母所代替,即字母 A 被 D 代替,B 被 E 代替等。

这两个简单的例子包含了密码学中至今仍使用于加密的两个基本思想:"换位"和"替换"。在换位(如 SCAYTALE)中,明文的字母(技术上要传输的消息)要经过特别的改变以重新排列。在替代(如 Caesar 的密码)中,明文的字母被其他的字母、数字或任意的符号所代替。通常这两种技术可以结合起来使用。

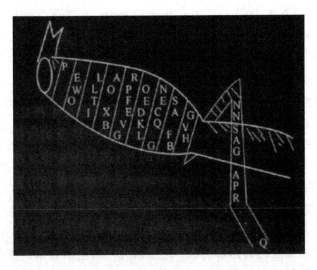

图 4.1　第一台加密设备——SCYTALE

　　总的来说，复杂的加密技术主要限于军事领域。例如，第二次世界大战期间德国的
NIGMA 和美国的 M - 209。由于战争需要不得不研制电子工具来对付这些加密仪器，这就
导致了第一台数字计算机 COLOSSUS 的研制，于是现代密码术随着计算机科学的诞生而
发展。正如 R. L. Rivest(著名的公开密钥密码体制 RSA 的发现者之一)所指的那样，密码
分析学是"计算机科学的产婆"。

4.1.2　密码学中的基本概念

　　人类希望把重要的信息通过某种变换转换成秘密形式的信息。转换方式可以分为两大
类：一类是隐写术，隐蔽信息载体(信息)的存在，古代常用。另一种是编码术，将载荷信息
的信号进行各种变换使它们不为非授权者所理解。在利用现代通信工具的条件下，隐写术
受到了很大的限制，但编码术却以计算机为工具取得了极大的发展。通常把对真实数据施
加变换的过程称为加密，用符号 E_k 表示，把加密前的真实数据称为明文 P，加密后输出的
数据称为密文 C。从密文恢复出明文的过程称为解密 D_k。加密实际上是明文到密文的函数
变换，变换过程中使用的参数叫密钥 k。完成加密和解密的算法称为密码体制。最初的密
文的安全性依靠整个加密和解密过程的安全性。由于一次一密的绝对安全性，即使加密和
解密的算法公开，也不危及密码技术的安全性。如果求解一个问题需要一定量的计算，但
环境所能提供的实际资源却无法实现它，则这种问题在计算上是不可能实现的。如果一个
密码体制的破译是在计算机上是不可能实现的，则该密码体制在计算上是安全的。现有的
密码体制可分为对称(单密钥)体制和非对称(双密钥)体制。在对称体制中，加密密钥和解
密密钥相同或者很容易相互推出。对称密码体制必须同时满足保密性和真实性的全部要
求。直到 20 世纪 70 年代中期，所有密码体制都是对称密码体制。因此，对称(单密钥)体制
通常叫传统(或经典)体制。最有代表性的传统密码体制是美国政府颁发的数据加密标准
(Data Encryption Standard，DES)。非对称(双密钥)密码体制的加密密钥和解密密钥中至
少有一个在计算上不可能被另一个导出。因此，在变换 E_k 或 D_k 中有一个可公开而不影响
另一个的保密性。

1917 年，美国 AT&T 公司工程师 Gilbert Vernam 发明了"一次一密"的加密技术，Claude Shannon 后来证明只要加密的密钥是真正随机的，和消息是等长的，并且只使用一次，那么"一次一密"将是绝对安全的。因此，加密技术的安全性将完全依赖于密钥的安全性。然而，"一次一密"加密技术存在一个障碍，称之为密钥分配问题（key distribution）。一旦密钥建立以后，随后进行的通信就涉及在信道上传输密文，尽管该信道对所有消极的窃听者都是极易受到攻击的（例如大众媒体中的公开广播），然而密文的传送却是真正安全的。因为没有密钥将无法从密文中提取任何有用的信息。但是，如果在两个最初没有共享任何秘密信息的用户间建立密钥，则必须在通信的一个时期内用一个可靠且安全的通道。因为截取是窃听者在信道上进行的一系列测量，尽管该测量在技术上很困难，原则上任何经典的密钥发送总能顺利地被监控，而合法的用户却不知道窃听是否发生。如果密钥被永久建立，那么这个问题就不会发生。在这种情况下，用户可以花费足够用的资源（例如强的安全保护）来确定密钥安全地到达目的地。但是因为对每个消息来说密钥都要更新，密钥发送的巨大花费可能承担不了。所以在很多应用中，人们宁可接受较少的花费和较低的安全系统，也不要求绝对的安全性。

于是，密钥分配仍是加密技术急需解决的问题。能否解决密钥分配问题？问题的答案是"肯定"的。存在着两种非常可行的解决方案，一个是从数学上解决，一个是从物理上解决。数学方案就是公钥密钥算法，物理方案将是利用量子特性实现的量子密码。

4.1.3 经典密码存在的问题

1. Catch 22 问题

安全性是密码学研究所追求的目标，但是在保密通信中一直存在所谓的 Catch 22 问题。该问题可描述如下：

在保密通信中，通信双方 Alice 和 Bob 在进行保密通信之前，他们首先需要获取密钥，即需要获取密钥的秘密通信，然而这种秘密通信的安全性得不到证明。更详细地说，即使 Alice 和 Bob 的密钥是通过某个安全信道获得的，仍然没有足够的证据能够说明他们所获得的密钥是安全的，没有充分的理由能够说明密钥没有遭到敌手 Eve 的截击。

2. 经典密码学的解决方案

"一次一密"虽然被 Shannon 证明是绝对安全的，但是也不能克服 Catch 22 问题。因为在这种体制中通信者需要一个所谓的安全信道来获取秘密密钥，而在经典密码体制中通信者无法证明安全信道是否遭到敌手的攻击。实际上，任何经典的单钥密码体制都无法克服 Catch 22 问题。

一种方案是现代密码学中的公钥密码体制。这种密码体制能在一定程度上绕过 Catch 22 问题，但存在一些缺陷。对于公钥密码体制，不再需要合法通信者 Alice 和 Bob 通过安全信道交换密钥。在保密通信的实现过程中，Alice 和 Bob 各自产生自己的密钥对 E_A、D_A 及 E_B、D_B。然后他们秘密地保存各自的密钥 D_A、D_B，同时公开另一半密钥 E_A、E_B，这些密钥对任何人都是公开的。密钥对 E_A、D_A 及 E_B、D_B 不对称，也就是说，由公开密钥获取秘密密钥及其相反的过程的计算难度是不一样的。这种密码体制的安全性依赖于相应的数学问题，例如 RSA 密码体制基于大数质因子分解的困难性，Merkle Hellman 背包体制及相关体制是基于子集问题的困难性，椭圆密码体制基于代数曲线上的离散对数难解困难性，McEliece 密码体制基于代数编码困难性，等等。虽然在公开密码体制中通信者不需要安全信道，而且从理论上来说，由公开密钥获得秘密密钥在计算上是不可能的，因此在公钥密码体制中 Catch 22 问题似乎得到了解决，然而公钥体制存在以下两个不安全因素：

（1）公钥体制是计算安全的。因为能截获到密文 y 的敌手能够利用公开密钥 E_k 依次加密每一明文，直到找到一个满足 $y = E_k(x)$ 的 x 为止，因此公钥密码体制永远不能提供无条件的安全性证明。所以从根本上来说，公钥体制并没有解决 Catch 22 问题。特别是随着数学和计算机技术的快速发展，很难保证密码体制的安全性。例如，利用量子大数质因子分解算法，当量子计算机成为现实时，公钥密码体制将很容易破译。

（2）在公钥体制的实际应用中，通信者的密钥往往由密钥管理中心管理，因此合法用户进行保密通信之前仍然需要同管理中心进行保密通信，此时不能保证密钥的保密通信是完全安全的。基于这两个原因，公钥体制不能彻底解决 Catch 22 问题。

量子密码体制与经典密码体制相比，其优点在于量子密码体制提供了可证明的安全性和对外界干扰行为的检测能力。由于量子密码体制具有对外界干扰的检测能力，它能解决经典密码体制中一个未能解决而又很重要的问题，即在进行保密通信时能检测敌手的存在与否。检测的方法是：在获取密钥时利用量子力学原理对合法通信者间发送的量子态的扰动情况进行测试，具体做法依赖于相应的量子密钥分配协议。在后面的讨论中将看到，Catch 22 问题在量子密码术中得到了彻底的解决。这使得量子密码术格外受到密码学界和物理学界的重视。

4.2　量子密码的概念和理论

1985 年，Deutsch 提出利用量子态的相干叠加性可以实现量子并行计算，并证明通用量子计算机（universal quantum computer）的存在。1994 年，Peter Shor 以量子并行计算为基础，首次设计了大数质因子分解的量子算法，可以更高效地进行大数质因子分解，使得大数质因子的计算复杂度下降为 $O[(\ln n)^3]$。这就意味着一旦多位量子计算机成为可能，RSA 算法将不再安全。

4.2.1　量子密码原理

量子密码学基于量子力学理论，它与经典力学最重要的差别是互补性。海森堡（Heisenberg）测不准原理指出量子态的测量必将引起原来量子态的扰动，对一个量子系统的任何测量都不能获取测量前该量子系统的全部信息。因此，当窃听者在一个量子通信信道上对传输的量子态进行窃听时，必将对原来的量子态造成不可避免的干扰，使得在量子通信信道两端进行合法通信的双方的测量结果发生变化，从而提醒合法用户窃听者的存在。这种在通信双方原先不共享秘密的情况下产生一个随机安全密钥的过程就是量子密钥分配（quantum key distribution）。这一性质将使通信双方无需事先交换密钥即可进行绝密通信，它是量子密码的基础。

最简单、自然的方法是以量子态来表示信息，即量子比特。N 个算符 A 的本征态可以用来表示 N 个不同的符号，现以具有 $\pm 1/2$ 自旋的粒子所构成的量子系统为例，说明量子密码的原理。它们表现为"上"和"下"两个方向的自旋电子。设发端以二元算子 A，即以 $|+\rangle_A$ 和 $|-\rangle_A$ 表示这两个状态，相应的本征值为 $\pm 1/2$，则发端的一个二元比特串信息可以通过二态量子系统传送给接收端。发端向收端发送 8 比特二元数字，每 1 比特用一个粒子态实现的编码表示，收端在每一个时隙对传来的量子态采用同样的量子基矢检测，从而可以准确读出相应的信息。每个粒子所载荷的信息正好为 1 比特。假如收端以另一组基或算子 B 来进行检测。由于测量以 B 表示的电子自旋方向时，会将粒子映射为状态 $|\pm\rangle_B$ 之中的一个，因此发端的量子态可以表示为

$$|\pm\rangle_A = {}_B\langle + \,|\pm\rangle_A |+\rangle_B + {}_B\langle - \,|\pm\rangle_A |-\rangle_B \qquad (4.1)$$

若 A 发送状态 $|+\rangle_A$，B 正确读出，则得到 $|+\rangle_B$，其概率为 ${}_B\langle + \,|+\rangle_A|^2$。因此，$A$ 和 B 之间信息传输速率将取决于量子态之间的重叠。仅当 A 和 B 的编码基相同时才取极大值。在 B 在不知道其观测算子 B 是否与 A 的算子 A 有相同基的条件下，B 就无法确定其所观测到的二元数字序列是否正确。而且由于 B 的测量已经将粒子映射成新的量子态，在原理上已无法恢复出原来的量子态。同时，因为量子态不可克隆原理，保证在不知道量子测量基矢条件下不能对量子态进行有效的复制，所以 B 也不能通过复制接收粒子序列，以便进行多次测量来获取相关信息。

4.2.2　量子密钥分配

量子密钥分配就是在合法用户 Alice 和 Bob 间传输单个的或纠缠的量子对，而窃听从物理学的角度来讲是窃听者在信息载体上进行一系列测量。根据量子原理，窃听者 Eve 进行的测量不可避免地会改变量子的状态，Alice 和 Bob 在随后进行的公开通信中将会发现。因此量子密钥分配的基本结构将包含一个用于交换量子信息的量子通信，以及用于测试量子信息在量子通信中传输是否失真的公开信道。"公开信道"表示这类信道可以被任何人自由操纵，但是操纵不可改变通过该信道的任何信息。图 4.2 描述了量子密钥分配过程，其中 Alice 与 Bob 用两个信道相连，一为量子信道，一为公开信道。

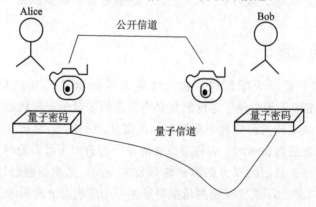

图 4.2　量子密钥分配基本框架

尽管量子密钥分配过程具有可证明的安全性,然而在量子加密技术(QC)实用化过程中还存在一些问题,它主要表现在以下几个方面。

第一个问题是不知道如何才能制造出纯净的单光子脉冲,这对于大多数的应用(除了用纠缠光子对)都是很重要的。在实验中,通常用的是弱激光。对于这类光,脉冲里的光子数是服从泊松分布的随机变量。这就意味着一些脉冲中没有光子,一些则包含 1、2 个或更多。应避免包含多于 1 个光子的脉冲,因为它们可能泄露信息给窃听者。为了使每个脉冲包含一个光子的概率尽可能的低,需要使用非常微弱的脉冲,这又会降低信噪比。通常采用的值是平均每个脉冲含 0.1 个光子(也就是每 10 个脉冲中的 1 个脉冲包含 1 个光子),脉冲包含超过 1 个光子的概率是 5×10^{-3}。这表明仍然存在 0.5% 的可用脉冲(至少有一个光子)包含 2 个或更多的光子,它们会泄露信息给窃听者。

第二个问题也是更严重的问题,是不丢失量子信息就不能放大。因此,由于传输损失的缘故,量子加密只能在有限的距离内进行。现有系统(基于硅纤维上的红外线光子)的最小损耗大约是 0.2 dB/km。因此超过 100 km 的量子加密系统(损失 20 dB,或传输率是0.01)在目前看来存在一定困难,大范围的量子加密系统目前还不可能实现。

第三个问题是点对点交换很适应,但对其他类型的网络通信亟待研究,如何构造量子网络中的交换和中继需要进一步研究。

4.3　量子密钥分配协议

所谓量子密钥管理,是指在发送方和接收方不共享任何信息的基础上,利用量子态的物理特性完成双方共享比特串的过程,其中不管窃听者采用任何手段进行窃听,都不能截取共享比特串的任何有用信息。依赖于量子态的不同物理特性,量子密钥分配协议存在着不同的分配方案,主要表现为两大类:一类是基于非正交极化量子态的不可克隆原理的单粒子密钥分配协议,常见的有基于四个量子态的 BB84 协议、基于两个量子态的 B92 协议和基于六个量子态的 6 态协议;另一类是依靠量子纠缠态特性的密钥分配协议,如 Ekert协议。和单粒子密钥分配的协议相比,利用纠缠对的密钥分配协议在量子态的存储问题上也得到了测不准原理的保护,在这一点上优越于基于非正交量子态的密钥分配方案。下面将分别阐述这几种协议的具体实现过程。

4.3.1　BB84 协议

BB84 协议是 C. H. Bennett 和 G. Brassard 于 1984 年在 Wiesner 的"共轭编码"思想的启发下提出的。现以偏振光子为例,阐述量子密钥分配(QKD)的基本原理。

考虑偏振光的脉冲,假设每个脉冲包含 1 个光子。我们从水平或垂直偏正开始,用Dirac 符号表示为 $|\rightarrow\rangle$ 和 $|\uparrow\rangle$。为了传输信息,需要一个编码系统:$|\uparrow\rangle$ 编码为 0,$|\rightarrow\rangle$ 编码为 1。利用这个系统发送者 Alice 能将信息传给接收者 Bob。如果她只传 $|\rightarrow\rangle$ 和$|\uparrow\rangle$,我们就说 Alice 以 $\oplus$ 基传送光子。由于密钥要求是随机的,所以 Alice 传送的 0 和 1应是等概率的。为了检测消息,Bob 用分束器(PBS)传输垂直偏振态而使水平偏振态发生偏转。在检测器 D 0(D1)检测到光子后意味着 Alice 传送的是 0(1)。在这种情况下,我们就说

Bob 用 ⊕ 基进行检测，由于检测器的差错和传输的遗失，两个检测器会经常漏掉一些光子。在这种情况下，Bob 就通知 Alice 他没有记录，相应的比特将丢弃。于是，Alice 和 Bob 共享一部分比特值。这样的系统对传输加密过的密钥是很有用的（密钥的唯一要求是随机和保密）。

如果仅仅如此处理，这样的设备将是不安全的。窃听者 Eve 可用同样的设备来检测脉冲光子，然后重发相似的脉冲给 Bob。这样 Eve 就知道 Alice 和 Bob 共享的一切比特。为了真正获得保密，Alice 需要同时做出另一个随机选择：她要么用水平-垂直偏振（以 ⊕ 为基），要么用斜对角线偏振（对应 ⊗ 基）进行光子极化，其中 $|\nearrow\rangle = |\bar{0}\rangle$ 表示 0，$|\nwarrow\rangle = |\bar{1}\rangle$ 表示 1。斜对角线偏振与水平垂直线偏振的关系如下式所示：

$$
\begin{cases}
|\rightarrow\rangle = |0\rangle \\
|\uparrow\rangle = |1\rangle \\
|\bar{0}\rangle = \dfrac{1}{\sqrt{2}}(|0\rangle + |1\rangle) \\
|\bar{1}\rangle = \dfrac{1}{\sqrt{2}}(|0\rangle - |1\rangle)
\end{cases}
\tag{4.2}
$$

建立单个光子检测器如图 4.3 所示。图中 Pochels(PC1) 控制偏振，它能使 Alice 选择四种偏振方向 $|\uparrow\rangle$、$|\rightarrow\rangle$、$|\nearrow\rangle$、$|\nwarrow\rangle$ 中的一种。Pockels(PC2) 控制设备的旋转：0° 对应测量基 ⊕，而 45° 对应测量基 ⊗。分束器（PBS）将光子束分成两个正交的部分，它们被 D_0 或 D_1 所检测（按照测量基 ⊕ 设备进行选择）。

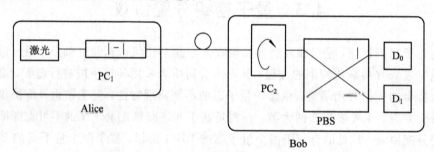

图 4.3　光子检测器的建立

（偏振方案：发送者 Alice 把非常微弱的偏振光的脉冲发送给 Bob）

Alice 发送 0 和 1 的概率相等。Bob 将他的设备旋转 45°，他也能以 ⊗ 基进行测量。量子原理的不可确定性保证了密钥分配的安全性。以 ⊗ 基发出的光子用 ⊕ 基来测量会以 1/2 的等概率进入检测器 D_0 或 D_1。因此，如果 Alice 发出的光子态是 $|\nearrow\rangle$，Bob（或其他人）企图用 ⊕ 基来测量，他会在 D_0 或 D_1 里以相等的概率检测到，但这并不意味着 $|\nearrow\rangle$ 是半水平偏振和半垂直偏振的。表 4.1 描述了基于偏振极化光子的 BB84 协议。Alice 随机选择一个基（⊕ 或 ⊗）和比特值（0 或 1），然后把相应的偏振态传送给 Bob。Bob 也随机选择测量基进行测量，得到相应的比特。这里的所有比特串称为原始密钥（raw keys）。然后，Alice 和 Bob 在公开信道上交换他们所选用的基，并且保留相同基对应的比特。这就是筛选密钥（sifted keys）。为了测试 Eve 是否存在，他们在剩余的比特串中随机选择一些比特进行测试，计算密钥分配过程产生的误码率，并将这些测试比特位丢弃。如果误码率符合要求，则传输就是安全的。最后剩余的比特串就是共享密钥（secrecy keys）。整个完整的协议过程如图 4.4 所示。

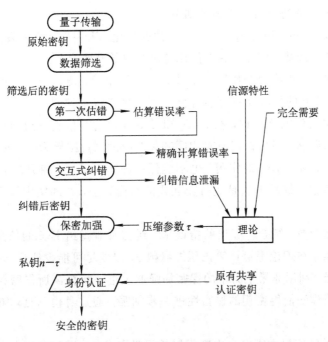

图 4.4　基于单粒子密钥分配的 BB84 示意图

表 4.1　BB84 协议分配过程

A basis	⊗	⊕	⊕	⊗	⊕	⊗	⊗	⊕	⊗	⊗	⊕
A bit value	0	1	0	1	1	0	1	0	0	0	0
A sends	↗	→	↑	↖	→	↗	↖	↑	↗	↗	↑
B basis	⊗	⊕	⊗	⊕	⊕	⊗	⊗	⊗	⊕	⊕	⊕
B bit	0	1	0	1	1	0	1	1	0	1	0
Same basis?	Y	Y	N	N	Y	N	N	N	N	N	Y
A keeps	0	1			1		0				0
B keeps	0	1			1		0				0
Test Eve?	Y	N			Y	N	N				N
Key		1				0	1				0

　　很明显，以上的操作对 Eve 也是适用的。然而，由于 Alice 所用的基是随机的，因此 Eve 无法判断她测量时应该用哪一种基。如果她用错了基，便只能得到一个随机的结果，并且所使用的基与 Alice 产生极化光子的基是不相关的。重要的是另一点，即 Eve 不可能知道她得到的是错误的结果：在 D0 里检测到光子意味着量子态是 $|\uparrow\rangle$，也可能是 $|\nearrow\rangle$ 或 $|\nwarrow\rangle$，它只是"简单"地进入了 D0。这就是我们为什么需要单光子脉冲的原因：多于 1 个光子的脉冲用错误的基传送出去能在 D0 或 D1 里都检测到，于是 Eve 就知道她用错了基。这样她可以简单地丢弃这次传输以避免产生任何错误。然而，如果 Eve 接到的只有 1 个光子，她就没有别的选择，只好以她测量后的量子态传给 Bob。这在 Bob 接收的比特串中会不可避免地产生错误。以上所叙述的窃听策略称为截取/重大策略，它只是 Eve 可能采取的攻击方法之一。

基于单粒子密钥的协议过程可概括如下：

（1）量子传输。Alice 随机选择单光子脉冲的极化态和基矢，将其发送给 Bob。对于每个脉冲，Bob 随机选择基矢测量，收到的比特串为原始密钥。

（2）数据筛选。由于噪声的作用，特别是 Eve 的作用，使光子态序列中光子的极化态发生变化。另外，Bob 的接收器不可能百分之百得到正确的测量结果，所有那些在传送中没有收到的或测量失误的比特数，在 Alice 和 Bob 通过公开信道互通测量基矢比较后全部放弃，同时计算错误率。最后保留所有相同基矢对应的测量结果为筛选密钥。

（3）数据纠错。由于 Eve 的作用，也不能保证筛选后 Alice 和 Bob 各自保存的比特串完全相同，解决问题最好的方法是进行交互式的纠错算法，在纠错中计算错误率和泄露出的信息量。

（4）计算压缩参数。综合计算出的错误率、纠错时泄露给 Eve 的信息、信源的特性以及安全要求等因素，在理论上可计算出压缩参数 τ，以便尽可能少地让 Eve 获取密钥信息。

（5）保密加强。利用非量子力学的保密加强原理进一步提高所得密钥的安全性和保密性。通过保密加强算法使得密钥的秘密性进一步加强。通过身份认证，得到具有足够保密性的密钥。

这种基于光子的偏振方案在自由空间里是很吸引人的，因为在自由空间里偏振态不会被破坏，但是在光纤上实现起来就复杂得多。因为在光纤里去偏振效应和随机波动的双折射效应同时存在，其中去偏振不是主要问题，可以采用大量的干涉源压缩该效应。然而克服双折射效应却存在困难。静止条件下双折射波动的时间规模很短（1 小时），在已安装的电缆上进行的一项实验将观察到更短的时间规模，这使得补偿传输变得不可能。一个电子补偿系统当然可能连续跟踪和纠正偏振态，但是它要求 Alice 和 Bob 之间有队列程序。在此基础上提出的相位编码系统能够克服这些问题。

4.3.2　B92 协议

1992 年，C. H. Bennett 注意到对于量子加密而言，4 个态并不是最简练的状态，实际上只需要 2 个非正交的量子态就可以实现。由于量子加密系统的安全性依赖于第三方区分 Alice 发送给 Bob 不同量子态可能性的大小，所以 2 个量子态是必需的。同时，如果 2 个态是不相关的，则 2 个态就足够了。

B92 协议的安全性依赖于量子不可克隆原理，这与前面两种协议是完全一致的。但测量方法有所改变，B92 协议采用 POVM 算子测量方法，而不是前面所用的投影测量。Alice 选择两非正交量子态之一发送给 Bob，例如：

$$\begin{cases} |u_0\rangle = |0\rangle \\ |u_1\rangle = \dfrac{1}{\sqrt{2}}(|0\rangle + |1\rangle) \end{cases} \tag{4.3}$$

其中，$|u_0\rangle$ 为 0，$|u_1\rangle$ 为 1，Bob 随机使用三种相应的 POVM 算子进行测量，POVM 算子的设定保证整个测量在 Hilbert 空间进行，它可设计为如式（2.90）所示的 POVM 测量。

算符 E_1 和量子态 $|u_0\rangle$ 作用，$\langle u_0|E_1|u_0\rangle = 0$；$E_1$ 和量子态 $|u_1\rangle$ 作用，$\langle u_1|E_1|u_1\rangle \neq$

0。因此当用算符 E_1 测量时，如果结果为 0，则表明发送的量子态为 $|u_0\rangle$，如果结果不为 0，则发送的量子态为 $|u_1\rangle$；与此相同，用算符 E_2 对接收的量子态测量，得到的结果要么是 $|u_0\rangle$，要么是 $|u_1\rangle$。但是，如果用算符 $|E_3\rangle$ 对接收的量子态测量，这时可计算出 $\langle u_0|E_3|u_0\rangle \neq 0$ 和 $\langle u_1|E_3|u_1\rangle \neq 0$，所以得到的结果不确定。和 BB84 协议一样，Alice 和 Bob 随后可通过公共信道舍弃那些不确定的值，达到一个随机的共享比特串。B92 协议的整个过程可概括如下：

与 BB84 类似，Alice 抛硬币产生一处随机的 0、1 比特序列串，这个序列用来构建 Alice 和 Bob 共享的密钥。

和前面的协议一样，现通过光子偏振产生极化量子态。0 编码为 $|\rightarrow\rangle$，1 编码为 $|\nearrow\rangle$，且 $|\rightarrow\rangle$ 和 $|\nearrow\rangle$ 互不正交。

Bob 用 POVM 接收器测量 Alice 发送的光子，并译码得到相应的比特串。

Bob 通知 Alice 哪些时隙他可以确定测量结果正确（即选取的测量算符是 E_1 或 E_2 的时隙），这些时隙对应的比特作为 Alice 和 Bob 的初始密钥。

Alice 和 Bob 在初始密钥中选取一部分进行误码率检测，依次来判定是否存在窃听，决定是否交换密钥。

在 B92 协议中，只要求 $|u_0\rangle$ 和 $|u_1\rangle$ 为相互不正交量子态即可，并不严格要求它们具有式（4.3）的形式。对于任意的两个互不正交的量子态，POVM 测量算子的通式可表示为

$$\begin{cases} E_1 = \dfrac{1 - |u_1\rangle\langle u_1|}{1 + \langle u_0|u_1\rangle} \\ E_2 = \dfrac{1 - |u_1\rangle\langle u_0|}{1 + \langle u_0|u_1\rangle} \\ E_3 = I - E_1 - E_2 \end{cases} \tag{4.4}$$

4.3.3 6 态协议

6 态的量子密钥分配协议是在 BB84 协议基础上发展来的，除了以上四种量子极化态外，如四种光子偏振 $|\rightarrow\rangle$、$|\uparrow\rangle$、$|\nearrow\rangle$、$|\nwarrow\rangle$，对应的极化基为 $\oplus$ 和 $\otimes$。在三维空间中光子还存在左旋和右旋两种极化态，表示成下列量子态：

$$\begin{cases} |\bar{0}\rangle = \dfrac{1}{\sqrt{2}}(|0\rangle + i|1\rangle) \\ |\bar{1}\rangle = \dfrac{1}{\sqrt{2}}(|0\rangle - i|1\rangle) \end{cases} \tag{4.5}$$

式（4.5）对应于极化基 $\odot$。6 态协议的所有操作过程与 BB84 协议相似：Alice 随机地从三个极化基（$\oplus$、$\otimes$、$\odot$）对消息系列编码并发送相应的极化光子，Bob 也随机地从三个极化基选择一个极化基对接收的光子进行测量，通过比较发送基和测量基，得到筛选密钥。

由于传输信道存在噪声，特别是 Eve 窃听带来的干扰，还必须对筛选密钥进行一系列的操作才能获得安全密钥。当估算的密钥误码率大于协议的安全标准时，信道应认为是不

安全的，Alice 和 Bob 将放弃这次密钥分配过程；而当估算的误码率小于安全标准时，他们可通过数据纠错和保密加强等手段，得到足够安全的密钥。

4.3.4　Ekert 协议

1992 年，Ekert 根据相关量子态提出了一种基于 EPR(Einstein‑Podolsky‑Rosen)关联光子对的 EPR 量子密码协议，称之为 Ekert 协议。

Ekert 协议的分配过程如下：仍然假设 Alice 和 Bob 是合法用户而 Eve 为窃听者。假设存在如下形式的 EPR 光子源，通过量子信道，沿着 Z 轴方向分别向 Alice 和 Bob 发送纠缠对中的两个极化光子。

$$|\psi\rangle = \frac{1}{\sqrt{2}}(|0\rangle|1\rangle - |1\rangle|0\rangle) \tag{4.6}$$

随后，Alice 和 Bob 分别选用三种不同基空间对飞来的光子进行测量。例如，Alice 选择将 ⊕ 作 $\varphi_1^a = 0$，$\varphi_2^a = \frac{\pi}{4}$，$\varphi_3^a = \frac{\pi}{8}$ 旋转后得到的三个基空间，Bob 则选择 $\varphi_1^b = 0$、$\varphi_2^b = -\frac{\pi}{8}$、$\varphi_3^b = \frac{\pi}{8}$ 三种角度旋转后得到的基空间。角度的上标"a"和"b"分别代表 Alice 和 Bob。合法用户随机且独立地选择坐标对每对粒子进行测量。每一次测量都有两种可能结果，即 +1(光子被所用的坐标测量的结果是第一种偏振态)和 -1(光子被所用的坐标测量的结果是第二种偏振态)，这表示获取一比特的信息，且每次 Alice 和 Bob 得到测量结果的相关系数可表示如下：

$$E(\varphi_i^a, \varphi_j^b) = P_{++}(\varphi_i^a, \varphi_j^b) + P_{--}(\varphi_i^a, \varphi_j^b) - P_{+-}(\varphi_i^a, \varphi_j^b) - P_{-+}(\varphi_i^a, \varphi_j^b) \tag{4.7}$$

其中：$P_{\pm\pm}(\varphi_i^a, \varphi_j^b)$ 表示 Alice 测量结果为 +1(或 -1)，同时 Bob 测量结果也为 +1(或 -1)的概率；$P_{\pm\mp}(\varphi_i^a, \varphi_j^b)$ 表示 Alice 测量结果为 +1(或 -1)，同时 Bob 测量结果也为 -1(或 +1)的概率。

由量子力学可知相关系数与测量角度的关系为

$$E(\varphi_i^a, \varphi_j^b) = -\cos[2(\varphi_i^a, \varphi_j^b)] \tag{4.8}$$

则平均相关关系为

$$S = E(\varphi_1^a, \varphi_3^b) + (\varphi_1^a, \varphi_2^b) + (\varphi_2^a, \varphi_3^b) - (\varphi_2^a, \varphi_2^b) \tag{4.9}$$

这里的 S 与 CHSH 不等式中的 S 是一样的，由 Clauser、Horne、Shimony 和 Holt 提出的贝尔理论所定义。量子力学要求：

$$S = -2\sqrt{2} \tag{4.10}$$

由贝尔不等式决定，一旦量子态干扰时，计算的 S 的绝对值必定小于 $2\sqrt{2}$。利用该性质，Alice 和 Bob 可以检测非法窃听者 Eve 的存在，同时如果密钥分配过程有效，则 Alice 和 Bob 可获得安全的密钥。

传输完成后，Alice 和 Bob 在公开信道中公开宣布他们对每一对量子态进行测量所用的坐标，并把测量结果分为两部分：第一部分为不同的坐标，第二部分为相同的坐标。首先，他们将那些一人和两人都没有记录到的结果全部丢弃。接下来 Alice 和 Bob 只公开第一部分的结果，这样他们可以根据式(4.9)确定 S 的值，如果没有直接或间接干扰，合法用户就可以确定他们得到的第二部分测量结果没有被干扰,可以转化成一个秘密比特串,即密钥。

4.4　量子密钥分配协议仿真

可通过理论和实验两个方面对量子密钥分配进行相应研究。由于量子态的物理特性,使得在实验室中制备并保存量子态非常复杂,而且比较昂贵,同时对所制备的量子态进行测量也非常复杂。只有一些标准的量子密钥分配协议得到了实验的验证,而很多类似的分配协议仅仅给出理论上的论证。如果一个量子计算过程仅包括用计算基来表示量子态、哈达玛门、相位门、可控非门、Pauli 门以及观察量的测量,可在经典计算机上有效地仿真这一量子计算过程,对于仅包含量子态的制备和测量的量子密钥分配协议过程,根据 Gottesman - knill 定理在经典计算机上仿真是完全可能的。本节给出量子分配协议仿真的基本算法,并将仿真结果用图形的方式显示出来。

4.4.1　仿真算法的设计

由量子密钥分配协议可知,要用经典计算机来仿真量子密钥分配过程,关键问题是 Alice 如何制备携带比特信息的极化量子态,而 Bob 又如何来测量这些随机发送的量子态。通过分析一个极化量子态,可以确定它完全取决于极化基和随机的比特值,这在经典计算机上可以采用两个变量来描述,其中一个表示极化基($\oplus$、$\otimes$ 或 $\odot$),一个表示比特值(0 或 1)。由于协议中极化量子态的极化基和比特值是随机选择的,因此在经典计算机中这些变量的具体取值就可以通过伪随机数产生器产生。仿真量子密钥分配协议的另一个关键技术是量子态的测量。在 BB84 协议和 6 态协议中使用的是投影测量方法:当量子信道不存在 Eve 干扰时,Alice 和 Bob 将获取相同的量子态。当他们使用相同的极化基时,他们测量得到的比特值将完全相同,将 Alice 的极化基和比特值复制给 Bob。当他们使用不同的极化基时,他们测量得到的比特间没有相关性,将使用伪随机数产生器产生一个随机值赋给 Bob;当信道存在 Eve 干扰时,Bob 从密钥分配过程获取的任何比特值都将取决于 Eve 的重发量子态。当 Bob 选用的测量基与 Eve 发送的极化基相同时,将 Eve 的比特值赋值 Bob,否则产生一个随机值赋给 Bob。在这种情况下,Alice 和 Bob 尽管可能使用相同的极化基,获得的量子态却可能不相同,得到的比特值可能相同也可能不同,不同的结果便产生了密钥分配的误码率。在 B92 协议中,Bob 的测量方法有所改变,当他使用 E_1 算子测量,而 Alice 又刚好发送 $|u_0\rangle$ 量子态时,或者 Bob 使用 E_2 测量算子,而 Alice 发送 $|u_1\rangle$ 时,Alice 和 Bob 得到的结果应当完全相同,可以将 Alice 的比特值赋值给 Bob。但当 Bob 使用 E_3 测量算子时,不管 Alice 发送的是 $|u_0\rangle$ 还是 $|u_1\rangle$ 量子态,Bob 得到的结果与 Alice 发送的比特值没有相关性,可以通过随机发生器产生一个随机数赋值给 Bob。

值得说明的是,在这个模型中,仅仅假设 Alice 和 Bob 是通过理想量子信道发送和接收量子态的。当他们使用相同的发送极化基和测量极化基时,两者比特值不相同的原因完全是由于 Eve 的干扰所引起的。得到筛选密钥后,Alice 和 Bob 随机地从筛选密钥中选择一些比特值作为测试位，估算所得的筛选密钥的误码率。如果这个误码率大于相应密钥分配的安全标准，则认为信道是不安全的。因为信道有窃听者存在，他们将放弃这次密钥的分配；反之，他们将这个剩余的筛选密钥通过纠错算法获取一个共享的比特串。

另外，为了控制 Eve 对密钥分配过程的干扰程度，在算法上设置了表达 Eve 对量子信道的干扰程度的变量。当改变这个变量值时，可以计算出非干扰条件下 Eve 从密钥分配中获取的信息量。

至于 Ekert 协议，由于它所依据的量子特性不同于上述三种单粒子密钥分配过程，所以在仿真时算法设计上将有所不同。在该协议中最重要的步骤是纠缠量子态的制备。由于纠缠特性很难阐述，更不用说在经典计算机上来描述表示。然而在 Ekert 协议中，准备好的纠缠对在发送给 Alice 和 Bob 时都将被测量，在测量时，根据原来准备的纠缠对特性，Alice 和 Bob 的测量结果间必存在关联，所以可以将量子纠缠对的制备与 Alice 和 Bob 的测量同时在经典计算机上进行描述。在 Eve 没有干扰的情况下，若量子纠缠对为下式的形式：

$$|\psi\rangle = \frac{1}{\sqrt{2}}(|0\rangle|1\rangle \mp |1\rangle|0\rangle) \tag{4.11}$$

则表明 Alice 和 Bob 将获取完全相反的极化量子态。当 Alice 获得的量子态为 $|0\rangle$ 时，Bob 的量子态为 $|1\rangle$，而当 Alice 的量子态为 $|1\rangle$ 时，Bob 的量子态为 $|0\rangle$。若量子纠缠对为下式的形式：

$$|\psi\rangle = \frac{1}{\sqrt{2}}(|0\rangle|0\rangle \pm |1\rangle|1\rangle) \tag{4.12}$$

则 Alice 和 Bob 测量后将得到完全相同的极化量子态。随后，Alice 和 Bob 可分别选用二种不同的基空间对飞来的光子进行测量，计算相关系数及平均相关系数，根据协议过程得到安全的密钥。进一步考虑 Eve 存在的情况，假设 Eve 通过截取/重发的攻击策略，截取纠缠量子对中的一个极化光子进行测量后，根据测量的结果重新产生一个新量子态发送给 Bob。现在 Alice 和 Eve 间满足纠缠量子对的制备和获取准则，Eve 根据协议过程选择三种不同的旋转基测量量子态，并将结果发送给 Bob。Alice 和 Bob 根据协议过程判断密钥是否安全。

4.4.2　BB84 协议仿真及结果分析

BB84 协议的计算机仿真按照该协议的步骤来模拟，同时给出了一些参数的控制功能。Eve 的干扰考虑两种情况：一是没有窃听，Alice 和 Bob 安全地通信；二是 Eve 安全窃听，Alice 发送给 Bob 的信息全部被 Eve 截获，然后 Eve 再发送给 Bob，即 Eve 采取截获/重发方式窃听。

1. BB84 协议仿真

根据 BB84 协议，在参考 BB84 简单模型的基础上，现将该量子密钥分配协议的计算机仿真总体设计分为五个部分：第一部分是 Alice 量子态的制备，第二部分是 Eve 的窃听，第三部分是 Bob 的测量，第四部分是误码率的估算，第五部分判断是否交换密钥。图 4.5 是该量子密钥分配协议仿真系统程序的流程图。

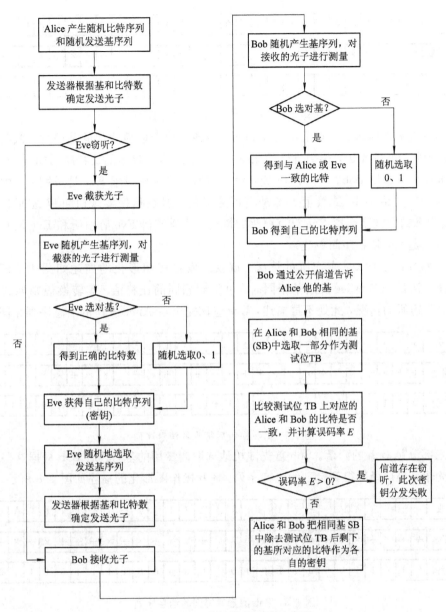

图 4.5　BB84 协议仿真程序流程图

第一部分是 Alice 量子态的制备。Alice 首先随机地选取发送基序列，然后根据发送基序列将要发送的 0、1 比特序列转换成光子，完成该功能，其转换规则如下：

$$\begin{cases} \otimes \begin{cases} / : \ 0 \\ \backslash : \ 1 \end{cases} \\ \oplus \begin{cases} \uparrow : \ 0 \\ \rightarrow : \ 1 \end{cases} \end{cases} \tag{4.13}$$

程序中光子的偏振态用向量{基，ket[bit]}来描述，"基"对应于发送时所选的发送基"RectilinearBasis（垂直水平正交基）"或"DiagonalBasis（45°倾斜正交基）"，"ket[bit]"对应于右矢 ket[0]或 ket[1]。这里用图示的形式来描述 Alice 的发送过程，如图 4.6 所示。

Alice 比特值	1	1	1	1	1	0	0	1	0	1	0	0	0	0	1	0	0	0	0	1	0	0	0	0	0	1	0	1	1
Alice 测量基	×	+	×	×	×	×	+	×	+	×	+	+	+	×	×	+	×	+	+	×	×	+	+	×	×	+	×	+	×
Alice 发送	\	−	\	\	\	/	−	/	|	|	|	|	/	|	|	|	/	|	|	|	−	|	/	|	/	|	\	|	|

图 4.6 Alice 制备的极化光子序列

此时存在两种情况：一是 Eve 完全窃听，她随机地选取检测用的基序列，截获并测量 Alice 发送给 Bob 的光子，得到自己的比特序列，然后再将自己的比特序列如同 Alice 一样转换成光子，发送给 Bob。另一种是 Eve 没有窃听，这时相当于 Eve 是透明的，她直接将截获的光子发送给 Bob（虽然量子态是不可克隆的，但在程序实现时可以通过 Eve 复制 Alice 极化态的方式来模拟 Eve 没有窃听的情况，这样使得 Eve 有窃听和 Eve 没有窃听两种情况统一起来，使程序简单化）。

第二部分：对于 Eve 有窃听的情况，截获重发过程图形化的描述如图 4.7 所示。当 Eve 选择的测量基与 Alice 发送基相同时，可得到相同的比特值，其转换规则如式（4.13）所示。对于窃听的情况，此处不再描述，Eve 应该完全与 Alice 发送的消息序列相同。

Eve 接收	\	−	\	\	\	/	/	−	/	\	|	|	|	|	/	|	/	\	−	|	|	|	|	|	\	/	|	/	/
Eve 测量基	+	+	×	+	×	+	+	×	×	+	+	+	×	+	+	×	+	×	+	×	×	+	×	+	×	+	×	+	+
Eve 比特值	0	1	1	1	1	0	0	1	0	0	0	0	1	0	0	0	0	0	1	1	1	0	1	1	0	0	1	0	1	0

图 4.7 Eve 窃听后得到的消息序列

第三部分是 Bob 的测量。Bob 首先随机地选取测量用的基，然后 Bob 根据这些基和接收到的光子，进行译码得到自己的比特序列。Bob 操作图形化的描述如图 4.8 所示。

Bob 接收	\	−	\	\	\	\	/	−	/	\	|	|	|	|	|	/	/	−	|	|	|	|	/	|	/	/	\	\	\
Bob 测量基	+	+	×	+	×	×	+	×	+	×	|	+	+	×	+	×	×	+	×	+	×	+	+	+	×	+	×	×	+
Bob 比特值	0	1	1	1	1	0	0	0	1	1	0	0	0	1	0	0	0	0	0	1	1	1	1	0	1	1	0	1	0

图 4.8 Bob 测量后得到的消息序列

第四部分是对密钥分配过程的误码率的估测。比较 Alice 和 Bob 的基，他们相同的基所对应的比特就是初始密钥，然后在获得的初始密钥中随机地选取一部分进行比较，计算出其误码率。可通过图 4.9 所示的图形化方式来描述这个测试过程。

Alice 测试比特	1	1		0		1		0		0		0		1		1	0
Alice 测量基		+	×		×		×		+		×		+		+		×	+
Bob 测量基		+	×		×		×		+		×		+		+		×	+
Bob 测试比特	1	1		0		1		0		0		0		1		1	0

图 4.9 Alice 和 Bob 通过公共信道进行测试

　　第五部分是决定 Alice 和 Bob 是否交换密钥。根据第四部分给出的误码率来判断这次密钥交换是否成功。为了简单起见，现仅考虑无噪声量子传输信道的情况，即没有窃听时，Alice 和 Bob 的误码率为 0，只要有窃听，误码率就大于 0。所以如果误码率大于 0，则此次密钥分配失败，不交换密钥。如果误码率不大于 0，则此次密钥分配成功。图 4.10 是一次成功的密钥分配，获得的交换密钥为：{{{1}，{0}，{0}，{0}，{1}}，{{1}，{0}，{0}，{0}，{1}}}。前一部分是 Alice 的最终密钥，最后一部分是 Bob 的最终密钥。

Alice 比特值	1	1	1	1	1	0	0	1	0	1	0	0	0	0	1	0	0	0	0	1	0	0	0	0	0	1	0	1	1
Alice 测量基	×	+	×	×	×	×	×	+	×	×	+	+	+	×	+	×	+	+	×	+	+	×	×	+	+	×	×	+	+
Bob 测量基	+	+	×	+	×	×	×	×	+	×	×	+	×	×	+	×	+	×	+	+	+	×	+	+	×	+	×	+	+
Bob 比特值	0	1	1	1	1	0	0	0	1	1	0	0	0	1	0	0	0	0	0	1	1	1	1	0	1	1	1	0	1
测试比特		1	1			0			1		0					0		0			1							1	0
		☺	☹			☺	☺		☺		☹				☺	☹		☹		☺	☺	☹			☺	☺		☹	☹
密钥				1							0							0							0				1

图 4.10　依据 BB84 协议 Alice 与 Bob 共同获取安全密钥的密钥分配过程

　　上面所给出的五个部分仅是程序的主干，它在总体上描述了 BB84 协议密钥分配的过程。下面就密钥分配过程中误码率和发送光子数间的关系进行简单讨论。

2. 关于误码率和发送光子数的讨论

　　上面的仿真是根据误码率判定传输过程是否存在窃听，同时是以误码率是否大于 0 作为判断标准的，即是在一种理想的、无干扰的系统中得出的判定标准。在实际的通信系统中，传输过程不可能做到无干扰，这时，即使 Eve 没有窃听，在 Bob 选对基的情况下，由于量子信道及系统的其他部分的干扰，Bob 译码得到的比特也有可能出错。在这里将考虑不同允许误码率情况，Alice 和 Bob 为了获得有效密钥，Alice 至少发送多少量子比特的问题。

　　首先，给出一个假设，在密钥分配的最后，Alice 和 Bob 至少获得 5 个 (或以上) 的比特才算是有效密钥。在这个假设的基础上，可以作为另一个假设，在进行误码率估算时，将测试用的比特数固定为 10，这样可以简化问题，同时简化仿真程序。

　　在上面两个假设的基础上，进行不同误码率下的 BB84 协议仿真，具体步骤如下：

　　(1) 将误码率判定标准定为 $0.01 \times i (i=1)$，即估测误码率大于 0.01 时，认为存在窃听。

　　(2) 将 Alice 要发送的比特数的初始值设定为 15 (其中 5 个是密钥长度，10 个是测试位长度)，进行一次密钥分配。

　　(3) 如果不能产生有效密钥，即密钥分配失败，则将需要发送的粒子数加 1，再进行一次密钥分配。

　　(4) 如果不能产生有效密钥，则不断重复步骤 (3)，直至得到一次有效密钥为止，并返回此时所需要的粒子数值。

　　(5) 重复步骤 (2) 得到步骤 (4) 100 次，得到 100 个需要的粒子数值，算出这些值的平均值，就是对于允许误码率为 0.01 时 Alice 所需发送的比特数。

（6）改变 i 的值（$i=0$，1，2，…，25），重复步骤（2）～（5），可以得出 26 种允许误码率情况下 Alice 所需发送的比特数。

现以 15 个比特作为密钥分配的初始值，根据 26 个坐标点可以描绘出 Alice 所需发送比特数和误码率的关系曲线，如图 4.11 所示。

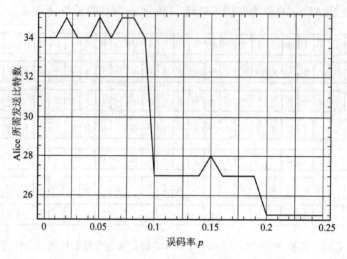

图 4.11　Alice 所需发送比特数和误码率的关系

从图 4.11 所示的曲线可以看出，随着允许误码率的增加，Alice 所发送的比特数总体上是减小的，这与理论分析结果相符合。注意曲线在 $p=0.1$ 处有一个很大的下降趋势，在 $0 \leqslant p \leqslant 0.1$ 的范围内，Alice 所需要的发送比特数基本保持一致，在 34～36 之间摆动，而在 $0.1 \leqslant p \leqslant 0.25$ 的范围内曲线有一个下降的趋势。

使用同样的算法，进一步将每一种误码率作 1000 次有效密钥分配，得到图 4.12 所示的曲线。我们发现在 $p=0.1$ 处的这个跃变不是一个巧合，它是由协议本身决定的。下面将对此作一简单解释。

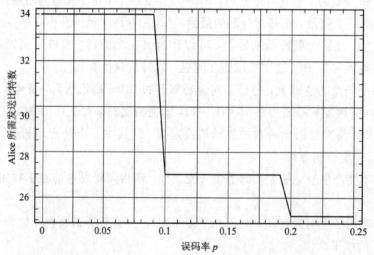

图 4.12　Alice 所需发送比特数和误码率的关系统计平均曲线

假定 Alice 发送了许多量子比特，而 Bob 以正确的基接收到 n 个，则相应的 Hilbert 空间的维数 2^n 能够以每 n 量子比特重新分配基。假定 Alice 运用了 n 次$\otimes$基，那么 Bob 的观测值是 n 次张量积 $\sigma_x \otimes \cdots \otimes \sigma_x$。由于 Eve 无法知道正确的基，她获得的信息在选对基与没有选对基时一样多，因此假定她的观测值为 $\sigma_x \otimes \cdots \otimes \sigma_x$，误码率为 $c = 2^{-n/2}$，根据测不准定理的熵关系得到她获得的信息量上界为 $I(\alpha, e) + I(\alpha, \beta) \leqslant 2\mathrm{lb}(2^n 2^{-n/2}) = n$。接着，对上式用 BB84 协议的安全条件，即 Alice 和 Bob 间的互信息大于等于 Alice 的 Eve 间的互信息，可推导出当 $I(\alpha, \beta) \geqslant n/2$ 时能够获得安全密钥。用 $I(\alpha, \beta) = n[1 - D\mathrm{lb}D - (1-D)\mathrm{lb}(1-D)]$ 可获得误码率 D 的有效条件：

$$-D\mathrm{lb}D - (1-D)\mathrm{lb}(1-D) \leqslant \frac{1}{2}$$

解得 $D \leqslant 11\%$。可以看出 $p=0.1$ 和 $D=11\%$是比较接近的。

4.4.3　6 态协议仿真及结果分析

1. 6 态协议仿真

6 态算法的计算机仿真程序在主干程序上和 BB84 的一样，也分为五个部分：第一部分是 Alice 的操作，第二部分是 Eve 的操作，第三部分是 Bob 的操作，第四部分是误码率的估算，第五部分决定是否交换密钥。在具体实现时有点差异，表现为以下几个方面：

(1) 测试位数的估算。因为 BB84 协议在完全随机的条件下，Bob 能获取 75%的 Alice 发送的比特串，而在 6 态协议中，这个比例下降为 66.7%。

(2) 由于极化基在仿真中表述为一个随机数，BB84 协议和 6 态协议在随机数的选取上存在差异，BB84 协议要求两种极化基出现的概率都为 0.5，而 6 态协议需要控制在 1/3 左右。

(3) 比特串与极化光子的映射中要加入基于极化基⊙部分。

整个 6 态协议的仿真结果如图 4.13～图 4.15 所示。该实例中由于窃听者 Eve 的干扰，使得信道不再安全，Alice 和 Bob 将放弃这次密钥分配，如图 4.16 所示。

Alice 比特值	1	0	1	0	1	1	0	1	1	0	0	0	1	0	0	1	1	1	1	0	0	1	0	1	0	0	0	1
Alice 测量基	+	⊙	+	⊙	⊙	⊙	+	+	×	×	+	⊙	+	+	⊙	⊙	+	+	×	+	×	+	×	×	⊙	+	×	⊙
Alice 发送	—	↺	—	↺	↻	↻	|	—	\	/	|	↺	—	|	↺	↻	—	—	\	|	/	—	/	\	↺	/	/	↻

图 4.13　Alice 制备极化光子序列

Bob 接收	—	↺	—	↺	↻	↻	|	—	\	/	|	↺	—	|	↺	↻	—	—	\	|	/	—	/	\	↺	/	/	↻
Bob 测量基	+	⊙	⊙	+	⊙	⊙	⊙	×	⊙	⊙	×	+	+	⊙	+	×	+	+	+	+	⊙	+	⊙	×	⊙	⊙	+	⊙
Bob 比特值	1	0	1	0	1	1	0	1	0	1	0	0	1	1	1	0	1	1	1	0	1	1	0	1	0	1	0	1

图 4.14　Bob 进行测量获得消息序列

Alice 测试比特			1	1				1			1	0	1		0		1
Alice 测量基			⊙	⊙				+			+	+	+		⊙		⊙
Bob 测量基			⊙	⊙				+			+	+	+		⊙		⊙
Bob 测试比特			1	1				1			1	0	1		0		1

图 4.15　Alice 和 Bob 通过公共信道进行测试

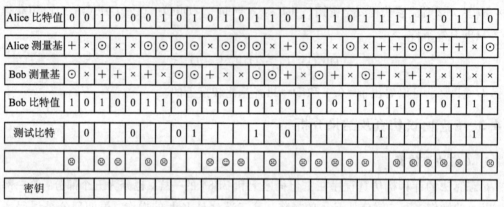

图 4.16　依据 6 态协议 Alice 与 Bob 放弃这次密钥分配

2. 关于误码率和发送光子数的讨论

在上面的仿真中，根据误码率判定传输过程是否存在窃听时，是以误码率是否大于 0 作为标准的，即是在一种理想的、无干扰的系统中得出的判断标准。在实际的通信系统中，不可能做到无干扰。这时，即使 Eve 没有窃听，在 Bob 选对基的情况下，由于量子信道及系统其他部分的干扰，Bob 译码出的比特也有可能出错。和 BB84 协议一样，讨论不同允许误码率的情况下，Alice 和 Bob 为了获得有效密钥，6 态协议中 Alice 至少要发送多少比特。

仿真的程序思路和 BB84 协议一样，将允许误码率分为 26 个点，仿真实现后，根据 26 个坐标点可以描绘出 Alice 所需发送比特数和误码率的关系曲线，如图 4.17 所示。

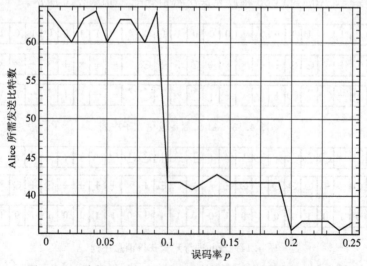

图 4.17　6 态协议 Alice 所需发送比特数和误码率的关系曲线

从图 4.17 所示的曲线可以看出，随着误码率的增加，Alice 所发送的比特数总体上是减小的，和理论上分析的结果大致符合。在 $0 \leqslant p < 0.1$ 范围内，Alice 所需发送的比特数基本保持一致，在 60～65 之间摆动；而在 $0.1 < p \leqslant 0.25$ 范围内曲线有一个下降的趋势。6 态协议中 Alice 所需的粒子数大于 BB84 协议的粒子数，这是因为 6 态协议的效率低于 BB84 协议的缘故。

4.4.4　B92 协议仿真及结果分析

B92 协议的计算机仿真大体上和 BB84 协议一样，主要是在译码的检测方法上有所不同。BB84 协议和 6 态算法的译码检测都是采用投影测量，而 B92 协议采用 POVM 测量，因此仿真程序的算法实现上存在不同。

B92 协议中首先要给出发送用的两个态 $|\varphi_1\rangle$ 和 $|\varphi_2\rangle$ 及测量用的三个算子 E_1、E_2、E_3，总过程和 BB84 及 6 态协议一样，也分为五个部分。

第一部分是 Alice 的操作仿真，如图 4.18 所示。

Alice 比特值	1	0	0	0	1	0	1	0	0	0	0	0	0	1	0	0	1	0	1	0	0	1	0	0	0	1	1	0	1	0
Alice 发送	/	—	—	—	/	—	/	—	—	—	—	—	—	/	—	—	/	—	/	—	—	/	—	—	—	/	/	—	/	—

图 4.18　B92 协议中 Alice 制备极化光子

第二部分是 Eve 的操作仿真，此时使用 POVM 算子测量，测量的规则如下：

(1) 用算子 E_1（Ⅰ）测量，如果结果为 0，那么译码为 0，否则译码为 1；

(2) 用算子 E_2（Ⅱ）测量，如果结果为 0，那么译码为 1，否则译码为 0；

(3) 用算子 E_3（Ⅲ）测量，得不到准确的译码，随机选取 0、1 作为译码输出，获得如图 4.19 所示的结果。

Eve 接收	/	—	—	—	/	—	/	—	—	—	—	—	—	/	—	—	/	—	/	—	—	/	—	—	—	/	/	—	/	—
Eve 操作	Ⅱ	Ⅱ	Ⅲ	Ⅱ	Ⅱ	Ⅲ	Ⅲ	Ⅰ	Ⅰ	Ⅰ	Ⅲ	Ⅰ	Ⅲ	Ⅱ	Ⅱ	Ⅲ	Ⅲ	Ⅲ	Ⅲ	Ⅰ	Ⅱ	Ⅲ	Ⅲ	Ⅱ	Ⅰ	Ⅲ	Ⅰ	Ⅰ	Ⅰ	Ⅰ
Eve 比特值	1	0	1	0	1	0	1	0	0	0	1	0	0	1	0	0	1	1	0	0	0	0	0	0	0	0	1	0	1	0

图 4.19　Eve 通过 POVM 测量算符进行窃听

如果 Eve 存在窃听，则 Eve 将根据测量后的结果重新产生新的量子态发送给 Bob；如果 Eve 不存在，则这一步骤将 Alice 的结果复制给 Bob，这使得仿真程序能够同时实现有窃听和没有窃听两种情况。

第三部分是 Bob 的测量仿真，遵循 POVM 测量规则，获得如图 4.20 所示的结果。

Bob 接收	/	—	—	—	/	—	/	—	—	—	—	—	—	/	—	—	/	—	/	—	—	/	—	—	—	/	/	—	/	—
Bob 操作	Ⅱ	Ⅱ	Ⅲ	Ⅱ	Ⅱ	Ⅲ	Ⅲ	Ⅰ	Ⅰ	Ⅰ	Ⅲ	Ⅰ	Ⅲ	Ⅱ	Ⅱ	Ⅲ	Ⅲ	Ⅲ	Ⅲ	Ⅰ	Ⅱ	Ⅲ	Ⅲ	Ⅱ	Ⅰ	Ⅲ	Ⅰ	Ⅰ	Ⅰ	Ⅰ
Bob 比特值	1	0	1	0	1	0	1	0	0	0	1	0	0	1	0	0	1	1	0	0	0	0	0	0	0	0	1	0	1	0

图 4.20　Bob 通过 POVM 测量算符获取的消息序列

第四部分是对整个密钥分配过程中的误码率的估测。查看 Bob 选取的算子，只有当算子为 E_1（Ⅰ）或 E_2（Ⅱ）时，Bob 才能准确地译码，此时所对应的比特就是初始密钥，然后在获得的初始密钥中随机地选择一部分进行比较，计算误码率，如图 4.21 所示。

Alice 测试比特	0		0	1		0		0		0		0			0		0			0
Bob 操作	Ⅱ		Ⅱ	Ⅱ		Ⅰ		Ⅰ		Ⅰ		Ⅱ			Ⅰ		Ⅱ			Ⅰ
Bob 测试比特	0		0	1		0		0		0		0			0		0			0

图 4.21　Alice 与 Bob 间通过公共信道进行测试

第五部分是决定 Alice 和 Bob 是否交换密钥，根据第四部分给出的误码来判断这次密钥交换是否成功。为了简单起见，现只考虑无噪声量子传输信道的情况。如果误码率大于 0，则认为此次密钥分配失败，不交换密钥。如果误码率不大于 0，则此次密钥分配成功。在 Eve 没有窃听的情况下，得到如图 4.22 所示的结果。其交换密钥为 $\{\{\{1\},\{0\},\{1\},\{0\},\{0\},\{1\},\{0\},\{1\}\},\{\{1\},\{0\},\{1\},\{0\},\{0\},\{1\},\{0\},\{1\}\}\}$，前一部分是 Alice 的最终密钥，后一部分是 Bob 的最终密钥。

Alice 比特值	1	0	0	0	1	0	1	0	0	0	0	0	0	1	0	0	1	0	1	0	0	1	0	0	0	1	1	0	1	0
Bob 操作	Ⅱ	Ⅱ	Ⅲ	Ⅲ	Ⅱ	Ⅱ	Ⅲ	Ⅲ	Ⅰ	Ⅰ	Ⅰ	Ⅲ	Ⅰ	Ⅲ	Ⅲ	Ⅱ	Ⅱ	Ⅲ	Ⅲ	Ⅲ	Ⅰ	Ⅱ	Ⅲ	Ⅱ	Ⅰ	Ⅰ	Ⅰ	Ⅰ	Ⅰ	Ⅰ
Bob 比特值	1	0	1	0	1	0	1	0	0	0	1	0	0	1	0	0	1	1	0	0	0	0	0	0	0	0	1	0	1	0
测试比特	0		0	1		0		0			0			0			0			0									0	
	☺		☺	☺		☺	☺			☺	☺			☺	☺		☺	☺	☺			☺	☺	☺			☺	☺	☺	☺
密钥	1			0							1						0										0		1	0	1

图 4.22　Alice 和 Bob 间在 B92 协议下获取安全的密钥

4.4.5　几种量子加密算法的比较分析

以上几小节分别描述了对 BB84 协议及 B92 协议的计算机仿真程序，本小节将以上的一些仿真结果和理论上的结论进行比较，观察它和理论是否符合，并且将各种算法进行比较，观察其保密效果。

为了比较不同量子密钥分配协议的安全性，应该研究各种窃听方式。这里，只集中考虑"不连续攻击"窃听方式，也称为截取/重发窃听方式。

对于 6 态系统，它有三个发送基，归为一个 3 维系统。同样的，BB84 协议可以归为一个 2 维系统。理论上，可以给出 Alice 和 Eve 的互信息量与误码率的函数关系。

对于一个 6 态系统（即 3 维系统），有

$$I_{AE6} = 1 + (1-D)\left[f(D)\log_3 f(D) + (1-f(D))\log_3 \frac{1-f(D)}{2}\right] \quad (4.14)$$

$$f(D) = \frac{3 - 2D + 2\sqrt{2}\ \sqrt{D(3-4D)}}{9(1-D)}$$

其中

$$I_{AB6} = 1 + (1-D)\log_3(1-D) + D\log_3 \frac{D}{2} \quad (4.15)$$

对于一个 4 态系统（即 3 维系统），有

$$I_{AE4} = 1 + (1-D)\left[f(D)\mathrm{lb}f(D) + (1-f(D))\mathrm{lb}\frac{1-f(D)}{2}\right] \quad (4.16)$$

$$f(D) = 2 - 2D + 2\frac{\sqrt{D(2-3D)}}{4(1-D)}$$

其中

$$I_{AB4} = 1 + (1-D)\mathrm{lb}(1-D) + D\mathrm{lb}\frac{D}{2} \quad (4.17)$$

通过编程，可获得 6 态系统及 4 态系统中 Alice 和 Bob 间以及 Alice 和 Eve 间的互信息与干扰程度间的关系理论曲线，如图 4.23 所示。在仿真程序中考虑 Eve 不同窃听程度情况下，即窃听 Alice 发送信息的{10%，20%，30%，…，100%}，Eve 从密钥分配中获取的信息与它引起干扰间的关系。为了消除每次密钥分配过程中随机数产生的影响，对每一种情况，进行 100 次的密钥分配，统计出每一次的 Alice 和 Eve 的互信息量与误码率，然后在统计上给出他们在某个误码率下的 Alice 和 Eve 的互信息量。这样，就可以给出 10 种误码率下的互信息量，再将这些{误码率，互信息量}的点在坐标空间中连起来，可以得到实验的互信息量和误码率的关系图，如图 4.24 所示。

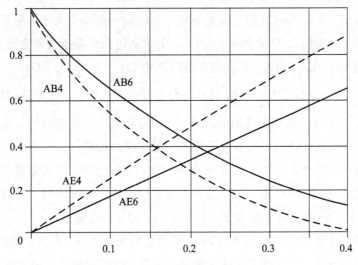

图 4.23　理论上 Alice 和 Eve 的互信息量与干扰程度间的关系图

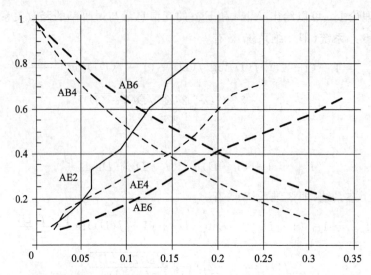

图 4.24　实验中 Alice 和 Eve 互信息量与干扰程度间的关系曲线

由以上两图可以看出，实验结果和理论结果基本一致。在实际的程序实现中，由于要根据误码率来估测 Eve 窃听的程度，此处会涉及一个比特数的取整问题，仿真中把 Eve 窃听的比特数向上取整，即扩大 Eve 获得信息的量，相对地减小了 Bob 获得的信息量。可以看出，实验中，对于 4 态和 6 态的 Alice 和 Eve 的互信息量，都要比理论的稍稍偏大。

我们将仿真结果与理论分析结果进行比较。假设 Eve 采用截止/重发的攻击策略进行窃听，根据仿真程序设计的模型，信道的误码率将完全由 Eve 的干扰引起。对于 6 态协议，Eve 引起的最大的干扰将是 $D_{max} = 0.333$，而对于 BB84 协议，最大干扰为 $D_{max} = 0.25$，所以不管是仿真还是理论曲线仅给出 $0 \sim D_{max}$ 间的结果。

研究表明，当 Bob 和 Alice 处获得的信息大于 Eve 窃听所得到的信息量时，Alice 和 Bob 可通过秘密放大技术获取安全的密钥。所以 QEBR$=D<D_{C}$，其中 D_{C} 为 Alice 与 Bob 间的互信息量和 Alice 与 Eve 间的互信息量相等时所对应的干扰大小，量子密钥分配过程可认为是安全的。分析图 4.23 和图 4.24 可知，无论从仿真结果还是理论结果来看，6 态协议的安全性都将高于 BB84 协议。因为在仿真结果中 $D_{C_{6态}} = 0.203$，$D_{C_{BB84}} = 0.145$，而对于理论结果 $D_{C_{6态}} = 0.22$，$D_{C_{BB84}} = 0.156$，6 态协议中 D_{C} 值总大于 BB84 协议中的值。仿真结果与理论分析结果无论在曲线的形状还是 D_{C} 的数值上均互相吻合，验证了仿真算法的正确性，以及在经典计算机上仿真量子密钥分配协议的可行性。

在程序实现中，现考虑只要存在 Eve 窃听，就不交换密钥，而重新进行密钥分配，这样是为了简化仿真过程。而理论上，根据香农信息论，Eve 有窃听时，也可以进行密钥交换，只要 Alice 和 Bob 的互信息量大于 Alice 和 Eve 的互信息量即可。

对于系统的安全性而言，Alice 和 Eve 之间的互信息量越小，安全性就越高。从上面两图（即图 4.23 和图 4.24）可以得出三种算法的安全性。结合前面几小节中误码率和发送光子数的讨论，可以给出三种系统的密钥传输的效率，如表 4.2 所示。

表 4.2　三种单粒子密钥分配协议安全性与效率性能比较

分配协议	安全性	效率
6 态	高	低
BB84	中	中
B92	低	高

可以看出，安全性和效率两个方面是互补的，一方面的提高是以另一方面的降低为代价的，这和经典信息论中的结论是一致的。除此之外，这三种密钥分配协议都是以单粒子的极化量子态特性为基础，因而在仿真程序设计中具有很大的相似性。

4.5　量子密码安全性分析

在理想的情况下量子密钥分配协议具有可证明的安全性。单粒子密钥分配协议的安全性依赖处于非正交量子态的不可克隆原理，然而，两个非正交量子态可通过概率克隆机进行概率克隆，这与保证单粒子密钥分配协议安全性的不可克隆原理相矛盾，直接威胁着单粒子密钥分配协议的安全性。本节提出一种利用概率克隆机进行攻击的策略，证明单粒子密钥分配协议在这种攻击策略下具有足够的安全性，同时说明概率克隆机对 Ekert 密钥分配协议的影响。

4.5.1　不可克隆原理保证下安全性证明

非正交量子态的不可克隆原理保证了 Eve 不能从密钥的分配过程中得到任何有用的信息。假设 Eve 准备的测量仪器标准状态是 $|m\rangle$。由于 Eve 不能对两个非正交量子态 $|\psi_0\rangle$ 和 $|\psi_1\rangle$ 同时进行克隆，因此 Eve 想在不破坏原来量子态情况下识别 $|\psi_0\rangle$ 和 $|\psi_1\rangle$ 量子态，需要满足如下幺正变换：

$$\begin{cases} |\varphi_0\rangle|m\rangle \to |\varphi_0\rangle|m_0\rangle \\ |\varphi_1\rangle|m\rangle \to |\varphi_1\rangle|m_1\rangle \end{cases} \tag{4.18}$$

两边取内积得

$$\langle\varphi_0|\varphi_0\rangle\langle m|m\rangle = \langle\varphi_0|\varphi_1\rangle\langle m_0|m_1\rangle \tag{4.19}$$

当 $\langle\varphi_0|\varphi_1\rangle \neq 0$（因为是非正交量子态）时，因为 $\langle m|m\rangle = 1$，所以 $\langle m_0|m_1\rangle = 1$。因此当量子态没被破坏时，在这两种情况下测量仪器的最终状态将完全相同，Eve 获取不了任何有用信息。更一般的假设是测量过程破坏了原来的量子态，使它们分别从 $|\psi_0\rangle$ 变为 $|\psi_0'\rangle$，从 $|\psi_1\rangle$ 变为 $|\psi_1'\rangle$，表示如下：

$$\begin{cases} |\varphi_0\rangle|m\rangle \to |\varphi_0'\rangle|m_0\rangle \\ |\varphi_0\rangle|m\rangle \to |\varphi_1'\rangle|m_1\rangle \end{cases} \tag{4.20}$$

当两边取内积时，得

$$\langle\varphi_0|\varphi_1\rangle = \langle\varphi_0'|\varphi_1'\rangle\langle m_0|m_1\rangle$$

其中，$\langle m_0|m_1\rangle$ 的最小值应该对应于 Eve 能完全区分这两个状态，即 $\langle m_0|m_1\rangle \to 0$，可得到 $\langle\varphi_0'|\varphi_1'\rangle \to 1$。也就是说，当 Eve 对传输量子态测量后，$|\psi_0\rangle$ 和 $|\psi_1\rangle$ 变成两个相同的状态。因此在非正交量子态的不可克隆原理保证下，窃听者 Eve 不能从单粒子量子密钥分配过程

中获得有关信息。

当然，如果 Eve 只进行部分窃听，以便降低由于她的干扰所引起的误码率，使之处于 BB84 个体攻击的安全标准范围内，但这时 Bob 从 Alice 获取的信息量必将大于 Eve 从 Alice 获得的信息量，Alice 和 Bob 可通过秘密放大技术从筛选密钥中提取安全的密钥。设 Alice 发送给 Bob 一个随机变量 W（对应于随机的 n 比特串），在该随机变量 W 中，Eve 获得一个正确的随机变量 V（对应比特数为 $t(t<n)$），即 $H(W|V) \geqslant n-t$。为了使 Eve 所获得的信息无用，Alice 和 Bob 公开选取一个压缩函数 $G: \{0,1\}^n \rightarrow \{0,1\}^r$，其中 r 是被压缩后密钥的长度。这样可尽可能地减少 Eve 从 W 中获取的信息。对于任意 $s<n-t$，Alice 和 Bob 可得到长度为 $r=n-t-s$ 比特的密钥 $K=G(W)$，其中 $G: \{0,1\}^n \rightarrow \{0,1\}^{n-t-s}$，而 Eve 所获得的信息将随着 s 指数增大而减少 $[V=f(e^{-as})]$。因此，只要 s 选得足够大，即可保证 Eve 从量子密钥分配过程中获得的信息量足够小。保密加强算法保证了 Eve 使用部分窃听时 BB84 协议具有足够的安全性。

4.5.2　Ekert 协议安全性证明

密钥的"产生"过程保证了 Ekert 协议具有绝对的安全性。因为量子态易受外界干扰，使得 Eve 的任何窃听行为必将引起原来量子态的变化，进而影响 Alice 和 Bob 的测量结果。Alice 和 Bob 通过计算平均相关系数，可以判定所获得的密钥是否安全。通常 Eve 窃取信息的比较好的方法是将事先准备好的 EPR 光子对替换产生密钥的光子源，同时假设信道的干扰完全由 Eve 的行为引起。当 Eve 将准备好的 EPR 光子对发送给 Alice 和 Bob 时，令 $P(\theta_a, \theta_b)$ 为 Alice 在 θ_a 角度同时 Bob 在 θ_b 俘获得到光子 $|\theta_a\rangle$ 和 $|\theta_b\rangle$ 的概率。这里 θ_a 和 θ_b 是从描述极化方向的垂直轴所测得的角度。此时平均的相关系数 S 为

$$S = \int_{-\pi/2}^{\pi/2} p(\theta_a, \theta_b) \mathrm{d}\theta_a \mathrm{d}\theta_b \{\cos[2(\varphi_1^a - \theta_a)\cos[2(\varphi_3^b - \theta_b)] $$
$$+ \cos[2(\varphi_1^a - \theta_a)\cos[2(\varphi_2^b - \theta_b)] + \cos[2(\varphi_2^a - \theta_b)] $$
$$- \cos[2(\varphi_2^a - \theta_a)]\cos[2(\varphi_2^b - \theta_b)]\} \tag{4.21}$$

进一步推导得

$$S = \int_{-\pi/2}^{\pi/2} p(\theta_a, \theta_b) \mathrm{d}\theta_a \mathrm{d}\theta_b \sqrt{2}\cos[2(\theta_a - \theta_b)] \tag{4.22}$$

对于任何概率分布 $p(\theta_a, \theta_b)$，可计算出 $|S| \leqslant \sqrt{2}$，这与量子力学的要求相违背（$|S| = 2\sqrt{2}$），Alice 和 Bob 将非常方便地即时判断出 Eve 的完全控制，所以产生的密钥无效。

最后，考虑 Eve 获取部分信息的情况下（$\sqrt{2} \leqslant |S| \leqslant 2\sqrt{2}$），Alice 和 Bob 仍然可得到安全的密钥。由于密钥是由 EPR 纠缠光子源产生的，当 Eve 获取部分信息时，她将与 EPR 光子源形成混合态。使用纠缠纯化（entanglement purification）迭代算法，从开始的处于混合态 EPR 粒子对系综中不断丢弃部分粒子，直到剩余的粒子收敛于纯态为止。此时，EPR 粒子对与 Eve 不发生纠缠，也就是说 Eve 不对密钥的分配产生干扰。由前面的证明可知，Alice 和 Bob 间可建立绝对安全的密钥；如果迭代算法不能很好进行，每次迭代后剩余粒子的密度算符不会收敛于而仅是趋近于纯态密度矩阵。然而，与 Eve 的纠缠程度却能不断地下降，而且可以降到任意低的程度。因此 Alice 和 Bob 可在此基础上建立起足够安全的密钥。

4.6　量子安全直接通信

　　量子加密依赖于量子密钥的建立，一旦建立了密钥，借鉴经典通信方法，通信双方就可以安全地传输信息而不会泄露信息的内容。在基于安全量子密钥的量子通信基础上，人们又提出了量子安全直接通信(quantum secure direct communications)，为量子加密提供了另一种途径。

　　通常把通信双方以量子态为信息载体，利用量子力学原理和各种量子特性，通过量子信道传输，在通信双方之间安全地、无泄漏地直接传输有效信息，特别是机密信息的方法，称为量子安全直接通信。量子安全直接通信的概念是 2003 年提出的。在此之前，Berge 等人提出了确定的安全通信，Bostrom 和 Felbinger 于 2002 年提出了一个安全直接通信模型。在此基础上，Deng 等人提出了量子安全直接通信的理论模型。

　　量子安全直接通信作为一个安全的直接通信方式，它应该具有直接通信与安全通信这两大特点，因而它需要满足两个基本要求：① 作为合法的接收者 Bob，当他接收到作为信息载体的量子态后，应该能直接读出发送者 Alice 发来的机密信息，表现为对于携带机密信息的量子比特，Bob 不需要与发送者 Alice 交换另外的经典辅助信息；② 即使窃听者 Eve 监听量子信道，她也得不到任何机密信息，即她得到的只是一个随机的测量结果。

　　回顾 QKD，我们发现它之所以是一种安全的产生密钥的方式，其本质在于通信的双方 Alice 和 Bob 能够判断是否有人窃听量子信道，而不是窃听者 Eve 不能监听量子信道。事实上，窃听者是否监听量子信道不是量子力学原理所能束缚的，量子力学原理只能保证窃听者不能得到量子信号的完备信息，使窃听行为会在接受者 Bob 的测量结果中有所表现，即会留下痕迹。由此 Alice 和 Bob 可以判断他们通过量子信道传输得到的量子数据是否可以用于经典的一次一密。QKD 正是利用了这一特点来达到安全分配密钥的目的。而 QKD 的安全性分析是一种基于概率统计理论的分析，为此，通信双方需要做随机采样统计分析。QKD 的另一个特征在于 Alice 和 Bob 如果发现有人监听量子信道，那么他们可以抛弃经常传输的结果，从头开始传输量子比特，直到他们得到没有人窃听量子信道的传输结果，这样他们不会泄露机密信息。

　　既然量子安全直接通信传输的是机密信息本身，Alice 和 Bob 就不能简单地采用当发现有人窃听时抛弃传输结果的办法来保障机密信息不会泄露给 Eve。由此，量子安全直接通信(QSDC)的要求要比 QKD 更高，使 Alice 和 Bob 必须在机密信息泄露前就能判断窃听者 Eve 是否监听了量子信道，即能判断量子信道的安全性。量子通信的安全性分析都是基于采样统计分析，因此，在安全分析前 Alice 和 Bob 需要有一批随机采样数据。这就要求 QSDC 中的量子数据必须以块状传输。只有这样，Alice 和 Bob 才能从块状传输的量子数据中做采样分析。综合 QSDC 的基本要求可得，判断一个量子通信方案是否是一个真正的 QSDC 的 4 个基本依据是：

　　(1) 除因安全检测的需要而相对于整个通信可以忽略的少量的经典信息交流外，接收者 Bob 接收到传输的所有量子态后可以直接读出机密信息，原则上对携带机密信息的量子比特不再需要辅助的经典信息交换；

　　(2) 即使窃听者监听量子信道，他也得不到机密信息，他得到的只是一个随机的结果，不包含任何机密信息；

（3）通信双方在机密信息泄露前能够准确判断是否有人监听量子信道；

（4）以量子态为信息载体的量子数据必须以块状传输。

下面介绍一些常见的量子安全直接通信模型，包括乒乓量子安全通信协议、基于纠缠光子对的 Two - Step 协议、基于单光子序列的量子一次一密协议以及基于量子 CSS 编码的安全通信协议。

4.6.1 乒乓量子安全直接通信协议

2002 年，Beige 等人首先提出了一种量子安全直传方案，允许对信息进行直接传送而不需要事先建立密钥对信息进行加密。Bosteom 和 Felbinger 在此基础上提出了一种可靠的量子直接通信协议，即"乒乓协议"。

"乒乓协议"包括两种通信方式：Alice 以概率进入消息模式和以概率进入控制模式。下面分别对这两种模式进行分析。

1. 消息模式

Bob 以 $|\psi^+\rangle$ 方式制备两个光子，它自己保留其中的一个光子，称为本地光子，将另一个光子（称为传播光子）通过量子信道发送给 Alice，这个过程称为 B→A；Alice 对它所接收到的传播光子进行编码，按照通信双方事先约定好的编码规则进行，如果它要传给 Bob 的信息是 1 就对传播光子进行 σ_z 操作，如果它要传给 Bob 的信息是 0 就不对传播光子进行任何操作。接着它将编码后的传播光子进行贝尔基的联合测量，由测量结果把态 $|\psi^+\rangle$ 和归一化操作 I 与经典二进制"0"对应，态 $|\psi^-\rangle$ 和操作 σ_z 与经典二进制"1"对应，可以解码出Alice 发送过来的信息，也即一个光子来回传送两次，Bob 便从 Alice 那里得到 1 比特的信息。

2. 控制模式

控制模式下的 B→A 的过程与消息模式相同，不同的是 A→B 的过程。Alice 收到 Bob 传来的传播光子后以概率 C 转换到控制模式，它不对传播光子进行编码操作，而是在基 $B_z=(|0\rangle+1\rangle)$ 中做一个测量，再通过公共信道把测量结果发送给 Bob；Bob 收到测量结果后也转换到控制模式并对本地光子在相同的基 $B_z=(|0\rangle+1\rangle)$ 中做一个测量。按照量子力学的测量理论，对复合系统某一子系统的测量将使系统塌缩到某一子项上，即 Alice 的测量将使 $|\psi^+\rangle$ 等概率塌缩到 $|01\rangle$ 或者 $|10\rangle$ 上，因而 Alice 和 Bob 测得的光子的偏振态必正交。Bob 将两个测量结果进行比较，如果结果一致，它便得知信道上存在窃听，从而中止通信。如果结果不一致，就继续进行通信，Bob 向 Alice 发送下一个传播光子。

由以上分析可以看出，不管是在消息模式下，还是在控制模式下，传播光子都经历了B→A 和 A→B 这两个过程，进行一次来回传送，类似于乒乓球的一次来回运动，"乒乓协议"正是因此而得名。

同样，"乒乓协议"的安全性可以证明。Brassard 提出实用且安全的通信协议必须建立在现有的或者即将实现的技术上，保证能抵御具有无限计算能力的窃听者（Eve）的攻击。"乒乓协议"中设置控制模式的目的是为了即时发现是否存在窃听者以便确定是否继续进行通信，下面就控制模式下如何防止 Eve 的攻击进行简单的定性分析。

Eve 的目的一方面是确定 Alice 对传播光子做了什么操作，以此来解码获得信息。另一方面，她希望避免被通信双方发现，从而能够持续窃听。因为 Eve 无法获知本地光子，所以她的操作仅限于对传播光子。根据前面所介绍的量子物理原理，通过局域地测量单个量子位，将不能提取出编码在 Bell 基 $\{|\psi^{\pm}\rangle,|\phi^{\pm}\rangle\}$ 中的信息，所以 Eve 不能直接对传播光子进行测量，它要设法得到两个光子然后对其进行联合测量。为了获得 Alice 的操作信息，Eve 首先将自己的光子和传播光子相纠缠，并对该系统进行攻击操作，然后再让 Alice 对传播光子进行编码操作，最后对两者操作后的结果进行联合测量。

由冯·诺依曼熵可知，如果存在窃听者，在他进行了攻击操作后能获得的最大信息量是 $I_0 = -\lambda_1 \log\lambda_1 - \lambda_2 \log\lambda_2$，其中 $\lambda_{1,2} = \dfrac{1}{2} + \dfrac{1}{2}\sqrt{1-(4d-4d^2)[1-(p_0-p_1)^2]}$，$d$ 为 Eve 被发现的概率，p_0 或 p_1 分别表示 Alice 对传播光子进行操作 $C_0 = I$、$C_1 = \sigma_z$ 的概率。

Eve 希望使 d 尽可能小，但是，如果 Eve 选择的攻击操作使 $d=0$，这将使 $I_0=0$，此时 Eve 将不能得到任何信息。它要想获得任何信息 $I_0 > 0$，都面临着大于 0 的被发现概率。因此，Eve 所进行的任何有效的攻击都将被发现。例如，她想获得全部信息量 $I_0=1$，则她被发现的概率 $d=1/2$，而相同情况下 BB84 协议中 Eve 被发现的概率 $d=1/4$，而且 BB84 协议中一个传送的光子有 50% 的可能由于双方选择了错误的测量基而被丢弃。因此，与 BB84 协议相比较而言，"乒乓协议"不但提高了通信的安全性，而且保证了能够传送确定的信息。攻击者获得的信息量和不被发现的概率相互制约。如果希望不被发现，则无法获得确定信息量；如果希望提取信息量，则不被发现的概率大于 0。不可能在不被发现的情况下提取信息，这是由于在量子力学中，任何提取信息的操作一定会扰动原系统，使得保真度下降，从而被通信双方发现。这是量子力学的特性，是传统通信无法实现的。

4.6.2　Two-Step 量子安全直接通信协议

图 4.25 所示为 Two-Step 量子安全直接通信协议原理示意图，它借鉴了 Long-Liu 于 2002 年提出的 QKD 方案的一些物理思想。

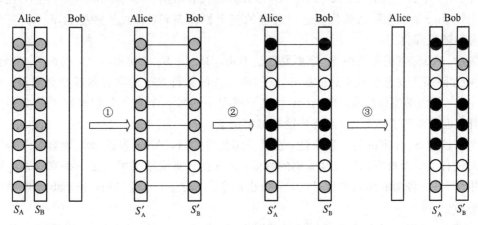

图 4.25　Two-Step QSDC 的原理示意图

在 Two-Step 量子安全直接通信模型中，信息发送者 Alice 制备一组由纠缠光子对组成的量子信号，即 N 个纠缠光子对，并使它们都处于相同的量子态，如

$$|\psi\rangle = \frac{1}{\sqrt{2}}(|0_A 0_B\rangle + |1_A 1_B\rangle) \qquad (4.23)$$

Bob 接收后将这 N 个纠缠光子对分成两个序列，即从每一纠缠光子对中挑出一个光子，再将所有挑出来的光子组成一个光子序列 S_A，而上述每一纠缠光子对中的另一个光子就可以组成另一个光子序列 S_B。如图 4.25 所示，用实线连接的两光子表示一纠缠光子对。这里把序列 S_B 称为检测序列，把序列 S_A 称为信息序列。

Alice 先将检测序列 S_B 发送给信息接收方 Bob，但她仍然控制信息序列 S_A。Bob 接收到光子序列 S_B 后从中随机地抽取适量的光子，并对其进行单光子测量。这里的单光子测量原理与 BB84 量子密钥分配方案类似，即 Bob 随机地选择两组测量基 $\oplus$ 和 $\otimes$ 中的一组来对每一个采样光子进行测量并记录测量基信息以及测量结果。测量完后，Bob 用经典信道(如无线电广播等不能被篡改在其中传输的经典信息的通道)告诉 Alice 他在 S_B 中对哪一些光子进行了单光子测量并告知相应的测量基信息及其测量结果。Alice 根据 Bob 所告知的所有信息，在 S_A 中用相同于 Bob 的测量基对与 Bob 的采样光子相对应的光子(即属于同一纠缠光子对的光子)进行单光子测量，并记录测量结果。Alice 将自己的测量结果与 Bob 所告知的测量结果进行比对，并做出错率分析。如果出错率比预先设定的安全阈值低很多，则表明光子序列 S_B 的传输是安全的，即可以认为没有窃听者监视量子信道；否则，Alice 和 Bob 将放弃已经得到的传输结果。其中 S_B 序列的传输主要是为了检测纠缠系统的传输安全，并没有对 S_B 做信息编码，即加载机密信息，这是我们称之为检测序列的主要原因。

在确保检测序列 S_B 安全传输的情况下，Alice 根据自己所需传输的信息，每两比特位对应地选择 4 个幺正操作：

$$U_0 = I \qquad U_1 = \sigma_x \qquad U_2 = \sigma_z \qquad U_3 = i\sigma_y \qquad (4.24)$$

中的一个来对序列 S_A' (即在 S_A 中扣除用于安全性检测后的所有光子)中的每一个光子依次做相应的幺正操作，从而完成对量子态的机密信息的编码过程。这也是我们称 S_A 为信息序列的原因。4 个幺正操作 U_1、U_2、U_3、U_4 可以分别代表编码 00、01、10、11。当然，在编码过程中，Alice 需要在随机的位置进行适量的安全检测编码，即加入一些为下一次安全检测服务的随机编码。

随后，Alice 将编码后的 S_A' 序列发送给 Bob，Bob 对 S_A' 序列和与之对应的 S_B' 序列(即在 S_B 中扣除用于安全性检测后的所有光子)中对应的纠缠光子对做贝尔基联合测量，从而读出 Alice 所做的操作信息，即 Alice 对光子序列中的每一个光子分别采用了什么局域幺正操作，也就得到了 Alice 所需要传输的机密信息。

为了检查 S_A' 序列的传输安全性，在量子态传输完后，Alice 告诉 Bob 她对哪一些纠缠粒子对进行了安全检查编码以及编码的数值；Bob 在其测量结果中挑出一些来检查编码数据，并与 Alice 告知的结果进行对比，分析出错率。实际上，这是 Alice 和 Bob 做第二次安全性分析。

事实上，在第一次安全分析成功的情况下，由于 Eve 无法同时得到光子序列 S_A 和 S_B，因而她已经无法得到机密信息。这时纠缠系统的量子特性局限了他对机密信息的窃听，纠缠量子系统的特性要求 Eve 只有对整个纠缠体系做联合测量才能读出 Alice 做的局限幺正操作。第二次安全性分析主要是为了判断窃听者是否在 S_A 序列传输过程破坏了 S_A 与 S_B 序列的量子关联性，从而判断是否值得对已经传输的结果做纠错等数据后处理。

4.6.3 量子一次一密安全直接通信协议

量子一次一密安全直接通信协议(Quantum One Time Pad, QOTP)借鉴了经典一次一密中密钥完全随机的思想，也继承了 Two-Step QSDC 中的量子数据块状传输的思想。如果能在通信双方 Alice 和 Bob 之间安全地共享一串量子态，那么 Alice 就可以在量子态上加载机密信息。如果对 Eve 而言量子态是完全随机的，那么这样的机密信息加载从原理上讲具有与一次一密一样的安全性，即绝对安全。

与 Two-Step 量子安全直接通信类似，量子一次一密安全通信协议需要分以下三步完成：

（1）Alice 和 Bob 之间安全地共享一串量子态，即共享一串处于不同偏振状态的光子，可称之为创建一串量子密钥。

（2）在量子密钥上做机密信息加载并加入冗长信息，称之为对机密信息用量子密钥加密得到量子密文。

（3）机密信息的发送方 Alice 将量子密文分析发送给接收方 Bob，Bob 解密量子密文并做安全性检查。

量子一次一密安全直接通信的实验原理如图 4.26 所示。图中 SR 表示量子态存储器（或光学延迟装置），CE 表示安全检测过程，S 是控制开关，由 CM、M_1 和 M_2 组成的装置完成机密信息加载与量子信号返回量子信道的功能。

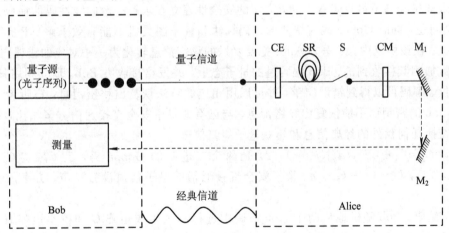

图 4.26 量子一次一密安全直接通信原理示意图

在量子一次一密安全直接通信中，机密信息的接收方 Bob 制备一串单光子序列 S，并将 S 中的每一个光子的量子态随机地制备成如下形式：

$$\begin{cases} |H\rangle = |0\rangle \\ |V\rangle = |1\rangle \\ |u\rangle = \dfrac{1}{\sqrt{2}}(|0\rangle + |1\rangle) \\ |v\rangle = \dfrac{1}{\sqrt{2}}(|0\rangle - |1\rangle) \end{cases} \tag{4.25}$$

它们分别是测量基 σ_z 和 σ_x 的本征态。Bob 将光子序列 S 发给 Alice，Alice 先存储光子序列，然后从 S 序列中随机地抽取一些光子作为采样数据进行安全检测测量，即可以类似于 BB84 量子密钥分配方案，随机地选择 σ_z 或 σ_x 对光子进行测量，从而完成第一次安全检测。这一过程是一个创建安全量子密钥的过程。

如果通信双方 Alice 和 Bob 能够确定在 S 光子序列传输过程中没有人监听量子信道，那么他们就共享了一串量子态。不同于经典密码的地方在于 Alice 并没有对这一串共享的光子做测量，因而她不知道这一串光子的量子态。如果他们不能判断 S 光子序列的传输安全性，那么他们只能放弃他们得到的传输结果，与 QKD 一样经过经典处理后，重新进行光子串传播。

为了能让 Bob 准确地得到 Alice 加载到光子上的机密信息，Alice 对共享的光子序列 S 的编码不宜改变测量基信息。因此，Alice 可以选择两个不改变测量基信息的量子幺正操作 I 和 $i\sigma_y$ 来完成对光子序列的信息编码，然后将光子序列 S 发回给 Bob，由他做单光子测量来读出 Alice 的编码信息。这两个幺正操作可以分别代表编码 0 和 1，从而与经典的机密信息一一对应。类似于 Two‐Step QSDC 方案，为了检测光子序列 S 从 Alice 返回 Bob 过程的安全性，Alice 需要多加入一些冗余编码，即随机地在 S 序列中选择一些光子并随机地选择量子操作 I 和 $i\sigma_y$ 完成冗余编码。

4.6.4　基于量子 CSS 编码的安全直接通信协议

基于量子 CSS 编码的安全直接通信协议利用量子 Calderbank‐Shor‐Steane(CSS)纠错码和未知量子态不可克隆等性质，方案的安全性建立在求解一般的线性码的译码是一个 NP 安全问题，同时 Goppa 码有快速的译码算法和量子图灵机不能有效求解 NP 完全问题的基础上。在该协议中，发送方 Alice 把要发送的秘密消息转化为一一对应的错误向量，把错误向量加到其接收到的、Bob 编码过的量子态上，并发给接收方 Bob。Bob 利用其私钥，通过测量、解码可以得到错误向量，并可以用相应的算法恢复出秘密消息，窃听者 Eve 因不知道 Bob 的密钥而不能恢复出秘密消息。与已有的量子安全直接通信方案相比，该方案不需要交换任何额外的经典信息和建立量子纠缠信道。

假设 $C_i = [n_i, k_i, d_i](i = 1, 2)$ 是两个二进制的 Goppa 码，且 $C_1^{\perp} \subseteq C_2$，$d = \min\{d_1, d_2\}$，$k = k_1 + k_2 - n$。量子安全直接通信的量子信道没有噪声。方案的具体过程如下：

(1) 编码。Bob 随机地从两个 Goppa 码中选择一个生成矩阵 $\boldsymbol{G}$ 和校验矩阵 $\boldsymbol{H}$，例如 $\boldsymbol{G}_2 = \begin{bmatrix} \boldsymbol{H}_1 \\ \boldsymbol{D} \end{bmatrix}$，其中 $\boldsymbol{D}$ 的秩为 $k = k_1 + k_2 - n$。然后他随机地准备基态 $|m\rangle$，$m \in F_2^k$，并将该基态使用 CSS 码编码为 $|C\rangle$，同时 Bob 对编码态 $|C\rangle$ 施于一些错误 $e' = (X' | Z')$，得到量子态：

$$|\psi\rangle = e'|C\rangle = \frac{1}{2^{\frac{n-k_1}{2}}} \sum_{v \in C_1^{\perp}} (-1)^{(v+m, D) \cdot Z'} |v + m, D + X'\rangle \qquad (4.26)$$

Bob 保持矩阵 $\boldsymbol{G}_i$、$\boldsymbol{C}_i$、$\boldsymbol{D}$ 和比特串 e'，m 作为他的私钥，将 $|\psi\rangle$ 态在公共量子信道上发送给 Alice。

(2) 加密，假设 Alice 拥有一秘密消息 p，并想安全地传送给 Bob。她首先应用算法将

消息 p 转换成二进制错误矢量 $e'' = (X' \mid Z')$，Alice 收到 Bob 发送过来的量子态 $|\psi\rangle$，将错误 e'' 作用在接收态上，得

$$|\psi'\rangle = e'' |\psi\rangle = \frac{1}{2^{\frac{n-k_1}{2}}} \sum_{v \in C_1^\perp} (-1)^{\langle v+m, \, D \rangle, \, Z'Z''} |v+m, \, D+X'+X''\rangle \tag{4.27}$$

Alice 将 $|\psi'\rangle$ 发回给 Bob。

（3）解码。假设 Bob 接收到量子态 $|\psi'\rangle$，且 $H_1^{(i)}$、$H_2^{(j)}$ 是校验矩阵 $\boldsymbol{H}_1$ 和 $\boldsymbol{H}_2$ 的第 i 行和第 j 行，其中 $1 \leqslant i \leqslant n-k_1$，$1 \leqslant j \leqslant n-k_2$。用校验矩阵分别与接收量子态作用，判断是否发生比特错误和相位错误，获得相应的伴随机 Y_1 和 Y_2：

$$\begin{cases} \sigma_X^{H_1^{(i)}} |\psi'\rangle = (-1)^{Z(i)} |\psi'\rangle & (1 \leqslant i \leqslant n-k_1) \\ \sigma_X^{H_2^{(j)}} |\psi'\rangle = (-1)^{X(j)} |\psi'\rangle & (1 \leqslant j \leqslant n-k_2) \\ Y_1 = (z(1), \cdots, z(n-k_1)), \ Y_2 = (x(1), \cdots, x(n-k_2)) \end{cases} \tag{4.28}$$

同时，Bob 由式(4.29)能够计算出错误图案 $Z = (z_1, \cdots, z_n)$，$X = (x_1, \cdots, x_n) \in F_2^n$：

$$\begin{cases} H_1 \cdot Z^{\mathrm{T}} = Y_1^{\mathrm{T}} \\ H_2 \cdot X^{\mathrm{T}} = Y_2^{\mathrm{T}} \end{cases} \tag{4.29}$$

Bob 获得了错误矢量 $e = (X \mid Z)$，并解码 $|\psi'\rangle$，得到 $|m'\rangle$。他使用计算基矢量测量 $|m'\rangle$，并与私钥 m 进行比较，如果 m 不等于 m'，则表明信道存在窃听，否则，他需要计算 $e'' = (X'' \mid Z'')$，$e'' = e + e'$，执行算法从而恢复秘密信息 p。

第5章　量子通信

　　量子通信是指利用量子力学基本原理或基于物质量子特性的通信技术。量子通信的最大优点是其具有理论上的无条件安全性和高效性。理论上无条件安全性是指在理论上可以证明，即使攻击者具有无限的计算资源和任意物理学容许的信道窃听手段，量子通信仍可保证通信双方安全地交换信息；高效性是利用量子态的叠加性和纠缠特性，有望以超越经典通信极限条件传输和处理信息。因此，量子通信对金融、电信、军事等领域有极其重要的意义，并在量子信息技术发展的实际中优先获得了发展和应用。

　　第3章所介绍的量子信息论集中在与经典信息论中考虑的差别不大的资源上。从论述中看到，仅将经典信息中的概率分布利用密度矩阵代替，从物理层面来说，它仅考虑了量子力学中的测不准关系。而作为量子信息更独特的优势是量子力学还包含在本质上为新型的资源，这是经典信息论中不存在的，这就是量子纠缠。下面将讨论量子纠缠及它在量子通信中的应用。

　　在量子通信研究中，人们的研究内容大致分为两部分：一部分是基于分离变量纠缠态的量子通信；另一部分是基于连续变量的量子通信。

5.1　量子纠缠态的性质、产生和测量

　　量子纠缠是量子力学中的一种特有的资源，最早出现在爱因斯坦与波尔有关量子力学完备性的争论中，随着量子信息的发展，它已成为信息传输和处理的新类型。它的基本性质成为各种量子通信方案的基础之一。本节从量子通信角度阐述量子纠缠态的性质与测量。

5.1.1　量子纠缠态的基本性质

　　量子纠缠与量子力学中的状态叠加原理密切相关。量子纠缠可以存在于组合系统的各子系统波函数的不同自由度之间，也可以存在于多体系统的量子态间。经典的二值系统如一枚硬币，它有两个状态，即正面和反面，它的量子力学对应物是两态量子系统，如二能级原子模型中的基态 $|b\rangle$ 和激发状态 $|a\rangle$。光子的两个偏振态为水平偏振 $|H\rangle$ 和垂直偏振 $|V\rangle$，这两个正交基一般表示为 $|0\rangle$ 和 $|1\rangle$，而量子系统一般用叠加态可表示为 $|\psi\rangle = \dfrac{1}{\sqrt{2}}(|0\rangle + |1\rangle)$。

　　两枚硬币可以处在四种不同的状态，即正/正、正/反、反/正、反/反，以量子正交基分别表示为 $|0\rangle_1 |0\rangle_2$、$|0\rangle_1 |1\rangle_2$、$|1\rangle_1 |0\rangle_2$ 和 $|1\rangle_1 |1\rangle_2$。但作为一个量子系统，由状态叠加原理，它不再局限于这 4 个"经典"基态上，而是这 4 个基态的任意叠加态，例如贝尔态：

$$|\psi^+\rangle = \frac{1}{\sqrt{2}}(|0\rangle_1 |1\rangle_2 + |1\rangle_1 |1\rangle_2)$$

这是两个粒子系统的最大纠缠态之一。

关于纠缠态的研究，近十年来已有很大发展。人们不仅制出了两粒子纠缠态，也制出了三粒子甚至八个粒子纠缠态；不仅有最大纠缠态，也有部分纠缠态；不仅有分离变量纠缠，还有连续变量纠缠。这里仅限于讨论两个两态之间的纠缠态。

在第 1 章中已介绍过，对于两个两态系统，4 个正交纠缠态是 4 个贝尔态，分别为

$$|\psi^+\rangle = \frac{1}{\sqrt{2}}(|0\rangle_1 |1\rangle_2 + |1\rangle_1 |0\rangle_2)$$

$$|\psi^-\rangle = \frac{1}{\sqrt{2}}(|0\rangle_1 |1\rangle_2 - |1\rangle_1 |0\rangle_2)$$

$$|\varphi^+\rangle = \frac{1}{\sqrt{2}}(|0\rangle_1 |0\rangle_2 + |1\rangle_1 |1\rangle_2)$$

$$|\varphi^-\rangle = \frac{1}{\sqrt{2}}(|0\rangle_1 |0\rangle_2 - |1\rangle_1 |1\rangle_2)$$

这 4 个态最大地违背了贝尔不等式，具有最大的纠缠。贝尔不等式是在定域实在论的框架内推出的，纠缠态明显的非经典特性表现为两粒子不再是独立的，必须看成一个复合系统。不管两粒子在空间相距多远，观测纠缠态中的一个粒子，立即会改变对另一粒子测量的预言。例如，对于 $|\varphi^-\rangle$ 态，两粒子处在正交态上，如果是两个偏振光子，当测到一个光子处于水平偏振态时，则另一个光子一定处在垂直偏振态；如果测到一个光子为右圆偏振态，则另一个光子一定处在左圆偏振态。

相互关联的处于纠缠态的两个粒子不能简单分解为两粒子各自量子态的直积。4 个贝尔态的另一个重要性质是，对两粒子之一进行操作可以较容易转变一个贝尔态到另外 3 个中的一个，例如将两粒子的 $|1\rangle \rightarrow |0\rangle$，即由 $|\psi^+\rangle \rightarrow |\varphi^+\rangle$。

量子纠缠态的基本性质有以下三点：

(1) 测量纠缠与不纠缠态有不同的统计结果；

(2) 虽然单个粒子观测可以完全随机，但纠缠对中两粒子观测之间是完全关联的；

(3) 仅操作纠缠对中两粒子中的一个，贝尔态之间可以转变。

5.1.2 光子纠缠对的产生

可以用多种方法产生量子纠缠态，例如利用腔量子电动力学(QED)产生两原子纠缠，利用离子阱实验产生离子纠缠，利用核磁共振产生多个原子核纠缠。但这些纠缠只能用于量子计算而不能用于量子通信，因为量子通信要求纠缠粒子不仅能够在光纤中传输，还要求能够在自由空间中传输。这样光子(可见或红外光子)就成为较好的选择。本节仅介绍光子纠缠对的产生。

最早产生光子纠缠对的方法是利用正、负电子湮灭产生两个光子，这两个光子处于纠缠态。即

$$e^+ + e^- \rightarrow 2\gamma$$

正、负电子质量为 0.511 $M_e V/c^2$，由它们产生一对光子的能量为 $h\nu = 0.511\ M_e V$，$\nu = 1.23 \times 10^{20}$ Hz，按电磁频谱应为 γ 光子，见表 5.1。

表 5.1 电磁频谱

电磁波	无线电	微波	红外	可见光	紫外	X 射线	γ 射线
频率/Hz	$10^4 \sim 10^8$	$10^8 \sim 10^{11}$	$> 10^{11}$	$3.7 \times 10^{14} \sim 7.5 \times 10^{14}$	$< 10^{16}$	$10^{16} \sim 10^{19}$	$> 10^{19}$

表 5.1 中无线电与微波产生于无线电振荡，红外、可见光、紫外和 X 射线产生于原子中的电子跃迁，γ 射线是核内能级跃迁的结果。

两光子产生偏振关联的实验是在 1950 年实现的，另一种产生关联光子对的方法是利用原子的级联辐射，例如钙(Ga)，在 1982 年观测到它的级联辐射的两个光子是偏振纠缠的，而且这两个光子为可见光。但两光子发射方向具有随机性，它来源于原子动量的随机性，这给实验相关测量带来了困难，也难以用于量子通信。

现在，在量子通信中应用的关联光子对主要利用非线性晶体中的参量下转换过程产生。中心非对称晶体具有很大的二阶非线性极化率 $\chi^{(2)}$，当一个强光束进入晶体时，一个光子发生分裂而产生一对光子，分别为信号光和闲频光，它对应倍频的反过程，由于过程中要求能量、动量与角动量守恒，因此将使出射的一对光子产生纠缠。

泵浦光(Pump)入射到晶体时会产生下转换，有两种类型：Ⅰ型下转换和Ⅱ型下转换。

(1) Ⅰ型下转换：当泵浦光为非寻常偏振光时，出射两束光都是寻常光，分布在以入射光为中心的圆锥体中，两光不纠缠，如图 5.1(a)所示。

(2) Ⅱ型下转换：泵浦光为反常光，而下转换的两束光为信号光和闲频光，两偏振方向相互正交，分布在泵浦光两边的锥体中，形成纠缠光源，如图 5.1(b)所示。其状态表示为

$$|\psi\rangle = \frac{1}{\sqrt{2}} \ (|H\rangle_1 |V\rangle_2 + e^{i\alpha} |V\rangle_1 |H\rangle_2) \tag{5.1}$$

式(5.1)中的相对相位 α 可以通过适当设计来改变。在具体的实验中，利用两个附加双折射元件，能产生 4 个贝尔态。假定初始通过晶体产生为 $|\psi^+\rangle$ 态，如果改变相移 π，由 $e^{i\pi} = -1$ 就能得到 $|\psi^-\rangle$ 态；另外，如果在一路中加一个半波片，使其水平偏振变为垂直偏振，就可得到 $|\phi^\pm\rangle$ 态。

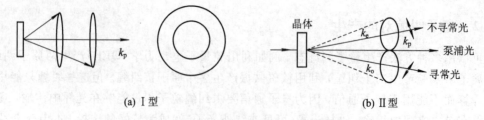

(a) Ⅰ型　　　　　　　　(b) Ⅱ型

图 5.1　Ⅰ、Ⅱ型参量下转换过程示意图

图 5.2(a)所示为 Kwiat 等人 1955 年利用硼酸钡(Beta Barium Borate，BBO)晶体产生纠缠光子对的实验装置。泵浦源为 Ar⁺ 激光器，波长为 351.1 nm，功率为 150 mW，为单模激光器，利用色散棱镜去掉荧光，然后打在 3 mm 长的硼酸钡晶体上，产生光子对。产生时要求能量和动量守恒，即 $k_p = k_i + k_s$，满足该关系称为相位匹配，通常只有在特殊角度入射才容易满足此要求。硼酸钡晶体采用标准切割，光轴与泵浦束夹角为 49.2°，光束垂直入射即光轴与表面法线成 49.2°，经计算该方向效率高。两束中心分开 6°，晶体双折射使正常与反常光子有不同速度，从而使两束光出现横向与纵向走离效应，横向走离为 0.3 nm，

小于相干泵浦束宽度(2 mm)，可以不考虑，而纵向走离效应必须考虑。3 nm 长的硼酸钡晶体产生 39 fs 的时间延迟，与探测光子相干时间差不多，则在每道上加上 1.5 mm 长的硼酸钡晶体来补偿，每路上用 λ/2 来改变水平与垂直偏振，以使 $|\psi\rangle$ 态变为 $|\varphi\rangle$ 态。两探测器用雪崩二极管工作在 Geiger 模式，即工作电压高于击穿电压，以产生雪崩。若波长为 1.55 μm，则可以用 InGaAs/InP 雪崩二极管(APD)。在探测器前有两个偏振器，一般固定一个，如取 $\theta_2 = 45°$，而 θ_1 可以改变，以符合计算结果。如图 5.2(b)所示，图中取 $\theta_1 = 45°$ 时，计数率达到 800/s，这时 $\theta_1 - \theta_2 = 0$，对应状态 $|\psi^+\rangle$；而当 $\theta_1 = 135°$ 为极大时，对应 $|\psi^-\rangle$ 态。

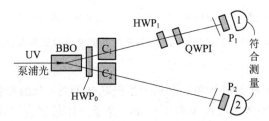

(a) 利用硼酸钡晶体产生纠缠光子对的实验装置

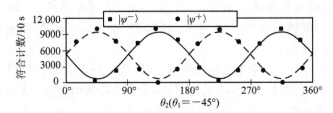

(b) 当 $\theta_2 = 45°$ 时，改变分析器角 θ_1，得到贝尔态 $|\psi^+\rangle$(虚)和 $|\psi^-\rangle$(实)的符号边缘

图 5.2　Kwiatdengren 利用 BBO 晶体参量下转换制备纠缠态示意图

利用硼酸钡晶体产生双光子对，耦合入纤效率低，近几年人们提出直接利用光纤中的非线性效应通过四波混频产生双光子对，有人利用色散位移光纤，但更多人利用光子晶体光纤。由于光子晶体光纤有许多特殊性质，如它有宽带单模特性，可以制成大非线性光纤，另外其零色散点可以设计改变，由四波混频相位匹配条件容易在零色散点附近产生，因此用光子晶体光纤可以在不同波长产生光子对。

5.1.3　利用光子晶体光纤产生纠缠光子对

下面介绍两个利用光子晶体光纤产生纠缠光子对的实验。

1. Alibart 等人的实验

Alibart 等人的实验装置如图 5.3 所示，光源为 Ti 蓝宝石激光器，波长为 710 nm，频率为 80 MHz，脉冲宽度为 5 ps，锁模脉冲。A 衰减器使光强小于 1 mW，G 为光栅，M 为 95% 的反射镜，透过 5% 进行光谱测量。光子计数利用符合探测器，探测到的光子对被记录在时间分析系统(TIA)中。信号光和闲频光波长分别为 595 nm 和 880 nm，分差大，有利于分谱。光子晶体光纤芯径直径为 2 μm，有较大的非线性系数，有利于四波混频产生，当入射功率为 540 mW 时符合计数率为 $3.2 \times 10^5/s$。

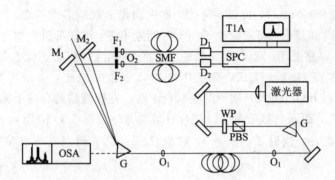

SPC—光子计数器；TIA—时间分析系统；D—光子探测器；G—光栅

图 5.3　Alibart 等人利用光子晶体光纤产生纠缠光子对的实验装置图

2. Fan 等人的实验

Fan 等人利用微结构光纤的简并四波混频产生关联光子对，泵浦波长为 735.7 nm，产生信号波长为 688.5 nm，闲频光波长为 789.8 nm，光子晶体长度为 1.8 m，光子对计数率达到 37.6 kHz，而符合与偶然符合比率为 $e/A = 10:1$，获得带宽为 $\Delta\lambda = 0.7$ nm。

光纤中四波混频能量守恒条件为 $\omega_s + \omega_i = 2\omega_p$，而相位匹配条件为 $(2k_p - k_s - k_i) - 2\gamma p/(R\tau) = 0$，其中，非线性系数 $\gamma = 110$ W/km，平均功率 $p = 12$ mW，激光重复率 $R = 80$ MHz，泵浦脉冲宽度 $\tau = 8$ ps。

实验装置如图 5.4 所示，其中 PC 为偏振器，FC 为光纤耦合器，SMF 为单模光纤，$\lambda/2$ 为半波片，IF 为干涉滤波器，M_1、M_2 为反射镜，MF 为微结构光纤。从 MF 输出归一化了的平均泵浦功率为 12 mW。

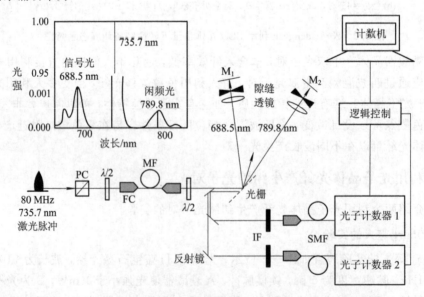

图 5.4　利用微结构光纤的简并四波混频产生关联光子对的实验装置

该实验会产生较大的光子对的计数率以及较大的符合与偶然符合差，其原因有以下几个：

（1）适当安排波长，使 FWM 相对拉曼（Raman）散射为最佳；

（2）所用光纤非线性系数 $\gamma=110$ W/km，比较大，而有效直积为 1.2 μm，比较小；

（3）利用光纤提高了单模性质。

5.1.4　光子纠缠对的控制与测量

偏振纠缠光子 4 个贝尔态之间的幺正变换可以利用半波长片与 1/4 波片来实现。如果开始状态处在 $|\varphi^-\rangle$ 态，设两光轴沿垂直方向，则通过 1/4 波片转到水平方向，状态变为 $|\psi^+\rangle$；再转动波片 45°，给出 $|\varphi^-\rangle$ 态；最后转动一个波片 90°，另一个 45° 就给出 $|\varphi^+\rangle$。

考虑光子是玻色子，要求整个波函数是对称的，而 4 个贝尔态仅考虑它们的自旋，即内部自由度，其中是 $|\psi^-\rangle$ 反对称的，$|\psi^+\rangle$、$|\varphi^\pm\rangle$ 是对称的，对应三重态。考虑两光子空间状态为 $|a\rangle$ 和 $|b\rangle$，相应于 $|\psi^-\rangle$ 态，空间波函数也应反对称，这样总波函数应为

$$|\psi^-\rangle=\frac{1}{2}(|H\rangle_1|V\rangle_2-|V\rangle_1|H\rangle_2)\qquad(|a\rangle_1|b\rangle_2-b_1|a\rangle_2)$$

这样 $|a\rangle$ 和 $|b\rangle$ 通过分束器 BS 后，将分两束 c 和 d 而射出，再引偏振分束器 PBS 和 PBS$'$ 分别对应 D_H 与 $D_{V'}$ 或者 D_V 与 $D_{H'}$，它通过符合测量可以得到。

如果 $|\psi^+\rangle$ 态自旋对称，空间也对称，$|a\rangle$ 和 $|b\rangle$ 通过分束器 BS 的两光子将从 c 或 d 射出，则两光子的符合测量将在同一偏振分束器的两端（其测量如图 5.5 所示），必须对同一 PBS 的两态进行相干测量。至于 $|\psi^+\rangle$ 与 $|\varphi^-\rangle$，由于对称两光子在同一 PBS，而且在同一 D_H 或 D_V，因此较难区分。

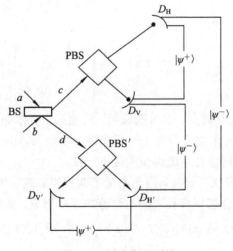

图 5.5　纠缠态的测量

5.1.5　纠缠的定量描述

若 Alice 与 Bob 各控制系统的一部分，其状态分别为 ρ^A 与 ρ^B，整个系统状态 ρ^{AB} 可以表示为

$$\rho^{AB}=\sum_i P_i \rho_i^A \otimes \rho_i^B \qquad (5.2)$$

P_i 为概率，满足 $\sum_i P_i=1$，则该状态为直积态，否则就是纠缠态，即不能用式（5.2）表示，ρ^{AB} 就是纠缠态。两个子态纠缠的程度对于纯态可以用熵来表示，而对于混合态，目

前还缺乏明确的表达式。

若 ρ^{AB} 为纯态，$\rho^{AB} = |\psi^{AB}\rangle\langle\psi^{AB}|$，则 A、B 两态纠缠度 $E(\psi^{AB})$ 可以利用纠缠熵表示为

$$E(\psi^{AB}) = S(\mathrm{tr}_B\rho^{AB}) = S(\mathrm{tr}_A\rho^{AB}) \tag{5.3}$$

由于

$$\rho^A = \mathrm{tr}_B|\psi^{AB}\rangle\langle\psi^{AB}|$$

则量子纠缠度

$$E(\psi^{AB}) = S(\rho^A) = -\mathrm{tr}(\rho^A\mathrm{lb}\rho^A) \tag{5.4}$$

它是符合系统不考虑 Bob 或 Alice 以后的冯·诺依曼熵。例如贝尔态

$$\psi^{AB} = \frac{1}{\sqrt{2}}(|01\rangle - |10\rangle)$$

其密度矩阵

$$\rho^{AB} = \frac{1}{\sqrt{2}}(|01\rangle - |10\rangle)(\langle01| - \langle10|)$$

则

$$\begin{aligned}
\boldsymbol{\rho}^A &= \mathrm{tr}_B(\boldsymbol{\rho}^{AB}) \\
&= \frac{1}{2}(|0\rangle\langle0|\langle1|1\rangle - |0\rangle\langle1|\langle1|0\rangle - |1\rangle\langle0|\langle0|1\rangle + |1\rangle\langle1|\langle0|0\rangle) \\
&= \frac{1}{2}(|0\rangle\langle0| + |1\rangle\langle1|) = \frac{1}{2}\begin{pmatrix} 1 & 0 \\ 0 & 1 \end{pmatrix}
\end{aligned}$$

从而有

$$E(\psi^{AB}) = S(\rho^A) = -\mathrm{tr}\rho^A\mathrm{lb}\rho^A = -\mathrm{tr}\frac{1}{2}\begin{pmatrix} 1 & 0 \\ 0 & 1 \end{pmatrix}\begin{pmatrix} \mathrm{lb}\dfrac{1}{2} & 0 \\ 0 & \mathrm{lb}\dfrac{1}{2} \end{pmatrix} = -\mathrm{tr}\begin{pmatrix} -\dfrac{1}{2} & 0 \\ 0 & -\dfrac{1}{2} \end{pmatrix} = 1$$

其纠缠度为 1，即具有最大纠缠度。也可以证明，其他三个贝尔态也具有最大纠缠度。

这里定义的纠缠度有一个主要性质——可加性，即如果 Alice 和 Bob 分享的两个独立系统的纠缠度为 E_1、E_2，则组合系统纠缠度为 $E_1 + E_2$。

对于混合态，目前没有统一定义，因此出现了两种纠缠量。其一是形成纠缠（entanglement of formation），将混合态纠缠看成纯态纠缠的逐步形成，其纠缠度为

$$E_F(\rho) = \min\{\sum_i P_i E(\varphi_i) \,|\, \rho = \sum_i P_i |\psi_i\rangle\langle\psi_i|\} \tag{5.5}$$

取为纯态平均纠缠的极小值，有人称为单射（One Shot）形成纠缠，它具有可加性，即

$$E_F(\rho_1 + \rho_2) = E_F(\rho_1) + E_F(\rho_2) \tag{5.6}$$

其二为分馏纠缠（distillable entanglement），它是从混合态逐步引出纯纠缠态，其纠缠度由相对纠缠熵（relative entropy of entanglement）给出：

$$E_{RE}(\rho) = \min\{\mathrm{tr}(\rho\mathrm{lb}\rho - \rho\mathrm{lb}\rho')\} \tag{5.7}$$

其中 ρ' 为不纠缠态，最小是对所有不纠缠态取最小值，也就是对 ρ' 取最大值。

为了了解多少纯纠缠态（EPR）能从部分纠缠混合态中分馏出来，引入双比特的混合态，称为韦纳（Weiner）态。它是某个贝尔态。它是由某个贝尔态（如 $|\psi^+\rangle$）保真度下和其他三个态保真度 $(1-F)/3$ 部分的混合，即

$$W_{\mathrm{F}} = F|\varphi^{+}\rangle\langle\varphi^{+}| + \frac{1}{3}(1-F)(|\psi^{-}\rangle\langle\psi^{-}| + |\psi^{+}\rangle\langle\psi^{+}| + |\varphi^{-}\rangle\langle\varphi^{-}|) \tag{5.8}$$

相对纠缠熵是可分馏纠缠的上限。对于韦纳态,其纠缠相对熵为

$$E_{\mathrm{RE}}(W_{\mathrm{F}}) = 1 - H_2(F) \tag{5.9}$$

其中,$H_2(F)$ 为二元熵,F 为保真度,它就是韦纳态的分馏纠缠度。一般情况下,分馏纠缠度大于形成纠缠度。

5.2 双光子纠缠态在量子通信中的应用

量子纠缠是量子系统不同于经典系统的重要特性之一,它在量子通信中起着重要的作用。近年来,人们将纠缠态用于量子通信的多个方面,如用于量子密码术,用于远程传态,并利用纠缠态使通过一个量子比特传送多于一个比特信息。本节先介绍量子通信的各个方案,然后再介绍利用光子纠缠态进行量子通信的各种实验。

5.2.1 量子通信方案

1. 量子密码术

量子密码术包括量子密钥分配(Quantum Key Distribution,QKD)、量子安全直接通信(Quantum Secure Direct Communication,QSDC)、量子秘密共享(Quantum Secret Sharing,QSS)、量子数据隐藏(Quantum Data Hiding,QDH)、量子封印(Quantum Seals,QS)和量子论证(Quantum Identification,QI)等,这里主要介绍量子密钥分配。

在量子密钥分配中,将 EPR 源产生的光子纠缠对分别发给 Alice 和 Bob,如图 5.6 所示。如果纠缠对是 $|\psi^{-}\rangle$ 态,这里

$$|\psi^{-}\rangle = \frac{1}{\sqrt{2}}(|0\rangle_1|1\rangle_2 - |1\rangle_1|0\rangle_2)$$

则 Alice 若测到 $|0\rangle$ 态,则 Bob 必测到 $|1\rangle$ 态。如果没有窃听者,他们一定是反关联的,Alice 和 Bob 可以通过经典信道交换测到的信息,知道中间是否有窃听者窃听。

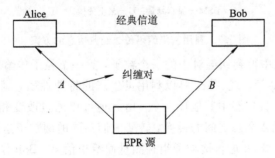

图 5.6 量子密钥分配过程示意图

利用纠缠对进行量子通信秘钥分配的第一协议是 1991 年由英国牛津大学 Ekert 提出的,称为 Ek91 协议。该协议利用纠缠相对测量的易脆性,任何攻击者都会减少纠缠,由于纠缠对的测量服从的统计关联将违反贝尔不等式,窃听者存在则纠缠下降,不等式违反减少。不等式违反是量子密钥安全性的测度,在 Ek91 协议中应用的是 CHSH 不等式。1970

年，魏格纳(Wigner)给出了贝尔不等式的另一种形式，这就是魏格纳不等式。

　　Alice 测量光子 A 选择两个轴 α 和 β，Bob 测量光子 B 选择两个轴 β 和 γ，探测偏振平行于分析轴，相应于 $+1$，而垂直于分析轴，相应于 -1，魏格纳给出，当两边测量都是 $+1$ 时，概率为 P_{++}，它满足以下不等式(魏格纳不等式)：

$$P_{++}(\alpha_A, \beta_B) + P_{++}(\beta_A, \gamma_B) - P_{++}(\alpha_A, \gamma_B) \geqslant 0 \tag{5.10}$$

　　量子力学预言，对 $|\psi^-\rangle$ 态进行测量，当分析器安置在为 θ_A(Alice)和 θ_B(Bob)时，所得概率为

$$P_{++}(\theta_A \theta_B) = \frac{1}{2}\sin^2(\theta_A - \theta_B) \tag{5.11}$$

当分析器安置为 $\alpha = -30°$，$\beta = 0°$，$\gamma = 30°$ 时，导致魏格纳不等式最大违反

$$P_{++}(-30°, 0°) + P_{++}(0°, 30°) - P_{++}(-30°, 30°) = \frac{1}{8} + \frac{1}{8} - \frac{3}{8} = -\frac{1}{8} < 0$$

如果测量的概率违反魏格纳不等式，则量子信道的安全性被确定；如果测量结果不违反不等式，则表明中间有窃听者。上述方案比 CHSH 不等式更容易实现。

2. 量子密集编码

　　当人们利用量子信道传输经典信息时，一般情况下，一个量子比特只能传送 1 bit 经典信息。而班尼特和威斯纳在 1992 年提出了一种巧妙方法可使一个量子比特传送超过 1 bit 经典信息，称为量子密集编码，其方案如图 5.7 所示。

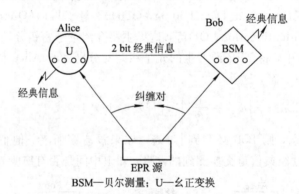

图 5.7　利用密集编码传送经典信息的方案

　　设 Alice 从纠缠源中得到纠缠对中的一个粒子，另一个粒子传给 Bob，两个粒子构成 4 个贝尔态之一，取为 $|\psi^-\rangle$。现 Alice 可以利用贝尔态的特殊性质，调制这两个纠缠粒子中的一个，而转变到 4 个贝尔态中其他任一个。由此他可以通过改变相移，翻转状态或翻转和相移同时进行，完成 4 个态之间的转换，转变他们共同的两粒子态到另一态。然后 Alice 送去变换的两态粒子给 Bob 进行两粒子组合测量而给出信息。Bob 作一个贝尔测量能识别 Alice 送来的 4 个可能的信息。这样传送一个两态系统，就有可能编码两个经典信息。操作和传送一个两态系统而得到多于一个经典比特的信息，称为量子密集编码。

　　前面介绍的是利用量子通信可以保密或有效传送经典信息，人们也可以利用纠缠态传送量子信息，量子远程传态就是一种特殊的量子信息传输。

3. 量子远程传态(Quantum Teleportation，QT)

利用量子纠缠的非定域性，可以实现量子态的远程传送。1993 年，班尼特等人首先提出了有关方案。1997 年，波密斯特尔(Bouwmseeter)等人利用光的偏振态纠缠实现了 10.7 km 的远程传态，其实验原理如图 5.8 所示。

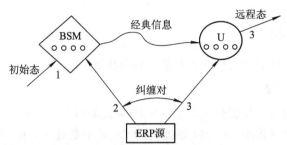

BSM—贝尔测量；U—幺正变换；Alice 作贝尔测量；Bob作幺正变换

图 5.8　量子远程传态示意图

Alice 希望利用粒子 2 与 3 纠缠对，将 1 粒子状态传给 Bob。设 1 粒子初始态为

$$|X\rangle_1 = a|H\rangle_1 + |V\rangle_1$$

$|H\rangle$ 和 $|V\rangle$ 分别表示水平与垂直偏振，纠缠粒子处于状态

$$|\psi\rangle_{23} = \frac{1}{\sqrt{2}}(|H\rangle_2|V\rangle_3 - V\rangle_2|H\rangle_3)$$

则 3 个粒子状态为

$$|\psi\rangle_{123} = |X\rangle_1 \otimes |\psi\rangle_{23}$$
$$= \frac{1}{2}(a|H\rangle_1|H\rangle_2|V\rangle_3 - a|H\rangle_1|V\rangle_2|H\rangle_3 + b|V\rangle_1|\rangle_2|V\rangle_3$$
$$- b|V\rangle_1|V\rangle_2|H\rangle_3)$$

其中 2、3 粒子是纠缠的，而 1、2 和 1、3 是不纠缠的。*Alice* 对 1、2 粒子进行测量，并要求将 $|\psi^+\rangle_{123}$ 按 1、2 形成的贝尔基进行展开。相应本征态是

$$|\psi^+\rangle_{12} = \frac{1}{\sqrt{2}}(|H\rangle_1|V\rangle_2 + |V\rangle_1|H\rangle_2)$$

$$|\psi^-\rangle_{12} = \frac{1}{\sqrt{2}}(|H\rangle_1|V\rangle_2 - |V\rangle_1|H\rangle_2)$$

$$|\varphi^+\rangle_{12} = \frac{1}{\sqrt{2}}(|H\rangle_1|H\rangle_2 + |V\rangle_1|V\rangle_2)$$

$$|\varphi^-\rangle_{12} = \frac{1}{\sqrt{2}}(|H\rangle_1|H\rangle_2 - |V\rangle_1|V\rangle_2)$$

则将 $|\psi\rangle_{123}$ 按上面一组贝尔基展开，有

$$|\psi\rangle_{123} = \frac{1}{2}[-|\psi^-\rangle_{12}(a|H\rangle_3 + b|V\rangle_3) - |\psi^+\rangle_{12}(a|H\rangle_3 - b|V\rangle_3)$$
$$+ |\varphi^-\rangle_{12}(a|V\rangle_3 + b|H\rangle_3) + |\varphi^+\rangle_{12}(a|V\rangle_3 - b|H\rangle_3)] \tag{5.12}$$

式(5.12)表示，如果 Alice 对 1、2 进行测量，若结果 1、2 处在 $|\psi^-\rangle$ 态，则到达 Bob 的粒子 3 就具有初始粒子 1 的状态；若 Alice 测到为 $|\psi^+\rangle_{12}$，她将结果通过经典信道告诉 Bob，

Bob 将 3 粒子 $|V\rangle_3$ 转动 $180°$，从负变为正即得到初始 1 粒子状态；若 Alice 测到为 $|\varphi^-\rangle_{12}$，则 Bob 将 3 粒子做一个幺正变换，将 $|V\rangle$ 与 $|H\rangle$ 交换一下即得到初始 1 粒子状态；若 Alice 测到为 $|\varphi^+\rangle_{12}$，则上述两种变换同时进行即得到初始 1 粒子状态。这样，不管测到哪种结果，Bob 都可以利用 Alice 传来的经典信息对粒子 3 进行幺正变换，而使粒子 3 带有粒子 1 的状态，即为远程传态。

5.2.2 量子通信实验

下面介绍利用光子纠缠对进行的各种量子通信实验。

1. 量子密钥分配实验

基于光子纠缠对的量子秘钥分配实验（QKD）装置如图 5.9 所示。纠缠光子对是利用 II 型参量下转换在硼酸钡晶体中产生的，泵浦光为 Ar 离子激光器，相应波长为 351 nm，功率为 350 mW，产生信号波长为 702 nm，利用硅的雪崩二极管进行探测。Alice 与 Bob 间距为 400 m，利用沃拉斯顿（Walloston）棱镜（如图 5.9(b)所示）作为偏振分束器，分开光束，平行偏振探测器为 +1，密钥比特为 1，垂直偏振探测器为 −1，密钥比特为 0，在分束器前用两个电光调制器快速反转（<15 ns），量子随机信号发生器用于控制调制器的输出。时间计数符合测量均利用计算机（PC）来完成。

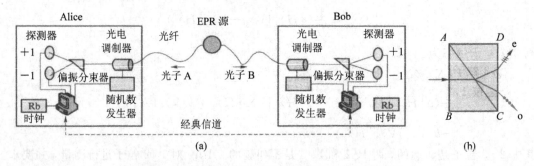

图 5.9 基于光子纠缠对的量子密钥分配实验装置

为了利用魏格纳不等式实现基于光子纠缠的量子密码通信，Alice 控制随机开关分析器在 $-30°\sim0°$ 之间，而 Bob 在 $0°\sim30°$ 之间运行。Alice 和 Bob 从符合计数中引出概率 $P_{++}(0°,30°)$、$P_{++}(-30°,0°)$ 和 $P_{++}(-30°,30°)$，从实验装置给出魏格纳不等式左边为 -0.112 ± 0.014，与量子力学预言的理论值 $-1/8$ 一致，这是没有窃听者的结果，若有窃听者则该值会变化，可能出现正数。

实验装置系统符合率达到 1700/s，光子收集效率为 5%，时间间隔利用两个铷振荡器（原子钟）来控制。

2. 量子密集编码实验

量子密集编码（Quantum Dense Coding，QDC）实验装置如图 5.10 所示，系统由三部分组成。EPR 纠缠源由紫外光源和硼酸钡晶体组成，一个光子给 Alice，另一个通过延时器给 Bob。Alice 通过控制其中一个光子以改变两粒子纠缠状态，使它在 $|\psi^-\rangle$、$|\psi^+\rangle$ 以至 $|\varphi^\pm\rangle$ 态间变化。$|\psi^-\rangle$ 与 $|\psi^+\rangle$ 看成一个量子比特，通过编码后光子传给 Bob，Bob 对两个光子进行相干符合测量，中间加时间延时器，为达到最大符合，使两光子时间差小于相干长度，当光程差为零时计数率最大，如图 5.11 所示。

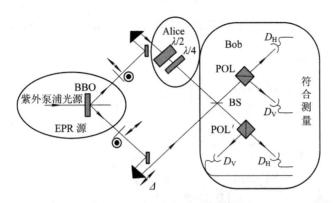

图 5.10　量子密集编码实验装置

如前节讨论的，若 D_H 与 D_V 符合测量给出 $|\varphi^+\rangle$ 态，D_V 与 $D_{H'}$ 符合测量给出 $|\psi^-\rangle$ 态，而对 $|\varphi^-\rangle$ 态，由 D_H 与 $D_{\bar H}$ 之间符合测量给出。因 $|\varphi^-\rangle$ 为对称态，光子趋向一个臂，通过偏振分束后送到一个方向上，这个两光子通过 BS2 分束可以进行符合测量，这样一个光子可以传送 3 个状态，就是 1.5 bit。一个量子态可以传送多于一个量子比特信息就称为量子密集编码。这样通过 Alice 编码和 Bob 的贝尔态测量，一个光子传送多于一个量子比特的信息，即实现了量子密集编码。

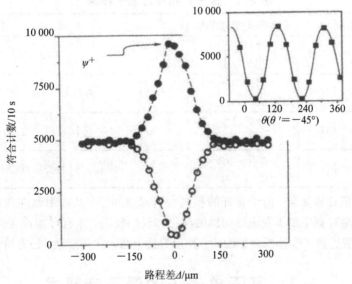

图 5.11　$|\varphi^+\rangle$ 态符合率与两光子路程差的关系

3. 量子远程传态实验

图 5.12 所示为一个传递光子偏振态的量子远程传态实验装置示意图。利用紫外脉冲光束（波长 $\lambda = 394$ nm）打在硼酸钡晶体上产生纠缠光子对，纠缠光子对 2 与 3 由入射脉冲产生，反射光产生纠缠光子对 1 与 4。光子 1 为初始态，其状态利用偏振器（POL 和 1/4 波片控制）使它处在不同的偏振态，光子 4 为触发信号，给出光子 1 的产生时间。Alice 利用束分离器 BS 和探测器 P_1、P_2 对光子 1 和 4 进行贝尔测量。Alice 通过符合测量得到光子 1、2 处在贝尔态，然后通过经典信道将信号告诉 Bob，Bob 利用 1/2 波片与 1/4 波片对状态进

行幺正变换，使 3 粒子具有 1 粒子的状态。若取 $|\psi\rangle_1 = a|0\rangle + b|1\rangle$，$|\psi\rangle_{23} = \dfrac{1}{\sqrt{2}}(|01\rangle - |10\rangle)$，则所得结果如表 5.2 所示。

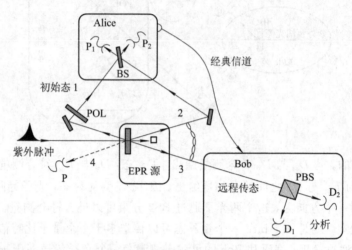

图 5.12　量子远程传态实验装置示意图

表 5.2　量子远程传态实验结果

Alice 测贝尔态	Bob 幺正变换矩阵	意　义
$\|\psi\rangle_{12} = \dfrac{1}{\sqrt{2}}(\|01\rangle - \|10\rangle)$	$\begin{bmatrix} 1 & 0 \\ 0 & 1 \end{bmatrix}$	不变
$\|\psi\rangle_{11} = \dfrac{1}{\sqrt{2}}(\|01\rangle + \|10\rangle)$	$\begin{bmatrix} 1 & 0 \\ 0 & -1 \end{bmatrix}$	将其中 $\|1\rangle$ 转 $180°$
$\|\psi\rangle_{11} = \dfrac{1}{\sqrt{2}}(\|00\rangle - \|11\rangle)$	$\begin{bmatrix} 0 & 1 \\ 1 & 0 \end{bmatrix}$	将 $\|0\rangle$ 与 $\|1\rangle$ 交换
$\|\psi\rangle_{12} = \dfrac{1}{\sqrt{2}}(\|00\rangle + \|11\rangle)$	$\begin{bmatrix} 0 & 1 \\ -1 & 0 \end{bmatrix}$	将 $\|0\rangle$ 与 $\|1\rangle$ 交换再转 $180°$

实际量子通信比较复杂。由于光纤的损失会引起退相干，从而引起纠缠的退化与消失，所以在纠缠态传输过程中要不断进行纠缠的纯化和误码校正，才有可能改善纠缠的性质。另外，还要利用蒸馏过程来改善纠缠的性质。真正的量子通信比较复杂，还有待深入研究。

5.3　基于单光子的量子密码术

在量子通信的实验研究中，目前做得比较多也比较成功的都是利用单光子进行的。不管是 2000 年报道的 Geneva 大学进行的 67 km 量子密钥分配（QKD），还是 2003 年 NEC、Kosaka 报道的 100 km 量子密码系统，以及中国科学技术大学进行的北京到天津量子密钥分配实验都是利用单光子进行的。量子密码术除了量子密钥分配外，还有量子安全直接通信（Quantum Secure Direct Commuication，QSDC）和量子机密共享（Quantum Secret Sharing）等，但由于量子比特率小，其他几项还没有实际应用价值，目前认为比较有实际应用前景的就是量子密钥分配。本节将先介绍基于单光子量子密钥分配的 BB84 协议、量子误码率公式和量子编码，然后介绍有关实验。

5.3.1 BB84 协议

量子密钥分配协议有数十种，比较有名的是 BB84、B92、EK91 等，按状态有 2 态协议、4 态协议、6 态协议和 8 态协议等。

目前大家用得比较多的也是最早的协议是 1984 年由 IBM 公司的班尼特和加拿大蒙特利尔大学的 G. Brassard 提出的一个 4 态协议，称为 BB84 协议。这里用光子偏振态语言来表述 BB84 协议，其实任何两态粒子系统都可以用来建立协议。

BB84 协议利用 4 个量子态构成两组基，例如，光子的水平偏振 $|H\rangle$ 和垂直偏振 $|V\rangle$，45°方向偏振 $|R\rangle = \frac{1}{\sqrt{2}}(|H\rangle + |V\rangle)$ 和 -45°方向偏振 $|L\rangle = \frac{1}{\sqrt{2}}(|H\rangle - |V\rangle)$。在编码中将 $|H\rangle$ 和 $|R\rangle$ 取为 0，而 $|V\rangle$ 和 $|LV\rangle$ 取为 1，它们构成两个正交基。

在 BB84 协议中，Alice 随机选择 4 态光子一个一个地发送给 Bob，N 个光子形成一组，而 Bob 又随机在两组测量基中选取一个对光子进行测量，对应测 N 次。如果将水平垂直基表示为 $\oplus$，而 45°与 -45°基表示为 $\otimes$，取 $N=8$，则结果如表 5.3 所示。

由于 Bob 选择的测量基有 50% 的概率与 Alice 一样，另外在不同基时测量码也有一半是相同的，因此在 $N \to \infty$ 时，Alice 送给 Bob 结果中有 75% 的概率 Bob 测到码与 Alice 相同，称为原码(raw key)。原码是没有经过筛选纠错和密性增强处理的二进制随机数字串。

表 5.3 BB84 协议

Alice	$\otimes$	$\oplus$	$\oplus$	$\otimes$	$\otimes$	$\oplus$	$\oplus$	$\otimes$
	↖	↑	→	↗	↖	→	↑	↗
编码	1	1	0	0	1	0	1	0
Bob	$\otimes$	$\otimes$	$\oplus$	$\oplus$	$\otimes$	$\otimes$	$\oplus$	$\oplus$
	↖	↗	→	↑	↖	↗	↑	→
测码	1	0	0	1	1	0	1	0
原码	1	—	0	—	1	—	1	—
筛选码	1	—	0	—	1	—	1	—

Alice 与 Bob 通过经典信息通道交换信息以后，确定他们采用相同基的码为筛选码(sifted key)。筛选码一般只有 Alice 发送码的 50%，这是没有损失和窃听者的情况，如果中间有窃听者还会发生变化，例如，窃听者采取截取重发(intercept-resend)策略的攻击方案，假定 Eve 利用的一对基与 Alice 采用的基相同，这样她测量 Alice 发送的信息只有 50% 是正确的，她把信息发给 Bob，Bob 又只有一半是正确的，结果当 Alice 与 Bob 比对时，给出 25% 的误码率，这时得到的原码只有 62.5% 相同，则可以测到 Eve 存在。

当 Eve 存在时，Alice 与 Bob 间就终止密文发送，以保证通信安全。值得提出的是，Alice 与 Bob 事先都不能知道协议的结果，因为 Alice 发送机与 Bob 接收机都是随机选择的。

5.3.2 量子误码率

量子误码率(Quantum Bit Error Rate，QBER)定义为错误比特率与接收量子比特率之比，通常用百分数表示，即

$$\text{QBER} = \frac{N_{\text{er}}}{N_{\text{si}} + N_{\text{er}}} = \frac{R_{\text{er}}}{R_{\text{si}} + R_{\text{er}}} \approx \frac{R_{\text{er}}}{R_{\text{si}}} \tag{5.13}$$

其中：N_{er} 为错误计数；R_{er} 为每秒错误计数即错误比特率；R_{si} 为筛选比特率，一般为原始码率的一半，而原始码率基本上等于脉冲率 f_{rep} 和每个脉冲光子数 μ 以及光子到达分析器概率 t_{link} 与被探测概率 η 的乘积，即有

$$R_{si} = \frac{1}{2} R_{aw} = \frac{1}{2} q f_{rep} \mu t_{link} \eta \tag{5.14}$$

因子 $q \leqslant 1$ 是为不同编码而引入的校正因子，取 1 或 1/2；错误比特率 R_{er} 可能来自 3 个不同因素，即

$$R_{er} = R_{opt} + R_{det} + R_{acc} + R_{stray} \tag{5.15}$$

其中 R_{opt} 是由于相位编码中存在非理想干涉，使得偏振编码时产生偏振反差而带来的错误计数，其值为

$$R_{opt} = R_{si} P_{opt} = \frac{1}{2} q f_{rep} \mu t_{link} \eta P_{opt} \tag{5.16}$$

R_{det} 来自于探测器的暗计数，其值为

$$R_{det} = \frac{1}{2} \times \frac{1}{2} f_{rep} P_{dark} \eta \tag{5.17}$$

其中：f_{rep} 为重复率；P_{dark} 是每探测器每时间窗暗计数的概率；n 为探测器数目；2 个 1/2 是由于 Alice 和 Bob 有 50% 的概率选不相容基，而有 50% 的概率在正确探测器中出现。R_{acc} 来自非纠缠的光子对，出现在光子对源的情况。R_{stray} 来自于瑞利散射引起的反向光子，特别是在即插即用(Plug and Play)系统中，另外还有杂散光。因此可将式(5.13)改写为

$$QBER = QBER_{opt} + QBER_{det} + QBER_{acc} + QBER_{stray} \tag{5.18}$$

其中 $QBER_{opt}$ 与传送距离无关，它可以看成装置中的光性质测量，依赖于偏振及相干边缘反差。如果偏振编码系统中偏振反差为 100 : 1，则 $QBER_{opt}$ 为 1%。在相位编码中 $QBER_{opt}$ 与干涉可见度有关，即有

$$QBER_{opt} = \frac{1}{2}(1-V)$$

若可见度 $V = 98\%$，则 $QBER_{opt} = 1\%$；若 $V = 90\%$，则 $QBER_{opt} = 5\%$。

$QBER_{det}$ 与距离有关，因暗计数是常数，而传送比特由于吸收而随距离指数减少，探测器的暗计数最终限制了单光子传送的距离。图 5.13 是 Gisin 给出的通过误码校正和密性增强以后，有用比特率 R_{net} 与传送距离（光纤长）的关系。

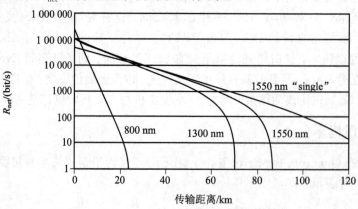

图 5.13 R_{net} 与传输距离的关系

激光脉冲率为 10 MHz；μ 为 0.1；对 800 nm、1300 nm、1550 nm 长的传送距离，损失分别为 2 dB/km、0.35 dB/km、0.2 dB/km；探测器的效率分别为 50%、20% 与 10%；硅 APD、锗 APD 与 InGaAs APD 的暗计数率分别为 10^{-7}、10^{-5}、10^{-5}；$\mathrm{QBER_{opt}}$ 被忽略，计算公式为

$$R_{\mathrm{net}} = R_{\mathrm{si}}[I(\alpha\beta) - I_{\max}(\alpha\varepsilon)] \tag{5.19}$$

其中，$I(\alpha\beta)$ 为 Alice 与 Bob 的香农互信息，有

$$I(\alpha\beta) = 1 - H_2(D) = 1 + D\mathrm{lb}D + (1-D)\mathrm{lb}(1-D) \tag{5.20}$$

其中，D 为误码率，而 $I_{\max}(\alpha\varepsilon)$ 是 Eve 与 Alice 互信息的最大值，为

$$I_{\max}(\alpha\varepsilon) = 1 - H_2(\varepsilon) \tag{5.21}$$

ε 为 Eve 正确猜测的概率，H_2 为二元熵。从图 5.13 中看出，利用单光子保密通信一般在 1000 km 左右，再提高是比较困难的。

5.3.3 量子编码

目前单光子密码通信中主要采用两种编码方式，即偏振编码（Palarization Coding）与相位编码，下面分别介绍。

1. 偏振编码

利用光子的偏振态编码量子比特，应是人们最容易想到的方案。1992 年班尼特等人进行的第一个量子密码通信实验，就是利用偏振编码来完成的。

根据 BB84 协议，利用光子偏振态编码的典型量子通信系统如图 5.14 所示。

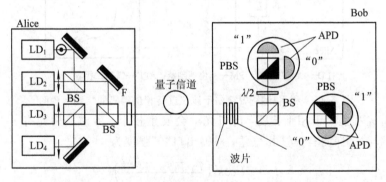

LD—激光二极管；BS—束分离器；F—滤波器；PBS—偏振分束器；
$\lambda/2$—半波片；APD—雪崩二极管

图 5.14 利用偏振编码量子密码通信典型实验系统

Alice 的装置包括 4 个激光二极管，它们发射短脉冲（1 ns），偏振分别为 0°（水平）、90°（垂直）、45° 与 −45°，利用滤波器将光脉冲衰减到平均光子数（小于 0.1），然后通过量子信道发送给 Bob。脉冲从光纤引出，通过一组波片（起 PC 作用，用于补偿脉冲通过光纤时对偏振的变化），脉冲达到 50/50 束分束器，透射光子进入偏振分束器和垂直于水平分析的两个光子计数器系统，反射光子向上通过 1/2 波片使偏振转 45°（−45°→0°），然后利用第二组偏振分束器（PBS）和光子计数器进行分析，偏振分束器执行 45° 基。例如，观测偏振为 45° 的工作，光子偏振态在光纤中会有所改变，到达 Bob 后，偏振控制器必须迫使它返回 45°，光子监测器由一个偏振分束器和两个雪崩二极管（APD）组成，偏振分束器将互相垂直

的两个偏振光分别送给不同的 APD,各自检测代表"0"或"1"的信号。

必须指出,由于光纤本身是一种具有双折射和色散的介质,偏振态在光纤中长距离和长时间传送都是不稳定的。1995 年缪勒(Muller)等人利用波长 $\lambda = 1300$ nm 的光源,在瑞士日内瓦完成了 23 km 的量子密钥分配实验,他们利用日内瓦湖底光纤将量子信号发送到对面的尼罗,但稳定时间只有几分钟。人们提出利用保偏光纤或利用主动式跟踪补偿来改善稳定性,但比较困难。从目前来看,光纤通信偏振编码不是最佳选择,相位编码特别是往返自动补偿相位编码可能较好。但在大气中,由于双折射和色散效应较小,则适宜采用偏振编码。2002 年,Kartsisfer 等人报道了 23.4 km 大气中偏振编码的单光子密码通信。

2. 相位编码

以光子相位进行量子比特编码的概念首先在 1990 年由班尼特提出,他在其论述两态 B92 协议的文章中,描述了相应状态分析利用干涉仪来完成的理论。相位编码的第一个实验是 1993 年由汤森德(Townsend)完成的。

图 5.15 所示为一个利用马赫-曾德尔(March - Zehnder)干涉仪进行相位编码的装置示意图。

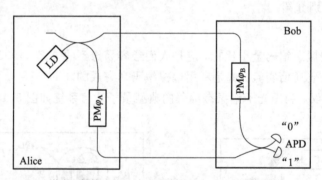

LD—激光二极管,PM—相位调制器;APD—雪崩二极管

图 5.15 利用马赫-曾德尔干涉仪进行相位编码的装置示意图

只要两臂光程差小于相干长度,出口光就会发生相干。考虑反射光有 $\pi/2$ 相移(半波损失),则"0"与"1"探测有 $\pi/2$ 相位差,对输出口"0"强度为

$$I_O = \bar{I} \cos^2 \left(\frac{\varphi_A - \varphi_B - k\Delta l}{2} \right)$$

其中,k 为波数,$k\Delta l$ 为由光程差带来的相位差,$\frac{1}{2}(\varphi_A - \varphi_B - k\Delta l) = n\pi + \frac{\pi}{2}$,$n$ 为整数,I_O

$= 0$。"0"探测器没有光子,则光子在"1"探测器上。当相位差为 $2n\pi$ 时,得 $I_O = \bar{I}$,"0"探测器探测到光子。可见,"0"探测器能否探测到光子可以通过调整 φ_A 与 φ_B 来控制。

单光子源、光子计数探测器和干涉仪组成量子密码通信系统。Alice 的装置包括第一个耦合器、相位调制器和光源;而 Bob 的装置包括一个调制器、耦合器和探测器。

下面利用相位编码实现 BB84 协议。如表 5.4 所示,φ_A 与 φ_B 分别表示 Alice 与 Bob 的相位,Alice 利用四个相移器(分别对应 0、$\pi/2$、$3\pi/2$ 和 π)来编码。取 0 和 $\pi/2$ 为比特 0,$3\pi/2$ 和 π 为比特 1;而完成测量基选择相移 0 或 $\pi/2$,分别对应比特 0 或 1。

表 5.4　利用相位编码实现 BB84 协议

Bit	φ_A	φ_B	$\varphi_A - \varphi_B$	Bit 值
0	0	0	0	0
0	0	$\frac{\pi}{2}$	$-\frac{\pi}{2}$	?
1	π	0	π	1
1	π	$\frac{\pi}{2}$	$\frac{\pi}{2}$	?
0	$\frac{\pi}{2}$	0	$\frac{\pi}{2}$	?
0	$\frac{\pi}{2}$	$\frac{\pi}{2}$	0	0
1	$\frac{3\pi}{2}$	0	$\frac{3\pi}{2}$	?
1	$\frac{3\pi}{2}$	$\frac{\pi}{2}$	π	1

当 Alice 与 Bob 相位差为 0 和 π 时,其基是相容的,其测量有确定值,这时 Alice 与 Bob 的比特位一致;当相位差为 $\pi/2$ 与 $3\pi/2$ 时,其基不相容,这时光子随机选择出口,Bob 没法确定,比特位用? 表示。

在这个方案执行中,要求两臂光程差稳定,若改变超过半波长就会引起误码。如果 Alice 与 Bob 分开 1 km,显然,由于环境变化,很难保证两臂的改变小于 1 μm。为了防止这一问题发生,1992 年班尼特就建议采用两个平衡 M - Z 干涉仪方案。如图 5.16 所示,一个 PM(相位调制器)在 Alice 的装置中,另一个 PM 则属于 Bob,调制计数与时间关系,Bob 得到 3 个峰。第一个峰对应 Alice 与 Bob 干涉中选择短程光子;第三个峰对应长程光子;中间峰对应 Alice 选长程而 Bob 选短程,或反之。这两束光可以发生干涉,该装置的优点是使两臂中的光子分别都通过同样的变化以减少环境的影响。有关频率编码与时间编码的内容省略。

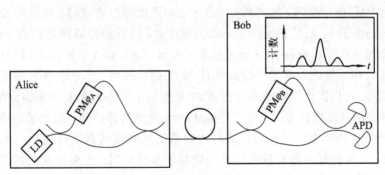

图 5.16　用于量子密码术的双 M - Z 干涉仪

5.3.4　单光子密钥分配实验

从上面的讨论可以看到,不管是偏振编码还是相位编码都要求人们补偿光的路程涨落,以保持系统的稳定。下面介绍两个实验系统,一个是日内瓦大学吉辛(Gisin)等人实现的即插即用系统,另一个是日本 NEC 的实验系统。

1. 即插即用系统

吉辛等人的实验系统利用光程的往返,没有加另外的光学调整,就补偿了光程涨落。

他们将系统取名为即插即用系统，其结构如图 5.17 所示。

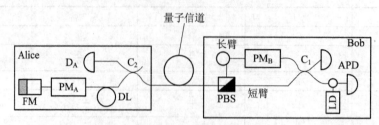

LD—激光二极管；APD—雪崩二极管；C_i—耦合器；PM—相位调制器；
PBS—偏振分束器；DL—延时器；FM—法拉第镜；D_A—经典探测器

图 5.17　自调制的即插即用系统

图 5.17 中，激光二极管 LD 在 Bob 端，信号光通过耦合器 C 进入光路，然后通过两条路到达法拉第镜(FM)。法拉第镜由一个法拉第圆筒和一个反射镜组成。线偏振光在筒内沿磁轴入射，磁场恒定，在磁场效应下产生法拉第效应，偏振方向在与磁轴垂直的平面上旋转，遇到反射镜时反射，反射光沿磁轴反向射出，其偏振方向受磁场作用继续旋转，当离开法拉第圆筒时，出射光偏振方向相对入射光旋转 $\pi/2$。

FM 安在 Alice 端，信号光可以从短臂(Short Arm)过去，然后从长臂(Long Arm)返回 Bob；或者通过长臂传到 Alice，经 FM 反射后再通过短臂返回 Bob。系统将利用一个 M－Z 干涉仪起两个 M－Z 干涉仪作用，而且两路通过同样长的路程，由环境带来对光路的影响会自动补偿。

开始通过短臂的光为 P_1，通过长臂的光为 P_2，调整 PBS 使光完全透过，通过调整 PM_B 使 P_2 在 PBS 全反射下都进入量子信道而传给 Alice，两路时间差取 200 ns。通过量子信道进入 Alice 的一部分光到 D_A，D_A 提供一个时间信息，该探测对防止特洛伊(Trojian)木马攻击是很重要的。通过 C_2 的光，通过一个衰减器到光延时器(DL)，在法拉第镜反射前通过相位调制器 PM_A 进行编码，脉冲离开 Alice 之前再次通过衰减器，使脉冲减弱到每个脉冲平均光子数都小于 1。法拉第镜产生 $\pi/2$ 的相位差，这样能使返回的 P_1 在 PBS 处完全反射而通过长臂到达 C_1，P_2 将在 PBS 处透过而走短臂。Bob 通过调整 PMD 以改变其检测的基，两束光到 C_1 相干后进入单光子探测器 D_1 与 D_2 进行测量。由于软件发展系统可以自动化，利用该系统，日内瓦大学吉辛等人在 2002 年实现了 67 km 的量子密钥分配。

对该系统有两点值得注意。一是在开始从 Bob 发出的脉冲弱，但光子数多，比返回脉冲中光子数至少大 1000 倍以上，同样光纤中杂质引起的瑞利背散射也是一个比较大的噪声，其中 Alice 中的光延时器对解决这个问题起着重要作用，让束脉冲在其中延迟一段时间再返回，使背散射在接收窗口之外。另一个问题是容易受 Eve 的特洛伊木马攻击，攻击方法是 Eve 也发一个信息到 Alice 和 Bob 的工作区，然后通过有关信息测量而得到 Alice 和 Bob 的互信息，对此 Alice 与 Bob 必须采用一些防范措施，如加滤波器阻止 Eve 间谍信息的传送。

2. NEC 实验系统

这里介绍 2003 年日本 NEC 给出的一个传送 100 km 的量子秘钥分配系统，其装置如图 5.18 所示。装置中主要改进在单光子探测器上，采用了平衡门模光子探测器(Blanced Gated Mode Photon Detector)。系统利用 InGaAs/InP 型雪崩二极管(APD)工作在

1.55 μm、Geiger 模式(即反向偏压高于管子击穿电压)，这样一旦有信号就产生雪崩，以得到一个较大的输出。Geiger 模式启动一般有较大的暗电流，由于脉冲偏压同步于探测器时间窗，故又称为门模式(GatedMode)。系统利用两个 APD 平衡输出是为了减小暗电流，在两个 APD 后的正方形表示 180 的桥接(Hybrid Junction)，使两个 APD 的输出信号相减，APD_1 提供负信号，APD_2 提供正信号。两个鉴别器也适应于正负脉冲，以确定 APD 探测一个光子。采用该方法，在-106.5℃的条件下，暗电流概率可达到 2×10^{-7}，比一般单光子探测器低一个量级(10^{-5})。Alice 与 Bob 中间的光纤长 100 km，脉冲平均数为 0.1，脉冲重复率为 500 kHz。为减少后脉冲影响，取激光器脉冲宽为 0.5 ns，APD 选道脉宽为 0.75 ns，相位调制器接通脉宽为 20 ns。

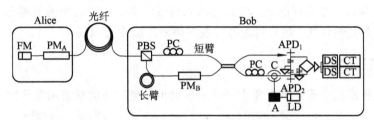

FM—法拉第镜；PM—相位调制器；PBS—偏振分束器；PC—偏振控制器；
A—衰减器；DS—鉴别器；CT—计数器；APD—雪崩二极管；C—环形器

图 5.18　单光子量子密码系统示意图

测量光子计数概率和密钥产生率与传输距离的关系如图 5.19 所示。

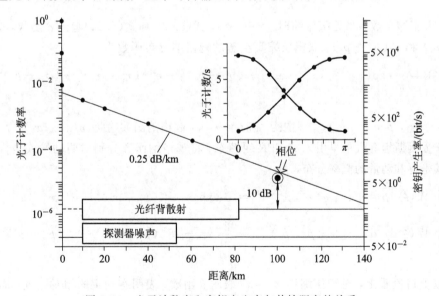

图 5.19　光子计数率和密钥产生率与传输距离的关系

利用的光纤损失为 0.25 dB/km，图中显示光子计数率随距离增加呈指数减小，其中样图显示出相干的边缘，相干条件的可见度为

$$V = \frac{I_{max} - I_{min}}{I_{max} + I_{min}}$$

在传 100 km 后，APD_1 和 APD_2 分别为 83% 与 80%，可见度与 QKD 系统保真度(Fidelity)的关系为 $F=(V+1)/2$，因此保真度 F 大于 90%，量子误码率(QBER)定义为 $1-F$，小于

10%。图 5.19 中的最低线对应探测器暗计数 2×10^{-7} / 脉冲，约 0.1 计数/s。由杂散射引起的错误计数率为 1.2×10^{-6} / 脉冲，0.6 计数/s。杂散射主要来自 Rayleigh 背散射，减少背散射可以多传 140 km，再用损失小的光纤（如 0.17 dB/km），QKD 传送可能达到 200 km。

　　从以上讨论看出，增加 QKD 距离可以通过减小光纤损失及减少背向散射光和光子计数器的暗电流来实现。

5.4　连续变量纠缠

　　1935 年爱因斯坦等人最早引入的纠缠态就是连续变量的，涉及粒子的坐标与动量。但他们引入的纠缠态是非物理的。上节提到的双模压缩态是比较实在的纠缠态。本节首先讨论双模压缩态的纠缠性质，然后讨论两体及多体的连续变量纠缠。

5.4.1　双模压缩态

　　对于双模压缩真空态，1997 年 Leonhardt 给出其坐标与动量波函数分别为

$$\phi(x_1, x_2) = \sqrt{\frac{2}{\pi}} \exp\left[-\frac{\mathrm{e}^{-2r}(x_1 + x_2)^2}{2} + \frac{\mathrm{e}^{2r}(x_1 - x_2)^2}{2}\right] \tag{5.22}$$

$$\psi(p_1, p_2) = \sqrt{\frac{2}{\pi}} \exp\left[-\frac{\mathrm{e}^{-2r}(p_1 - p_2)^2}{2} - \frac{\mathrm{e}^{2r}(p_1 + p_2)^2}{2}\right] \tag{5.23}$$

其中，γ 为压缩系数，当无限压缩时 $(\gamma \to \infty)$，式(5.22)和式(5.23)趋向 δ 函数，分别为 $c\delta(x_1 - x_2)$ 和 $c\delta(p_1 + p_2)$。双模压缩真空态的魏格纳分布函数为

$$W(\xi) = \frac{4}{\pi^2} \exp\{-\mathrm{e}^{-2\gamma}[(x_1 + x_2)^2 + (p_1 - p_2)] + \mathrm{e}^{2\gamma}[(x_1 - x_2)^2 + (p_1 + p_2)^2]\}$$
$$\tag{5.24}$$

其中，$\xi = (x_1, p_1, x_2, p_2)$，在无限压缩时 $\gamma \to \infty$，魏格纳函数趋向 $c\delta(x_1 - x_2)\delta(p_1 + p_2)$，即相应于爱因斯坦等人最早引入的 EPR 纠缠态。将魏格纳函数分别对两动量或坐标积分可以给出其坐标和动量的概率分布，为

$$\iint W(\xi)\,\mathrm{d}p_1\,\mathrm{d}p_2 = |\varphi(x_1, x_2)|^2 = \frac{2}{\pi}\exp[-\mathrm{e}^{-2r}(x_1 + x_2)^2 - \mathrm{e}^{2r}(x_1 - x_2)^2]$$
$$\iint W(\xi)\,\mathrm{d}x_1\,\mathrm{d}x_2 = |\varphi(p_1, p_2)|^2 = \frac{2}{\pi}\exp[-\mathrm{e}^{-2r}(p_1 - p_2)^2 - \mathrm{e}^{2r}(p_1 + p_2)^2]$$
$$\tag{5.25}$$

　　从以上讨论看出，对于压缩用 $x_1 - x_2$ 表示 δ 函数，表明有确定的相对位置，而且其总动量是 $p_1 + p_2$，取 δ 函数表明动量相反，但对于双模压缩真空态的两模，它们各自坐标和动量的不确定量随压缩的增加而增加。事实上将魏格纳函数对一个模的坐标与动量积分得到热态

$$\iint W(\xi)\,\mathrm{d}x_1\,\mathrm{d}p_1 = \frac{1}{\pi(1 + 2\bar{n})}\exp\left[-\frac{2(x_2^2 + p_2^2)}{1 + 2\bar{n}}\right] \tag{5.26}$$

其中，$\bar{n} = \sinh^2 r$ 为压缩态的平均光子数。

　　双模压缩真空态可以将压缩算符（取 $\theta = 0$）作用在真空态上得到，并且利用光子数态展

开，结果为

$$\hat{S}(\xi)|00\rangle = e^{r(\hat{a}_1^+ \hat{a}_2^+ - \hat{a}_1 \hat{a}_2)}|00\rangle$$

$$= e^{\tanh r \hat{a}_1^+ \hat{a}_2^+} \left(\frac{1}{\cosh r}\right)^{\hat{a}_1^+ \hat{a}_1 + \hat{a}_2^+ \hat{a}_2 + 1} e^{-\tanh r \hat{a}_1^+ \hat{a}_2^+}|00\rangle \tag{5.27}$$

$$= \sqrt{1-\lambda} \sum_{n=0}^{\infty} \lambda^{n/2}|n\rangle|n\rangle$$

其中 $\lambda = \tanh^2 r$。式(5.26)显示出双模压缩真空态中两模不仅正交相位相关，也是光子数和其相位量子相关的。

双模压缩真空态可以利用非简并的参量放大器产生，压缩算符可以从参量放大器哈密顿的时间发展中给出，另外也可以利用两个单模压缩真空态通过 50/50 分束器获得。下面利用海森堡绘景来给出相关结果，取初始算符为 $\hat{a}_1$、$\hat{a}_1^+$、$\hat{a}_2$、$\hat{a}_2^+$，压缩算符作用后，算符为 $\hat{a}_1$、$\hat{a}_2$（取 $\theta = 0$），且有

$$\hat{a}_1 = \hat{S}^+(\xi)\hat{a}_1^o \hat{S}(\xi) = \hat{a}_1^o \cosh r + \hat{a}_1^{o+} \sinh r \tag{5.28}$$

$$\hat{a}_2 = \hat{S}^+(\xi)\hat{a}_2^o \hat{S}(\xi) = \hat{a}_2^o \cosh r - \hat{a}_2^{o+} \sinh r \tag{5.29}$$

利用 50/50 分束器组合得

$$\hat{b}_1 = \frac{\hat{a}_1 + \hat{a}_2}{\sqrt{2}} = \hat{b}_1^o \cosh r + \hat{b}_2^{o+} \sinh r \tag{5.30}$$

$$\hat{b}_2 = \frac{\hat{a}_1 - \hat{a}_2}{\sqrt{2}} = \hat{b}_2^o \cosh r + \hat{b}_1^{o+} \sinh r \tag{5.31}$$

其中

$$\hat{b}_1^o = \frac{\hat{a}_1^b + \hat{a}_2^o}{\sqrt{2}}, \quad \hat{b}_2^o = \frac{\hat{a}_1^o - \hat{a}_2^o}{\sqrt{2}}$$

也是两个真空模，得到态 $\hat{b}_1$ 和 $\hat{b}_2$ 为两个模压缩态，双模压缩真空态正交相振幅，即归一化处理后的坐标与动量为

$$\hat{x}_1 = \frac{1}{\sqrt{2}}(e^r \hat{x}_1^o + e^{-r} \hat{x}_2^o), \quad \hat{p}_1 = \frac{1}{\sqrt{2}}(e^{-r} \hat{p}_1^o + e^r \hat{p}_2^o) \tag{5.32}$$

$$\hat{x}_2 = \frac{1}{\sqrt{2}}(e^r \hat{x}_1^o - e^{-r} \hat{x}_2^o), \quad \hat{p}_2 = \frac{1}{\sqrt{2}}(e^{-r} \hat{p}_1^o - e^r \hat{p}_2^o) \tag{5.33}$$

其中

$$\hat{b}_k^o = \hat{x}_k^o + i\hat{p}_k^o, \quad \hat{b}_k = \hat{x}_k + i\hat{p}_k (k = 1, 2) \tag{5.34}$$

对于大压缩(γ)，单个正交相振幅 $\hat{x}_k$ 与 $\hat{p}_k$ 成为大噪声，而且对位置和总动量分别为

$$\hat{x}_1 - \hat{x}_2 = \sqrt{2}e^{-r}\hat{x}_2^o, \quad \hat{p}_1 + \hat{p}_2 = \sqrt{2}e^{-r}\hat{p}_1^o \tag{5.35}$$

被压缩后为

$$\langle(\hat{x}_1 - \hat{x}_1)^2\rangle = \frac{1}{2}e^{-2r}, \quad \langle(\hat{p}_1 + \hat{p}_1)^2\rangle = \frac{1}{2}e^{-2r} \tag{5.36}$$

双模压缩真空态是二体(bipartite)连续变量纠缠的一个实例。一般认为连续变量纠缠态定义在无限维 Hilbert 空间。两个分立量子化模具有动量，坐标和光子数与相位关联。高

斯纠缠态是连续变量纠缠态中的一个重要子类，其性质已有人做了比较详细的讨论。下面分别针对二体纠缠与多体纠缠来讨论纠缠态的性质。

5.4.2　二体纠缠

下面先讨论纯态的二体纠缠（bipartite entanglement），然后讨论混合态纠缠。

1. 纯态

设二体纠缠形成一个纯态（pure state），若取两个子系统正交基为 $|u_n\rangle$ 和 $|v_n\rangle$，则系统态矢量可以进行施密特分解

$$|\varphi\rangle = \sum_n C_n |u_n\rangle |v_n\rangle \tag{5.37}$$

C_n 为施密特系数，是实的，非负的，且满足 $\sum_n C_n^2 = 1$。当整个向量的施密特系数全相等时具有最大纠缠；而当施密特系数为 1 时，纯二体总是不纠缠的，此时态的施密特分解为 $|\varphi\rangle = |u_1\rangle |v_1\rangle$。

对于纯态，其二体纠缠度已在本章 5.1 节中讨论过，对分离变量是利用偏冯·诺依曼熵来量度，在连续变量中也一样。取量子化密度算符

$$\hat{\rho}_1 = \mathrm{tr}_2 \hat{\rho}_{12}, \qquad \hat{\rho}_2 = \mathrm{tr}_1 \hat{\rho}_{12}$$

而

$$\hat{\rho}_1 = \mathrm{tr}_2 \hat{\rho}_{12} = \mathrm{tr}_2 |\varphi\rangle_{1212}\langle\varphi| = \sum_n C_n^2 |u_n\rangle_{11}\langle u_n| \tag{5.38}$$

相应的偏冯·诺依曼熵为

$$E_{\mathrm{VN}} = -\mathrm{tr}\hat{\rho}_1 \log_d \hat{\rho}_1 = -\mathrm{tr}\hat{\rho}_2 \log_d \hat{\rho}_2 = -\sum_n C_n^2 \log_d C_n^2 \tag{5.39}$$

d 为子系的能态数，单位为 edits。该熵对应给定纯态的最大纠缠度，其值在 0～1 之间。例如，求出函数 $E_{\mathrm{VN}} = 0.4$，意味着状态 1000 考贝能转变为 400 个最大纠缠态。

若将压缩态利用粒子数态表示为

$$|\xi 0\rangle = \hat{S}(\xi)|00\rangle = \sqrt{1-r} \sum_{n=0}^{\infty} \lambda^{n/2} |n\rangle |n\rangle \tag{5.40}$$

其中，$\lambda = \tanh^2 r$，$r = |\xi|$，则可以给出偏冯·诺依曼熵

$$\begin{aligned} E_{\mathrm{VN}} &= -\mathrm{lb}(1-\lambda) - \lambda \, \mathrm{lb}\frac{\lambda}{1-\lambda} \\ &= \cosh^2 r \, \mathrm{lb}(\cosh^2 r) - \sinh^2 r \, \mathrm{lb}(\sinh^2 r) \end{aligned} \tag{5.41}$$

在第 2 章中讲过，纠缠的一个重要标志是基于定域实在论的贝尔不等式的违反，因此对纯态二体纠缠态，其主要特性总结如下：

(1) 施密特秩＞1；

(2) 偏冯·诺依曼熵＞0；

(3) 违反贝尔不等式。

2. 混合态不可分性判据

对于二体混合态，纠缠测度没有纯态那么简单。对于纯态，人们可以利用偏冯·诺依曼熵对纠缠进行测度；对于混合态，只有对称双模高斯态有比较明确的判据，它也是通过

定域实在论推导的不等式来判断的。Duan 在柯西－施瓦兹不等式基础上给出两体混合态可以分开的条件为

$$\langle(\Delta\hat{u})^2\rangle_\rho + \langle(\Delta\hat{v})^2\rangle_\rho \geqslant \bar{a}\,|\langle[\hat{x}_1,\ \hat{p}_1]\rangle_\rho| + \frac{|\langle[\hat{x}_2,\ \hat{p}_2]\rangle_\rho|}{\bar{a}^2} = \frac{\bar{a}^2}{2} + \frac{1}{2}\times\frac{1}{2\bar{a}^2}$$

(5.42)

其中，$\hat{u} = |\bar{a}|\hat{x}_1 - \dfrac{1}{|\bar{a}|}\hat{x}_2$，$\hat{v} = |\bar{a}|\hat{p}_1 + \dfrac{1}{|\bar{a}|}\hat{p}_2$，$\bar{a}$ 是任意非零的实参数。若取 $\bar{a}=1$ 得

$$\langle(\Delta\hat{u})\rangle_\rho + \langle(\Delta\hat{v})\rangle_\rho \geqslant \frac{1}{4}$$

(5.43)

其中，$\hat{u} = \hat{x}_1 - \hat{x}_2$ 是两位置差，而 $\hat{v} = \hat{p}_1 + \hat{p}_2$ 是两动量和。若二体满足不等式(5.43)就是可分的，而违反不等式就是纠缠的，且违反越大纠缠也就越大。

对于偏振关联或自旋关联，自旋是三个分量满足对易关系 $[\hat{S}_i,\ \hat{S}_j] = i\varepsilon_{ijk}\hat{S}_k$，$ijk$ 对应 xyz，相应可分条件为

$$\langle[\Delta(\hat{S}_{x_1} + \hat{S}_{x_2})]^2\rangle_\rho + \langle[\Delta(\hat{S}_{y_1} + \hat{S}_{y_2})]^2\rangle_\rho \geqslant |\langle S_{21}\rangle_\rho| + |\langle S_{22}\rangle_\rho|$$

(5.44)

对于一般二体混合态，利用所谓负的局部翻转(Negative Partial Transpose，NPT)来判断——人们论证该 NPT 是违反定域实在论的，则只要二体混合态有负的局部翻转就是不可分的，是纠缠的，即局部翻转的密度矩阵具有负的本征值就是纠缠的。

二体密度矩阵为 $\hat{\rho}(\hat{x}_1,\ \hat{p}_1,\ \hat{x}_2,\ \hat{p}_2)$，部分翻转为 $\hat{\rho}(\hat{x}_1,\ \hat{p}_1,\ \hat{x}_2,\ -\hat{p}_2)$，则只要 $\hat{\rho}(\hat{x}_1,\ \hat{p}_1,\ \hat{x}_2,\ -\hat{p}_2)$ 有负的本征值就是纠缠的。相应的魏格纳函数为 $W(x_1,\ p_1,\ x_2,\ p_2)$，翻转以后函数为 $W(x_1,\ p_1,\ x_2,\ -p_2)$，则此函数为负的就是纠缠的。

3. 多体纠缠

对于多体纠缠(Multipartite Entanglement)，由于参加纠缠多于两体，即使纯态也不存在施密特分解，因此总的态向量不能写成正交基态的简单求和。下面考虑分离变量多体纠缠。

一个最简单的三体纠缠态是 GHZ(Greenberger – Horne – Zeilinger)态，表示为

$$|\mathrm{GHZ}\rangle = \frac{1}{\sqrt{2}}(|000\rangle + |111\rangle)$$

(5.45)

相对于贝尔基，可以认为它具有最大三体纠缠。N 体 GHZ 态为

$$|\mathrm{GHZ}\rangle_N = \frac{1}{\sqrt{2}}(|000\cdots00\rangle + |111\cdots11\rangle)$$

(5.46)

它产生对定域实在论引出多体不等式的最大违反。

三量子比特纯的完全纠缠态表示除有 GHZ 态外，还有 W 态：

$$|W\rangle = \frac{1}{\sqrt{3}}(|100\rangle + |010\rangle + |001\rangle)$$

(5.47)

其他三量子比特纠缠态都有可能通过随机定域作用和幺正变换转变为 $|\mathrm{GHZ}\rangle$ 态或 $|W\rangle$ 态。

$|\mathrm{GHZ}\rangle$ 态与 $|W\rangle$ 态有一定差别。若对其中一体变量求迹，得

$$\mathrm{tr}_1|W\rangle\langle W| = \frac{1}{3}(|00\rangle\langle00| + |10\rangle\langle10| + |01\rangle\langle01| + |10\rangle\langle10| + |01\rangle\langle01|)$$

表明它是不可分的；而 GHZ 态对其中一体变量求迹，有

$$\text{tr}_1 |GHZ\rangle\langle GHZ| = \frac{1}{2}(|00\rangle\langle 00| + |11\rangle\langle 11|)$$

得到一个可分的二量子比特态。

对于一般多体纠缠，还缺少像二体纠缠一样的简单公式来判别，包括 NPT 判据。对于多体纠缠的定量化，即使对于纯态，也是一个正在研究的课题。定域实在论的多体不等式的违反也不是真正多体纠缠的必要条件，它仅给出部分纠缠相对应关系，具体如下：

(1) N 体贝尔不等式违反 $\Rightarrow$ 部分纠缠；

(2) 真正的多体纠缠 $\Leftrightarrow N$ 体贝尔不等式违反。

多模高斯态在量子通信和量子计算中是一个重要的量子态，它可以在实验室中产生，其对应的魏格纳函数是归一化的高斯分布。对于三模情况，有

$$W(\xi) = \frac{1}{(2\pi)^3 \sqrt{\det r^{(3)}}} \exp\left[-\frac{1}{2}\xi[V^{(3)}]^{-1}\xi^{\mathrm{T}}\right] \tag{5.48}$$

其中，ξ 为 2×3 维向量，即

$$\xi = (x_1 p_1,\ x_2 p_2,\ x_3 p_3), \quad \hat{\xi} = (\hat{x}_1 \hat{p}_1,\ \hat{x}_2 \hat{p}_2,\ \hat{x}_3 \hat{p}_3)$$

$V^{(3)}$ 为 6×6 维的矩阵，为三维相关函数，其元素为

$$V_{ij}^{(3)} = \int W(\xi)\,\xi_i \xi_j d^{2\times 3}\xi = \left\langle \frac{\hat{\xi}_i \hat{\xi}_j + \hat{\xi}_j \hat{\xi}_i}{2} \right\rangle \tag{5.49}$$

从量子力学测不准关系给出以下不等式：

$$V^{(3)} - \frac{i}{2}\boldsymbol{\Lambda} \geqslant 0 \tag{5.50}$$

其中，$\boldsymbol{\Lambda}$ 是 $2 \times 2J$ 对角矩阵，即

$$\boldsymbol{\Lambda} = \begin{pmatrix} J & 0 \\ 0 & J \end{pmatrix}$$

J 是对角空矩阵，在三模时，有

$$J = \begin{pmatrix} 0 & 1 & 0 \\ -1 & 0 & 1 \\ 0 & -1 & 0 \end{pmatrix}$$

对单模情况，不等式(5.50)为 $\det V^{(1)} \geqslant \frac{1}{16}$，即熟悉的海森堡不等式。

不等式(5.50)为可分性的一个判据（称 NPT 判据），利用判据将三体三模高斯态分为 5 类：

类 1：$\overline{V}_1^{(3)} < \frac{i}{4}\boldsymbol{\Lambda}$，$\overline{V}_2^{(3)} < \frac{i}{4}\boldsymbol{\Lambda}$，$\overline{V}_3^{(3)} < \frac{i}{4}\boldsymbol{\Lambda}$，完全不可分态；

类 2：$\overline{V}_k^{(3)} \geqslant \frac{i}{4}\boldsymbol{\Lambda}$，$\overline{V}_m^{(3)} < \frac{i}{4}\boldsymbol{\Lambda}$，$\overline{V}_n^{(3)} < \frac{i}{4}\boldsymbol{\Lambda}$，部分可分态；

类 3：$\overline{V}_k^{(3)} \geqslant \frac{i}{4}\boldsymbol{\Lambda}$，$\overline{V}_m^{(3)} \geqslant \frac{i}{4}\boldsymbol{\Lambda}$，$\overline{V}_n^{(3)} < \frac{i}{4}\boldsymbol{\Lambda}$，部分可分态；

类 4、5：$\overline{V}_1^{(3)} \geqslant \frac{i}{4}\boldsymbol{\Lambda}$，$\overline{V}_2^{(3)} \geqslant \frac{i}{4}\boldsymbol{\Lambda}$，$\overline{V}_3^{(3)} \geqslant \frac{i}{4}\boldsymbol{\Lambda}$，完全可分态。

其中，$\bar{V}_j^{(3)} = \Gamma_j V^{(3)} \Gamma_j^{-1}$ 表示对模 j 的部分互换（翻转）。第 1 类对应完全不可分态，而 4、5 类为完全可分态，2、3 类为部分不可分态。

4. 连续变量 EPR 纠缠态产生实验

连续变量 EPR 纠缠态可以利用参量放大器产生，也可以利用光纤中的非线性效应产生。参量放大器利用 $\chi^{(2)}$ 大的非线性介质。若入射泵浦光频率为 ω_0，则透过非线性介质可以产生 $\omega_0 \pm \Omega$ 的信号模和闲频模，相应湮灭算符为 $\hat{b}(\omega_0 \pm \Omega)$。在一个以 ω_0 转动的参考系中，可以取 $\hat{B}(\pm\Omega) = \hat{b}(\omega_0 \pm \Omega)$ 分别代表信号模与闲频模，称为边带湮灭算符，满足对角关系：

$$[\hat{B}(\Omega), \hat{B}(\Omega')] = \delta(\Omega - \Omega') \tag{5.51}$$

引入正交相振幅，即

$$\hat{X}_1(\Omega) = \frac{1}{2}[\hat{B}(\Omega) + \hat{B}^+(-\Omega)] \tag{5.52}$$

$$\hat{P}(\Omega) = \frac{1}{2i}[\hat{B}(\Omega) - \hat{B}^+(\Omega)] \tag{5.53}$$

则相对应角关系为

$$[\hat{X}(\Omega), \hat{P}(\Omega')] = \frac{i}{2}\delta(\Omega - \Omega') \tag{5.54}$$

通过两个简并的参量振荡器产生两个独立的压缩态 1 与 2，即有

$$\hat{X}_1(\Omega) = \hat{S}_+(\Omega)\hat{X}_1^{(0)}(\Omega), \quad \hat{p}_1(\Omega) = \hat{S}_-(\Omega)\hat{p}_1^{(0)}(\Omega) \tag{5.55}$$

$$\hat{X}_2(\Omega) = \hat{S}_-(\Omega)\hat{X}_2^{(0)}(\Omega), \quad \hat{p}_2(\Omega) = \hat{S}_+(\Omega)\hat{p}_2^{(0)}(\Omega) \tag{5.56}$$

其中，$|S_-(\Omega)| < 1$ 对应于 e^{-r}，而 $|S_+(\Omega)| > 1$ 对应于 e^{+r}，附标"0"表示真空状态。通过分束器的组合可得到宽带 EPR 源，两压缩纠缠态为 u 和 v，即有

$$\hat{X}_u(\Omega) = \frac{1}{\sqrt{2}}\hat{S}_+(\Omega)\hat{X}_1^{(0)}(\Omega) + \frac{1}{\sqrt{2}}\hat{S}_-(\Omega)\hat{X}_2^{(0)}(\Omega) \tag{5.57}$$

$$\hat{P}_u(\Omega) = \frac{1}{\sqrt{2}}\hat{S}_-(\Omega)\hat{P}_1^{(0)}(\Omega) + \frac{1}{\sqrt{2}}\hat{S}_+(\Omega)\hat{P}_2^{(0)}(\Omega) \tag{5.58}$$

$$\hat{X}_v(\Omega) = \frac{1}{\sqrt{2}}\hat{S}_+(\Omega)\hat{X}_1^{(0)}(\Omega) - \frac{1}{\sqrt{2}}\hat{S}_-(\Omega)\hat{X}_2^{(0)}(\Omega) \tag{5.59}$$

$$\hat{P}_v(\Omega) = \frac{1}{\sqrt{2}}\hat{S}_-(\Omega)\hat{P}_1^{(0)}(\Omega) - \frac{1}{\sqrt{2}}\hat{S}_-(\Omega)\hat{P}_2^{(0)}(\Omega) \tag{5.60}$$

两态关联显示出相对坐标与总动量的压缩，即

$$\hat{X}_u(\Omega) - \hat{X}_v(\Omega) = \sqrt{2}\hat{S}_-(\Omega)\hat{X}_2^{(0)}(\Omega) \tag{5.61}$$

$$\hat{P}_u(\Omega) + \hat{P}_v(\Omega) = \sqrt{2}\hat{S}_-(\Omega)\hat{P}_1^{(0)}(\Omega) \tag{5.62}$$

利用这种方法，连续变量正交纠缠态和连续变量偏振纠缠态分别在 2001 年由 Silberhorn 等人和 2002 年由 Browen 等人在实验中产生。

在光纤中，由于 $\chi^{(2)}$ 较小，产生压缩态是利用其中的三阶非线性极化率 $\chi^{(3)}$。利用光纤直接产生光纤压缩态，并进一步形成纠缠，显然更有利于在量子通信中应用。

在光纤中，Kerr 作用哈密顿量

$$\hat{H}_{\text{int}} = \hbar \, k\kappa \hat{a}^{+2}\hat{a}^{2} = \hbar \, k\hat{n}(\hat{n}-1)$$

其中耦合系数 κ 正比于 $\chi^{(3)}$，它与算符为四次方关系，而不是 $\chi^{(2)}$ 介质中的平方关系。使用 Kerr 效应产生压缩态是香蕉型的，它的产生将是光子数的压缩态，具有泊松分布，状态更接近 Fork 态而不是正交态。

图 5.20 是 Silberhorn 等人利用光纤产生压缩纠缠态的示意图。他们利用 C_r^{4+} YAG 锁模激光器产生脉宽 130 fs，注入非对称 Sagnce 干涉仪，干涉仪利用 8 m 双折射光纤测出正交压缩率。对 $\hat{S}$、$\hat{P}$，压缩率分别为 (3.9 ± 0.2)dB 和 (4.1 ± 0.2)dB。两压缩光通过 50/50 分光器而得到 EPR 纠缠态 $\hat{a}$、$\hat{b}$。

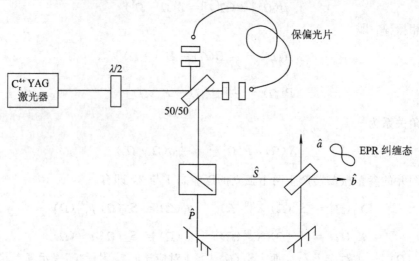

图 5.20　Silberhorn 等人利用光纤产生压缩纠缠态示意图

5.5　利用连续变量的量子通信

上节讨论了连续变量的纠缠，本节主要介绍利用连续变量纠缠态可能进行的量子通信，包括量子远程传态、量子密集编码与量子密码通信。

5.5.1　量子远程传态

1. 量子远程传态的概念

量子远程传态(Quantum Teleporation)是利用分享的纠缠通过经典信道可传送量子信息。连续变量传送，如坐标与动量，首先在 1994 年由维德曼(Vaidman)提出。

例如，对一个单模电磁场进行远程传态，可以利用锁模纠缠态 1 与 2。Alice 组合远程传态模"in"和 EPR 对中 1，利用 D_x 和 D_p 对其进行零差测量，分别得出 x_u 和 p_v，然后通过经典信道将测得结果告诉 Bob，Bob 分别对入射的模 2 进行调制，使其输出 out 和 in 状态一样而实现远程传态"Tel"，见图 5.21。

在远程传态中，值得指出的是：

(1) Alice 和 Bob 对远程传态的"in"是完全不知道的，若知道了，Alice 完全可以通过

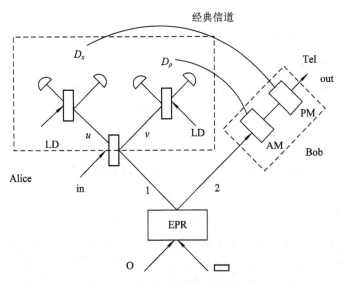

图 5.21　连续变量远程传态示意图

经典信道告诉 Bob；

(2) 由于输入态"in"由 Alice 测量，原态已经不保持，所以不违反不可克隆（Clong）定理；

(3) 传送不违反相对论，用经典信道传送信息的速度不超过光速。

2. 远程传态的理论描述

这里利用海森堡绘景来讨论。考虑双模压缩真空态，模 1、2 的正交相算符为

$$\hat{x}_1 = \frac{1}{\sqrt{2}}(e^{\gamma}\hat{x}_1^{(0)} + e^{-\gamma}\hat{x}_2^{(0)}), \quad \hat{p}_1 = \frac{1}{\sqrt{2}}(e^{-\gamma}\hat{p}_1^{(0)} + e^{\gamma}\hat{p}_2^{(0)})$$

$$\hat{x}_2 = \frac{1}{\sqrt{2}}(e^{\gamma}\hat{x}_1^{(0)} - e^{-\gamma}\hat{x}_2^{(0)}), \quad \hat{p}_2 = \frac{1}{\sqrt{2}}(e^{-\gamma}\hat{p}_1^{(0)} - e^{\gamma}\hat{p}_2^{(0)})$$

它是有限纠缠的，完全纠缠要求 $\gamma \to \infty$，这时 $(\hat{x}_1 - \hat{x}_2) \to 0$，$(\hat{p}_1 + \hat{p}_2) \to 0$。将模 1 送给 Alice，而模 2 给 Bob（见图 5.22），Alice 利用 50/50 的分束器与输入模"in"组合为

$$\hat{x}_u = \frac{1}{\sqrt{2}}(\hat{x}_{in} - \hat{x}_1), \quad \hat{p}_u = \frac{1}{\sqrt{2}}(\hat{p}_{in} - \hat{p}_1) \tag{5.63}$$

$$\hat{x}_v = \frac{1}{\sqrt{2}}(\hat{x}_{in} + \hat{x}_1), \quad \hat{p}_v = \frac{1}{\sqrt{2}}(\hat{p}_{in} + \hat{p}_1) \tag{5.64}$$

利用式(5.62)和(5.63)给出 Bob 的模 2 为

$$\hat{x}_2 = \hat{x}_{in} - (\hat{x}_1 - \hat{x}_2) - \sqrt{2}\hat{x}_u = \hat{x}_{in} - \sqrt{2}e^{-\gamma}x_2^{(0)} - \sqrt{2}\hat{x}_u \tag{5.65}$$

$$\hat{p}_2 = \hat{p}_{in} + (\hat{p}_1 + \hat{p}_2) - \sqrt{2}\hat{p}_v = \hat{p}_{in} + \sqrt{2}e^{-\gamma}p_1^{(0)} - \sqrt{2}\hat{p}_v \tag{5.66}$$

Alice 对 $\hat{x}_u$ 和 $\hat{p}_v$ 进行贝尔测量产生经典值 x_u 和 p_v，即量子变数 $\hat{x}_u$ 和 $\hat{p}_v$ 成为经典测定随机变量 x_u 和 p_v。由于纠缠，Bob 的模 2 坍缩成 Alice 的输入态"in"，只是相位有差别。接受 Alice 的经典结果值 x_u 和 p_v，Bob 改变其模式

$$\hat{x}_2 \to \hat{x}_{tel} = \hat{x}_2 + g\sqrt{2}\hat{x}_u, \quad \hat{p}_2 \to \hat{p}_{tel} = \hat{p}_2 + g\sqrt{2}\hat{p}_v \tag{5.67}$$

这样就完成了远程传态。g 为增益参数，当 $g=1$ 时，传态模式为

$$\hat{x}_{tel} = \hat{x}_{in} - \sqrt{2}e^{-\gamma}x_2^{(0)}, \quad \hat{p}_{tel} = \hat{p}_{in} + \sqrt{2}e^{-\gamma}p_1^{(0)} \tag{5.68}$$

在理想压缩 $\gamma \to \infty$ 时，得到量子态理想远程传态，这时输出态等于输入态。

3. 远程传态的协议

有关远程传态的协议可以用魏格纳函数来描述。可以看到远程传态的状态是传入态的一个高斯卷积，相应纠缠态的魏格纳函数前面已经给出，为

$$W(\xi) = \frac{4}{\pi^2}\exp\{-e^{-2\gamma}[(x_1 + x_2)^2 + (p_1 - p_2)] + e^{2\gamma}[(x_1 - x_2)^2 + (p_1 + p_2)^2]\}$$

可将它写为 $W(\xi) = W_{EPR}(\alpha_1, \alpha_2)$，输入态"in"模的魏格纳函数为 $W_{in}(p_{in}, x_{in})$，引导模 1 和模"in"通过 50/50 分束器得到两个输出模：$\alpha_u = x_u + ip_u$ 和 $\alpha_v = x_v + ip_v$。在线性光学中魏格纳函数变化为

$$W(\alpha_u, \alpha_v, \alpha_2) = \iint W_{in}(x_{in}, p_{in})W_{EPR}(\alpha_1, \alpha_2) \times \delta\left[\frac{1}{\sqrt{2}}(x_u + x_v) - x_{in}\right]$$

$$\cdot \delta\left[\frac{1}{\sqrt{2}}(p_u + p_v) - p_{in}\right]dx_{in}dp_{in} \tag{5.69}$$

其中，$\alpha_1 = \frac{1}{\sqrt{2}}(\alpha_v \cdot \alpha_u)$。Alice 的贝尔测量，即 $x_u = \frac{1}{\sqrt{2}}(x_{in} - x_1)$ 和 $p_u = \frac{1}{\sqrt{2}}(p_{in} + p_1)$ 的零差探测，通过对 x_u 和 p_u 积分来描述，即

$$\iint W(\alpha_u, \alpha_v, \alpha_2)d\alpha_v d\alpha_u = \iint W_{in}(p_{in}, x_{in})W[x_{in} - \sqrt{2}x_u + i(\sqrt{2}p_v - p_{in}), \alpha_2]dx_{in}dp_{in} \tag{5.70}$$

最后对 x_u 和 p_v 积分产生远程传送态为

$$W_{tel}(\alpha_2') = \frac{1}{\pi e^{-2\gamma}}\iint W_{in}(\alpha)\exp\left[-\frac{(\alpha_2' - \alpha)^2}{e^{-2\gamma}}\right]d^2\alpha$$

选定输入态用复高斯函数和方差 $\alpha = e^{-2\gamma}$ 的卷积。对连续变量远程传态除用相对坐标与总动量描述外，也有人用光子数差和相位和来描述，此处不再阐述。

4. 远程传态的判据

远程传态对 Alice 和 Bob 都是未知的，如何保证远程传态的可靠性就显得很重要，特别当纠缠不完全，Alice 和 Bob 测量效率比较低时更是如此。为此，我们引入一个检测者 Victor。设想他开始给 Alice 提供一个输入态，完成远程传送后从 Bob 返回给 Victor，Victor 对传回状态进行测量，判断是否是原来的状态，以此作为是否真实远程传态的量度。

引入一个参量，称为保真度 F(Fidelity)。设输入态为 $|\varphi_{in}\rangle$，可以定义

$$F = \langle\varphi_{in}|\hat{\rho}_{tel}|\varphi_{in}\rangle \tag{5.71}$$

$\hat{\rho}_{tel}$ 是传送后状态，若 $\hat{\rho}_{tel} = |\varphi_{in}\rangle\langle\varphi_{in}|$，则 $F = 1$。如果 Victor 选取的 $|\varphi_{in}\rangle$ 是某一组态中选出的，选取概率为 $P(|\varphi_{in}\rangle)$，这时平均保真度

$$F_{av} = \int P(|\varphi_{in}\rangle)\langle\varphi_{in}|\hat{\rho}_{tel}|\varphi_{in}\rangle d|\varphi_{in}\rangle \tag{5.72}$$

积分对 n 个可能的输入态进行。

如果输入态是相干态 $|\varphi_{in}\rangle = |\alpha_{in}\rangle$，$F$ 将正比于准概率分布函数中的 Q 表示，有

$$F = \langle \varphi_{in} | \overset{\wedge}{\rho}_{tel} | \varphi_{in} \rangle = \pi Q_{tel}(\alpha_{in}) = \frac{1}{2\sqrt{\sigma_x \sigma_p}} \exp\left[-(1-g)^2 \left(\frac{x_{in}^2}{2\sigma_x} + \frac{p_{in}^2}{2\sigma_p} \right) \right] \quad (5.73)$$

其中，g 为增益，σ_x、σ_p 为传送模的 Q 函数的方差，结果为

$$\sigma_x = \sigma_p = \frac{1}{4}(1+g^2) + \frac{e^{2\gamma}}{8}(g-1)^2 + \frac{e^{-2\gamma}}{8}(g+1)^2 \quad (5.74)$$

若取 $\gamma = 0$，$g = 1$，则 $\sigma_x = \sigma_p = 1$，相应于经典远程传态，这时 $F = F_{av} = \frac{1}{2}$。为了得到较好的量子保真度，使 $F = F_{av} > \frac{1}{2}$，则必须 $\gamma > 0$，即必须利用压缩纠缠态。

5. 压缩态的量子远程传态实验

量子远程传态就是一个未知量子态通过分离量子纠缠和经典信道从一个地方传到另一个地方。这里介绍 Taker 等人的工作，主要讨论压缩真空态的远程传态。

由于损失存在，实验中压缩真空态都会成为混合态，它不再具有最小测不准关系，可以称为压缩热态。但是只要一个正交相压缩方差小于真空方差，这个混合态仍称为压缩真空态。压缩真空态用 $\hat{a}$ 算符表示，即

$$\hat{a} = \hat{x} + i\hat{p}$$

其实部与虚部分别对应正交相振幅算符，满足对应关系：

$$[\hat{x}, \hat{p}] = \frac{i}{2}$$

x 和 p 分别对应无量纲位置与动量，真空态方差

$$\langle (\Delta \hat{x})^2 \rangle_{vac} = \langle (\Delta \hat{p})^2 \rangle_{vac} = \frac{1}{4}$$

压缩真空态要求其中一个分量方差小于 $\frac{1}{4}$，但保持 $\langle (\Delta \hat{x})^2 \rangle \langle (\Delta \hat{p})^2 \rangle = \frac{1}{16}$。

压缩态可以利用光学参量振荡器(OPA)或光纤 Keer 效应产生，相应方差为

$$\sigma_{in}^x = \langle (\Delta \hat{x}_{in})^2 \rangle = \frac{1}{4} e^{-2\gamma} \coth\left(\frac{\beta}{2} \right) \quad (5.75)$$

$$\sigma_{in}^p = \langle (\Delta \hat{p}_{in})^2 \rangle = \frac{1}{4} e^{2\gamma} \coth\left(\frac{\beta}{2} \right) \quad (5.76)$$

其中：γ 为压缩参量；$\frac{1}{4}\coth\left(\frac{\beta}{2} \right)$ 为初始热态方差；$\beta = \frac{1}{k_B T}$，k_B 为玻尔兹曼(Boltzmann)常数，T 为温度。对初始压缩热态

$$\sigma_{in}^x \sigma_{in}^p > \frac{1}{16}$$

位置压缩热态可以为高斯态，相应魏格纳函数为

$$W(x', p') = \frac{1}{2\pi\sqrt{\sigma_{in}^x \sigma_{in}^p}} \exp\left[-\frac{1}{2\sigma_{in}^x}(x'-x_0)^2 - \frac{1}{2\sigma_{in}^p}(p'-p_0)^2 \right] \quad (5.77)$$

其中 x' 和 p' 分别是 x 和 p 在相空间转动 θ 角后的坐标，即有

$$x' = x\cos\theta + p\sin\theta, \quad p' = -x\sin\theta + p\cos\theta \quad (5.78)$$

从上述可看出，相应压缩热态由 4 个参量 γ、α、β 和 θ 表征。

　　压缩态量子远程传态实验装置如图 5.22 所示。Alice 与 Bob 分享 EPR 束，该束是两个压缩态经过 50/50 束分离器 BS 产生的。EPR 中模 1 给 Alice，模 2 给 Bob。Victor 为检测者，他将一个压缩态"in"输给 Alice，该态对 Alice 是未知的。Alice 利用 50/50 分束器组合 "in"和模 1，然后利用两个零差探测器分别测 x 与 p 得 A_x 与 A_p 测量结果通过经典信道传给 Bob，Bob 调整模 2 的相空间位置，包括振幅和相位（AM 与 PM），使模 2 Out 成 in 态，然后，Victor（检测者）再进行测定。

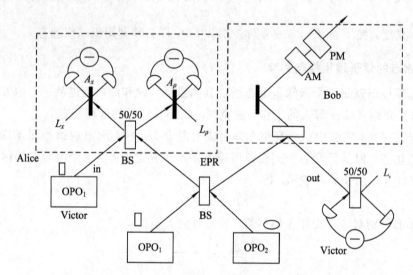

OPO 为参量放大器；AM、PM 分别为振幅和相位调制器；L 为本地振荡器

图 5.22　压缩态远程传态示意图

　　量子远程传态是否成功利用保真度 F 来测度。定义

$$F = \mathrm{tr}\left[\sqrt{\hat{\rho}_{\mathrm{in}}}\,\hat{\rho}_{\mathrm{out}}\,\sqrt{\hat{\rho}_{\mathrm{in}}}\right] \tag{5.79}$$

它是输入态 $\hat{\rho}_{\mathrm{in}}$ 和输出态 $\hat{\rho}_{\mathrm{out}}$ 之间的一个叠加。如果输入态为纯态 $|\varphi_{\mathrm{in}}\rangle$，那么保真度为

$$F = \langle \varphi_{\mathrm{in}} | \hat{\rho}_{\mathrm{out}} | \varphi_{\mathrm{in}} \rangle \tag{5.80}$$

则 $F=1$，这是理想的远程传态。对于经典态，前面已给出 $F=0.5$。

　　真空态是相干态的一种。对于真空态，远程传态的保真度为

$$F_{\mathrm{vol}} = \frac{2}{\sqrt{(1+4\sigma_{\mathrm{out}}^x)(1+4\sigma_{\mathrm{out}}^p)}} \tag{5.81}$$

从测量方差得到保真度 $F = 0.67 \pm 0.02$，它超过经典极限 0.5，显示出量子远程传态是成功的。

　　对于压缩真空态，给出远程传态的保真度为

$$F_{\mathrm{sq}} = \frac{2\sinh\dfrac{\beta_{\mathrm{in}}}{2}\sinh\dfrac{\beta_{\mathrm{out}}}{2}}{\sqrt{Y}-1} \tag{5.82}$$

其中

$$Y = \cosh^2(\gamma_{\mathrm{in}} - \gamma_{\mathrm{out}})\cosh^2\frac{\beta_{\mathrm{in}}+\beta_{\mathrm{out}}}{2} - \sinh^2(\gamma_{\mathrm{in}} - \gamma_{\mathrm{out}})\cosh^2\frac{\beta_{\mathrm{in}}-\beta_{\mathrm{out}}}{2} \tag{5.83}$$

而

$$\gamma_j = \frac{1}{4}\text{lb}\left(\frac{\sigma_j^p}{\sigma_j^x}\right), \quad \beta_j = \text{lb}\left(1 + \frac{2}{4\sqrt{\sigma_j^x \sigma_j^p - 1}}\right) \tag{5.84}$$

其中，j 取 in 或 out。从测量的方差 σ 计算 F，在没有用 EPR 束时，理想的经典远程传态结果为 0.73 ± 0.05；当利用 EPR 时，得到量子远程传态为 $F_{\text{sq}}^Q = 0.85 \pm 0.05$，高于经典极限，说明量子远程传态是成功的。

5.5.2　量子密集编码

密集编码的目的是利用分享纠缠以增加通信信道的容量。相对量子远程传态，在密集编码中，量子与经典信道起的作用正好相反。远程传态是利用经典信道达到量子态的传送；而密集编码是利用连续量子变量传送以增加经典信道的容量。

1. 量子密集编码的理论

回顾第 3 章讲的信息论知识，考虑一个随机变量序列 $A = \{a, a \in A\}$，其中 a 出现的概率为 P_a，此随机变量带的信息以 $H(A)$ 表示，则在 A 中，每个随机变量带的平均信息为

$$H(A) = -\sum_a P_a \text{lb} P_a \tag{5.85}$$

$H(a)$ 称为信息熵。对于两组随机变量 A 和 B，各自信息熵为

$$H(A) = -\sum_a P_a \text{lb} P_a, \quad H(B) = -\sum_b P_b \text{lb} P_b \tag{5.86}$$

而 A、B 联合，其概率为 P_{ab}，联合熵为

$$H(AB) = -\sum_{ab} P_{ab} \text{lb} P_{ab} \tag{5.87}$$

则一对随机变量互信息为

$$H(A:B) = H(A) + H(B) - H(AB) = \sum_{ab} P_{ab} \text{lb} \frac{P_{ab}}{P_a P_b} \tag{5.88}$$

现假定发送者 Alice 具有随机变量序列 A，送出 a 的概率为 P_a。Bob 去测定其值，由于损失噪声因素，测到随机变量序列 B 的 b，其概率为条件概率，表示为 $P_{b|a}$，则联合概率为

$$P_{ab} = P_{b|a} P_a \tag{5.89}$$

这时，Alice 和 Bob 之间的互信息为

$$H(A:B) = \sum_{ab} P_{b|a} P_a \text{lb} \frac{P_{b|a}}{P_b} \tag{5.90}$$

若对 Alice 的随机变量优化，可得到它的最大信息，称为信道的容量（Channel Capacity），记为 C，即有

$$C = \max_{P_a} H(A:B) \tag{5.91}$$

该信道容量与 Alice 的发射方式和 Bob 的测量方法有关。有人计算了当 Bob 采用正定算符值测量方法，而 Alice 用三种不同的方式发射信息所得到的信息容量，计算结果显示差别不大，具体结果如下：

发送数态：

$$C^n = 1 + \text{lb}\bar{n}$$

发送相干态：

$$C^{\mathrm{coh}} = \mathrm{lb}\bar{n}$$

发送压缩态：

$$C^{\mathrm{sq}} = \mathrm{lb}2 + \mathrm{lb}\bar{n}$$

其中，$\bar{n}$ 是每次通过的平均光子数。$\bar{n}$ 比较大时，3 个结果差别不大。

密集编码方案如图 5.23 所示。EP 配产生一纠缠对，一个给 Alice，另一个给 Bob。Alice 进行位置调制，引入量 a，使系统在 Hilbert 空间旋转，一维成为二维，相应态数 n 变为 n^2，相应信息取对数有 $\mathrm{lb}n^2 = 2\mathrm{lb}n$，这样就使信道容量增加了一倍。

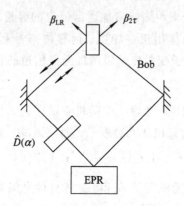

图 5.23　密集编码方案示意图

所谓密集编码就表现在 Alice 的位置调制 $\hat{D}(\alpha)$ 中。相应的概率分布为

$$P_\alpha = \frac{1}{\pi\sigma^2}\mathrm{e}^{-\frac{|\alpha|^2}{\sigma^2}} \tag{5.92}$$

其中，σ^2 为方差，位移态平均光子数为 $\bar{n} = \sigma^2 + \sinh^2\gamma$，$\gamma$ 为压缩系数。通过密集编码息为

$$H^d(A:B) = \int \mathrm{d}^2\beta d^2\alpha P_{\beta|\alpha} P_\alpha \mathrm{lb}\left(\frac{P_{\beta|\alpha}}{P_\beta}\right) = \mathrm{lb}(1 + \sigma^2 \mathrm{e}^{2\gamma}) \tag{5.93}$$

最佳信息

$$\bar{n} = \mathrm{e}^\gamma \sinh\gamma, \quad \sigma^2 = \sinh\gamma\cosh\gamma$$

通过计算，给出密集编码的容量为

$$C^d = \mathrm{lb}(1 + \bar{n} + \bar{n}^2) \tag{5.94}$$

当 $\gamma \to \infty$ 时，$C^d \to 4\gamma$。前面给出没有密集编码时的最大容量为

$$C = 1 + \mathrm{lb}\bar{n}, \quad \bar{n} = \mathrm{e}^\gamma \sinh\gamma$$

当 $\gamma \to \infty$ 时，$C \to 2\gamma$。表明密集编码后，当 $\gamma \to \infty$ 时，信息容量增加一倍。

2. 量子密集编码的实验

下面介绍山西大学利用 EPR 束最早完成量子密集编码的实验，其装置如图 5.24 所示。

该实验利用一个量子比特传送两个比特经典信息。其中 EPR 纠缠源利用非简并的光学参量放大器（NOPA）产生。NOPA 利用 α 切割二型 KTP（KTiOPO$_4$）两面镀模。入射面对波长为 540 nm 的光，透射率大于 95%，对波长为 1080 nm 的光，其透射率为 0.5%；而出射面使波长为 1080 nm 的光的透射率为 5%，对波长为 540 nm 的光，则全反射。这样从 NOPA 出去为 1080 nm 的光子纠缠对，通过分束器分别送给 Alice 与 Bob。

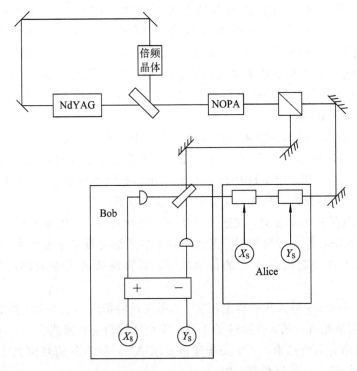

图 5.24　连续变量量子密集编码实验示意图

NOPA 光源是 Nd：YAG 环形激光器，其波长为 1080 nm，倍颠波长为 540 nm。EPR 两束光是振幅正交分量反关联，相位正交分量关联，则测量方差 $\langle \delta(X_1 + X_2)^2\rangle$ 和 $\langle \delta(Y_1 - Y_2)\rangle$ 小于真空涨落，实验给出分别低 4 dB。

送给 A1ice 的分量，其振幅和相位被调制而编码，即一个量子比特给出两比特经典信息，到达 Bob 时进行译码。它利用一对光电二极管 D1 和 D2(ETx500 InGaAs)测量 D1 和 D3 光电流分量部分，然后分别进行求和与求差：

$$i_+(\Omega) = \frac{1}{\sqrt{2}}\{(X_1(\Omega) + X_2(\Omega)) + X_S(\Omega)\} \tag{5.95}$$

$$i_-(\Omega) = \frac{1}{\sqrt{2}}\{(Y_1(\Omega) - Y_2(\Omega)) + Y_S(\Omega)\} \tag{5.96}$$

其中，$X_S(\Omega)$ 和 $Y_S(\Omega)$ 是 Alice 分别调制振幅与相位的信号。对理想的 EPR 纠缠对，$\langle \delta(X_1 + X_2)^2\rangle \to 0$，$\langle \delta(Y_1 - Y_2)^2\rangle \to 0$，则式(5.95)和式(5.96)分别为

$$i_+(\Omega) = \frac{1}{\sqrt{2}}X_S(\Omega), \quad i_-(\Omega) = \frac{1}{\sqrt{2}}Y_S(\Omega) \tag{5.97}$$

这意味着在理想条件下，Alice 对束 1 的编码信息 $X_S(\Omega)$ 与 $Y_S(\Omega)$，Bob 可以恢复，即用以量子比特传送两比特经典信息。实验中调制频率为 1~3 MHz。

5.5.3　量子密码术

1. 量子密码术的进展

基于量子比特的量子密码术(Quantum Cryptography)存在两个基本方案。一个是基于

BB84 协议的，利用非正交基发送与接收信息的方案，称为准备与测量（PrePare and Measure）方案，在这个方案里，Alice 随机提供一个非正交态的随机序列送给 Bob，而 Bob 随机选择基对这些态进行测量；另一个是基于发送者和接收者分享纠缠的 Ek91 协议，在这个方案中，发送者状态和接收者状态之间的纠缠是必要的先决条件。不管是哪一种方案，Alice 和 Bob 测量资料的关联是必要的，而前一种方案似乎比后一种方案更容易实现，但必须对其关联进行证实。

Mu 在 1996 年最早提出的方案是利用了 4 个相干态和为了零差探测的 4 个特殊的定域振荡器。另外，HuMner 采用了 POVM 测量，并利用了非正交的状态，因非正交态，窃听者 Eve 比较难区分。2000 年，Hillery 提出利用压缩态代替相干态，该方案具有较好的抗偷窃能力，但损失对压缩影响较大，需要利用中放来改善。

基于纠缠的量子密码术方案，在连续变量量子光学范围内，依赖于双模压缩态的正交关联。2000 年，Ralph 等人对利用相干态和纠缠态的连续变量量子密码术中进行比较，结果证实利用压缩态防止窃听者攻击的能力较好，因为窃听者带来的误码率明显高于相干态。

2003 年，Grosshaus 等人从实验上证实：如果在线的损失小于 3 dB，则利用相干态（非正交）进行保密通信是可行的；若超过了 3 dB，安全性就会受到挑战。

根据保密通信有关信息论，一个安全通信要求 Alice 和 Bob 的互信息 $H(A:B)$ 必须大于 Alice 和 Bob 与 Eve 的互信息，即

$$H(A:B) > \max\{H(A:E), H(B:E)\} \tag{5.98}$$

当损失大于 3 dB 时，为了保证 $H(A:B) > H(A:E)$，人们可以利用纠缠纯化和量子存储来突破 3 dB 损失的限制，另外也可以在协议上下工夫。

Grosshaus 等人提出了逆调和协议（Reverse Reconciliation Frotocol），它可以突破 3 dB 损失的限制。他们主要讨论了 Eev 的分束攻击。用这种方法，目前已能在通信光纤中传送 25 km。

至于量子密码通信安全性问题，对于压缩态，Gottesman 在 2001 年有一个理论证明：只要压缩率在 2.5 dB 以上，其通信是绝对安全的；而对于非压缩的相干态，目前还没有无条件安全通信的理论证明。

在量子密码术中，除量子密钥分发外，还有量子秘密分享（Quantum Secret Sharing），它是 n 个合作者共同享受某个密钥。第一个量子秘密分享方案是 Hillery 在 1998 年提出的，他利用 GHZ 态为纠缠源。该方案可以用于经典信息和量子信息，对前者，GHZ 态只起一个密钥的作用。GHZ 态也可以是 N 体的，还可以用于 N 体秘密共享。

连续变量量子信息秘密共享方案是 2002 年由 Tyc 和 Sanders 提出的。他们利用的是多模纠缠态，多模纠缠态可以利用压缩光和束分离器产生。要从实验上实现量子信息秘密共享，产生多体纠缠态是一个必要条件。四光子纠缠态已在实验中观测到。

2. 量子保密通信实验

下面侧重介绍上海交大何光强等人提出的关于利用连续变量进行量子保密通信的一个方案。该方案利用非简并的光学参量放大器（NOPA）产生压缩态，对窃听者利用高斯克隆机攻击时的安全性进行了讨论，如图 5.25 所示。

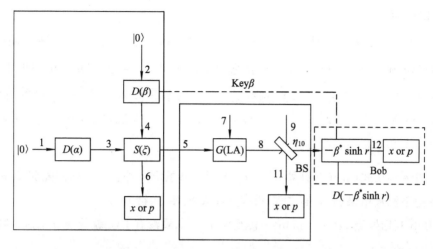

NOPA—非简并参量放大器；$D(\alpha)$、$D(\beta)$—位移算符；$G(LA)$—线性放大器的增益；
$S(\xi)$—NOPA的双模压缩算符；1，2，3，…表示模式；η—BS透射系数

图 5.25　基于连续变量的量子保密通信示意图

　　设想两束光开始在真空态 $|0\rangle$ 分别对应模 1 和 2，用 $\hat{a}_1$ 和 $\hat{a}_2$ 表示。它们分别在位移算
符 $\hat{D}(\alpha)$ 与 $\hat{D}(\beta)$ 作用下成相干态，其中

$$\hat{D}(\alpha) = \exp(\alpha\hat{a}^+ - \alpha^*\hat{a}) \tag{5.99}$$

正交相振幅

$$\hat{x} = \frac{1}{2}(\hat{a} + \hat{a}^+), \quad \hat{p} = \frac{1}{2i}(\hat{a} - \hat{a}^+) \tag{5.100}$$

x、p 的确定量满足 $\Delta x \Delta p \geqslant 1/4$。

　　通过 $\hat{D}(\alpha)$ 和 $\hat{D}(\beta)$ 的作用，真空态成为相干态，对应模 3 和 4，一起输入非简并的光
学参量放大器而产生压缩态。引入双模压缩算符

$$\hat{S}(\xi) = \exp[\kappa t(\hat{a}_1^+ \hat{a}_2^+ - \hat{a}_1 \hat{a}_2)] \tag{5.101}$$

它作用在 $\hat{a}_1$ 和 $\hat{a}_2$ 上给出：

$$\hat{a}_{out1} = \hat{a}_1 \cosh\gamma + \hat{a}_2^+ \sinh\gamma, \quad \hat{a}_{out2} = \hat{a}_2 \cosh\gamma + \hat{a}_1^+ \sinh\gamma \tag{5.102}$$

其中，$\gamma = \kappa t$ 为压缩参数，t 为时间，κ 与介质的非线性极化率有关。对于正交相振幅

$$x_{out1} = \hat{S}^+(\xi) x_1 \hat{S}(\xi) = x_1 \cosh\gamma + x_2 \sinh\gamma \tag{5.103}$$

$$p_{out1} = \hat{S}^+(\xi) p_1 \hat{S}(\xi) = p_1 \cosh\gamma - p_2 \sinh\gamma \tag{5.104}$$

如果产生 $\hat{a}_{out1}$ 和 $\hat{a}_{out2}$ 并形成完全的 EPR 纠缠态，则有

$$\lim_{\gamma \to \infty}(x_{out1} - x_{out2}) = 0, \lim_{\gamma \to \infty}(p_{out1} + p_{out2}) = 0 \tag{5.105}$$

这要求 $\hat{a}_1$、$\hat{a}_2$ 应是真空态而不是相干态。引入变量

$$F = \langle[\Delta(x_{out1} - x_{out2})]^2\rangle_{min} \langle[\Delta(p_{out1} + p_{out2})]^2\rangle_{min} \tag{5.106}$$

作为纠缠程度的量度。最大纠缠态对应于 $F=0$，一旦纠缠下降，F 值增加，与双模无关，F
可以达到无限大。对于 EPR 纠缠对，要求 $F<1/16$。

有关协议如下：

（1）Alice 利用位移算符 $\hat{D}(\alpha = x_1 + \mathrm{i}x_2)$ 和 $\hat{D}(\beta = y_1 + \mathrm{i}y_2)$ 产生两个新模 $\hat{a}_3 = \hat{D}^+(\alpha)\hat{a}_1\hat{D}(\alpha)$ 和 $\hat{a}_4 = \hat{D}^+(\beta)\hat{a}_2\hat{D}(\beta)$，把它们输入 NOPA，通过 NOPA 得到压缩态 $\hat{a}_5 = \hat{S}^+(\xi)\hat{a}_3\hat{S}(\xi)$ 和 $\hat{a}_6 = \hat{S}^+(\xi)\hat{a}_4\hat{S}(\xi)$，选取适当的压缩参量 ξ，使模 $\hat{a}_5$ 与 $\hat{a}_6$ 相关。随机数从高斯概率分布 $X \sim N(\mu, \Sigma^2)$ 和 $Y \sim N(\mu, \sigma^2)$ 引出。其中，随机数 $\lambda \sim N(\mu, \sigma^2) \sim A\exp \frac{1}{2}\frac{(\lambda - \mu)}{\sigma^2}$，$\mu$ 为平均值，σ^2 为方差。

（2）Alice 利用式（5.106）计算 $\hat{a}_5$ 与 $\hat{a}_6$ 之间的参量 F_a，并在某时间间隔测 $\hat{a}_6$ 的 x 或 p 值，Alice 记下测量结果和间隔，如果没有 Eve 就把 $\hat{a}_5$ 送给 Bob。

（3）Bob 利用探测 $D(-\beta^* \sinh\gamma)$ 接受模 $\hat{a}_{10}$，如果没有 Eve 就接受 $\hat{a}_5$，Bob 则给出输出模 $\hat{a}_{12}$ 的 x 或 p。

（4）Alice 通过经典信道告诉 Bob 测量结果及时间间隔，Bob 利用测量 x、p 可以给出参量 F_b。若 Eve 不存在，则应有 $F_a = F_b$；若 $F_a > F_b$，则表明 Eve 存在。

（5）Alice 与 Bob 可以用随机序列为密钥，开始时选参数 y（为 0，即 $\beta = 0 = \beta^*$），若 Alice 要传一有用信息（如一个量子保密算法）给 Bob，考虑由参量 x 序列携带，当 Alice 与 Bob 对 y 序列传送无误后，再发送 x。在量子编码中信息可以分成 L 块，为防止 Eve 得到更多信息，可以分块发送，每块都要判断是否有 Eve 存在，Eve 存在通信就中止。

3. 安全性分析

何光强等人对系统的安全性进行了分析。在量子密码通信中，安全性是最重要的。我们可以利用香农信息论对方案的安全性进行分析。

从信息论给出一个安全通信要求 Alice 与 Bob 之间互信息大于 Alice 与 Eve 的互信息。引入保密信息率

$$\Delta H = H(A;B) - H(A;E) \tag{5.107}$$

其中，$H(A;B)$ 为 Alice 与 Bob 之间的互信息，$H(A;E)$ 为 Alice 与 Eve 之间的互信息。信息安全要求 $\Delta H > 0$。

根据香农信息论，附加白高斯噪声（Additive White Gaussian Noise，AWGN）信道的容量为

$$I = \frac{1}{2}\mathrm{lb}(1 + \gamma) \tag{5.108}$$

其中，$\gamma = \Sigma^2/\sigma^2$ 为信噪比，Σ^2 与 σ^2 分别为信号与噪声概率分布的方差，若信号为高斯分布，信道为 AWGN，则信道容量就是通信部分的互信息。

图 5.25 中显示的 Eve 窃听利用的是高斯克隆机策略，它是由一个线性放大器（LA）和分束器（BS）组成的，放大器的增益为 G，分束器透射系数为 η。这时可计算出 Alice 与 Eve 的互信息为

$$H(A;E) = \frac{1}{2}\mathrm{lb}(1 + \gamma_{AE}) \tag{5.109}$$

其中，$\gamma_{AE} = M/N$，M 为信号分布方差，N 为噪声方差。通过计算可给出

$$M = G(1 - \eta)\cosh^2\gamma\Sigma^2 \tag{5.110}$$

而 Σ^2 是随机变量 x 的方差，且可得

$$N = G(1-\eta)\left[\frac{1}{4}\cosh^2\gamma + \frac{1}{4}\sinh^2\gamma + \sinh^2\gamma\sigma^2\right] + \frac{1}{4}(G-1)(1-\eta) + \frac{1}{4}\eta$$

而 σ^2 为随机变量 Y 的方差，正交分量 x、p 的方差为 $1/4$，即高斯分布的随机变量为

$$X \sim N(\mu, \Sigma^2),\ Y \sim N(\mu, \sigma^2),\ x、p \sim N\left(\mu, \frac{1}{4}\right)$$

而 Alice 与 Bob 之间的互信息为

$$H(A;B) = \frac{1}{2}\text{lb}(1+\gamma_{AB})$$

其中，$\gamma_{AB} = P/Q$，P 为分布方差，Q 为噪声方差。计算给出：

$$P = G\eta\cosh^2\gamma\Sigma^2$$

$$Q = G\eta[\cosh^2\gamma + \sinh^2\gamma] + (\sqrt{G\eta}-1)^2\sinh^2\gamma\sigma^2 + \frac{1}{4}(G-1) + \frac{1}{4}(1-\eta)$$

若互信息满足 $H(A;B) > H(A;E)$，则密钥是安全的。因此在这种情况下利用经典误码校正和密性放大而蒸馏密钥，最后密钥构成条件为

$$\Delta H = H(A;B) - H(A;E) > 0$$

若 Eve 不存在，则 $G=1$，$\eta=1$，$H(A;E)=0$，从而有

$$\Delta H = H(A;B) = \frac{1}{2}\text{lb}\left(1 + \frac{4\Sigma^2}{1+\tanh^2\gamma}\right) \tag{5.111}$$

这个信息率 ΔH 就是 Alice 与 Bob 之间量子通信的信道容量。另外从式(5.111)看到，保密信息随信号方差的增加而增加，当 $\gamma \geqslant 3$ 时，它几乎为常数。

第6章　量子计算基础

微观粒子具有宏观物质无法解释的许多特性，如量子的状态属性，其中包括量子态的叠加、纠缠、不可克隆，量子的波粒二象性以及测量导致的量子态坍塌。利用上述量子的某一状态所表示的信息，称量子化的信息，即量子信息。在量子计算中，通过对量子态进行一系列的酉变换来实现某些逻辑功能，实现逻辑变换的量子装置（对应一个酉矩阵）称为量子门。

6.1　从经典信息到量子信息

物质、能量和信息是组成物质世界的三种形式，它们的运动、转换、传递等形式使得物质世界、社会形态等变得异常丰富多彩。通常，物质的交换是根据等价原则，能量的转换具有损失，而信息的交换有增值。例如，你给我一个苹果，我给你一个苹果，每人都只有一个苹果；热能转变为电能，就有能量损失；而你给我一条信息，我给你一条信息，每人就都有两条信息。可见信息的交换有增值。人类社会从古代发展到现代，人们对信息的获取、表示和处理变得越来越重要。什么是信息？众说纷纭。信息论创始人香农称"信息是用以消除随机不确定的东西"。控制论的创始人维纳称"信息就是信息，既不是物质也不是能量"，"信息是有序性的度量"，"信息是系统组织的度量"。下面说明不确定性和信息度量的关系。人们获得信息的过程，可以看做是对事物的可能性的空间了解程度发生变化的过程。可能性空间越大意味着不确定性就越大，不确定性越小，就意味着获得的信息越多。

实际上，信息通常是用一种物质运动状态或存在状态来表征的。例如，早期的计算机利用纸带穿孔来表示二进制数。随着电子技术的发展，后来用半导体管开、关的两种状态表示二进制数的0和1。量子力学的创立，揭示了微观粒子的运动状态及其规律。一般将分子、原子、电子这些微观粒子统称为量子。利用微观粒子的状态表示的信息称为量子信息。例如，光子的两种不同的极化，在均匀电磁场中核自旋的取向，图6.1所示的围绕单个原子旋转的电子的两种状态等都可表示量子信息。量子信息的基本存储单元是量子比特，一个量子比特的状态是一个二维复数空间的向量，它的两个极化状态对应经典信息的二进制存储单元状态的0和1。量子比特与经典比特的区别在于，一个量子比特可以连续、随机地存在于两个极化状态的任意叠加态上。

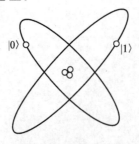

图 6.1　用电子的两种状态表示量子信息

6.2 量 子 比 特

6.2.1　单量子比特

在经典计算中，采用 0 和 1 二进制数表示信息，通常称它们为比特(bit)。在量子计算中，采用 $|0\rangle$ 和 $|1\rangle$ 表示微观粒子的两种基本状态，称它们为量子比特，单量子比特的任意状态都可以表示为这两个基本状态的线性组合。称"$|\ \rangle$"为狄拉克(Dirac)记号，它在量子力学中表示状态，比特和量子比特的区别在于量子比特的状态除为 $|0\rangle$ 和 $|1\rangle$ 之外，还可以是状态的线性组合，通常称其为叠加态(superposition)，即

$$|\phi\rangle = \alpha|0\rangle + \beta|1\rangle \tag{6.1}$$

其中 α 和 β 是一对复数，称为量子态的概率幅，即量子态 $|\phi\rangle$ 因测量导致或者以 $|\alpha|^2$ 概率坍缩(collapsing)到 $|0\rangle$，或者以 $|\beta|^2$ 的概率坍缩到 $|1\rangle$，且满足

$$|\alpha|^2 + |\beta|^2 = 1 \tag{6.2}$$

因此，量子态也可以由概率幅表示为 $|\phi\rangle = [\alpha, \beta]^{\mathrm{T}}$。显然，在式(6.1)中，当 $\alpha = 1, \beta = 0$ 时，$|\phi\rangle$ 即为基本状态 $|0\rangle$，此时可表示为 $[1, 0]^{\mathrm{T}}$；相反，当 $\alpha = 0, \beta = 1$ 时，$|\phi\rangle$ 即为基本状态 $|1\rangle$，此时可表示为 $[0, 1]^{\mathrm{T}}$。一般而言，量子态是二维复向量空间中的单位向量。为了更好地理解量子比特状态叠加的概念，这里不妨以一个电子为例来说明。一个电子可以处于低能级的基态 $|0\rangle$，也可以处于高能级的激发态 $|1\rangle$，叠加原理告诉我们，电子可以处于这两种状态的线性组合，即叠加态 $\alpha|0\rangle + \beta|1\rangle$，如图 6.2 所示。

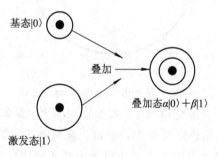

图 6.2　电子基态 $|0\rangle$ 和电子激发态 $|1\rangle$ 构成的叠加态示意图

如果电子处于叠加态 $\alpha|0\rangle + \beta|1\rangle$，那么对叠加态测量就扰乱了系统，并强迫系统不得不在基态和激发态之间选定一个特定的状态。正如图 6.3 所示，电子以概率 $|\alpha|^2$ 选择状态 $|0\rangle$，而以概率 $|\beta|^2$ 选择 $|1\rangle$。

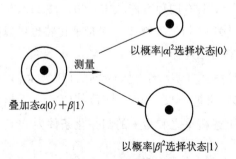

图 6.3　电子叠加态 $\alpha|0\rangle + \beta|1\rangle$ 在测量后坍缩为基态和激发态示意图

由式(6.2)可将式(6.1)改写为

$$|\phi\rangle = \cos\frac{\theta}{2}|0\rangle + e^{i\phi}\sin\frac{\theta}{2}|1\rangle \tag{6.3}$$

其中,$\cos\dfrac{\theta}{2}$ 和 $e^{i\phi}\sin\dfrac{\theta}{2}$ 是复数,$\left|\cos\dfrac{\theta}{2}\right|^2$ 和 $\left|e^{i\phi}\sin\dfrac{\theta}{2}\right|^2$ 分别表示量子位处于 $|0\rangle$ 或 $|1\rangle$ 的概率,且满足归一化条件

$$\left|\cos\frac{\theta}{2}\right|^2 + \left|e^{i\phi}\sin\frac{\theta}{2}\right|^2 = 1 \tag{6.4}$$

满足式(6.4)的一对复数 $\cos\dfrac{\theta}{2}$ 和 $e^{i\phi}\sin\dfrac{\theta}{2}$ 也称为一个量子比特相应状态的概率幅。此时,量子态可以借助于图 6.4 所示的 Bloch 球面来直观表示,其中 θ 和 ϕ 定义了该球面上的一点 P。该球面是使单个量子比特状态可视化的有效方法,但这种直观图示法具有局限性,如何将 Bloch 球面简单地推广到多量子比特的情形尚有待研究。

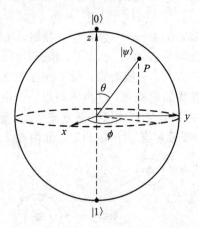

图 6.4　量子比特的 Bloch 球面表示

经典比特像一枚硬币:在理想情况下,要么正面向上,要么反面向上。与之相反,量子比特可以在 $|0\rangle$ 和 $|1\rangle$ 之间的连续状态中,直到它被观测为止,因为观测会引起量子态的坍缩。上述量子比特连续状态的存在和行为已被大量实验所证实,并且已有许多不同的物理系统可以用来实现量子比特。

6.2.2　双量子比特

对于两个经典比特而言,共有四种可能状态:00、01、10、11。同样,一对双量子比特也有 4 个基本状态 $|00\rangle$、$|01\rangle$、$|10\rangle$、$|11\rangle$。一对量子比特也可以处于这 4 个基本状态的叠加,因而双量子比特的状态可描述为

$$|\phi\rangle = a_{00}|00\rangle + a_{01}|01\rangle + a_{10}|10\rangle + a_{11}|11\rangle \tag{6.5}$$

类似于单量子比特的情形,测量结果 $|00\rangle$、$|01\rangle$、$|10\rangle$、$|11\rangle$ 出现的概率分别是 $|a_{00}|^2$、$|a_{01}|^2$、$|a_{10}|^2$、$|a_{11}|^2$,上述概率之和为 1 的归一化条件为

$$\sum_{x\in(0,1)^2}|a_x|^2 = 1 \tag{6.6}$$

　　对于一个双量子比特系统，可以只测量 4 个基本状态中的 1 个量子比特，如单独测量第 1 个量子比特，得到 0 的概率为 $|a_{00}|^2 + |a_{01}|^2$，测量后的状态变为

$$|\varphi'\rangle = \frac{a_{00}|00\rangle + a_{01}|01\rangle}{\sqrt{|a_{00}|^2 + |a_{01}|^2}} \tag{6.7}$$

而得到 1 的概率为 $|a_{10}|^2 + |a_{11}|^2$，测量后的状态变为

$$|\varphi'\rangle = \frac{a_{10}|10\rangle + a_{11}|11\rangle}{\sqrt{|a_{10}|^2 + |a_{11}|^2}} \tag{6.8}$$

　　同理，单独测量第 2 个量子比特，得到 0 的概率为 $|a_{00}|^2 + |a_{10}|^2$，测量后状态变为

$$|\varphi'\rangle = \frac{a_{00}|00\rangle + a_{10}|10\rangle}{\sqrt{|a_{00}|^2 + |a_{10}|^2}} \tag{6.9}$$

而得到 1 的概率为 $|a_{01}|^2 + |a_{11}|^2$，测量后的状态变为

$$|\varphi'\rangle = \frac{a_{01}|01\rangle + a_{11}|11\rangle}{\sqrt{|a_{01}|^2 + |a_{11}|^2}} \tag{6.10}$$

6.2.3　多量子比特

　　考虑 n 量子比特系统，该系统有个形如 $|x_1 x_2 \cdots x_n\rangle$ 的基本状态，其量子状态由 2^n 个概率幅所确定。类似于单量子比特，n 量子比特也可以处于 2^n 个基本状态的叠加态之中，即

$$|\varphi\rangle = \sum_{x \in \{0,1\}^n} a_x |x\rangle \tag{6.11}$$

其中 a_x 称为基本状态 $|x\rangle$ 的概率幅，且满足

$$\sum_{x \in \{0,1\}^n} |a_x|^2 = 1 \tag{6.12}$$

　　例如，当 $n=3$ 时

$$|\varphi\rangle = a_{000}|000\rangle + a_{001}|001\rangle + a_{010}|010\rangle + a_{011}|011\rangle + a_{100}|100\rangle + a_{101}|101\rangle$$
$$+ a_{110}|110\rangle + a_{111}|111\rangle$$

其中概率幅满足

$$|a_{000}|^2 + |a_{001}|^2 + |a_{010}|^2 + |a_{011}|^2 + |a_{100}|^2 + |a_{101}|^2 + |a_{110}|^2 + |a_{111}|^2 = 1$$

6.3　量 子 逻 辑 门

6.3.1　单比特量子门

　　在量子计算中，通过对量子位状态进行一系列的酉变换来实现某些逻辑变换功能。因此，在一定时间间隔内实现逻辑变换的量子装置，称其为量子门。量子门是物理上实现量子计算的基础。单比特量子门可以由 2×2 矩阵给出，对用作量子门的矩阵 U，唯一要求是其具有酉性，即 $U \cdot U = I$，其中 U^+ 是 U 的共轭转置，I 是单位矩阵。表 6.1 给出了常用的

单比特量子门的名称、符号及矩阵表示。

表 6.1　常用单比特量子门的名称、符号和酉矩阵

名　称	符　号	矩阵表示
Hadamard 门	H	$\dfrac{1}{\sqrt{2}}\begin{bmatrix} 1 & 1 \\ 1 & -1 \end{bmatrix}$
Pauli-X 门	X	$\begin{bmatrix} 0 & 1 \\ 1 & 0 \end{bmatrix}$
Pauli-Y 门	Y	$\begin{bmatrix} 0 & -i \\ i & 0 \end{bmatrix}$
Pauli-Z 门	Z	$\begin{bmatrix} 1 & 0 \\ 0 & -1 \end{bmatrix}$
相位门	S	$\begin{bmatrix} 1 & 0 \\ 0 & i \end{bmatrix}$
$\pi/8$ 门	T	$\begin{bmatrix} 1 & 0 \\ 0 & e^{i\pi/4} \end{bmatrix}$
量子旋转门	R	$\begin{bmatrix} \cos\theta & -\sin\theta \\ \sin\theta & \cos\theta \end{bmatrix}$

由表 6.1 通过简单计算，可知 $H=(X+Z)/\sqrt{2}$ 和 $S=T^2$。应该指出的是，尽管 T 门称为 $\pi/8$ 门，但矩阵中出现的确是 $\pi/4$，这是因为

$$T = \begin{bmatrix} 1 & 0 \\ 0 & e^{i\pi/4} \end{bmatrix} = e^{i\pi/8}\begin{bmatrix} 1 & 0 \\ 0 & e^{i\pi/8} \end{bmatrix} \tag{6.13}$$

故称其为 $\pi/8$ 门。

在上述量子门中，Hadamard 门是最常用而又最重要的量子门，其作用可通过图 6.5 所示的 Bloch 球面加以说明。在该图中，Hadamard 门的作用恰好是先使 φ 绕 y 轴旋转 $90°$，再绕 x 轴旋转 $180°$，即对应球面上的旋转和反射。

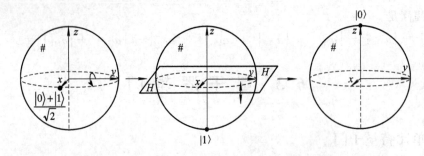

图 6.5　作用于 $(|0\rangle+|1\rangle)/\sqrt{2}$ 上的 Hadamard 门在 Bloch 球面上的显示

在量子计算中，另一个重要而且经常使用的单比特量子门是旋转量子门，其矩阵表示如表 6.1 所示，由简单推导

$$|\varphi'\rangle = R|\varphi\rangle = \begin{bmatrix} \cos\theta & -\sin\theta \\ \sin\theta & \cos\theta \end{bmatrix} \begin{bmatrix} \cos\varphi \\ \sin\varphi \end{bmatrix} = \begin{bmatrix} \cos(\varphi+\theta) \\ \sin(\varphi+\theta) \end{bmatrix}$$

可知，该门可以使单量子比特的相位旋转 θ 弧度。

6.3.2　多比特量子门

多比特量子门的原型是受控非门(Controlled－NOT 或 CNOT)，其线路及矩阵描述如图 6.6 所示。

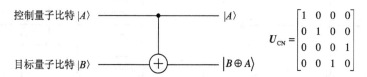

图 6.6　两位受控非门及矩阵表示

该门有两个输入量子比特，分别是控制量子比特和目标量子比特，上面的线表示控制量子比特 $|A\rangle$，下面的线表示目标量子比特 $|B\rangle$；输出也为两个量子比特，其中控制量子比特不变(仍然为 $|A\rangle$)，目标量子比特为两个输入比特的异或(即 $|B \oplus A\rangle$)。其作用可描述如下：若控制量子比特置为 0，则目标量子比特的状态保持不变；若控制量子比特置为 1，则目标量子比特的状态将翻转。用方程式表示有 $|00\rangle \rightarrow |00\rangle$，$|01\rangle \rightarrow 01\rangle$，$|10\rangle \rightarrow |11\rangle$，$|11\rangle \rightarrow |10\rangle$。上述作用可借助酉矩阵 U_{CN} 来描述。例如，当输入为基本状态 $|00\rangle$ 时，控制量子比特为 $|A\rangle = |0\rangle$，目标量子比特为 $|B\rangle = |0\rangle$，此时，该基本量子状态的向量表示为 $[1000]^{T}$，经过酉矩阵 U_{CN} 的作用过程可描述为

$$\begin{bmatrix} 1 & 0 & 0 & 0 \\ 0 & 1 & 0 & 0 \\ 0 & 0 & 0 & 1 \\ 0 & 0 & 1 & 0 \end{bmatrix} \begin{bmatrix} 1 \\ 0 \\ 0 \\ 0 \end{bmatrix} = \begin{bmatrix} 1 \\ 0 \\ 0 \\ 0 \end{bmatrix}$$

因此，基本状态 $|00\rangle$ 经 U_{CN} 作用后仍然为 $|00\rangle$。同理，当输入分别为 $|01\rangle$、$|10\rangle$、$|11\rangle$ 时的变换过程可分别描述为

$$\begin{bmatrix} 1 & 0 & 0 & 0 \\ 0 & 1 & 0 & 0 \\ 0 & 0 & 0 & 1 \\ 0 & 0 & 1 & 0 \end{bmatrix} \begin{bmatrix} 0 \\ 1 \\ 0 \\ 0 \end{bmatrix} = \begin{bmatrix} 0 \\ 1 \\ 0 \\ 0 \end{bmatrix} \quad \begin{bmatrix} 1 & 0 & 0 & 0 \\ 0 & 1 & 0 & 0 \\ 0 & 0 & 0 & 1 \\ 0 & 0 & 1 & 0 \end{bmatrix} \begin{bmatrix} 0 \\ 0 \\ 1 \\ 0 \end{bmatrix} = \begin{bmatrix} 0 \\ 0 \\ 0 \\ 1 \end{bmatrix} \quad \begin{bmatrix} 1 & 0 & 0 & 0 \\ 0 & 1 & 0 & 0 \\ 0 & 0 & 0 & 1 \\ 0 & 0 & 1 & 0 \end{bmatrix} \begin{bmatrix} 0 \\ 0 \\ 0 \\ 1 \end{bmatrix} = \begin{bmatrix} 0 \\ 0 \\ 1 \\ 0 \end{bmatrix}$$

可见，酉矩阵 U_{CN} 实现了受控非门具有的变换功能，即 $|00\rangle \rightarrow |00\rangle$，$|01\rangle \rightarrow 01\rangle$，$|10\rangle \rightarrow |11\rangle$，$|11\rangle \rightarrow |10\rangle$。

受控非门可视为经典异或门的推广，该门的作用可表示为 $|a, b\rangle \rightarrow |a, b \oplus a\rangle$，其中 $\oplus$ 是模 2 加法，而这正是异或运算所要求的。也就是说，控制量子比特和目标量子比特做异或运算，并将结果存储在目标量子比特中。其他常使用的二比特量子门还有兑换门(Swap)、受控 Z 门(Controlled－Z)、受控相位门(Controlled－phase)等。

Toffoli 门是三比特量子门，有三个输入比特和三个输出比特，该门实际上是图 6.6 所示受控非门的推广，如图 6.7 所示。前两个输入 a、b 为控制比特，经过 Toffoli 门后状态不变，第三个输入 c 为目标比特，在前两个控制比特都置为 1 时目标比特的状态翻转为 $c \oplus ab$，否

则不变。一般而言，设有 $n+k$ 个量子比特，U 是一个 k 量子比特的酉算子，则受控运算 C^n (U) 的定义为

$$C^n(U) = |x_1, x_2, \cdots, x_n\rangle|\varphi\rangle = |x_1 x_2 \cdots x_n\rangle U^{x_1 x_2 \cdots x_n}|\varphi\rangle \tag{6.14}$$

其中 U 的指数 $x_1 x_2 \cdots x_n$ 表示比特 $x_1 x_2 \cdots x_n$ 的积，即若前 n 个量子比特全为 1，则算子 U 作用到后 k 量子比特上，否则没有任何作用，如图 6.8 所示。

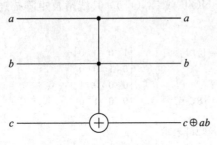
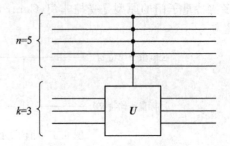

图 6.7　Toffoli 门线路表示　　　　　图 6.8　$C^n(U)$ 运算线路表示

6.3.3　量子门的通用性

当一组量子门线路能以任意精度逼近任意酉运算时，称这组门对量子计算是通用的。

1. 两级酉门(two – level unitary gate)具有通用性

考虑一个作用在 d 维 Hilbert 空间上的酉矩阵 U，若存在两级酉矩阵 U_1，U_2，$\cdots$，U_n，使得 $\cdots\cdots U_1 U = I$，则 $U = U_1^+ U_2^+ \cdots U_n^+$，这就说明 d 维 Hilbert 空间上的任意酉矩阵可以写成两级酉矩阵的乘积形式，从而表明两级酉门具有通用性。设 U 具有的形式为

$$U = \begin{bmatrix} a & d & g \\ b & e & h \\ c & f & i \end{bmatrix} \tag{6.15}$$

下面说明如何将 U 分解为两级酉矩阵的乘积。首先，用下述过程构造 U_1：若 $b=0$，则取

$$U_1 = \begin{bmatrix} 1 & 0 & 0 \\ 0 & 1 & 0 \\ 0 & 0 & 1 \end{bmatrix} \tag{6.16}$$

若 $b\neq 0$，则取

$$U_1 = \begin{bmatrix} \dfrac{a^*}{\sqrt{|a|^2+|b|^2}} & \dfrac{b^*}{\sqrt{|a|^2+|b|^2}} & 0 \\ \dfrac{b}{\sqrt{|a|^2+|b|^2}} & \dfrac{-a}{\sqrt{|a|^2+|b|^2}} & 0 \\ 0 & 0 & 1 \end{bmatrix} \tag{6.17}$$

上述两种情况下，U_1 均为一个两级酉矩阵。将 U_1 与 U 作乘法得到

$$U_1 U = \begin{bmatrix} a' & d' & g' \\ 0 & e' & h' \\ c' & f' & j' \end{bmatrix}$$

上述取法的目的在于保证 U_1U 的结果中左数第 1 列的中间项为 0，矩阵的其他项用加上撇号的符号表示，其实际值并不重要。类似地，找出一个两级酉矩阵 U_2，使得 U_2U_1U 左下角元素为 0，即若 $c'=0$，取

$$U_2 = \begin{bmatrix} a'* & 0 & 1 \\ 0 & 1 & 0 \\ 0 & 0 & 1 \end{bmatrix}$$

若 $c' \neq 0$，取

$$U_2 = \begin{bmatrix} \dfrac{a'^*}{\sqrt{|a'|^2 + |c'|^2}} & 0 & \dfrac{c'^*}{\sqrt{|a'|^2 + |c'|^2}} \\ 0 & 1 & 0 \\ \dfrac{c'}{\sqrt{|a'|^2 + |c'|^2}} & 0 & \dfrac{-a'}{\sqrt{|a'|^2 + |c'|^2}} \end{bmatrix} \tag{6.18}$$

上述两种情况下，作矩阵乘法均得到

$$U_2U_1U = \begin{bmatrix} 1 & d'' & g'' \\ 0 & e'' & h'' \\ 0 & f'' & j'' \end{bmatrix}$$

由于 U、U_1、U_2 是酉的，所以 U_2U_1U 也是酉的，又因为 U_2U_1U 第一行的模必须为 1，所以 $d''=g''=0$，最后取

$$U_3 = \begin{bmatrix} 1 & 0 & 0 \\ 0 & e''^* & f''^* \\ 0 & h''^* & 1 \end{bmatrix}$$

容易验证 $U_3U_2U_1U = I$，于是 $U = U_3^+U_2^+U_3^+$ 是 U 的两级酉分解。

更一般地，设 U 作用在 d 维空间上，则类似于 3×3 的情况，可以找到两级酉矩阵 U_1，$U_2\cdots$，U_{d-1} 使得 $U_{d-1}U_{d-2}\cdots U_1U$ 左上角元素为 1，而第 2 行和第 2 列的其他元素为 0。接着对 $U_{d-1}U_{d-2}\cdots U_1U$ 右下角的 $(d-1)\times(d-1)$ 子酉矩阵重复这个过程，以此类推，最终可把 $d\times d$ 酉矩阵写为

$$U = V_1V_2\cdots V_k \tag{6.19}$$

其中，矩阵 V_i 是两级酉矩阵，而 $k \leqslant (d-1) + (d-2) + \cdots + 1 = d(d-1)/2$。

2. 单比特量子门和受控非门具有通用性

上节已经证明了 d 维 Hilbert 空间上的任意酉矩阵可以写成两级酉矩阵的乘积形式，而单比特量子门和受控非门可以实现 n 量子比特状态空间上的任意两级酉运算。这些结果结合在一起就可以得出，单比特量子门和受控非门可以实现 n 量子比特上的任意酉运算，所以它们对量子计算来说是通用的。因此，任何量子线路，不论其实现的功能多么复杂，最终都可以将其分解为单比特量子门和受控非门的乘积形式，从而为量子计算机的硬件实现奠定了重要的理论基础。

6.4 量子计算的并行性

量子计算的并行性有别于经典计算的并行性。经典的并行计算主要是靠多重硬件同时

计算来实现的，而量子的并行计算是在同一个量子线路中完成的。

设 $f(x):\{0,1\} \to \{1,0\}$ 是具有一比特定义域和值域的函数。在量子计算机上，计算该函数的一个简便方法是，考虑初态为 $|x,y\rangle$ 的双量子比特计算机，通过适当的逻辑门序列（如图 6.9 所示）可以把这个状态变换为 $|x,y \oplus f(x)\rangle$，这里"$\oplus$"表示模 2 加。通常，量子比特的集合叫做量子寄存器，也简称为寄存器。在此，第一个寄存器 $|x\rangle$ 成为数据寄存器，第二个寄存器 $|y \oplus f(x)\rangle$ 成为目标寄存器。图 6.9 表示把输入 $|x,y\rangle$ 映射变为输出 $|x,y \oplus f(x)\rangle$ 的量子线路，即实现 $|x,y\rangle \to |x,y \oplus f(x)\rangle$，将其记作 U_f，容易证明它是酉的。若 $y=0$，则第二个量子比特的终了状态就是 $f(x)$ 的值。

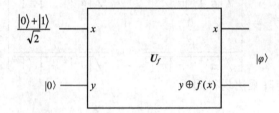

图 6.9　同时计算 $f(0)$ 和 $f(1)$ 的量子线路

在图 6.9 所示的量子线路中，给 U_f 加上 $|0\rangle$ 和 $|1\rangle$（计算基）以外的一个输入，例如数据寄存器输入时叠加态 $(|0\rangle + |1\rangle)/\sqrt{2}$（这可由 Hadamard 门作用到 $|0\rangle$ 得到），于是应用 U_f 得到状态

$$\frac{|0,f(0)\rangle + |1,f(1)\rangle}{\sqrt{2}} \tag{6.20}$$

应该指出，式(6.20)中不同的项同时包含 $f(0)$ 和 $f(1)$，看起来似乎同时对 x 的两个值计算了 $f(x)$。经典的并行是多重 $f(x)$ 电路同时运行，而上述量子运算是利用量子计算机处于不同状态的叠加能力，因此，仅用单个 $f(x)$ 线路就能同时计算多个 x 的值。

利用 Hadamard 变换（有时又称为 Wlash—Hadamard 变换）的过程很容易推广到任意数目量子比特上的函数。该变换就是 n 个 Hadamard 门同时作用到 n 个量子比特上。例如图 6.10 是 $n=2$ 的情况，记为 $H^{\otimes 2}$。当初态全为 $|0\rangle$ 时，输出为

$$\left(\frac{|0\rangle + |1\rangle}{\sqrt{2}}\right)\left(\frac{|0\rangle + |1\rangle}{\sqrt{2}}\right) = \frac{|00\rangle + |01\rangle + |10\rangle + |11\rangle}{\sqrt{2}} \tag{6.21}$$

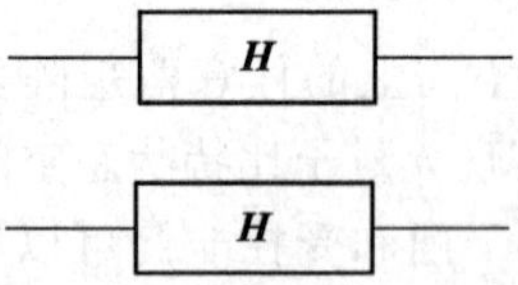

图 6.10　双量子比特上的 Hadamard 变换 $H^{\otimes 2}$

通常用 $H^{\otimes 2}$ 表示两个 Hadamard 门的并行作用。更一般地，n 重量子比特上的 Hadamard变换从全 $|0\rangle$ 出发，得到

$$\frac{1}{\sqrt{2^n}} \sum_x |x\rangle \tag{6.22}$$

其中求和是对 x 的所有可能取值，并用 $H^{\otimes 2}$ 表示这个作用。可见，Hadamard 变换产生了

所有基本状态的平衡叠加(所有状态的概率幅均为 $1/\sqrt{2^n}$)。仅用 n 个门就产生了 2^n 个状态的叠加,因此它的效率非常高。

对图 6.9 中的单比特输出,可以采用下述方法扩展为 n 比特输入 x 和单比特输出 $f(x)$,以实现函数 $f(x)$ 对多个 x 的并行计算。为了获得 $n+1$ 量子比特的状态 $|0\rangle^{\otimes n}|0\rangle$,对前 n 位应用 Hadamarda 变换,并接连实现 U_f 的量子线路,就会产生状态

$$\frac{1}{\sqrt{2^n}}\sum_x |x\rangle |f(x)\rangle \tag{6.23}$$

以 $n=3$ 为例,上式的结果可表示为

$$\frac{1}{\sqrt{2^3}}(|000\rangle |f(000)\rangle + |001\rangle |f(001)\rangle + \cdots + |111\rangle |f(111)\rangle) \tag{6.24}$$

一般而言,由于对量子态的测量会使量子态的状态产生坍缩现象,因此,测量状态 $\sum_x |x, f(x)\rangle$ 只能给出对某个单个 x 的值。然而从量子并行性获得的益处,不仅仅在于能获得一个 $f(x)$ 的值,更为重要的是能够得到比计算 $f(x)$ 值更有价值的信息抽取能力。下面介绍的 Deutsch 算法就是这种能力的具体体现。

6.5　Deutsch 量子算法

最早的量子算法是由 Deutsch 于 1985 年提出的,因此该算法也称为 Deutsch 量子算法(简介 Deutsch 算法)。下面简要介绍这一算法的基本原理。

Deutsch 算法是基于量子并行性和量子力学中称为干涉(interference)的性质实现的。为了说明 Deutsch 算法的实现过程,对图 6.9 的线路稍加修改得到如图 6.11 所示的量子线路。

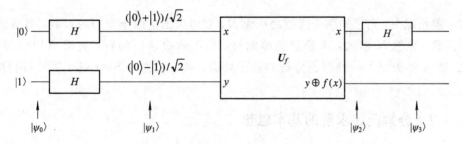

图 6.11　实现 Deutsch 算法的量子线路

类似前文所述,仍用 Hadamard 门把第一量子比特 $|0\rangle$ 变为叠加态 $(|0\rangle + |1\rangle)/\sqrt{2}$,而使用 Hadamard 门把第二量子比特 $|1\rangle$ 变为叠加态 $(|0\rangle - |1\rangle)/\sqrt{2}$。将输入状态表示为

$$|\varphi_0\rangle = |01\rangle \tag{6.25}$$

通过 Hadamard 门后的输出为

$$|\varphi_1\rangle = \frac{|0\rangle + |1\rangle}{\sqrt{2}} \frac{|0\rangle - |1\rangle}{\sqrt{2}} \tag{6.26}$$

很容易看到如果把状态 $|x\rangle \dfrac{|0\rangle - |1\rangle}{\sqrt{2}}$ 作为 U_f 的输入,就可得到 U_f 的输出状态

$(-1)^{f(x)} |x\rangle \dfrac{|0\rangle - |1\rangle}{\sqrt{2}}$。于是把 $|\varphi_1\rangle$ 作为 $\boldsymbol{U}_f$ 的输入，就可得到两种可能的 $\boldsymbol{U}_f$ 输出，即

$$|\varphi_2\rangle = \begin{cases} \pm \dfrac{|0\rangle + |1\rangle}{\sqrt{2}} \dfrac{|0\rangle - |1\rangle}{\sqrt{2}}, & f(0) = f(1) \\[3mm] \pm \dfrac{|0\rangle - |1\rangle}{\sqrt{2}} \dfrac{|0\rangle - |1\rangle}{\sqrt{2}}, & f(0) \neq f(1) \end{cases} \tag{6.27}$$

第一量子比特再通过最后的 Hadamard 门，输出变为

$$|\varphi_3\rangle = \begin{cases} \pm |0\rangle \dfrac{|0\rangle - |1\rangle}{\sqrt{2}}, & f(0) = f(1) \\[3mm] \pm |1\rangle \dfrac{|0\rangle - |1\rangle}{\sqrt{2}}, & f(0) \neq f(1) \end{cases} \tag{6.28}$$

因为当 $f(0) = f(1)$ 时，$f(0) \oplus f(1)$ 为 0，否则为 1，故可将上述结果改写为

$$|\varphi_3\rangle = \pm |f(0) \oplus f(1)\rangle \dfrac{|0\rangle - |1\rangle}{\sqrt{2}} \tag{6.29}$$

通过测量图 6.11 输出的第一量子比特，就可以确定 $f(0) \oplus f(1)$ 的值。其意义在于：应用量子线路仅对 $f(x)$ 一次计算，就能确定 $f(x)$ 平衡（$f(0) = f(1)$）或不平衡（$f(0) \neq f(1)$）的全局性质。完成上述过程用经典计算机至少要两次计算，而用量子计算机只需一次计算。

上述 Deutsch 算法的量子并行性是显而易见的，它体现了许多量子算法的本质特征：通过精心选择函数和设计适当的酉变换，就可以有效地确定有关函数有用的全局信息，而在经典计算机上无法得到上述结果。

6.6　Shor 量子算法

在一般情况下，若已知两个素数之积为 N，如何求出这两个未知的素数，即所谓的因子分解问题。显然 N 越大，求解就会越困难。为了解决这一问题，美国 AT&T 公司的 Shor 在 1994 年提出了一种因子分解的量子算法，通常被称为 Shor 量子算法（简称 Shor 算法）。

6.6.1　因子分解问题求解的基本思想

Shor 算法的核心就是利用数论中的这样一个命题：大数的素数分解可归结为寻找以 N 为模的同余式的周期，即可将大数 N 质因子分解转化为求某个函数 $f(x)$ 的周期问题。其基本思想是：首先，利用量子并行性通过一步计算得到该函数所有的函数值的叠加态；然后，通过测量这个叠加态得到该函数自变量的某种叠加态；最后，对其进行量子快速傅里叶变换（Quantum Fast Fourier Transformation，OFT）。其实，上述过程就是将大数质因子分解转化为用量子 FFT 在多项式步骤内完成的求一个函数的周期问题。得到 $f(x)$ 的周期后，按照一定的概率算法，可以推导出 N 的一个因子。值得指出的是，该算法属于概率求解算法，不能保证每次分解都能成功，但是，Shor 已经证明该算法成功的概率随着大数 N 的二进制长度 l 按多项式递减。因此，只需将上述过程重复的次数置为 l 的多项式值，

就可以接近 1 的概率得到大数 N 的一个因子，而另一因子用大数 N 除以该因子即可得到。大数因子分解属于典型的 NP 问题，任何经典算法对该问题都是无能为力的，而 Shor 算法为应用量子计算机实现大数质因子分解提供了可能。下面介绍 Shor 算法的具体实现步骤。

6.6.2　Shor 算法的实现步骤

实际上，一个大数质因子分解问题可以简单地理解为，若要求出大数 N 的因子，等于寻求 N 的最小因子 r，使得 $a^r = 1 (\mathrm{mod}\ N)$，其中 a 是一个与 N 互质的数（除了 1 以外，a 与 N 没有公约数）。换句话说，我们需要确定函数 $a^r (\mathrm{mod}\ N)$ 的周期。下面简要介绍 Shor 量子算法的基本步骤。

第一步，欲分解大数 N，需制备两个具有 $k \approx \mathrm{lb} N$ 个量子位的量子寄存器，并使第一个寄存器处于从 0 到 $2^k - 1$ 连续自然数的等权叠加态中，第二个寄存器处于 0 态，即

$$|\varphi\rangle = \frac{1}{\sqrt{2^k}} \sum_{n=0}^{2^k - 1} |n\rangle |0\rangle \tag{6.30}$$

第二步，在第二个存储器中计算函数 $a^n (\mathrm{mod}\ N)$，结果为

$$|\varphi_1\rangle = \frac{1}{\sqrt{2^k}} \sum_{n=0}^{2^k - 1} |n\rangle |a^n (\mathrm{mod}\ N)\rangle \tag{6.31}$$

第三步，对第二个存储器作投影测量，即

$$|u\rangle\langle u| = |a^n (\mathrm{mod}\ N)\rangle\langle a^n (\mathrm{mod}\ N)| \tag{6.32}$$

得到

$$|\varphi_2\rangle = \sum_{j=0}^{\frac{2^k}{r} - 1} |jr + l\rangle |u\rangle \tag{6.33}$$

上式中略去了归一化因子。

为简单起见，不妨设 $N = 15$，$a = 2$，对第二个存储器进行一次测量，可以得到 1、2、4、8 这 4 个数中的一个。若测得的值为 4，根据量子测量理论可知，测量之后的第二个存储器处于状态 $|4\rangle$，即

$$|\varphi_2\rangle = \sum_{j=0}^{3} |4j + 2\rangle = |2\rangle + |6\rangle + |10\rangle + |14\rangle \tag{6.34}$$

在以下的步骤中第二个存储器不再使用，故略去不写。

第四步，为了提取在第一个存储器中包含的周期 r，需要对其进行分离的傅里叶变换

$$u_{\mathrm{DFT}} |jr + l\rangle = \frac{1}{\sqrt{2^k}} \sum_{r=0}^{2^k - 1} \exp\left[\mathrm{i}2\pi \frac{jr + l}{2^k} y\right] |y\rangle \tag{6.35}$$

由正交条件可知，仅当 $y = mM (m = 0, 1, 2, \cdots)$ 时，有

$$\sum_{j=0}^{M-1} \exp\left[\mathrm{i}2\pi \frac{jy}{M}\right] = M \tag{6.36}$$

否则为零。当 $M = \dfrac{2^k}{r}$ 为整数时，终态变成

$$|\varphi_3\rangle = \frac{1}{\sqrt{r}} \sum_{m=0}^{r-1} \exp\left[i2\pi\,\frac{lm}{r}\right] \left|2^k\,\frac{m}{r}\right\rangle \tag{6.37}$$

当 $\frac{2^k}{2}$ 不是整数时，需要进行更仔细的分析，尽管如此，DFT 仍保留了上述特定情形中的特征。

第五步，在 $y = \frac{2^k m}{r}$ 基底上进行测量，其中 m 是一个整数，一旦获得特定的 y，必须解方程 $\frac{m}{r} = \frac{y}{2^k}$。假定 m 与 r 没有公约数，通过 $\frac{y}{2^k}$ 约化可以得到一个不可约分数 r，于是，根据因子化方法推断出 N 的因子。如果 m 与 r 有公因子，那么算法失败，必须重新进行计算。

最后需要指出，Shor 的算法的成功具有概率性，这意味着并不是每次得到的结果都是正确的，但是，验算结果是否正确是一件很容易的事情，如果结果不正确，可以重新再算直到得到正确的结果。

6.7　Grover 量子算法

在计算机科学中，从数据库众多的数据里找出所需要的数据，称为数据库的搜索问题。而当数据库中众多的数据处于无序状态时，需要遍历搜索的次数随着数据库的规模而成比例增加。在经典算法中，只能采取逐个元素验证的方法遍历地搜索下去，因此需要的步骤 N 与被搜寻集合中的元素数目成正比，显然这种方法很耗时。为了加速上述问题的搜索过程，1996 年 Grover 提出了一种量子搜索算法，他将问题的搜索步数从经典算法的 N 缩小到 $\sqrt{N}$。显然这种算法起到了对经典算法的二次加速作用，从而显著地提高了搜索的效率。

6.7.1　基于黑箱的搜索思想

为了深入研究 Grover 量子算法，首先介绍基于黑箱的搜索思想。我们考虑含有 N 个元素的空间搜索问题。为简单起见，假设 $N=2^n$，搜索问题恰好有 M 个解。每个元素指标可以存储在 n 个比特中（$1 \leqslant M \leqslant N$）。为方便起见，不妨把搜索问题表示成输入为从 0 到 $N-1$ 的整数 x 的函数 f，其定义是，若 x 是搜索问题的一个解，$f(x) = 1$，而如果不是搜索问题的解，则 $f(x)=0$。

设有一个量子黑箱，其中的一个量子比特可以识别搜索问题的解。这个黑箱实际上起着一个酉算子 O 的作用，其定义为

$$|x\rangle|q\rangle \xrightarrow{\;0\;} |x\rangle|q \oplus f(x)\rangle \tag{6.38}$$

其中 $|x\rangle$ 是一个指标寄存器，$\oplus$ 表示模 2 加法，$|q\rangle$ 是黑箱中的一个单量子比特，当 $f(x)=1$ 时翻转，否则不变。于是可以通过初始状态 $|x\rangle|0\rangle$，应用黑箱检查其中的量子比特是否翻转到 $|1\rangle$。若翻转到 $|1\rangle$，则 x 是搜索问题的一个解；否则不是搜索问题的解。

若 x 不是搜索问题的解，黑箱中的状态 $|x\rangle(|0\rangle - |1\rangle)/\sqrt{2}$ 并不改变；若 x 是搜索问

题的解，则 $|0\rangle$ 和 $|1\rangle$ 在黑箱的作用下相互交换，输出状态为 $-|x\rangle(|0\rangle-|1\rangle)/\sqrt{2}$。因此黑箱的作用是

$$|x\rangle\left(\frac{|0\rangle-|1\rangle}{\sqrt{2}}\right)\xrightarrow{\ 0\ }(-1)^{f(x)}|x\rangle\left(\frac{|0\rangle-|1\rangle}{\sqrt{2}}\right) \tag{6.39}$$

需要指出的是，黑箱中的单量子比特在搜索过程中始终保持为 $(|0\rangle-|1\rangle)/\sqrt{2}$ 的状态，因此在下面算法的讨论中省略不写。此时，黑箱的作用可以简写为

$$|x\rangle\xrightarrow{\ 0\ }(-1)f^{(x)}|x\rangle \tag{6.40}$$

为了进一步认识量子黑箱在理论上的作用，这里考虑大数 $m=pq$ 的质因子分解问题。为确定 p 和 q，经典计算通过搜索 $2\sim\sqrt{m}$ 的所有数以找到其中较小的一个因子，这种搜索过程大约需要 $\sqrt{m}$ 次试除才可以得到结果，而量子搜索算法可以加速这个搜索过程。由上述可知，黑箱对输入状态 $|x\rangle$ 的作用相当于用 x 除 m，并且检验是否可以除尽，如果是就翻转 Oracle 控制的量子比特。这种方法能以很大的概率给出两个质因子中较小的一个，其关键在于即使不知道 m 的因子，也可以具体构造一个可以识别搜索问题的黑箱。利用基于黑箱的量子搜索算法可以通过调用 $O(m^{1/4})$ 次黑箱，搜索 $2\sim\sqrt{m}$ 的范围，即大致需要进行 $m^{1/4}$ 次试除，而经典算法需要 $\sqrt{m}$ 次，显然基于搜索技术的经典算法可以被量子搜索算法加速。

6.7.2　Grover 算法搜索步骤

Grover 算法搜索过程如图 6.12 所示，其中输入侧包括一个 n 量子比特寄存器和一个含有若干量子比特的 Oracle 工作空间。该算法的目的是使用最少的 Oracle 调用次数求出搜索问题的一个解。

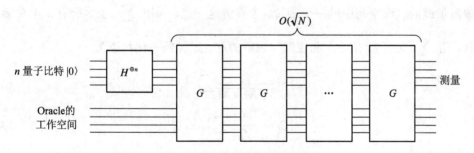

图 6.12　量子搜索算法的线路框架

由图 6.12 可知，算法需要反复执行 $O(\sqrt{N})$ 次搜索过程，每次搜索过程成为一次 Grover 迭代。首先从计算基的初态开始，用 Hadamard 变换使计算机处于均衡叠加态，即

$$|\varphi\rangle=\frac{1}{\sqrt{N}}\sum_{x=0}^{N-1}|x\rangle \tag{6.41}$$

然后通过 $O(\sqrt{N})$ 次 Grover 迭代完成搜索过程。实现 Grover 迭代的量子线路如图 6.13 所示，可分为如下四步：

（1）应用 Oracle 算子 0，检验每个元素是否为搜索问题的解。

（2）对步骤（1）的结果施加 Hadamard 变换 $H^{\otimes n}$。

（3）对步骤（2）的结果在计算机上执行条件相移，使 $|0\rangle$ 以外的每个基本状态获得 -1 的相位移动，即

$$|x\rangle \longrightarrow -(-1)^{\delta} x_0 |x\rangle \qquad (6.42)$$

（4）对步骤（3）的结果施加 Hadamard 变换 $H^{\otimes n}$。

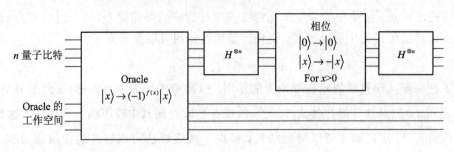

图 6.13　Grover 迭代 G 的线路

在上述过程中，步骤（2）和步骤（4）的 Hadamard 变换各需要 $n=\text{lb}N$ 次运算，步骤（4）的条件相移只需用 $O(n)$ 个门即可实现。Oracle 的调用次数依赖特定应用，这个例子中 Grover 迭代只需要一个 Oracle 调用。须指出，上述步骤（2）至步骤（4）步数的总作用效果是

$$H^{\otimes n}(2|0\rangle\langle 0|-I)H^{\otimes n} = 2|\varphi\rangle\langle\varphi|-I \qquad (6.43)$$

其中 $|\varphi\rangle$ 是所有基本状态的均衡叠加态，于是，Grover 迭代可以写成

$$G = (2|\varphi\rangle\langle\varphi|-I)\varphi_0) \qquad (6.44)$$

6.7.3　Grover 算法搜索过程几何描述

式（6.44）启示我们，一个 Grover 迭代中 $2|\varphi\rangle\langle\varphi|-I$ 和 0 的作用可看做量子态在二维空间的两次变换。下面将证明，Grover 迭代可视为在由开始向量 $|\varphi\rangle$ 和搜索问题解组成均匀叠加态张成的二维空间中的一个旋转。为弄清这一点，采用 $\sum\limits_x^1$ 表示所有 x 上搜索问题解的和，用 $\sum\limits_x^2$ 表示所有 x 上非搜索问题解的和。定义归一化状态为

$$|\alpha\rangle = \frac{1}{\sqrt{N-M}} \sum\limits_x^2 |x\rangle \qquad (6.45)$$

$$|\beta\rangle = \frac{1}{\sqrt{M}} \sum\limits_x^1 |x\rangle \qquad (6.46)$$

其中 N 为记录总数，M 为标记态数。通过简单的代数运算，初态 $|\varphi\rangle$ 可重新表示为

$$|\varphi\rangle = \sqrt{\frac{N-M}{N}}|\alpha\rangle + \sqrt{\frac{M}{N}}|\beta\rangle \qquad (6.47)$$

故量子计算机的初态属于 $|\alpha\rangle$ 和 $|\beta\rangle$ 的张成空间。

不难看出运算 0 的作用是将 $|\varphi\rangle$ 在 $|\alpha\rangle$ 和 $|\beta\rangle$ 定义的平面上，对 $|\alpha\rangle$ 进行了一次反射，该反射可描述为 $0(a|\alpha\rangle + b|\beta\rangle)$；类似地，$2|\varphi\rangle\langle\varphi|-I$ 也执行了 $|\alpha\rangle$ 和 $|\beta\rangle$ 定义的平面上 $|\varphi\rangle$ 的一次反射，两次反射的积是一个旋转。由此可知，对任意 k 状态 $G^k|\varphi\rangle$ 仍然在 $|\alpha\rangle$ 和 $|\beta\rangle$ 定义的平面上，且能容易地计算出旋转角度的大小。为此，令 $\cos\theta = \sqrt{(N-M)/N}$，使得 $|\varphi\rangle = \cos\theta|\alpha\rangle + \sin\theta|\beta\rangle$，如图 6.14 所示。通过一次 Grover 迭代，G 中的两次反射将 $|\varphi\rangle$ 变成

$$G|\varphi\rangle = \cos3\theta|\alpha\rangle + \sin3\theta|\beta\rangle \tag{6.48}$$

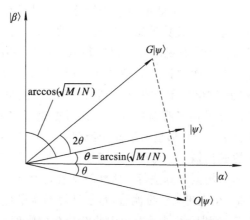

图 6.14　单次 Grover 迭代 G 的旋转作用

实际上，G 是 $|\alpha\rangle$ 和 $|\beta\rangle$ 定义的二维空间中的一个旋转算符，每次应用 G 迭代，都会使 $|\varphi\rangle$ 的相位增加 2θ。若连续 k 次应用 G，则把状态变为

$$G^k|\varphi\rangle = \cos(2k+1)\theta|\alpha\rangle + \sin(2k+1)\theta|\beta\rangle \tag{6.49}$$

反复用 Grover 迭代，就能把状态向量旋转到接近搜索问题的解 $|\beta\rangle$ 的位置，此时对状态向量观测，就能以很高的概率获得搜索问题的一个解。

6.7.4　算法性能分析

为得到搜索问题的一个解即把 $|\varphi\rangle$ 旋转到接近 $|\beta\rangle$，需要事先计算 Grover 迭代次数，如图 6.14 所示。设系统初态为 $|\varphi\rangle = \sqrt{(N-M)/N}|\alpha\rangle + \sqrt{M/N}|\beta\rangle$，因此旋转 $\arccos\sqrt{M/N}$ 弧度，系统进入 $|\beta\rangle$ 状态。因为每次迭代相位旋转 2θ 幅度，所以需迭代 $(\arccos\sqrt{M/N})/2\theta$ 次，但通常 $(\arccos\sqrt{M/N})/2\theta$ 不是整数，为此取它的整数部分，即

$$R = \mathrm{CI}\left(\frac{\arccos\sqrt{M/N}}{2\theta}\right) \tag{6.50}$$

式中 $\mathrm{CI}(x)$ 表示最接近实数 x 的整数，即可把 $|\varphi\rangle$ 旋转到距离 $|\beta\rangle$ 为 $\theta\leqslant\pi/4$ 的角度范围内，于是对状态在计算基中的观察，将至少以 $1/2$ 的概率给出搜索问题的一个解。

事实上，当 $M\ll N$ 时，有 $\theta\approx\sin\theta\approx\sqrt{M/N}$，故最终状态的角误差至多是 $\theta\approx\sqrt{M/N}$，即给出最多为 M/N 的错误概率，也就是说可以达到高得多的成功概率。应着重指出，R 仅依赖于解的数目 M，而不依赖于具体问题的性质，因此如果知道 M，就可以使用上述量子搜索算法对任何问题进行求解。

应用 Grover 搜索算法求解问题的迭代次数的上限如何确定呢？根据式（6.50）可知，$R\leqslant\lceil\pi/(4\theta)\rceil$，因此，可由 θ 的一个下界确定出 R 的一个上界。假设 $M\leqslant N/2$，于是可得 $\theta\geqslant\sin\theta=\sqrt{M/N}$，由此可导出需要迭代次数的一个上界，通过向上取整数可表示为

$$R\leqslant\left\lceil\frac{\pi}{4}\sqrt{\frac{N}{M}}\right\rceil \tag{6.51}$$

即只需进行 $R = O(\sqrt{N/M})$ 次 Grover 迭代，即能以高的概率得到搜索问题的一个解，这

是对经典算法要求的 $O(N/M)$ 次 Grover 调用的二次加速。

　　Grover 量子搜索算法是量子计算最重要的进展之一，对于在无序数据库中搜索一个特定目标态，Grover 算法实现了对经典搜索算法的二次加速作用。目前，Grover 算法已广泛引起人们注意，并已成为一个富有挑战性的研究领域。然而，Grover 算法也存在某些缺陷。当要搜索的目标数超过数据库中记录总数的 1/4 时，搜索获得成功的概率迅速下降；当目标数超过数据库记录的一半时，算法失效。到目前为止，围绕着如何提高 Grover 算法的成功概率，国内外学者进行了很多有益的探索，先后提出了多种 Grover 算法的改进措施。这些改进措施的基本思想，大多都是通过改变最初 Grover 迭代中的相位移动来构造新的迭代算子，以提高算法的成功概率。另外，人们还进一步提出了量子遗传算法、量子群智能优化算法、量子神经网络模型与算法等。这些算法在此就不一一介绍了，有兴趣的读者可以参考相关文献(例如，李士勇、李盼池著《量子计算与量子优化算法》)。综合上述，量子算法最关键的本质就是充分利用了量子力学中的态的叠加原理，而且运算量子算法的物理机器必然是量子计算机。下节将讨论量子计算机的实现问题。

6.8　量子计算机的实现

　　从前面的论述中可以看到，由于使用量子态编码计算信息，利用量子态相干叠加以及纠缠性质，量子计算机可以实现大规模的并行计算，产生经典计算机无法比拟的信息处理功能。于是，制造量子计算机就自然成为人们追求的目标。然而，量子计算机模型是什么？物理上实现量子计算机的关键在什么地方？主要困难是什么？如何克服这些困难？这就是本节的主要内容。

6.8.1　实现量子计算机的条件

　　在第 1 章绪论中已指出，在 2000 年，IBM 的 David Divincenzo 提出了实用的量子计算机需满足的五大条件：

　　(1) 可通过物理级联来增加量子比特；

　　(2) 量子比特可以被初始化为任意的值；

　　(3) 量子门操作的速度要比退相干时间快；

　　(4) 能实现通用操作门的集合；

　　(5) 量子比特易于读取。

　　这些条件可以概括成两个方面：条件(1)～(3)和(5)是要求能够有效地实现物理存取和操作的量子比特寄存器；条件(4)则要求作为量子计算机实验方案的系统能够实现一定的基本量子操作，这些操作必须构造出任何量子计算所需要的幺正变换。

　　事实上，真正对任何量子态都通用的(即形式与量子态无关)的操作并不是一定存在的。比如，如果输入态 $|\varphi\rangle$ 可以取任何物理上可能的值，那么通用非门(即能够在不知道 $|\varphi\rangle$ 的具体形式下就把它变换为与之正交的态 $|\varphi^\perp\rangle$ 的变换)不存在。

　　证明用反证法。假设存在这样的一个通用非门 T，则它首先必须能分别把 $|0\rangle$、$|1\rangle$ 和 $\frac{1}{\sqrt{2}}(|0\rangle + |1\rangle)$ 变成各自的正交态，即

$$T|0\rangle = \mathrm{e}^{\mathrm{i}\theta_0}|1\rangle \tag{6.52}$$

$$T|1\rangle = \mathrm{e}^{\mathrm{i}\theta_1}|0\rangle \tag{6.53}$$

$$T\frac{1}{\sqrt{2}}(|0\rangle + |1\rangle) = \mathrm{e}^{\mathrm{i}\theta_+}\frac{1}{\sqrt{2}}(|0\rangle - |1\rangle) \tag{6.54}$$

其中系数 θ_0、θ_1、θ_+ 之间并不完全独立。由式(6.52)和式(6.53)相加并与式(6.54)对比得

$$\mathrm{e}^{\mathrm{i}\theta_+} = \mathrm{e}^{\mathrm{i}\theta_1} = -\mathrm{e}^{\mathrm{i}\theta_0} \tag{6.55}$$

那么对于输入态 $|\varphi\rangle = a|0\rangle + b|1\rangle$，以 T 作用于它，由式(6.52)、式(6.53)和式(6.54)可知输出态 $|\varphi'\rangle$ 应为

$$|\varphi'\rangle = T(a|0\rangle + b|1\rangle) = -\mathrm{e}^{\mathrm{i}\theta_0}(b|0\rangle - a|1\rangle) \tag{6.56}$$

故有

$$\langle\varphi|\varphi'\rangle = (a^*\langle 0| + b^*\langle 1|)[-\mathrm{e}^{\mathrm{i}\theta_0}(b|0\rangle - a|1\rangle)] = -\mathrm{e}^{\mathrm{i}\theta_0}(a^*b - b^*a) \tag{6.57}$$

上式右边当且仅当 $a^*b = (a^*b)^*$ 时为零，亦即 a^*b 为实数时 $|\varphi'\rangle$ 才与 $|\varphi\rangle$ 相互正交。也就是说，只要一个非门 T 对输入态 $|0\rangle$、$|1\rangle$、$\frac{1}{\sqrt{2}}(|0\rangle + |1\rangle)$ 有效，那么它仅对 a^*b 为实数的输入态 $|\varphi\rangle = a|0\rangle + b|1\rangle$ 有效，而对其他形式的态（例如 $|\varphi\rangle = \frac{1}{\sqrt{2}}(|0\rangle + \mathrm{i}|1\rangle)$）则不能变换成与之正交的态，因此 T 不是一个通用的非门。证毕。

幸运的是，在前面介绍的基本量子算法中，一般不需要处理任意形式的输入态。例如，在 Deutsch、Shor 算法中，输入态都不含 a^*b 不为实数的情况。根据 1995 年提出的 Solovay-Kitaev 定理，任何关于有限个量子比特的幺正变换都可以用数量有限的控制非门联通关于单 qubit(量子比特)的量子门构造出来。因此，如果可以找到适当的物理系统，能够在我们所感兴趣的特定输入态形式范围内实现 CNOT 门和必要的几种基本 qubit 量子门，那么原则上我们就可实现任何有限的量子计算。

6.8.2　几个量子计算机实验方案

除了第 1 章绪论中已经介绍过的当前国际上关于量子计算机物理实现研究的几个热点体系之外，为了展现量子计算机物理实现的大致思路，下面再介绍几个有关量子计算机的物理实现的实验。

1. 超导/介观电路

1997—1999 年间，几组研究人员分别提出了使用超导/介观电路实现量子计算的方案，图 6.15(a)是这种 qubit 的示意图。它包含一个超导岛，一端与两个约瑟夫森结相耦合（约瑟夫森耦合能是 E_J、电容是 C_J^0），另一端通过一个大小为 C_x 的门电容接到电路中。门电压 $V_x = 2\mathrm{e}n_x/C_x$，其中 $2\mathrm{e}n_x$ 叫做偏移电荷(offset charge)。构成两个约瑟夫森结的超导电极围成一个大小在介观(纳米)尺度的环形，中间穿过一定的磁通量 Φ_x，其大小可通过改变图中虚线所表示的电感线圈里的电流来调制。这类系统称为 Superconducting Quantum Interference Device(SQUID)。

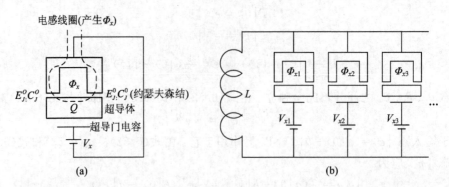

图 6.15 超导/介观电路量子比特

以 n 表示过剩库柏对电荷(excess Cooper-pair charges)的量,并形式上把 $n=0$ 和 $n=1$ 的量子态分别看做一个 qubit 的两个状态 $|0\rangle = \begin{bmatrix} 1 \\ 0 \end{bmatrix}$ 和 $|1\rangle = \begin{bmatrix} 0 \\ 1 \end{bmatrix}$,则系统的哈密顿量为

$$\hat{H} = -\frac{1}{2} E_J \sigma_x - E_{ch}(1 - 2n_x)\sigma_z \tag{6.58}$$

这里 $E_J \equiv 2E_J^0 \cos(\pi \Phi_x / \Phi_0)$ 叫做可调有效约瑟夫森耦合参数(tunable effective Josephson coupling parameter),$\Phi_0 \equiv h/2e$ 是磁通量子。$E_{ch} \equiv e^2/2(C_x + 2E_J^0)$ 叫做单电子电能。

单量子比特的量子门操作可以通过人为控制门电压 V_x(从而决定了 $n_x = V_x C_x / 2e$)和磁通 Φ_x 来实现。例如,保持 n_x 不随时间变化,并取 $\Phi_x = \Phi_0/2$ 让系统在其作用下演化一定时间 t,则相当于对系统的态作了变换

$$U_z(\theta_z) = \exp\left(\frac{-\mathrm{i}\theta_z \sigma_x}{2}\right) \tag{6.59}$$

其中,$\theta_z = 2E_{ch}(1 - 2n_x)t/\hbar$。又或者保持 Φ_x 不随时间变化,并取 $n_x = 1/2$ 让系统演化一定时间 t,则相当于对系统的态作了变换

$$U_x(\theta_x) = \exp\left(\frac{-\theta_x \sigma_z}{2}\right) \tag{6.60}$$

其中,$\theta_x = 2E_J(\Phi_x)t/\hbar$。如果把 $|0\rangle$ 和 $|1\rangle$ 分别视作自旋向上和向下的态,则 $U_z(\theta_z)$(或 $U_x(\theta_x)$)就是把自旋方向沿着 z 轴(或 x 轴)旋转角度 θ_z(或 θ_x)的操作。由它们可进一步组合出其他单量子比特幺正变换。

对量子比特的投影测量可以用探针测它的直流电流来实现。如果接收到 2 个电子,则意味着测得 $|1\rangle$ 态;如果没有反应,则意味着测得 $|0\rangle$ 态。

如果需要处理多个量子比特,则可按照图 6.16(b),通过电感 L 把它们耦合起来。这时第 i 和第 j 个量子比特之间的相互作用哈密顿量是

$$\hat{H}_{int} = -\sum_{i<j} \frac{E_J^{(i)} E_J^{(j)}}{E_L} \sigma_\gamma^{(i)} \sigma_\gamma^{(j)} \tag{6.61}$$

其中,$E_L = [\Phi_0^2/(\pi L)](1 + 2C_J^0/C_x)^2$,$\sigma_\gamma^{(i)}$ 是作用于第 i 个量子比特的 Pauli 矩阵 σ_γ。此时系统的总哈密顿量等价于

$$\hat{H} = \frac{1}{2}\sum_{i=1}^N (\sigma_x^{(i)} B_x^{(i)} + \sigma_z^{(i)} B_z^{(i)}) + \sum_{i<j} J^{(ij)} \sigma_\gamma^{(i)} \sigma_\gamma^{(j)} \tag{6.62}$$

其中，$B_x^{(i)} \equiv -E_J(\Phi_x^{(i)})$，$B_z^{(i)} \equiv -2E_{\mathrm{ch}}(1-2n_x^{(i)})$，$J^{(ij)} \equiv -E_J^{(i)}E_J^{(j)}/E_L$。这些参数在实验中都可以通过调整 $\Phi_x^{(i)}$ 和 $n_x^{(i)}$ 来控制，因此只要让系统在适当的 $\Phi_x^{(i)}$ 和 $n_x^{(i)}$ 下演化一定时间，就可以实现一定的多量子比特变换。例如，把两个量子比特 1、2 组成的系统制备在初态 $|\psi_{(12)}(t=0)\rangle = |0\rangle_{(1)} \bigotimes |0\rangle_{(2)}$，然后取 $B_z^{(1)} = B_z^{(2)} = 0$，$B_x^{(1)} = B_x^{(2)} = -E_J = 2B$ 并记 $J \equiv -E_J^2/E_L$，则哈密顿量可写为

$$\hat{H} = B(\sigma_x^{(1)} + \sigma_x^{(2)}) + J\sigma_\gamma^{(1)}\sigma_\gamma^{(2)} \tag{6.63}$$

演化一定时间 t 后，系统的状态被变换为

$$|\psi_{(12)}(t)\rangle = \begin{bmatrix} \frac{1}{2}e^{-iJt} + \frac{\alpha-J}{4\alpha}e^{-i\alpha t} + \frac{\alpha+J}{4\alpha}e^{i\alpha t} \\ -i\frac{B}{\alpha}\sin(\alpha t) \\ -i\frac{B}{\alpha}\sin(\alpha t) \\ -\frac{1}{2}e^{-iJt} + \frac{\alpha-J}{4\alpha}e^{-i\alpha t} + \frac{\alpha+J}{4\alpha}e^{i\alpha t} \end{bmatrix} \tag{6.64}$$

这里，$\alpha \equiv \sqrt{4B^2 + J^2}$。特别地，若 $J = (m+1/2)\alpha/n$（m 和 n 都是整数且 n 不为零），则在时刻 $t = n\pi/\alpha$ 系统的状态为

$$\left|\psi_{(12)}\left(t=\frac{n\pi}{a}\right)\right\rangle = \frac{(-1)^n - i(-1)^m}{2}|0\rangle_{(1)} \bigotimes |0\rangle_{(2)} + \frac{(-1)^n + i(-1)^m}{2}|1\rangle_{(1)} \bigotimes |1\rangle_{(2)}$$

它是两个量子比特的最大纠缠态。

　　该方案的优点是目前关于超导和介观物理这两方面的实验技术都已相当成熟。但一个显而易见的缺点是，既然它用到了超导材料，因此必须要求有低温的条件。所以在高温超导体研究取得重大突破、找到能在室温的条件下显示超导电性的材料之前，这一方案在使用成本和便利上并不见长。

2. 核磁共振

　　核磁共振(Nuclear Magnetic Resonance，NMR)是最早、最广泛被研究的量子计算实验技术之一。理论上，其原理是以分子里的原子核的自旋取向作为一个量子比特的 $|0\rangle$ 和 $|1\rangle$ 态，通过振荡的磁场（微波）照射原子核的自旋来进行运算，最后再观测原子和吸收或放出的电磁波来读出计算结果。而在实际中，由于单个分子能够产生的信号显然很弱，因此真正用于操作和测量的是上亿个分子，再对结果进行系统统计。一开始人们是用液体NMR样品，如三氯甲烷溶液。后来也提出了固态的 NMR 量子计算方案，如图 6.16 所示。它采用介观物理中常用的硅-磷反型层结构，施加在"A-门"上的门电压控制它们下面的核自旋量子比特系统的共振频率，施加在"J-门"上的门电压控制相邻核自旋之间的耦合。与超导/介观电路的思路类似，在该系统上加以适当的横向和纵向磁场，让系统的状态在相应的哈密顿量之下演化，就可以实现一定的量子操作。具体细节请参阅Kane 的原始文献。

　　由于核磁共振在化学和生物学中已有广泛的应用，相关技术十分成熟，而且它可以在

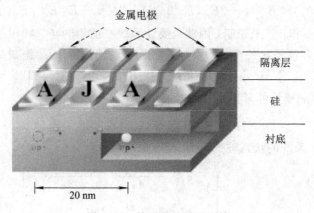

图 6.16　核磁共振量子比特

室温下实现,因此具有一定的优势。2001 年,IBM 的一个研究组使用 10^{18} 个分子实现了 7 个量子比特的 Shor 算法,演示了把 15 分解成 3×5。随后,Deutch – Jozsa 算法和 Grover 算法也相继实现。2006 年,12 个量子比特的 NMR 量子计算也宣告问世。然而这一方法也有一个重要缺陷,就是随着量子比特的增加,如需把初态制备成纯态,现有的制备方式会导致有效信号减弱,需要进行的实验次数不得不呈指数率上升。因此,如何实现多量子比特的量子计算是 NMR 方案有待解决的难题。

3. 光子计算

　　偏振光是最容易得到的量子态之一,对它的研究比量子力学的出现还要早 100 多年,尽管当时人们还并没有意识到它的量子本质,但多年的实践使得关于偏振光的实验技术得到了充分的发展。用激光器连同偏振片就可以得到对应于某个确定量子态的偏振光,使用偏振分束器(Polarizing Beam Splitter,BS 或 PBS)可以实现 Hadamard 变换,以及制备出量子纠缠态。根据 Kerr 效应,采用适当的光学介质就能够改变光的偏振状态,即对光子的量子态施加了幺正变换,而且各种不同的变换形式可轻易通过改变外电场而得到,使构造通用的量子计算硬件成为可能。偏振片辅以光电管就可以完成对量子态的测量。这就是光子量子计算机(optical photon quantum computer)的原理。

　　以受控非门为例,其实验装置的原理图如图 6.17 所示。

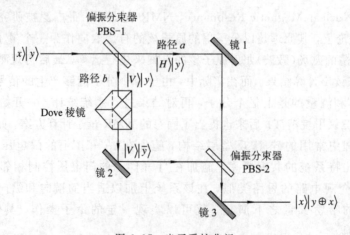

图 6.17　光子受控非门

当光入射到左上角的偏振分束器 PBS－1 上时，其中一种偏振方向的光（我们把它规定为水平方向偏振（horizontally polarized），以 $|H\rangle$ 来表示）会透射过去并沿着路径 a 传播，而偏振方向与它垂直的光（记作垂直方向偏振（vertically polaeized），以 $|V\rangle$ 来表示）则会被反射并沿着路径 b 传播。除偏振状态外，激光器发出的光的强度空间分布还同时具有一定的模式。我们把其中最常见的两种——Hermite-Gaussian 模式和 Laguerre-Gaussian模式分别记作 $|0\rangle$ 和 $1\rangle$。因此数学上不妨把一个光子同时看做两个量子比特，一个表示偏振状态，另一个表示空间模式，这就叫做单光子双量子比特（single-photon two-qubit state）。令入射光的空间模式处在 $|y\rangle$ 上（$|y\rangle$ 可以是 $|0\rangle$ 或 $1\rangle$ 或它们的线性叠加），则在经过偏振分束器 PBS－1 后，路径 a 上的透射光的状态为 $|H\rangle|y\rangle$，路径 b 上的反射光的状态为 $|V\rangle|y\rangle$。

对于路径 a 上的光子态，我们只是简单地把它反射到右下角的偏振分束器 PBS－2 上。这相当于对它的状态 $|H\rangle|y\rangle$ 不做改变，即施加的是恒等操作，只是它的光程在被镜 1 反射时会发生半波损失（即光从折射率低的介质入射到通往折射率高的介质的界面上发生反射时，光程会有半个光程的跃变），但由于 $|H\rangle$ 遇到偏振分束器 PBS－2 会透射，它会到达右下角的镜 3 再做一次反射，从而再发生一次半波损失而抵消掉上次半波损失的实质影响（光程相差为波长的整数倍时，光的相干性与光程相差为零时的情形显示不出区别）。对路径 b 上的光子态，我们让它先通过一个以 45°角放置的 Dov 棱镜（Dov Prism，DP），再被镜 2 反射到偏振分束器 PBS－2 上。Dov 棱镜能够把空间模式 $|0\rangle$ 变成 $|1\rangle$、$|1\rangle$ 变成 $|0\rangle$，即对 $|y\rangle$ 进行了求"非"的运算。偏振状态 $|V\rangle$ 始终保持不变。因此该光子态遇到分束器 PBS－2 时会发生反射，最终来自路径 a 上的光子态一样被镜 3 反射，使它在整个路径上发生的半波损失为偶数次，从而也不带来实质影响。所以，整个装置的总效果就是保持 $|H\rangle|y\rangle$ 不变，而 $|V\rangle|y\rangle$ 变成为 $|V\rangle|\bar{y}\rangle$。把偏振状态 $|H\rangle$ 和 $|V\rangle$ 分别看做控制比特 $|0\rangle$ 和 $|1\rangle$，把空间模式 $|y\rangle$ 看做目标比特，该装置正是起到了受控非门的作用。

受控非门相当于 Deutsch 算法中与 $f_3(x)$ 有关的幺正变换 $\boldsymbol{U}_f$。利用同样的思路，可以构造出分别与 $f_1(x)$、$f_2(x)$ 和 $f_4(x)$ 相应的幺正变换 $\boldsymbol{U}_f$，从而实现完整的 Deutsch 算法。详情参见 de Oliveira 等的论文。

这种量子计算机的实现方案显然有技术成熟、成本低廉的优点，但光子不具备静止质量，只能以光速运动，不能静态存储。因此，光子计算方法不能完全独立地实现完整的通用量子计算机系统，需要适当的手段把光子的量子状态转换到其他的固态系统上进行存储，并在计算时又可提取出来转换到光子上。另外，大规模高效的量子计算机要求有吸收率很低的非线性 Kerr 介质，目前这也是一个技术难关。

4. 几何相位

当一个量子系统绝热地经历一个循环过程，其波函数初末的相位差，除了通常已为人们熟知的由动力学哈密顿量导致的动力学相位之外，还会有一个与动力学因素无关、只由这个过程所经历的几何因素（如过程涉及的路径、面积、立体角等）所决定的相位，称其为量子几何相位（geometric phase），又叫做贝里相位（Berry phase）。这是一个纯量子效应，没有任何经典对应。值得注意的是，这个相位的取值，不会受到由环境干扰所导致的参数改变、图形改变等因素的影响，所以把它运用到量子计算中将有可能实现容错量子计算。鉴于出错是量子计算机面临的最大障碍之一，近年来越来越多的研究者注意到了这个方案的潜力。不过相关的技术目前并不十分成熟。尽管实验上已经能够做到某些量子门操作，但要实现完整的量子算法则尚需一定的时日。

5. 共同难题——退相干

实现量子计算机的方案无论采用哪种，除了各自的缺点外，都普遍面对一个共同的难题——退相干（decoherence，又称为 dephasing）。它是指由于量子系统不可避免地会与环境自发地耦合，导致其状态受到干扰而出现不可逆的错误，从而丧失波粒二象性中波动性的一个重要组成部分——相干性，即波的相位不再恒定因而不能再发生干涉现象，量子效应消失。简言之，退相干就意味着量子态出错。

其实物理系统的退相干时间（decoherence time，即量子态不发生错误的平均时间）通常都很短，比如对于常温下的 NMR 材料，它可以短到只有 $\sim 10^{-9}$ s。而从前面的论述中可以看出，量子变换是通过对系统加一定的外场，然后等待系统演化一段时间才能实现的，因此，完成每一步操作都需要花费一定的时间。如果在每一个量子算法完成前量子态已经出错，那么算法也就失去了意义。例如，对一个 3230 位二进制数进行分解因子，即使存在运算速度达 10^{16} 次/秒的量子计算机，运行 Shor 大数因子分解算法仅需 10^{-6} s，但比起 10^{-9} s 的退相干时间还是太长了。量子态不能像经典数据那样简单地用冗余的方式进行纠错。所以人们一度对量子计算机是否能成为现实感到悲观，直到量子纠错码的出现。

6.8.3　量子纠错的基本原理

1. 量子纠错和经典纠错比较的特殊性

量子计算机能否借助于经典计算机纠错方法防止出错呢？粗略地考虑这一问题，我们可以看到，不大可能直接照搬经典纠错方法来解决量子计算机的问题，因为它至少存在下面一些困难。

（1）经典计算机中可能发生的唯一类型的出错是位反转错：

$$0 \leftrightarrows 1$$

在量子计算机中除去可能发生这类位反转错外，还可能发生位相出错：

$$\left. \begin{array}{l} |0\rangle \rightarrow |0\rangle \\ |1\rangle \rightarrow -|1\rangle \end{array} \right\} \tag{6.65}$$

当然，也可能是 $|0\rangle \rightarrow -|0\rangle$，$|1\rangle \rightarrow |1\rangle$，或者是 $|0\rangle \rightarrow -|0\rangle$，$|1\rangle \rightarrow -|1\rangle$。但对于量子位的一般态 $|\psi\rangle = \alpha|0\rangle + \beta|1\rangle$，由于总位相没有测量意义，前者等价于式((6.65)中的错误，后者可以认为没有错，所以对于位相错可以只讨论式(6.65)中的错误。这种位相错将引起一般态

$$|\psi\rangle = \alpha|0\rangle + \beta|1\rangle \Rightarrow |\psi\rangle = \alpha|0\rangle - \beta|1\rangle \tag{6.66}$$

相对位相发生变化，这是有测量意义的。位相错是量子信息特有的一类错误，不能直接利用经典纠错方法纠正。

（2）量子位的一般态为

$$|\psi\rangle = \alpha|0\rangle + \beta|1\rangle$$

其中 α 和 β 都是可连续取值的复数（但满足 $|\alpha|^2 + |\beta|^2 = 1$），而出错可能仅使 α 和 β 偏离正确值一个小量：

$$\left.\begin{aligned} \alpha|0\rangle &\to \alpha|0\rangle + \varepsilon|1\rangle \\ \beta|1\rangle &\to \beta|1\rangle + \varepsilon'|0\rangle \end{aligned}\right\} \tag{6.67}$$

$\varepsilon, \varepsilon'$ 是两个复小量，且 $|\alpha + \varepsilon'|^2 + |\beta + \varepsilon|^2 = 1$。这些小错若不及时纠正可能铸成大错。而在经典计算机中，一个位要么是 0，要么是 1，不存在这一类型的小错累积问题。

（3）经典计算机的纠错方法依赖于对经典位的直接测量获得出错信息，然后依据测量获得的出错信息纠正错误。但在量子计算中，这种直接对编码态（数据态）的测量是禁止的，因为测量将引起对数据态的不可逆的扰动，引起编码量子信息的丢失，完全丧失了再恢复信息的可能性。

（4）经典纠错的一般方法是引进冗余，把要保护的信息拷贝在多个位中，一旦少数位出错，仍能依据拷贝应用"选主"方法得到正确的信息。但在量子信息中，一个未知的量子态不能忠实地拷贝。在量子计算中这种简单拷贝方法不能使用。

尽管和经典纠错相比，量子纠错存在以上的困难，但最近几年迅速发展起来的量子纠错理论和方法，仍然锻造了战胜这些困难的新武器。正是在量子纠错理论和方法上的突破，才坚定了人们发展量子信息理论和技术的信心。

2. 量子纠错的基本思想和方法

在发展量子纠错理论和方法的过程中，人们首先注意到，由于编码量子信息的物理量子位和环境的相互作用导致了物理量子位和环境的纠缠，使编码信息散失到环境中，原则上如果能得到由物理量子位和环境构成的复合系统的知识，就有可能对这些量子位和环境的复合系统施加一个逆变换，从而恢复储存在物理量子位中的信息（态）。但环境通常是不能控制的，散布到环境中的信息也无法搜集起来，对这些信息我们是不知道的，这里纠缠起着破坏量子信息的作用。物理量子位可以和环境纠缠，物理量子位和物理量子位也可以通过相互作用纠缠起来。因此，可以把携带信息的物理量子位和一些附加的量子位纠缠起来，从而把量子信息编码在许多物理量子位的纠缠态中，而这些附加量子位和环境不同，我们仍有可能把散布在其中的信息再提取起来，重新恢复编码的量子信息。这类似于经典纠错中引进"冗余"，加强信息抗干扰的方法，但不是通过态的拷贝，而是利用量子"纠缠"，也就是人们常说的以"纠缠"对付"纠缠（出错）"的方法。

量子纠错的基本原则是取量子存储器系统 Hilbert 空间的一个小的子空间作为编码子空间，仔细地选择这一子空间，使我们希望纠正的所有错误都将改变这个编码子空间到与之正交的出错子空间中。一旦发生错误，我们可以借助于测量诊断出错信息，施加适当的操作予以纠正，并保证这些操作并不危及编码态。下面用几个简单的例子说明实现上述考虑的具体方法。首先只考虑位反转出错。设量子位 1 存有量子态：

$$|\psi\rangle = \alpha|0\rangle + \beta|1\rangle \tag{6.68}$$

为了增强信息存储可靠性和纠错需要，再引进两个辅助物理量子位，最初都制备在 $|0\rangle$ 态。执行如图 6.18 左部所示的控制 NOT 操作

$$(\alpha|0\rangle + \beta|1\rangle)|00\rangle = \alpha|000\rangle + \beta|100\rangle \Rightarrow \alpha|000\rangle + \beta|111\rangle \tag{6.69}$$

就把量子位 1 中的态 $\alpha|0\rangle + \beta|1\rangle$ 中的信息储存在三个量子位的纠缠态中，但不是使用拷贝，而是使用"控制 NOT"操作，把量子位 1 和 2 以及 1 和 3 纠缠起来，这样就绕过了上面提到的困难。假定经过一段时间演化，这三个量子位中有一个发生了位反转错，可以纠正其中的错误，而完全不破坏式(6.69)中的编码态。

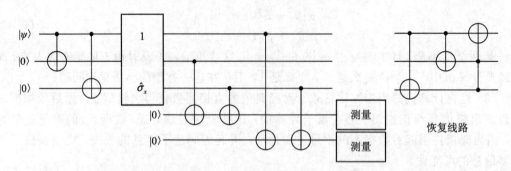

图 6.18　三位重复码的编码及测量位反转指错子网络

要纠正其中的错误，必须有出错信息，而获得出错信息必须进行测量。显然不能对三个编码量子位中的任何一个进行测量，比如测量其中一个量子位，得到 $|0\rangle$，事实上制备了三个量子位态 $|000\rangle$，这样就完全破坏了编码态，丢掉了编码在系数 α 和 β 中的量子信息。但如果不直接测量编码态，而是采取另外的方法，例如对两个量子位同时执行如图6.18所示的集体测量，即若以 $|xyz\rangle$ 表示三个量子位态，则测量两量子位态 $y\oplus z$ 和 $x\oplus z$（这里 $\oplus$ 表示模2加）。对于 $|xyz\rangle = |000\rangle$ 或 $|111\rangle$，若测得结果都是 0，表明没有错。如果任何一位反转，$y\oplus z$ 和 $x\oplus z$ 中至少有一位是 1，并且把 $(y\oplus z, x\oplus z)$ 看成是一个二进制数的两个位，正好给出出错位在二进制记法中的位置（见表 6.2）。这两个位构成了一个"指错子"（syndrome），给出有没有错误发生，如果有错误发生，则给出出错位置。

表 6.2　三位重复码指错子

$|xyz\rangle$	$y\oplus z$	$x\oplus z$	出错位
$|000\rangle$	0	0	0
$|100\rangle$	0	1	1
$|010\rangle$	1	0	2
$|001\rangle$	1	1	3
$|111\rangle$	0	0	0
$|011\rangle$	0	1	1
$|101\rangle$	1	0	2
$|110\rangle$	1	1	3

例如，第一位被反转：

$$\alpha|000\rangle + \beta|111\rangle \rightarrow \alpha|100\rangle + \beta|011\rangle \qquad (6.70)$$

那么测量（$y\oplus z$, $x\oplus z$）的结果是$(0,1)$，这就是说有位反转错，出错位是第 1 量子位。这样就克服了前面提到的困难(3)，即不通过直接测量编码态而诊断出出错信息。

如果发生小的错误，而不是整个位反转，如：

$$\left.\begin{array}{l} |000\rangle \rightarrow \sqrt{(1-\varepsilon)}\,|000\rangle + \sqrt{\varepsilon}\,|100\rangle \\ |111\rangle \rightarrow \sqrt{(1-\varepsilon)}\,|111\rangle + \sqrt{\varepsilon}\,|011\rangle \end{array}\right\} \qquad (6.71)$$

其中 ε 是个正的小量，在执行测量（$y\oplus z$, $x\oplus z$）时，将以 ε 的概率得到$(0,1)$，并投影到出错态 $|100\rangle$ 或 $|011\rangle$ 上。这时，指错子将像上面位反转错的情况一样指示出错，并给出出

错位，从而可按前面纠正位反转错的方法予以纠正。这样就又战胜了前面指出的第(2)个困难。

　　下面研究前面提到的四个困难中的第(1)个，即如何纠正位相错。

　　为了纠正位相错，可以对量子位计算基 $\langle|0\rangle,|1\rangle\rangle(\hat{\sigma}_z$ 的本征态)作一个转动变换，记新基($\hat{\sigma}_x$ 的本征态在表象 σ_z 中的表示)为

$$\left.\begin{array}{l}|\bar{0}\rangle=\dfrac{1}{\sqrt{2}}(|0\rangle+|1\rangle)\\[2mm]|\bar{1}\rangle=\dfrac{1}{\sqrt{2}}(|0\rangle-|1\rangle)\end{array}\right\} \tag{6.72}$$

这个转动可以通过 Hadamard 变换

$$\hat{H}=\frac{1}{\sqrt{2}}\begin{bmatrix}1&1\\1&-1\end{bmatrix} \tag{6.73}$$

实现。注意到 Pauli 矩阵 $\hat{\boldsymbol{\sigma}}_z$ 和 $\hat{\boldsymbol{\sigma}}_x$ 有关系：

$$\hat{\boldsymbol{\sigma}}_z=\hat{\boldsymbol{H}}\hat{\boldsymbol{\sigma}}_x\hat{\boldsymbol{H}}^{+} \tag{6.74}$$

即

$$\begin{bmatrix}1&0\\0&-1\end{bmatrix}=\frac{1}{2}\begin{bmatrix}1&1\\1&-1\end{bmatrix}\begin{bmatrix}0&1\\1&0\end{bmatrix}\begin{bmatrix}1&1\\1&-1\end{bmatrix}$$

这表明位相错($\hat{\boldsymbol{\sigma}}_z$ 错)在转动基下表现为位反转错。例如，若态 $|\psi\rangle=\alpha|0\rangle+\beta|1\rangle$ 发生位相错 $|\psi\rangle\rightarrow\alpha|0\rangle-\beta|1\rangle$，在转动基下，

$$|\psi\rangle=\frac{1}{\sqrt{2}}(\alpha+\beta)|\bar{0}\rangle+\frac{1}{\sqrt{2}}(\alpha-\beta)|\bar{1}\rangle$$

$$\rightarrow\frac{1}{\sqrt{2}}(\alpha+\beta)|\bar{1}\rangle+\frac{1}{\sqrt{2}}(\alpha-\beta)|\bar{0}\rangle$$

表现为位反转错。所以改造图 6.18 得到的图 6.19 所示的网络，可以作为测量位相错的指错子网络。

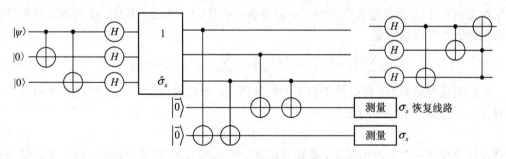

图 6.19　三位重复码测量位相错指错子网络

　　图 6.19 中初始态 $|\psi\rangle=\alpha|0\rangle+\beta|1\rangle$ 利用两个控制 NOT 操作编码在三个量子位中，接着用 Hadamard 变换完成基的转动。如果只有一个位相出错，右边 Hadamard 变换以后的测量结果将给出出错信息。根据测量结果，进行适当的幺正操作，就可恢复正确的编码态。

上面的讨论表明，可以绕过前面提到的四个障碍构造出纠正一般错误的量子纠错码。这样的码既能纠正位反转错，又能纠正位相错。

3. 量子纠错的基本原理

一个物理量子位态 $|\phi\rangle$ 在和环境相互作用中可能发生的情况是：I——没有错误；X——位反转错；Z——位相错；Y——位反转错＋位相错。一个量子位的一般错，就可表示为这些出错算子的线性组合。

假设我们希望在量子计算机中保存一个具有 K 个逻辑量子位的态 $|\phi\rangle$，第一步引进"冗余"，把这个态编码在一个更大的 n 个物理量子位的空间中。为此需要再引进 $n-K$ 个物理量子位，并使这些新引进的物理量子位制备在 $|0\rangle$ 态，记这个扩大了的系统为 Q，然后执行一个编码操作 C：

$$C(|\phi\rangle|0\rangle) = |\phi_E\rangle \tag{6.75}$$

$|\phi_E\rangle$ 是原来的态 $|\phi\rangle$ 在 n 个量子位的 Hilbert 空间中的编码态。不失一般性，可以假设编码态的出错是所有出错算子 E_a 之和，其中每个 E_a 是 n 个算子(一个算子对应一个量子位，每个算子都取自集合 $\{I, X, Y, Z\}$)的直积。例如：

$$E_a = I_1 X_2 I_3 Z_4 Y_5 \cdots X_{n-1} I_n \tag{6.76}$$

表示第一量子位没有错，第二量子位出现位反转错，……。

由于环境和 Q 系统的耦合，复合系统的出错态将是纠缠态：

$$\sum_a |e_a\rangle E_a |\phi_E\rangle \tag{6.77}$$

$|e_a\rangle$ 是环境态。为了进行错误诊断，再引进适当数目的物理量子位作为辅助器，并制备辅助器在某个标准态，譬如 $|0\rangle_a$ 态。由于对于任何一个纠错码，都必定存在指错子算子 $\hat{A}$，对于 $\hat{A}$ 和 Q 辅助器复合系统的操作是

$$\hat{A}(E_a|\phi_E\rangle|0\rangle_{\text{辅}}) = E_a|\phi_E\rangle|a\rangle_{\text{辅}} \qquad \forall E_a \in \varepsilon \tag{6.78}$$

ε 是纠错码可纠正错误的集合，它取决于所采用的纠错码。在记法 $|a_{\text{辅}}\rangle$ 中，a 是一个二进制数，它指示是否有错误发生，如果有错误，则错误是哪一个 E_a，$|a\rangle_{\text{辅}}$ 对应不同的 a 值是互相正交的。当 E_a 全都包含在可纠正错误集合 ε 中时($E_a \in \varepsilon$)，环境、Q 和辅助器复合系统态在指错子作用后将是

$$\hat{A}\left(\sum_a |e_a\rangle E_a |\phi_E\rangle|0\rangle_{\text{辅}}\right) = \sum_a |e_a\rangle E_a |\phi_E\rangle|a\rangle_{\text{辅}} \tag{6.79}$$

现在测量辅助器态，根据量子力学的测量理论，如果测得态 $|a\rangle_{\text{辅}}$，则整个出错态将坍缩到由 a 标志的一个特殊的态上：

$$|e_a\rangle E_a |\phi_E\rangle|a\rangle_{\text{辅}} \tag{6.80}$$

于是代替原来的一个一般出错态，现在只剩下一个出错态 E_a 需要去纠正。由于测量结果给出了 a 值，我们知道现在需要纠正的是哪一个 E_a 出错，根据这一信息，用式(6.77)中的 E_a^{-1} 作用到 Q 系统上，就产生出了态：

$$|e_a\rangle|\phi_E\rangle|a\rangle_{\text{辅}} \tag{6.81}$$

这样，我们就恢复了编码在 Q 中的正确态 $|\phi_E\rangle$，最终的环境态我们是不关心的。最后，可以重新制备辅助器态 $|a\rangle_{\text{辅}} \rightarrow |0\rangle_{\text{辅}}$，供下一步使用，而此信息的擦除通常意味着一个不可

逆的耗能过程。

上面唯一的假设是出错算子 E_a 都包括在可纠正错误集合 ε 中。实际上对于一个给定的码，它可以纠正的错误集合 ε 并不能涵盖所有可能出现的错误。通常假设各个量子位非相关地和环境相互作用，多个量子位同时出错的概率比单独一个量子位出错要小得多(若一个量子位的出错概率为 ε，按照概率论，t 个量子位非相关的出错概率将是 ε^t)。如果一个量子码 C 可以从任意位上 t 个错误中恢复，则称 C 是可纠正 t 位错码。若 ε 是码 C 可纠正错误的集合，则对任意 $E_a \in \varepsilon$，E_a 中最多只可能有 t 个非恒等算子(即 X、Y 或 Z)。通常称 E_a 中包含的非恒等算子的数目为 E_a 的"重量"(weight)。ε 为码 C 可纠正错误集合的充分条件是 C 中任意两个编码态(码字) $|\varphi_i\rangle$ 和 $|\phi_j\rangle$ 满足

$$\langle \varphi_i | E_b^+ E_a | \phi_j \rangle = \delta_{ab} \delta_{ij} \tag{6.82}$$

其中 E_a、E_b 是 ε 中的两个任意元素。这就是说同一编码态的不同出错态或发生同样错误的不同编码态必须是测量上可以区分的。称满足式(6.82)条件的量子码为非简并码(nondegenerate code)。但这个条件对量子纠错码不是必要的。因为即使不能用测量肯定地诊断出哪一位出错，但仍有可能从错误中恢复，最初 Shor 提出的 9 位码就是简并码的一个例子。

4. 量子纠错码的简单例子——三位重复码

为了说明上面的量子纠错的一般原理，下面举最简单的三位重复码例子。编码

$$|0\rangle \to |000\rangle \qquad |1\rangle \to |111\rangle$$

它可以纠正一位反转错。这个码可纠正的错误集合 ε 是：

$$\varepsilon : \{ I_1 I_2 I_3 \quad X_1 I_2 I_3 \quad I_1 X_2 I_3 \quad I_1 I_2 X_3 \}$$

指错子操作是

$$A : |a_1 a_2 a_3 00\rangle \to |a_1 a_2 a_3 \quad a_2 \oplus a_3 \quad a_1 \oplus a_3\rangle$$

相应于不同出错的纠错操作列于表 6.3 中。

表 6.3　三位重复码指错子和纠错操作

位反转	指错子	纠错操作
0 没错	$|00\rangle$	$I_1 I_2 I_3$
$1 \begin{pmatrix} 1 & 0 & 0 \\ 0 & 1 & 1 \end{pmatrix}$	$|01\rangle$	$X_1 I_2 I_3$
$2 \begin{pmatrix} 0 & 1 & 0 \\ 1 & 0 & 1 \end{pmatrix}$	$|10\rangle$	$I_1 X_2 I_3$
$3 \begin{pmatrix} 0 & 0 & 1 \\ 1 & 1 & 0 \end{pmatrix}$	$|11\rangle$	$I_1 I_2 X_3$

例如，要保护态 $|\phi\rangle = \dfrac{1}{\sqrt{2}}(|0\rangle + |1\rangle)$，编码 $C : C(|\phi\rangle|00\rangle) = |\phi_E\rangle = \dfrac{1}{\sqrt{2}}(|000\rangle + |111\rangle)$，假设出错

$$E_1 = \sqrt{P_1} I_1 X_2 I_3, \ E_2 = \sqrt{P_2} I_1 I_2 X_3$$

P_1、P_2 表示每种错误的出错相应的概率。

最后，出错态

$$\sum_a E_a \,|\,\phi_E\rangle = (\sqrt{P_1}\,I_1 X_2 I_3 + \sqrt{P_2}\,I_1 I_2 X_3)\frac{1}{\sqrt{2}}(\,|\,000\rangle + |\,111\rangle\,)$$

$$= \frac{\sqrt{P_1}}{\sqrt{2}}(\,|\,010\rangle + |\,101\rangle\,) + \frac{\sqrt{P_2}}{\sqrt{2}}(\,|\,001\rangle + |\,110\rangle\,)$$

施用指错子操作：

$$\hat{A}\,(\,\sum_a E_a \,|\,\phi_E\rangle\,|\,00\rangle_{辅}\,)$$

$$= \frac{\sqrt{P_1}}{\sqrt{2}}(\,|\,01010\rangle + |\,10110\rangle\,) + \frac{\sqrt{P_2}}{\sqrt{2}}(\,|\,00111\rangle + |\,11011\rangle\,)$$

$$= \frac{\sqrt{P_1}}{\sqrt{2}}(\,|\,010\rangle + |\,101\rangle\,)\,|\,10\rangle_{辅} + \frac{\sqrt{P_2}}{\sqrt{2}}(\,|\,001\rangle + |\,110\rangle\,)\,|\,11\rangle_{辅}$$

最后测量辅助器可能得到 $|\,10\rangle_{辅}$ 或 $|\,11\rangle_{辅}$，假设得到结果为 $|\,10\rangle_{辅}$，则 Q 态坍缩到 $(\,|\,010\rangle + |\,101\rangle\,)$ 态上，并且知道第二量子位出现位反转错，施用操作 $I_1 X_2 I_3$ 就可予以纠正。如果得到态 $|\,11\rangle_{辅}$，表示第三位出错，需用操作 $I_1 I_2 X_3$ 纠正。

1995 年至 1996 年期间，Calderbank 和 Shor 以及 Steane 分别建立了以经典线性纠错码为基础的量子纠错码理论和方法（称为 CCS 码）。为了构造更一般的、有效的量子纠错码，Gottesman、Calderbank 等人发现了量子纠错码的群理论结构，引进了码"稳定子"的概念，不仅可以发现更多的量子纠错码，也使量子纠错码更为系统和完善。

以上已经指出，为了使量子信息免于被环境噪声破坏，需要使用量子纠错码保护量子信息。但这些措施还不能保证进行可靠的量子计算，这是因为编码和纠错本身也是复杂的量子计算，不能保证完全正确地执行需要的操作。其次，量子计算的目的在于进行信息处理，为了进行信息处理，需要对编码的逻辑态进行运算，这常需要把两个或多个物理量子位结合在一起，并使之发生相互作用，以完成必要的逻辑操作。如果在某个块上的一个物理位发生错误，通过门运算，这个错误可能传播到更多的位上，也可能传播到其他块上。这种错误传播一旦超出码本身的纠错能力，就会导致计算失败。那么，应该如何设计逻辑门运算，使错误传播尽可能少，保证量子计算可靠地进行呢？为此人们进一步研究了量子容错、纠错和容错计算方法，有关这个方面的研究进展可以参考李承祖、黄明球、陈平形、梁林梅编著的《量子通信和量子计算》等文献资料，在此就不一一列举了。

第 7 章　量子模拟

量子模拟是指在一个人工构建的量子多体系统的实验平台上去模拟在当前实验条件下难以操控和研究的物理系统，获得对一些未知现象的定性或定量的信息，促进被模拟物理系统的研究。

到目前为止，人类所拥有的量子计算机只是实验用的两位量子计算机原型机，对于大多数量子计算研究者而言，还不可能获得真正的量子计算机。而量子模拟器可以为研究者提供一种虚拟的量子计算机平台，作为进一步研究的重要工具和手段。量子模拟器对量子计算理论和量子算法可行性、正确性的研究具有重要意义。虽然在将来的一段时期内还不可能得到通用的量子计算机，但是，量子计算和量子算法的超前研究使得一旦量子计算机能够达到使用，就能立即将研究成果用于其上。同时，构建量子计算机也将成为这些研究成果的现实需要。

量子模拟的思想是物理学家 Feynman 在 30 年前提出的。1996 年，S. Lloyd 在《Science》上发表了一篇题为《普适量子模拟器》的综述论文，系统地讨论了量子模拟的过程、效率、各种量子系统的模拟以及环境和退相干的有效利用等问题，把量子模拟的研究向前推进了一大步。2009 年，《Science》又发表了 I. Buluta I 和 F. Nori 的一篇题为《量子模拟器》的综述文章，该文介绍了原子、光子、离子、电子、核自旋等一些可实现量子模拟的实验。2012 年，《Nature Physics》专门推出了含 6 篇文章的专栏，系统介绍了量子模拟，包括评论、综述、用超冷量子气模拟、用离子阱模拟、用光子模拟以及用超导电路模拟。《Rep. Prog. Phys.》也推出了一篇综述文章《Can one trust quantum simulator》，详细介绍了各种量子模拟器。引人注意的是，2012 度诺贝尔物理学奖授予了法国科学家 Serge Haroche 与美国科学家 David Wineland。获奖理由是"发现测量和操控单个量子系统的突破性实验方法"。而这个方法也正是量子模拟的关键技术。以 quantum simulation 为主题在 ISI WEB 上搜索 2008—2012 年的文献，显示篇数分别为 153、200、195、218、139；在物理类下精炼检索的结果为 113、110、130、144、103，其中 2012 年的数据至 10 月份。数据显示量子模拟的研究越来越受到研究者的关注，已成为最热点研究领域之一。

量子模拟可以模拟更大的系统（经典计算机不能有效实现），帮助人们洞察量子现象的本质，解决经典计算机不能解决的问题，检验各种模型，解决实验很难或不能处理的问题，如量子相变、量子磁化率或高温超导。量子模拟可应用于高能物理、化学和生物学模拟、宇宙模型模拟、量子混沌、量子热力学以及非线性干涉测量。量子模拟不需要具体的量子门，甚至不需要纠错，对精度的要求较低，而环境引起的退相干可以被用来模拟系统的退相干。

物理学家 David Deustch 提出了一个物理原理："任何一个可以通过有限步骤来实现的物理系统，都可以使用通用模型计算机以有限步骤进行逼真的模拟。"这个原理指明了在经典计算机上模拟量子计算的可能性。此后出现了很多不同的量子模拟器或量子模拟开发环境与工具，用于量子计算的研究。这些量子模拟器每一种都有各自的特点，适用于不同的目的。对于一般的研究者，要么使用现存的模拟器，要么根据自身研究的需要，构建特定的量子模拟器。若是前者，则要求对已有的量子模拟系统有较为充分的认识和了解，如该模拟系统的设计目的、功能、特点、性能等，这样才能够从众多的系统中选取适用者。而对于后者，则要考虑本身的研究需要对所要构建的模拟系统各方面的影响，即对模拟器设计具有重要影响的需求和各种因素。无论是哪种情况，都要求对量子模拟器的原始设计需求进行分析和了解。本章将从分析影响量子模拟器设计的需求和其他因素出发，力图给出一个宏观的、较为全面的分析。

7.1　量子模拟器研究现状

7.1.1　量子模拟器设计目的和功能需求

设计的目的决定整个量子模拟器的设计，同时也将对其他因素有决定性影响。量子模拟器的设计目的并不能简单地根据某一方面对其分类。也就是说，设计的目的具有多样性，一个模拟往往包含了多种目的。量子模拟器的功能需求，在很大程度上由量子模拟器的设计目的所决定。不同的目的需要不同的功能。最基本的一个要求是，对特定的目的其功能必须完备。但也并非是功能越全越好，主要的目标是保证实现模拟器的设计目的。针对已有模拟器的设计目的和将来可能出现的模拟器，可有如下的设计目的和功能需求。

(1) 通用量子模拟器：要求具有完备性，能模拟目前所有的量子算法，能处理将来可能出现的新算法。其基本功能要求为：① 完备的 API；② 尽可能高效；③ 调试和分析工具；④ 易用的 GUI。

(2) 针对特定物理模型模拟：针对构建量子计算机的特定模型的模拟，目的是检验模型的正确性、可行性，以及探索改进的方法等。其基本功能要求为：针对物理模型提供对各种参数、状态的监控、分析工具。

(3) 针对特定算法模拟：验证特定算法或新算法的可行性、正确性、稳定性等特性。通常要求能够以较高效率完成模拟，一般不要求完备性。其基本功能要求为：① 高效；② 针对算法的优化；③ 调试和分析工具。

(4) 并行性模拟：利用多机系统的并行性和量子算法的并行特性，并行模拟量子计算，通常应针对特定算法进行模拟。并行模拟可获得较大的加速比，预计可解决较大规模问题。其基本功能要求为：① 并行性开发工具；② 并行模拟描述手段；③ 监控和分析工具。

(5) 分布式模拟：利用量子计算的并行性，对量子计算进行分布式模拟，从而获得较大加速比。其基本功能要求为：① 分布式模拟描述手段；② 控制、监控和分析工具。

(6) 单机模拟：目前几乎所有已知的量子计算模拟都是单机模拟。

(7) 全量子化模拟：模拟时不是用经典的函数来替代某些复杂的复合量子门，而以最底层的量子器件为起点开始模拟和构建虚拟的量子计算机。这对于从逻辑上探求量子计算机的结构和获取某些参数有相当的意义。其基本功能要求为：① 完备的量子模拟构建；② 扩展、开发、分析和调试工具。

(8) 部分量子化模拟：模拟系统只是从某一层次开始进行量子化模拟，或是系统的某个部分实现了量子化模拟。其基本功能要求为：具有相当的完备性、灵活性，能够处理各种模拟。

（9）语言级模拟：提供专用的量子计算模拟语言（如 QCL 语言）以及相应的各种工具。其基本功能要求为：① 完备的模拟语言、API 及其使用手册；② 调试和分析工具。

（10）嵌入式模拟：提供基于现有高级计算机语言的量子模拟程序库函数或动态链接库等。其基本功能要求为：① 完备的 API 及其使用手册；② 提供用户扩展工具。

可以看到，模拟器设计的目的将影响到模拟器各个方面的考虑。同样，选择模拟器实现自己的应用或进行研究时，也必须首先着眼于设计目的。

7.1.2 量子模拟器的特性需求

除了设计目的对模拟器的功能起决定性作用外，用户也对模拟器的具体功能提出了不同的特性要求。

（1）通用性和完备性：要求能模拟目前所有的量子算法，能处理将来可能出现的新算法。

（2）易用性：要求有好的用户界面和方便的使用方法。

（3）可扩展性：容易扩展成为高维模拟、并行模拟、分布式模拟，以及对用户具有良好的扩展性，用户可自行生成量子门库和算法库等。

（4）正确性和稳定性：用户所写的模拟程序应具有稳定的结果。若算法正确，应给出正确的结果。

7.1.3 量子计算模拟器现状

为了研究量子算法，国内外已经开发了很多种量子模拟器，它们的实现技术和功能各有不同，对量子计算模拟的发展起到了很大的推动作用。下面从它们的应用目的、数据表示、功能特点、开发平台和语言等方面进行比较。

量子计算模拟器的基本目标都是为量子计算建模，但是有的模拟器还有其他的目的。

（1）QCL 模拟器：实现与量子计算机系统结构无关的高级语言。

（2）QDD 模拟器：用 BDD(Binary Decision Diagram)表示状态。

（3）Qubiter 模拟器：实现量子 Bayesian Nets。

（4）QCDK 模拟器：提供一个与硬件无关的、通用的、完备的量子算法开发平台。

（5）FSM 模拟器：研究有限状态机在量子计算机中的有效性。

（6）Parallel Quantum Compute Simulator：研究量子计算中可能发生的错误。

（7）Eqcs‐0.05 模拟器：从硬件角度模拟量子计算机。

量子状态的数据表示是模拟器的重要部分，它很大程度上影响着模拟器的性能和空间。绝大部分量子模拟器使用复数来表示概率幅。也有的系统使用了其他的表示法，如 QDD 模拟器的状态表示法为 BDD，而 Qubiter 模拟器的状态表示法为量子 Bayesian Nets。

目前已有的量子模拟器的功能特点如下：

（1）QDD 模拟器：该模拟器诞生于 1999 年 3 月，以 Linux 为开发平台，使用 C++语言。它提供了基本类库，占用空间小，速度快，概率幅固定。

（2）QCL 模拟器：该模拟器诞生于 1998 年 7 月，以 Linux 为开发平台，使用 C++语言。它是很多模拟器的基础,用户可以自己开发函数。

（3）Mathematica Notebook Simulation:该模拟器诞生于 1998 年,以 Windows 为开发平台,使用 Mathematica 语言。它是一款功能最完整的模拟器。

（4）Q-go13 模拟器:该模拟器诞生于 1996 年,以 Linux 为开发平台,使用 TCL 语言。它具有可视化的量子电路设计。

（5）Universal Quantum Computation:该模拟器诞生于 1999 年 7 月,以 Mac/Linux 为开发平台,使用 C++语言。它具有图形用户界面,可用 Mathematica 进行幺正变换。

（6）Qubiter 模拟器:该模拟器诞生于 1998 年 5 月,以 Windows 为开发平台,使用 Mathematica 语言,Windows 给出图形显示结果,可以将任意幺正矩阵分解成基本量子门。

（7）Parallel Quantum Computer Simulator:该模拟器诞生于 1996 年,以 Linux/Unix 为开发平台,使用 C 语言。这是一款针对离子阱模型的量子模拟器。

（8）QCDK 模拟器:该模拟器诞生于 1999 年 7 月,跨开发平台,使用 Java 语言。它具有集成开发环境、图形用户界面、图形显示结果,提供了基本量子计算函数,用户可自己扩充函数库,并带调试工具。

（9）PSM 模拟器:该模拟器诞生于 1998 年 7 月,以 DOS 为开发平台,使用 C 语言。它解决了有限状态机的难解问题,专用性强。

7.2 量子模拟系统表示法

在经典计算机上模拟量子计算,首先要解决的问题就是如何进行系统的表示。例如,在真正的量子计算机中,可以使用 n 位量子寄存器来保存 2^n 个状态,但是经典计算机却没有办法做到,只能使用 2^n 个状态来一一对应这些状态。设计量子模拟器时,量子状态和量子门的表示是必须仔细考虑的问题,它在很大程度上决定了模拟器的时、空性能。通常模拟器使用两种表示方法:复数表示法和 QDD 表示法。下面先介绍有关的基础知识。

7.2.1 BDD 量子模拟器

在 QDD 表示法中,使用 BDD(Binary Decision Diagram)来表示量子状态和量子门,比起使用复数表示法,系统耗用的空间减少,并且提高了处理的速度。但缺点是量子位状态的概率幅不是任意的。下面先介绍 QDD 的核心 BDD。

如果使用 $x \to y_0, y_1$ 表示 if-then-else 操作,那么就可以写作:

$$x \to y_0, y_1 = (x \wedge y_0) \vee (\neg x \wedge y_1) \tag{7.1}$$

因此,当 t 和 t_0 为真时,或者 t 为假而 t_1 为真时,表达式 $t \to t_0, t_1$ 为真。我们把 t 称为测试表达式。所有的逻辑操作都可以使用 0、1 和 if-then-else 操作来表示。例如 $\neg x$ 就可以表示为 $x \to 0, 1$,$x \Leftrightarrow y$ 可以表示为 $x \to (y \to 1, 0), (y \to 0, 1)$。

我们使用 $t[0/x]$ 表示用 0 替换 x 的布尔表达式,简化为 t_0。于是有

$$t = x \to t[1/x], t[0/x] \tag{7.2}$$

这个表达式被称为香农扩展。它有很大的用途,可以从任意表达式 t 中得到 INF 范式,任何 t 的 INF 都可以简化为 $x \to t_1, t_0$。已经证明任何布尔表达式都可以等价为 INF 范式中的一个表达式。

例如，有一个布尔表达式 $t = (x_1 \Leftrightarrow y_1) \wedge (x_2 \Leftrightarrow y_2)$，如果找到 t 的一个 INF，通过顺序选择变量 x_1、x_2、y_1、y_2，执行香农扩展，就可以得到表达式：

$$\begin{cases} t = x_1 \to t_1,\ t_0 \\ t_0 = y_1 \to 0,\ t_{00} \\ t_1 = y_1 \to t_{11},\ 0 \\ t_{00} = x_2 \to t_{001},\ t_{000} \\ t_{00} = x_2 \to t_{111},\ t_{110} \\ t_{000} = y_2 \to 0,\ 1 \\ t_{001} = y_2 \to 1,\ 0 \\ t_{110} = y_2 \to 0,\ 1 \\ t_{111} = y_2 \to 1,\ 0 \end{cases} \quad (7.3)$$

这种变换可以有多个结果。例如使用 t_{000} 来替代 t_{110}，使用 t_{001} 来替代 t_{111}，就会看到，t_{00} 和 t_{11} 仍然是相同的，但是在 t_1 表达式中，t_{00} 就替换了 t_{11}。如果我们确定了所有的相同的子表达式，就得到 BDD。它不是布尔表达式形成的树，而是得到了直接无环图（DAG），如图 7.1 所示。

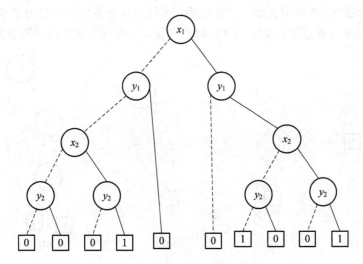

图 7.1 BDD 的直接无环图

t 又可以表示为

$$\begin{cases} t = x_1 \to t_1,\ t_0 \\ t_0 = y_1 \to 0,\ t_{00} \\ t_1 = y_1 \to t_{00},\ 0 \\ t_{00} = x_2 \to t_{001},\ t_{000} \\ t_{000} = y_2 \to 0,\ 1 \\ t_{001} = y_2 \to 1,\ 0 \end{cases} \quad (7.4)$$

每一个表达式都可以看做图中的一个节点。如果节点由 0 和 1 组成，那么它就是叶节点，否则就是中间节点。中间节点有一个分支对应于 else 部分，另外一个分支对应于 then

部分，如图 7.2 所示。值得注意的是，节点的数目从决策树中的 9 个减少到了 BDD 中的 6 个。当决策树的数目非常庞大时，就会发现 BDD 的节点数目显著减少。如果我们在构造 BDD 的时候，根据变量按照一定的顺序进行，就得到了 OBDD（排序 BDD）。

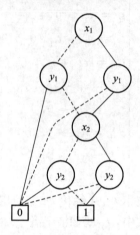

图 7.2 精简的 BDD 无环图

图 7.3 中给出了四个 OBDD。测试中有些是冗余的，它的分支指向相同的节点。这样的节点实际上可以删除，任何对冗余节点的引用，可以简单地替换为对它的子节点的引用。这样随后得到的 OBDD 就被称为 ROBDD（精简的 OBDD）。排序和化简的规则如图 7.4 所示。

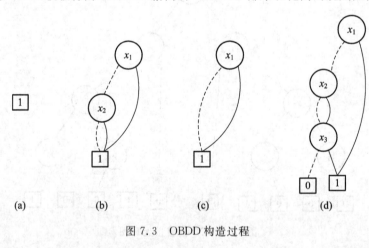

图 7.3 OBDD 构造过程

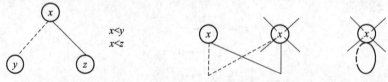

图 7.4 ROBDD 简化规则

ROBDD 有很多有趣的特性。它提供了一种简洁的布尔表达式表示方法，而且还有很多有效的算法执行 ROBDD 中的逻辑操作。可以在常数时间内测试一个 ROBDD 是否为真。

7.2.2 量子寄存器状态

一个 n 位量子寄存器所保存的叠加态 $|\varphi\rangle$ 也即量子寄存器中所存储的数由 2^n 个本征状态叠加而成，每个本征状态 $|i\rangle$ 的概率幅为 $c_i(0 \leqslant i \leqslant 2^n - 1)$，则可表示为 $|\varphi\rangle = \sum_{i=0}^{2^n-1} c_i |i\rangle$。但是在计算机中，需要以其他的方法来表示这一数学符号。

1. 向量表示法

本征状态 $|i\rangle$ 是 Hilbert 空间中某基底的一个基向量，因而 $|i\rangle$ 可表示为一个 2^n 维的向量 $(0 \quad 0 \quad \cdots \quad 1 \cdots \quad 0)^{\mathrm{T}}$，其中的第 $i(0 \leqslant i \leqslant 2^n - 1)$ 个元素为 1，其他的元素为 0。除此之外，加上概率幅 $c_i(0 \leqslant i \leqslant 2^n - 1)$ 即可完全表征第 i 个本征状态。所以，用 2^n 个这样的概率幅、向量对，就可完全表示叠加态 $|\varphi\rangle$。

2. QDD 表示法

QDD 是基于 BDD 的一种表示方法。与其他方法相比，它的最大不同点在于：以真或假表示概率幅，即只能判定叠加态中是否存在某个本征状态，而不能确定该本征状态被观测到的概率；不以本征状态为数据处理的信息单位，而是以量子寄存器的每一位为数据处理的信息单位。

7.2.3 量子门

1. 向量表示法

作用于 n 位量子寄存器中叠加态的量可由一个 $2^n \times 2^n$ 的矩阵表示，如作用于两个量子位的受控非门，可表示为

$$
C_{\mathrm{not}} : \begin{array}{c} |00\rangle \rightarrow |00\rangle \\ |01\rangle \rightarrow |01\rangle \\ |10\rangle \rightarrow |11\rangle \\ |11\rangle \rightarrow |10\rangle \end{array} \begin{pmatrix} 1 & 0 & 0 & 0 \\ 0 & 1 & 0 & 0 \\ 0 & 0 & 0 & 1 \\ 0 & 0 & 1 & 0 \end{pmatrix} \tag{7.5}
$$

2. QDD 表示法

QDD 方法实际上是将量子寄存器的表示和量子门的表示结合起来的一种方法。通过类似经典计算机中数字电路逻辑化简和模块电路组合的原理，将简单门组合成为复合门，同时进行逻辑化简，从而得到复杂而高效的模拟量子复合门。

7.2.4 运算

量子计算模拟中运算的模拟实现由量子状态的表示和量子门的表示共同决定。

量子状态的表示也可看做矩阵。通过表示门的幺正矩阵与表示量子状态向量相乘，可得到经过该量子门后的状态：

$$
|\varphi'\rangle = U |\varphi\rangle = U \sum_{i=1}^{2^n-1} c_i |i\rangle \tag{7.6}
$$

其中 U 为幺正变换，把该式写为矩阵形式为

$$\begin{bmatrix} u_{0,0} & \cdots & u_{o,2^n-1} \\ \vdots & \ddots & \cdots \\ u_{2^n-1,0} & \cdots & u_{2^n-1,2^n-1} \end{bmatrix} \cdot \left(c_0 \begin{bmatrix} 1 \\ 0 \\ \vdots \\ 0 \end{bmatrix} + c_1 \begin{bmatrix} 0 \\ 1 \\ \vdots \\ 0 \end{bmatrix} + \cdots + c_{2^n-1} \begin{bmatrix} 0 \\ 0 \\ \vdots \\ 1 \end{bmatrix} \right)$$

(7.7)

$$= \begin{bmatrix} u_{0,0} & \cdots & u_{o,2^n-1} \\ \vdots & \ddots & \cdots \\ u_{2^n-1,0} & \cdots & u_{2^n-1,2^n-1} \end{bmatrix} \cdot \begin{bmatrix} c_0 \\ c_1 \\ \vdots \\ c_{2^n-1} \end{bmatrix}$$

注：这里将所有的本征状态叠加求和写为一个向量的形式仅是从数学角度推导得出的，并无特别的物理意义。

所以，第 i 个本征状态 $|i\rangle$ 的概率幅为

$$c_i' = \boldsymbol{U}_i \boldsymbol{C}$$
(7.8)

其中 $\boldsymbol{U}_i$ 为矩阵 $\boldsymbol{U}$ 的第 i 行向量，$\boldsymbol{C}$ 为概率幅构成的向量 $(c_0, c_1, \cdots, c_{2^n-1})$。

所以很容易得到第 i 个本征状态的新概率幅：

$$\text{for} \quad (k = 0; k < 2^n; k++)$$
$$C'[i] = u[i][k] * a[k]$$

7.3　量子计算语言

量子计算(QC)被计算机科学团体接受较慢的一个原因是它形式多样，使人不知所措，这些表示形式常常是用物理术语来描述的，其中没有一个与传统的程序设计语言有任何相似的地方。

QCL(量子计算语言)的目的就是试图弥补这些缺憾。它是　种与量子计算机的结构无关的高级语言，其语法主要来源于传统的过程语言，如 C 或 Pascal 等，这样通过 QCL 可以构成完整的应用，并且能以一致的形式来模拟量子算法(包括一些传统的算法)。

7.3.1　语言特点

QCL 是用于量子计算的一种高级语言，具有以下几个主要特点：

(1) 传统控制：具有函数、流控、交互式 I/O 以及各种传统数据类型(int, zeal, complex, boolen, string)。

(2) 两种量子变换(操作)类型：一般的幺正变换和可逆伪经典门(quscratch)。

(3) 逆操作：在接收到操作调用时允许逆操作进行 on-the-fly 确认。

(4) 各种量子数据类型：为编译时的访问模式(qureg, quconst, quroid, quscretch)提供了各种量子数据类型。

(5) 寄存器控制函数：提供便于使用的函数来控制量子寄存器(q[h]：量子位；q[n; m]：子串；q&q：寄存器联合)。

(6) 量子存储器管理：量子存储器管理(quheap 堆)，允许局部变量。

(7) 暂存空间管理的透明集成：对 Bennet 风格的暂存空间管理的透明集成。

（8）易于适应基本变换的独立集合。

（9）集成了很多模拟器和一个用于交互式情况下的 shell 环境。

7.3.2 量子寄存器

1. 机器状态和程序状态

量子计算机的存储器通常由两个状态的子系统构成，即量子位（qubit 位），存储器的内容是由所有量子位的状态组成的，这种状态称为（量子）机器状态。而与之相对的程序状态则是（传统）控制算法的当前状态（如变量值、执行栈等）。

机器状态 $|\psi\rangle$ 是一个希尔伯特空间 $H = C^{2^n}$ 中的向量，但是由于测量会破坏这些状态，因此 $|\psi\rangle$ 不能被直接观察到。

2. 量子寄存器

QCL 把量子寄存器的概念用于机器状态与控制算法之间的接口。一个量子寄存器就是一个指针，它指向对一系列互不相同的量子位的操作，即那些把量子寄存器作为参数从而对机器状态进行操作的所有操作。

由于一台 n 位量子位的量子计算机允许有 $\dfrac{n!}{(n-m)!}$ 个不同的 m 位量子位的寄存器，所以任何幺正操作或测量操作用到 m 位的量子位寄存器上，都会引起对机器状态的 $\dfrac{n!}{(n-m)!}$ 个不同的操作。

设寄存器是一个 m 位的量子位寄存器，并从第 0 位开始覆盖 n 位量子位机器状态 $|\psi\rangle$ 的前 m 位量子位的幺正操作或测量操作，则寄存器操作 op(s) 对应下面的机器状态操作：

$$op(s): |\psi\rangle \rightarrow R_s^+(op \times I(n-m))R_s|\psi\rangle \qquad (7.9)$$

R_s 为第 n 位重排序算子，$I(k)$ 为第 k 位量子位的标志。

3. 内存管理

在 QCL 中，通过在量子堆上分配或回收工作可以透明地处理寄存器与量子位的关系，这样就可允许局部量子变量的使用。所有自由的（如未分配的）量子存储器必须置为零。

当一个量子寄存器 s 满足下面的条件时，认为它是空的。

$$P_o(s)|\psi\rangle = |\psi\rangle, \qquad P_o = |0\rangle\langle 0| \qquad (7.10)$$

在分配临时暂存寄存器（quscratch）后，内存管理必须要保存所有已执行算子的轨迹，直到该暂存寄存器被回收。然后用 FANOVT 保存结果寄存器，并反复进行计算过程。

4. 模拟

QCL 要用于各种基于量子位的量子计算机结构，而必要的硬件发展很可能还需要几十年，所以 QCL 支持对量子计算机的模拟，并提供特殊的命令用于访问（模拟的）机器状态。

解释器 QCL 可以模拟具有任意位量子位的量子计算机。只有振幅非零的基向量才被存在系统中，因此对于暂存寄存器的使用并不需要附加的内存。所有的数值模拟由 QC 库解决。

5. 量子变量

量子寄存器与一个符号变量名连接在一起，它被作为量子变量来访问。

6. 通用寄存器

一个通用量子寄存器的声明为

$$\text{Rsr-def} \leftarrow \text{qureg indentifier[expr]};$$

其中 expr 为其位数。声明时，从堆中分配空的量子内存并连接到该符号变量。

在全局域中的声明将定义一个永久寄存器，并且在同一个 shedl 中，不能重新声明已分配了的量子位。

7. 量子常量

寄存器可声明为常量，用类型 quconst 声明即可。一个量子常量对任何算子都是不可改变的。当 U 满足下面的条件时，称寄存器 C 对一个寄存器操作 $U(s, c)$ 是不变的：

$$U: |i, j\rangle = |i\rangle, |j\rangle_c \rightarrow (U_j |i\rangle_s) |j\rangle_c \tag{7.11}$$

量子常量有固定的概率幅范围：令 $|\psi\rangle = \sum a_i |i, j\rangle$ 为机器状态，并令 $|\psi'\rangle = U(s, c)|\psi\rangle$ 且 $p(j)$ 和 $p'(j)$ 分别是测量前后寄存器 c 中 j 的概率。

$$P(j) = \langle\psi|P_j|\psi\rangle \sum_i a_i^* a_{ij}, \quad P_j = \sum_k |k, j\rangle\langle k, j| \tag{7.12}$$

虽然全局寄存器可以声明为量子常量，但这并不是很有用，由于没有办法改变寄存器的范围，它总是保持为空。

7.3.3 量子表达式

一个量子表达式是一个匿名的寄存器的引用，它可作为操作的参数或声明一个命名引用，见表 7.1。

表 7.1　量子表达式

表达式	说　明	寄存器
a	引用	$\langle a_0, a_1, \cdots a_n\rangle$
$a[i]$	量子位	$\langle a_i\rangle$
$a[i:j]$	子串	$\langle a_k, a_{k+1}, \cdots a_j\rangle$
$a[i\backslash l]$	子串	$\langle a_i, a_{i+1} \cdots a_{i+l-1}\rangle$
$a \& b$	并置	$\langle a_0, a_1, \cdots a_n, b_0, b_1, \cdots b_n\rangle$

子寄存器可由下标操作符[　]来定位，根据语法，由对 0 的下标指定，而子串则由第一位和最后一位的下标指定，或者由第一位下标子串长度指定。

7.3.4 量子语句

1. 幺正算子

算子 Fanout 和 Swap 在 QC 中扮演着重要的角色，它们与传统处理器中的基本操作

mov 等价。

$$\text{Fanout}: |i, 0\rangle \rightarrow |i, i\rangle \qquad (7.13)$$

$$\text{Swap}: |i, j\rangle \rightarrow |j, i\rangle \qquad (7.14)$$

QCL 不强迫使用基本算子集，用户也可以自己定义。

2. 模拟器命令

QCL 提供了几个命令来直接访问模拟的机器状态。由于没有真实的量子计算机，它们可以认为是 QCL 语言的非标准扩展：

$$\text{stmt} \leftarrow \text{dump}[\exp r];$$

$$\leftarrow \text{load}[\exp r];$$

$$\leftarrow \text{save}[\exp r];$$

如果调用时没有使用参数，则命令 dump 打印出当前的机器状态，否则打印出概率复振幅。当前机器状态可用 load 与 save 命令加载和保存。

3. 通用算子

operator 用于通用的幺正算子。为确保算子的数学意义，具有同样参数的算子运算必须得出相同的变换，所以它不能引用全局变量，但允许引用随机数。

4. 算子的参数

算子可作用于一个或多个量子寄存器，根据寄存器映射，一个 m 位的量子位算子（变换）作用于一个总数为 n 位量子位的量子堆上将得到 $\dfrac{n!}{(n-m)!}$ 个不同的幺正变换。

在 QCL 中，这种多态性甚至可扩展到这样的事实：量子寄存器能够有不同的长度，于是每个量子参数的长度 $\sharp s = |s|$ 成为一个类型为 int 的蕴含的附加参数。除此之外，算子可以有任意个经典参数。

如果给出多于一个的寄存器作为参数，那么它们的量子位就不会被覆盖。

5. 逆反算子

前缀"!"能够将算子的调用反转。合并算子对幺正算子进行合并：

$$\left(\prod_{i=1}^{n} U_i\right)^{+} = \prod_{i=1}^{n} U_i^{+} \qquad (7.15)$$

由于调用的算子序列是由传统的过程语言来指定的，因此它不能以相反的顺序执行。而对这种合并的逆转则是通过算子调用的延迟执行来实现的。当设置了逆转标志位后，算子序列在执行的时候将所有的子算子调用推入一个堆栈中，然后按照相反的顺序执行。

6. 局部寄存器

与虚拟经典算子相反，一般不能通过逆反计算一个幺正算子，以释放局部寄存器而又不破坏计算所需的结果，这是对 QC 的基本限制，也就是第 2 章中所说的"量子不可克隆定律"，它是从复制操作的事实得出的。例如，一个满足如下条件的变换：

$$U: |\psi\rangle|0\rangle \rightarrow |\psi\rangle|\psi\rangle \qquad (7.16)$$

对于任意的复合状态 $|\psi\rangle$，U 不能是幺正的，这是因为：

$$U(a|0, 0\rangle + b|1, 0\rangle) = a^2|0, 0\rangle + ab|0, 1\rangle + ba|1, 0\rangle + b^2|1, 1\rangle$$
$$\neq aU|0, 0\rangle + bU|1, 0\rangle \tag{7.17}$$
$$= a^2|0, 0\rangle + b^2|1, 1\rangle$$

而如果 $|\psi\rangle$ 是一个纯状态，则 U 只能是幺正的，此时 $U=$ Fanout。由于缺少对量子状态的幺正复制操作，Bennet 的暂存空间管理对一般的算子是不可行的，因为它正好依赖于对结果寄存器的复制。如果一个算子中包含了某些中间虚拟经典算子，而这些算子又要求暂存空间，则局部寄存器就是很有用的。

7. 虚拟经典算子

子程序类型 qufunct 用于虚拟经典算子和量子函数，因此所有的变换都具有如下形式：

$$|\psi\rangle = \sum_i c_i |i\rangle \rightarrow \sum_{i,j} c_i \delta_j \prod_i |i\rangle = |\psi'\rangle \tag{7.18}$$

其中的 $\prod_i$ 表示某些结合。因此所有的虚拟经典算子都有公共的特征值：

$$|\psi\rangle = 2^{-\frac{1}{2}n} \sum_{i=0}^{2^n-1} |i\rangle \Rightarrow f|\psi\rangle = |\psi\rangle \tag{7.19}$$

8. 双射函数

对虚拟经典算子最直接的运用是使用双射函数。算子 inc 对其参数的基进行了移位。在这里，特征值的增加对应于微粒的产生。所以 inc 是一个生成算子。

```
Qufunct inc(qureg){
    Inc i
    For i=♯ x-1 to 1{
        CNot (x[i], x[0：i-1]);
    }
    Not (x[0]);
}
```

9. 条件算子

许多复杂的数学问题常常要求根据某一寄存器 e 的内容对寄存器 a 进行变换。如果 e 中的所有量子位都要置位以满足变换发生的条件，则该算子是一个条件算子，e 为常量开关寄存器。

7.4　量子计算的并行模拟

7.4.1　并行计算技术

1. 向量处理机

在科学计算中，往往有大量不相关的数据进行同一种运算，这正好适合于流水线的特点。因此出现了设有向量数据表示和相应向量指令的向量流水线处理机，一般称之为向量处理机。

用一个简单的例子来说明向量处理机的处理方式：设 A、B、C、D 是长度为 N 的向量，则对于下面的普通计算（串行）：

$$\text{for} \quad (i = 1; i <= N; i++)$$
$$d[i] = a[i] * (b[i] + c[i]);$$

该循环中存在 N 个控制相关。而用向量处理机则可以按如下方法进行计算：

$$K = B + C$$
$$D = K * A$$

其中仅用了两条向量指令，而且该过程中没有出现转移，每条向量指令内不存在相关，两条指令间只有一次相关，如果使用静态多功能流水线，也只需要一次功能切换。可以看出向量处理机的并行处理能力是通过时间的重叠来实现并行处理的。

2. 并行处理机

并行处理机与向量处理机同属于单指令多数据流（SIMD）计算机一类，但是并行计算机主要是通过资源重复的技术途径实现并行处理的。

所谓并行处理机，是指重复设置多个同样的处理单元 PE(Processing Element)，按照一定的方向和相互连接，在统一的控制部件 CU(Control Unit)作用下，各自对分配来的数据并行地完成同一条指令所规定的操作。

并行处理机利用大量处理单元对向量所包含的各个分量进行运算，这是其获得很高处理速度的主要原因。

并行计算机的实际性能与所要解决的具体问题有关。对于给定的题目，要根据问题的结构特点研究和设计并行算法，充分利用并行计算机系统结构的特点，才能够发挥并行计算的能力。目前并行算法的研究成果已广泛应用于数值天气预报、地震资料分析、核爆模拟等各个领域。

7.4.2　量子计算并行模拟技术

量子计算由于其本身所固有的特点，从通常算法理论角度来看，一般的量子算法都具有较好的数据无关性，而且通常都只涉及不多的计算步骤，与通常意义的 SIMD（单指令多数据流）结构非常吻合。因此可以预见，通过并行手段对量子算法和计算进行模拟应该可以取得很好的结果。

1. 固有的并行性

一个量子寄存器的状态在取定一组本征状态的情况下，可以通过这组本征状态的线性叠加表给出，如 $|\psi\rangle = \sum_i c_i |\phi_i\rangle$。这个量子寄存器中的量子态通过量子门演化为另一个量子态，量子门的作用与经典的逻辑电路门类似。量子门在数学上可以由作用于希尔伯特空间中向量的矩阵 $\hat{A}$ 描述。

由于线性约束，量子门对 Hilbert 空间中量子状态的作用 U 将同时作用于所有本征状态上：

$$U|\psi\rangle = \sum_i c_i U|\phi_i\rangle = \sum_i c_i' |\phi_i\rangle \tag{7.20}$$

对应到 n 位量子计算机模型中，相当于同时对 2^n 个数进行运算，这就是量子计算所固有的并行性。在算法中就充分利用了这一点。

可以看到，这种线性作用得到的并行性与经典计算机中的 SIMD 结构的概念如出一辙。在这个线性作用过程中，显然是没有数据相关的（但在将所有结果合并为本征状态叠加的过程中，若使用并行处理机将各个本征状态及其概率幅分配到处理单元上进行运算，则在最后得到结果叠加态本征状态概率幅时，存在数据交换），因此非常适合于 SIMD 结构的并行计算机进行并行模拟，预期使用经典计算机模拟可以得到很好的加速比。

2. 数据交换

出现数据交换的一个原因如前所指出，如果使用并行处理机进行模拟，则在求所有本征状态在量子门作用下各自的结果的过程中是没有数据交换的，但是由于每个本征状态在不同量子门作用下的结果是不确定的，它的数学形式实际为所有本征状态的一个叠加：

$$U|\phi_i\rangle = \sum_i c_j|\phi_j\rangle \tag{7.21}$$

而在通常情况下，为了进行下一个量子门变换的模拟，需要将这些本征状态的变换结果（数学上）合成为一个叠加态，而这一过程所需要的各个本征状态的变换结果由不同的 PE 求出，因此存在相当的数据交换。

考虑下式：

$$U|\psi\rangle = \sum_i c_i U|\phi_i\rangle = \begin{bmatrix} u_{0,0} & \cdots & u_{0,2^n-1} \\ \vdots & \ddots & \vdots \\ u_{2^n-1,0} & \cdots & u_{2^n-1,2^n-2} \end{bmatrix} \left(c_0 \begin{bmatrix} 1 \\ 0 \\ \vdots \\ 0 \end{bmatrix} + c_1 \begin{bmatrix} 0 \\ 1 \\ \vdots \\ 0 \end{bmatrix} + \cdots + c^{2^n-1} \begin{bmatrix} 0 \\ 0 \\ \vdots \\ 1 \end{bmatrix} \right)$$

$$= \begin{bmatrix} u_{0,0} & \cdots & u_{0,2^n-1} \\ \vdots & \ddots & \vdots \\ u_{2^n-1,0} & \cdots & u_{2^n-1,2^n-2} \end{bmatrix} \cdot \begin{bmatrix} c_0 \\ c_1 \\ \vdots \\ c_{2^n-1} \end{bmatrix}$$

所以，第 i 个本征状态 $|i\rangle$ 的概率幅为 $c_i' = U_i C$，其中 U_i 为矩阵 U 的第 i 个行向量，C 为寄存器状态所有本征状态概率幅构成的列向量 $(c_0 \quad c_1 \quad \cdots \quad c_{2^n-1})^T$。因此，这里将线性的并行性转换为我们所熟悉的矩阵运算，这样就可以用研究得很成熟的大规模数值计算并行开发工具来进行模拟程序的开发。

但是这种方法虽然减少了多处理机中出现的数据交换，但是出现了另一种数据相关和数据交换。原因是并行计算机的规模有限，对于规模相对较大的量子算法模拟中的矩阵运算，不可能一次计算出所有的结果，必须将问题分割，那么各个部分之间必然出现必要的数据交换，并产生新的数据相关。这一问题必须得到较好的解决，否则将影响模拟的效率。但在现代大规模数值计算程序设计开发的有关研究中，对这一问题的探讨已很成熟，因此这里不再赘述。

3. 数据分配

由于量子计算的线性特征，对量子寄存器存储的叠加态的变换等于该变换作用到每个本征状态上的结果各本征状态上的结果之和。根据这一量子计算的基本特性和并行性，最自然的数据分配方案是采用在并行处理机上将量子本征状态及其概率幅按问题的需求由

CU 根据处理单元的数目分组, 然后分配到各个处理单元上进行处理, 如图 7.5 所示。

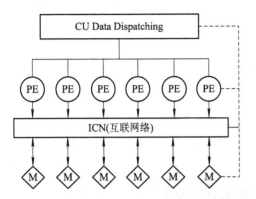 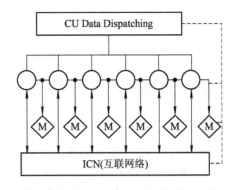

图 7.5 具有分布存储器(左)和具有共享存储器(右)的并行处理机数据分配

不过根据前面的分析, 采用向量计算机对数据进行分组、分段处理效果较好。

4. 测量模拟

串行模拟时每个本征状态的概率幅已知, 其平方即为应测得的概率。设本征状态数为 N 测量的实现即要求设计一算法, 使选出这 N 个本征状态中的每一个的频率在总次数趋于无穷时逼近其实际测得的概率。设 N 个本征状态对应的概率为 $P_1, P_2, \cdots, P_N$, 在数轴上表示如下(每个区间的长度表示概率值的大小):

$$
\begin{array}{c}
\vdash\! \\
0 \quad\quad P_1 \quad\quad P_2 \quad\quad \cdots \quad\quad\quad\quad\quad\quad P_N \quad\quad 1
\end{array}
$$

随机选择 a, 使 $0 \leqslant a \leqslant 1$, 则 a 落在本征态对应的区间中的概率也最大。若 $P_{i-1} < a < P_i$, 则选出第 i 个本征状态。由概率论中的大数定理知, 上述 $P_1, P_2, \cdots, P_N$ 若在每次测量时都保持概率不变, 则算法中得到第 i 个本征状态的次数为 f, 总次数为 F, 有 $\lim\limits_{F \to \infty} f/F = P_i$。这样就找到了满足要求的算法。具体算法描述如下:

(1) 随机选取 0~1 之间的数 a, $S = 0$, Record = **NULL**。

(2) 循环, i 从 0 到 $N-1$:

$S = S + P[i]$;

若 $S \geqslant a$, 则 Record$=i$, 跳出循环。

(3) 返回 Record。

并行模拟时则可利用向量处理机的并行特征采用二分法进行模拟。设最后得到的本征状态概率幅构成的向量为 G, 则具体算法描述如下:

(1) 随机选取 0~1 之间的数 a, Record=NULL, $i=0$, $j=N/2$, 向量 $V = \{v_1, \cdots, v_{N-1}\}$, v_i 到 v_j 为 1, v_j 到 v_{N-1} 为 0。

(2) until i 大于或等于 j。

(a) $S = 0$;

(b) $S = C * V$ (向量乘法)

(c) 若 $S > a$, 则

$$k = i + \frac{j - i}{2}$$

将 v_{k+1} 到 v_j 置为 0；

$$j = k$$

否则

$$k = j + \frac{j-i}{2}$$

将 v_{j+1} 到 v_{k+1} 置为 1；

$$i = j$$
$$j = k+1$$

(3) Record$=i$，跳出循环。

(4) 返回 Record。

这样利用并行计算和二分法可以很快得到模拟的测量结果。

到目前为止，对大多数量子计算研究者而言，还不可能获得真正的量子计算机。而在经典计算机上的模拟可以为研究者提供一种虚拟的量子计算机平台，提供用于进一步研究的重要工具和手段。量子计算模拟对量子计算理论和量子算法可行性、正确性的研究具有重要意义。量子计算和量子算法通过模拟进行超前研究，可以使得一旦量子计算能够达到实用，就能立即将研究成果用于其上。但是由于在普通计算机上模拟量子计算将会要求庞大的空间和时间耗费，因此，如何构造更好的模拟环境，并使之有效地与目前的计算机系统结合将是一个重要的研究内容。

7.5　量子模拟的几个实例

本节将简要介绍量子模拟过程（包括初态制备、时间演化及末态测量等）的基本概念、理论和方法，并介绍可用于量子模拟的物理系统——原子、光子、离子、电子和核自旋等系统，简述量子模拟方面的研究方向及发展趋势。

7.5.1　量子模拟的基本理论

1. 量子模拟

模拟是用一个系统模拟另外一个系统的过程。例如，要在经典模拟信号的计算机上模拟发动机，可以用电路组合系统的动力学来模拟发动机的动力学。量子模拟器的主要目标是解决经典计算机所不能解决的问题。这些问题包括有多个自由度涉及大尺度纠缠的多体量子系统，而其中一些问题也能用经典计算机解决或者模拟。例如，蒙特卡罗方法、Coupled-cluster 方法、密度函数理论、动力学平均场理论、密度矩阵重整化群理论等几种很有效的方法，已成功地解决了一些相关问题。但是，仍然有许多量子多体问题不能用这些方法处理。第一类是两维以上的高维空间分立自旋问题（比如，蒙特卡罗方法将受限于所谓的符号问题）。第二类是许多在足够长时间内不能精确求解的动力学问题。例如，记录一个有 40 个自旋 1/2 粒子的量子态，经典计算机存储需要 $2^{40} \approx 1012$ 个数，计算其时间演化需要处理 240×240 的矩阵，共约 1024 个条目。如果 $N > 50$ 或更多，则该任务实际上无法完成。这类问题包括封闭系统或者开放系统，后者是非孤立系统和一个多自由度库的相互作用，导致耗散。量子模拟可以有效克服这些问题。

量子模拟分为模拟量子模拟（AQS）和数字量子模拟（DQS）。AQS 控制量子计算机系统的 Hamilton 量，按照与被模拟系统 Hamilton 量相同的方式演化，通过对计算机演化到不同阶段末态的分析，获得被模拟系统演化规律和演化态性质的信息，可实现精确模拟。能够以这种方式模拟特定量子系统的机器，需要和被模拟系统的动力学有足够的相似性，所以一般不具有通用性，且只能模拟有限类型的量子系统，其精度取决于模拟器能复现系统的程度。DQS 用量子位编码量子态，通过门操作来实现量子演化，本质上是基于电路的量子计算，模拟的精度依赖于模拟电路在理论上能够在多大程度上体现真实系统的物理本质。如果模型本身不完备，模拟得再好也不能得到系统的真实性质。DQS 的精度原则上可以任意高，但是模拟代价也会随之激增，因为量子门的数目将随着精度位数的提高指数增长。有效的算法在模拟中也非常重要（虽然 DQS 不要求重构系统的幺正演化），有时比直接模拟系统的幺正时间演化更有效。

量子模拟必须具备三个条件，其一是必须具有多自由度可调相互作用的量子系统。量子模拟器应该有一个带或不带内部自由度的玻色系统或费米系统（赝自旋），粒子可以被存放在一个晶格里或者至少被限制在空间中的特定区域里；其二是量子模拟器能够被初始化制备出已知量子态；其三是系统可有效测量。量子模拟的步骤包括制备初态、时间演化得到末态及测量相关物理量。制备初态有很大的难度，但一些具体条件下的初态还是可以制备的。测量末态同样困难，大部分时候只能借助非直接测量。测量末态是有效模拟的核心，整个模拟过程要求系统有多项式资源。

2. 初态制备

考虑一个可以把模拟器变量放在一个已知态上的开放系统操作，如把离子阱计算机上的离子冷却，或者测量量子光学逻辑操作中一个光子的偏振。这些操作或者是耗散的（冷却）或者是退相干的（测量偏振），可以和模拟哈密顿系统制备剩余变量到任何期望态的相干操作组合起来。首先，变量被确定为一个已知态，接着是一个幺正操作通过其余变量影响该变量的"泵浦"熵，然后不断重复这个过程。如果该变量为量子位，则泵浦一个周期后余下变量的熵将减小一个量子位。重复该泵浦可把它们的熵减至任何期望的值。通过调整幺正泵浦操作，其余的变量就能被制备在任何的期望态。

3. 控制模拟系统的相互作用

要用一个量子系统模拟另一个量子系统，必须精确控制模拟量子系统的相互作用，这样才可以实现被模拟系统的精确模拟。原子物理、量子光学、固体物理和量子化学等都提供了一些可控制量子系统相互作用的方法。实验者对量子系统进行的每一个操作，如开关一个激光脉冲或调制磁场，在结果上等效于一个可作用于系统的工具。理论上可以把实验操作可分为两类：第一类近似保持量子相干操作，对应哈密顿的时间演化；第二类不保持量子相干操作，对应的时间演化由超散射算子和主方程决定。实际上绝对保持相干性的操作也会随着引起它们退相干的量而明显变化。模拟封闭系统在薛定谔方程主导下的演化要求操作近似保持相干。实验者进行这样的操作可被认为是对哈密顿集⟨熵 H1, 熵 H2, …, 熵 Hl⟩进行的开关操作。重要的是每一个实验操作都能在希尔伯特空间中一个特定预测的方向上把系统移动一段可控的距离。实验者先这样移动，然后那样移动，就像一个司机泊车一样。另一个类似的操作是核磁共振中用一系列脉冲把一个自旋集驱动到一个期望的状态。

对任意的幺正算子 U 而言，量子和经典模拟器都需要 m^2 个操作，这是因为 m^2 是特征化一个任意 $m \times m$ 的 U 所需要的数值。然而，实际随时间演化的量子系统并不是任意的。费曼的假设是量子计算机在局域操作下才能够更有效地模拟，而非针对任意量子系统。局域系统的粒子包括硬球和范德瓦尔斯气体，伊辛和海森堡自旋系统，强、弱相互作用和格点规范理论。事实上，任何与狭义和广义相对论自洽的相互作用都是在局域情况下的演化。必须说明的是，对局域量子系统而言量子模拟比经典模拟更高效。单从数学层面上考虑，量子模拟的方法非常直接。模拟的目标是使模拟器沿特定的路线从点 A 移动到点 B。但是模拟器只能沿特定方向被驱动，在实验上的有效操作数是有限的，因此通常情况下模拟器不可能直接从点 A 到点 B。但是可以像平行泊车一样，先让模拟器朝一个方向移动一点，再朝另一个方向移动一点，如此反复操作，就能够从点 A 移动到点 B。考虑一个 N 变量组成的量子系统，其哈密顿量为

$$H = \sum_{i=1}^{l} H_i$$

其中 H_i 作用在第 m_i 维空间上，最多能和 k 个变量相互作用。H 可以与时间有关。任何局域系统的哈密顿系统都能写成这样的形式。许多非局域相互作用，如自旋玻璃也有这样的哈密顿形式，它们能够被有效模拟。和在经典计算机上模拟一样，量子模拟也是通过把系统演化分割为每一个独立的小步进行的。因为

$$e^{iHt/\hbar} \approx (e^{iH_1 t/\hbar} \cdots e^{iH_l t/\hbar})$$

$e^{iHt/\hbar}$ 能够被模拟，其过程是通过重复 n 次模拟局域含时算子 $e^{iH_1 t/\hbar}$，$e^{iH_2 t/\hbar}$ 等直到 $e^{iH_l t/\hbar}$。在量子计算上模拟 N 变量局域系统的演化所需要的步数和 N 成比例。在经典计算机上模拟同样的系统需要的步数是 N 的指数。如果模拟的内禀并行性能够被开发，量子模拟将变得更快，如参考文献[12]中所描述的量子自动元胞机。一旦在模拟器中对不同的变量应用操作，$\sum_i H_i$ 中的各项立即可以对易了。H 中的项可以根据对易关系划分为不同的群，一个群中所有元对易，每个群中的所有项都能表现出并行性。由于 H 局域，群的数目是不依赖于 N 的。在这种情况下，进行模拟所需的时间将不依赖于被模拟局域系统的尺度。在经典的并行计算机上，仍然需要 N 的指数步数。总的说来，量子计算机能高效模拟孤立的局域哈密顿系统。模拟操作通过诱导量子变量间的相互作用来模拟被模拟系统变量之间的相互作用。

模拟器使用的量子变量(如自旋 $1/2$ 粒子)的数量必须正比于被模拟量子系统的变量数。模拟器中的几个位可能被分配去模拟一个给定的局域变量。例如，在 Hubbard 模型中的每个格点需要一个量子位去模拟。虽然连续变量会使计算变得更复杂，但是能够将其近似离散化：用 N 量子位去模拟一个连续局域变量，如粒子的位置或格点规范理论下场的量值，能达到 N 位的精度。模拟需要的总时间正比于被模拟系统演化所需要的时间。基本实验操作的步数正比于系统的变量数。这些尺度对含时和非含时哈密顿系统都成立。也就是说，量子模拟需要耗费的量子计算机时间和空间直接正比于被模拟量子系统的时间和空间。这和经典计算机模拟需要时间和空间的指数资源形成了鲜明对比。

4. 测量

一个近模拟技术可以在模拟器上进行任何测量。这里考虑一个从模拟器变量提取信息

并同时保持其他变量不受影响的操作(读出变量)。以光子系统为例说明,光子偏振可以被分束器和光子探测器探测,离子的态只能通过荧光读取。读出操作并不需要近乎理想的精确,也不需要保证读出变量不受影响。利用这个读出操作在模拟器态上的任意测量是通过用二进制数标记正交态集去区分各个测量的。模拟器上的一个幺正变换将影响待读出变量态之间的关联;接着,执行读出操作,并不断重复直到第一个量子位能够在期望的程度上被识别。同样的读出操作再执行于第二个量子位上,等等,直到所有要求识别的态都被确定。举例来说,Kim-ble 量子逻辑门能被用来关联读出光子序列的带左旋和右旋偏振态的单光子的任意偏振态。系统的制备和测量本身就是量子计算。能够实际执行的制备和测量是那些能被有效执行,并且只需要执行的步骤较少。幸运的是,在量子模拟下许多待测的量可以直接读出。例如,在模拟自旋玻璃中,要测量关联函数 $\langle M(0)M(t) \rangle$,只需要重复测量所制备的对应不同初始磁化率 $M(0)$ 态下自旋的模拟器变量,在时间 t 内模拟自旋的时间演化,然后测量自旋 $M(t)$ 的最终磁化率。为了获得 P 的关联函数精度必须进行 P 次重复。

7.5.2 可用于量子模拟的系统

1. 原子

原子因禁于光格子中的系统能实现 DQS 和 AQS,适合模拟凝聚态物理中的一些问题。其特点为维度可以变化,操纵光学势可以获得不同几何形状的格点。有丰富的控制参数可供选择,如隧道作用、格点之间作用(控制格点距离)、次近邻作用、长程作用、多体作用、外场控制以及拉比跃迁等。光格子中的原子可模拟自旋模型,原子间相互作用的控制是通过在合适的位置放置光格子。实现超流到 Mott 绝缘相转变模拟时,隧道能和格点作用能的比率可通过调整光格子的深度实现,也可通过 Feshbach 共振控制原子之间的相互作用来实现。人造规范场作用于量子气可以模拟量子霍尔系统和拓扑绝缘体。由于激光束的宽度比原子间距大,定位格点中的独立原子比较困难,此困难已有方法可以克服。原子放于腔阵列中可取代光格子囚禁。腔阵列可以做成任意形状,每个腔和原子集的作用通过激光外场实现,囚禁于腔场的原子和光子形成偶振子。这样的系统可用来模拟 Bose-Hubbard 模型和量子相变,允许独立测量每个粒子,能形成测量和反馈控制。囚禁于光格子或腔中的原子还可以模拟 Hub-bard 模型、自旋玻璃、BCS-BEC 交叉、无序系统、Tonks-Girardeau 气体、格点规范理论和宇宙膨胀等。

2. 光子

光子系统有很多优点:光子可精确局域控制、容易定位、可单独测量等属性帮助人们易于理解介观和分子系统。单光子不容易和环境作用,是天然的不受退相干影响的系统,光子不需要低温,光子易于移动,并不限于和近邻粒子作用。光子可模拟集体特性,如通过整体或粗粒化来进行相变模拟。光子可模拟小尺寸系统;光子的移动性甚至可以用单光子模拟量子步行和拓扑相,用纠缠光子模拟氢分子,利用两个纠缠光子对模拟断裂的价带态。两个纠缠光子对之间的相互作用可调,能够用来研究量子对关联的分布。

光子可用于实现量子化学算法,采用相位估计可以得到分子本征值。利用光子额外的自由度还可实现任意可控的幺正演化,NMR 系统也能实现类似的实验。

在光量子系统中，任意的幺正矩阵都能用干涉分束器阵列（也叫多点阵列）实现；目前已能够利用微光集成波导结构实现两量子位电路和 Shor 算法，光量子态的操作通过相移器或重构电路。此外，激光写入波导，不仅可以直接构造电路结构，而且打开了用三维结构进行量子模拟的大门。波导阵列在单光子水平上模拟量子步行和量子随机步行；量子步行可以模拟紧束缚 Hamiltonian，适用于封闭系统和开放系统（有退相干影响）。量子步行可用分立光学和波导实现，单光子量子步行用经典相干光即可模拟，但是新效应需要在多光子情形下观察，利用基于环的结构能使分立量子步行达到 28 步。

在生物系统中存在一种长寿命的相干振荡，在室温下可达到 ps（皮秒）。这样的开量子系统可以进行量子模拟。其中激发传输被描述为环境辅助的量子步行；环境辅助的量子输运利用分立时间的量子步行可以直接观测拓扑保护束缚。光子实现模拟中存在的问题是产生纠缠很难，光源和探测设备昂贵。

3. 离子

受限离子可实现非线性干涉，实现顺磁向铁磁的转变，可研究凝聚态物理中的一些问题，实现高能物理以及宇宙学中一些问题的模拟。受限离子可研究内能和振动模、实现高保真度的相干控制，但其规模化比较难（不论是离子链、平面库伦晶格、微阱阵列还是离子囚禁于光格子）。两体相互作用可通过光力实现，在微阱阵列中不用激光的模拟相互作用已经能够实现。应用受限离子一个很大的优点是单独离子可以较容易地被测量和控制，而这在凝聚态系统中则不能实现。囚禁离子可实现的技术有：可控制囚禁原子，离子链被线性射频阱囚禁。每一个囚禁离子可被编码，通过激光脉冲或微波辐射诱导相互作用。电子的量子位态为超精细或塞曼基态或者基态和亚稳激发态的叠加。其退相干时间依赖于量子位对外场的敏感性，可从几微秒到几秒不等。囚禁离子的运动是三个互相垂直方向上简谐运动的叠加。多普勒制冷技术可使离子囚禁于一个比光波长更小的区域。利用边带制冷技术，一个振动模可被制备于量子谐振子的基态。窄带激光能把一个量子位和离子运动耦合起来，利用该性质囚禁离子可用于模拟腔量子电动力学系统，还可以读出信息。离子晶体（通过激光冷却把离子降温至亚微开区）可用于量子模拟。在离子平衡位置处，库伦斥力和囚禁受限力平衡，这时可用强聚焦的激光束探测和操作单独的离子。

通过激光脉冲的库伦媒介相互作用把离子激发到集体模的边带，可以实现两个量子位之间的纠缠。这种纠缠不依赖一阶振动模，可很好地模拟自旋-自旋相互作用。模拟量子动力学的观测，需要把移动态映射到离子的内态，粒子的内态可通过荧光探测，用该方法测量离子质心的位置和其概率分布比用断层扫描术更高效。

离子阱可模拟自旋系统、进行原理证明的实验、进行高能物理模拟如相对论量子粒子、Hawking 辐射和粒子产生等过程。相对论波包在势场中的移动已经能够被模拟。单个相对论性粒子的模拟已经能够轻松计算，如果要使研究达到一个新的水平，必须模拟量子场。

传统的离子阱为线性阵列简谐势阱，通过自旋的光力驱动。新的驱动力（用微波替代依赖自旋的光力）可处理更大量的离子并调整几何排列。但是自由空间微波光子的动量太小，需要用磁场梯度产生依赖自旋的势，以便能够显示不同的塞曼位移或者驱动边带跃迁。该实验已能够通过稳恒或振荡梯度场实现一个离子两个内态和其质心运动的耦合。振荡梯度场方法能够通过诱导关联自旋反转使一对离子纠缠起来。磁场梯度对低温要求不高，产生离子之间的耦合需要 $10\sim100\ \mathrm{Tm^{-1}}$ 梯度。

微制造的离子阱能提供灵活的形状和囚禁势（与经典的保罗势相比）。要用大量的离子实现模拟，必须把离子放在一个最小的囚禁势场中。有了二维阵列，可以模拟自旋－玻色模型、声子超流、自旋断裂或拓扑绝缘态的边界。射频场囚禁、Penning 囚禁、离子运动能被依赖态的光偶极力激发，如果类似的控制可以在射频场中实现，就能模拟二维自旋系统。光力的囚禁离子可以产生强的非谐振势，可以模拟 Frenkel - Kontorova 模型和摩擦力。光力对涉及离子和中性原子的模拟也很有帮助。

4. 电子

电子通常需要用量子点技术囚禁。在二维电子气中已经能够实现半导体 GaAs 量子点阵列。调节电压可以设计不同形状的格点，量子点的控制可通过生长技术或光跃迁来实现。量子点系统可模拟 Feimi - Hubbard 模型、高温超导的氧化铜平面，可实现费米温度以及自然的长程相互作用。由于量子点类似人造原子，两个耦合就是人造分子，故可以模拟一些化学反应。

超导电路和人造原子类似，能够检测量子力学在宏观尺度上的效应以及硅芯片上的原子物理行为。自然原子和人造原子之间有一个很好的比较：自然原子以可见光或微波光子驱动；人造原子以电流、电压或微波光子驱动。电和磁对电路的作用与原子的 Stark 和 Zeeman 效应类似。超导电路作为人造原子可以模拟原子物理和量子光学。其缺点就是很难把固体量子位做均匀，但在凝聚态物理中这又变成了优点，因为缺陷和无序通常充当关键角色。电子被限制在液氦表面还可以模拟自旋模型。其优点为建造灵活，适合非平衡模拟。超导电路可模拟量子相变、自旋模型、自旋玻璃、材料、无序系统、任意子、Hawking 辐射、腔 QED 以及低温冷却。用超导位和开传输线的耦合可模拟与物理输运类似的量子杂质系统，以了解光子束缚态以及 Kondo 效应。系统参数的调整仍需进一步研究：对多格点情形，可用磁场同时调整所有量子位的频率。这样会影响整个失谐，但是不能去除无序。无序如何影响相变还不清楚。对少格点情形，量子位频率的局域调谐或量子位的耦合强度可通过局域磁通偏转线调节，以降低系统无序度。单量子位的独立控制随着技术的进步逐渐增强。多格点时态的读出和制备还有待深入研究，潜在的解决方案是采用定态驱动，而非对各个格点独立进行初始化。小系统情况下，单格点的初始化可以通过单腔技术实现。对于测量而言，通过腔阵列的输运最容易探测，在单格点水平上的局域测量使在单腔内进行光子数统计成为可能。

5. 核自旋

有机分子中的核自旋通过核磁共振技术操控可以用来模拟量子相变和自旋模型、库伯电子对、无序系统、开量子系统以及量子混沌。

7.5.3　量子模拟的发展

科学家们很难证明一个具体的问题很适合量子模拟但不能被经典计算机有效模拟——它可能涉及一些还没有被发明的算法。科学家长期进行复杂的计算试图寻找这样的证明，但是没有成功。然而，建立在量子信息科学、凝聚态物理和量子场论协同作用下的工作表明，从量子处理中受益的都是那些涉及大量纠缠的问题。虽然在热平衡下由于面积定律，量子纠缠不可能任意高，但是在动力学问题上纠缠却可以任意高。事实上，在非平衡态下通常存在大量纠缠，量子模拟器在这时特别有用。量子模拟器（或许）不仅能成为解决一些具体问题的重要工具，而且能成为理论方法发展、检验和定标的有力工具。例如，即使在一维情况，也很少有理论方法能够描述多体系统在突然淬火后的时间演化。事实上，该系统可能热化的问题还没有解决，在这个意义上，一个小的连接亚晶格的约化态可能变得看起来像一个整体热平衡态的约化态（整个晶格的态不可能演化到热平衡态，因为它是一个封闭系统）。在寻找这类问题的答案时量子模拟器必不可少，同样量子模拟也可能导致发展新的数值求解方法去精确处理这类问题。最后，通过模拟可以实现一个能维持对自己有用的外部激发的系统，例如任意子，它是拓扑量子计算的核心。

量子模拟中还存在大量待解决的问题，如能否在理论上找到控制退相干的有效途径，模拟受到哪些限制，模拟有没有最小尺度，如何有效控制模拟系统，并解决规模化问题。目前只有光格子能实现较大尺度的模拟，其他系统大尺度模拟都非常困难。应该继续寻找量子模拟新的应用，例如，如何刻画多体量子系统的纠缠以及其与量子相变的关系，能否找到各种模拟系统廉价的调控方法，能否受量子信息和量子计算启发，开发出可以模拟多体系统的经典数值解法等。

第8章 量子度量学

　　度量学是保证测量统一和准确的科学。它研究同类量的比较（测量及其单位）、不同量的联系（单位制）、量的信息的产生（测量仪器）与信息的交换（量值传递），以保证生产和商品的社会化、科学技术的可靠性和连续性。自有人类出现以来，人类文明的每一次进步，在某种意义上来说，是提高测量精度的进步。从对脚、手、步长等对单元的定义到使用用游标卡尺、显微镜、激光测距仪等，大大提高了测量精度，同时也大大提高了人们的生活质量。时间和授时系统是人类文明发展中的一个重要组成部分，很难想象如果没有了钟、手表或者手机来告诉我们时间，我们的生活将会怎样？在现行的国际单位制（SI）的7个基本单位中，时间的定义和测量是最早的，也是目前测量精度最高的。

　　一个物理量的测量准确度最终取决于其测量标准的准确度。时间频率利用量子频标作为测量标准，而量子频标则利用原子不同能级之间跃迁所发射或吸收的电磁频率来作为标准，由于微观量子态的跃迁具有稳定不变的周期，从而使得时间频率具有较高的准确度和稳定度。量子频标又叫做原子钟，是当代第一个基于量子力学原理做成的计量标准。用于量子频标的理想粒子，应该是完全孤立的、不受外界干扰的、在自由空间静止的粒子，但由于原子热运动及相互间的作用引起的谱线增宽，若想获得更准确的时钟，必须使用光学频率标准。光钟是以原子分子在光学频段的跃迁频率（$10^{-14} \sim 10^{-15}$ Hz）为标准的频率标准，把参考频率从微波频率上升到光学频率，可以把时间分割的精细度提高10^5。目前，美国 NIST 已经研制成功^{199}Hg$^+$光钟，17 亿年不差 1 s，折合准确度约为 1.865×10^{-18}。

　　时间精确测量与国防、科技、民生等方面息息相关。将长度、温度、电压等物理量转换成频率量，即时间的倒数来进行测量，这样就可以提高其他物理量的准确度。理论上，所有物理量都能通过时间频率来进行测量，所有计量单位都可以通过时间频率来定义和导出，从而使所有物理量都统一于时间频率，这会大大提高各种物理量的测量精度。由于时间频率基准具有最高的准确度，对基准影响因素的研究往往涉及物理学的前沿，因为测量精度的细微提高，常预示着新的物理发现，能推动整个物理学的前进，物理学史上有 11 个诺贝尔物理学奖都与建立时间频率标准有关。时间频率信号涉及国家安全命脉，可以利用局部停播、伪造误码和加载噪声等手段迷惑与打击敌人，实现战略和战术目标，还可以通过发播不同信息码以限制民用用户得到高精度的时间频率信号。因此，精密的时间信号的使用绝不止是一般的计量问题，而是密切关系到国家机密、国防事务等方面。

　　从全球定位系统（GPS）到国际守时标准，以量子技术为基础的光钟对时间频率的测量能力目前已初现端倪。

　　测量精度的重要性不仅在于证明物理理论，也有助于提出新的理论和新技术。由于经典物理的限制（如噪声），传统的计量学的精度仅仅能达到经典物理学的极限，这称为标准量子极限(SQL)。需要一种新的方法来提高精度并突破 SQL 的限制。随着量子力学的发展，特别是量子信息技术的发展，越来越多的工作是以制备、控制和测量量子态为主，并已经取得了很大的进步。近年来，利用量子态，再加上传统的计量技术和量子力学的特性来提高测量精度，从而突破了标准量子极限的 $1/\sqrt{N}$（N 是源，如粒子数），对相对位移的测量目前已经达到了亚波长级别。如果用压缩态与量子纠缠态进行相位估计（或测量），精度可以达到量子力学的极限，即海森堡极限 $1/N$。这些进步，形成了崭新的度量技术——量子度量学(quantum metrology)。

量子度量学是量子力学和度量学相结合的产物，它是量子信息学的一个新分支，也是度量学的一个新领域。它的研究内容包括：利用量子现象来复现度量单位，建立度量标准，使之由实物标准向自然标准过渡。这是现代度量学的一个重要发展趋势。

8.1　量子度量学的形成过程

1900 年，普朗克(Plnack)为解释黑体辐射经验公式而提出了能量子的概念，得到了光电效应和康普顿(Compton)散射等著名实验的支持。而原子与离子线状光谱及原子束通过不均匀磁场时受力偏转的施特恩-盖拉赫(Stern-Grealch)实验，进一步揭示了微观世界的不连续量化的特征，终于导致了由薛定谔、海森堡等人创立量子力学的诞生。量子化的微观体系的恒定性远远超过了人造的实物的标准，于是便产生了建立更为准确、更为稳定的量子标准的想法。1906 年，美国迈克尔逊(Michelson)用镉红色光谱线的波长 $\lambda=6438.4696\text{Å}$ 作为历史上第一个长度量子标准。1960 年，第 11 届国际计量大会(C G PM)决定用 ^{56}Kr 光谱线波长定义米，复现准确度最高可达 4×10^{-9}。1983 年，第 71 届国际计量大会通过米的新定义，推荐用五种激光辐射和两种同位素单色光辐射的真空波长值作为长度标。其中碘稳频 162 nm 激光器首先由中国计量科学研究院研制成功。

1945 年，最早用分子束方法观察到核磁共振(NMR)现象的拉比(Rabi)建议用原子谱线来建立时间和频率的量子标准，但直到 1955 年才在英国 NPL 建立起第一台铯原子钟。20 世纪 80 年代，德国 PTB 用铯原子钟复现频率的准确度已达到 10^{-14}。1986 年，中国计量科学研究院铯原子钟的综合不确定度为 3×10^{-13}（曾和 PTB 作过比对）。20 世纪 60 年代前后，各国陆续采用核磁共振技术建立强、弱磁场的自然标准并进行电流的绝对测量。美国 NSB(现名 NSIT)于 1978 年建立的弱磁标准的不确定度为 2.4×10^{-7}。英国 NPL 于 1974 年建立的强磁标准的不确定度为 1.0×10^{-6}。我国于 20 世纪 70 年代完成强、弱结合绝对测定安培课题，强、弱磁的不确定度分别为 3.5×10^{-6} 和 0.8×10^{-6}。1962 年由约瑟夫森(Josephson)预言的超导电子隧道效应(约瑟夫森效应)和 1980 年由克里青(Klitzign)等人发现的量子霍尔效应(克里青效应)很快就用于电压和电阻的量子标准的建立。我国量子化霍尔电阻和约瑟夫森电压标准的不确定度目前都已达到 10^{-8} 的数量级。迄今为止，一个以频率量为基础的世界范围的量子标准体系已经初步形成，如图 8.1 所示。图中，γ_p 为质子旋磁比，K_A 为电流保存单位与绝对单位的转换因子，I_L 为用保存单位表示的电流，I 为用绝对单位表示的电流。

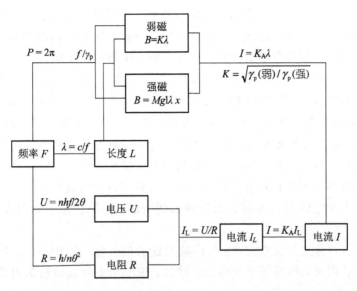

图 8.1　以频率量为基础的量子计量标准

基本物理常数在量子度量学发展中起到巨大的作用。研究基本物理常数作为量与量之间，尤其是微观量与宏观量之间联系的桥梁。基本物理常数是自然中的一些普适常数，目前常用的有 104 个，包括一些组合常数。其中除气体常数 R 和引力常数 G 外，其余各常数都可由五个独立常数通过相应的关系式计算得到。这五个独立常数是：真空中的光速 c，普朗克常数 h，基本电荷 e，电子的静止质量 m 和阿伏加德罗常数 N。由于各个常数都由不同的物理规律联系在一起，每个常数可以由不止一个关系式来确定，因此可以列出一组方程（方程数大于待求常数个数）。用最小二乘法求得待求常数的最佳值（不确定度最小的数值），称为基本物理常数的平差。伯奇（Birge）和科恩（Cohen）分别于 1929 年和 1952 年进行了第一、第二次物理常数的平差。1955 年，科恩和杜蒙（DuMond）发表了常数的国际推荐值。1963 年，由于采用新的原子量标准^{12}C，用^{86}Kr 光谱线来定义米以及修改国际温标，为此他们又进行了一次平差。此后数年间，国际单位制单位及标准又有了一系列变化。1967 年，采用^{133}C$_s$原子跃迁频率来定义"秒"。1968 年，采用新的国际温标，尤其是用约瑟夫森效应测定 $2e/h$ 工作的快速进展，导致 1969 年泰勒（Taylor）等人对物理常数作了一次新的重要的平差。1973 年，由于光速精密测量及测得 $2e/h$ 值更加准确，泰勒和科恩发表了物理常数的最佳值供国际上采用。此后，由于多普勒（Doppler）激光光谱系及原子束技术的进展，R_∞ 的不确定度由 1.5×10^{-8} 减小到 1.2×10^{-9}；由于^{107}Ag 和^{109}Ag 银同位素丰度比的重新准确测定，银原子量的不确定度减小到 3×10^{-7}，从而使法拉第（Faraday）常数的不确定度减小到 1.3×10^{-6}。加上其他一些进展，1986 年泰勒和洛克威尔（Rockwell）给出了物理常数的最新推荐值，以国际科技数据委员会（CODATA）基本常数工作报告的形式发表。1988 年，国际计量委员会（CIPM）通过决议，自 1990 年 1 月 1 日起，采用新的约瑟夫森常数和克里青常数值：$K_J = 2e/h = 483\,597.9$ GHz/V，$R_K = h/e^2 = 25\,815.807\ \Omega$。基本物理常数的准确测定，是量子度量学的一个重要组成部分。通过自然单位制的研究，揭示了物质世界更深刻的内在规律。单位的选择是有任意性的。从严格的意义上讲，自然标准就是复现自然单位的实物。而目前采用的国际单位制，大多是公认的、习惯采用的单位，并非真正的自然单位。1909 年，普朗克设想过采用 h、m、c、e 作为基本单位，但极少有人认真研究过。1989 年，中国计量学院在发表的一项研究中指出：从 h、m、c、e 这些自然单位出发，由单位方程反推出表示物理量之间关系的、与单位无关的量方程，则物理学中许多量子效应，如磁共振 $\omega = \gamma B$、磁通量子化现象 $\Phi_0 = h/2e$、约瑟夫森效应 $U/f = nh/2e$、克里青效应 $R = nh/e^2$，甚至还有一些尚未发现或尚未完全证实的新效应，如电容-电感量子化关系式 $L/C = nh^2/e^2$、电流量子化效应 $I = ne/f$ 等，都可从自然单位制单位的推导过程中得到。这可能暗示着物质世界蕴藏着更深刻的内在规律。

量子度量学在本世纪初已经在下列研究领域取得了巨大的成就：

（1）新型量子频标的制订尤其是激光频标的研制，使得包括激光频率链得以建立与完善。

（2）在质量自然标准的探索方面，利用航天技术在失重、无尘的条件下制造出了纯净完美的晶体，并利用可动线圈天平及激光干涉仪，按电功率与机械功率相等的原理，由电学量求得了质量。

（3）完成了电单位量子标准及应用超导量子干涉器件（SQUID）的测量仪器的研制。

（4）通过基本物理常数的新的平差，从总体上提高了物理常数值的准确度，并形成了更为合理的量子度量标准体系。

8.2　光场压缩态及其在相位高精密测量中的应用

光场压缩态的概念是于 1976 年由美国的 H. P. Yuen 提出的。随后压缩态的理论和实验实现在光频段得到了充分的发展，理论上形成了单模压缩态、双模压缩态和多模压缩态理论，人们在多模压缩态理论的框架下，预言了多态叠加多模叠加态光场特有的诸多非经典物理现象，如 1999 年发现的压缩简并现象，2000 年发现的相似压缩现象，2002 年发现的完全压缩（双边压缩）现象等，极大地丰富了光场压缩态理论的内涵。光场压缩态实验实现首先是在 1985 年由 Slusher 等用非线性光学中的四波混频过程实现的。1987 年，吴令安等用光学参量振荡过程实现了光学压缩态。至今，人们在实验上已经实现了三种不同的光场压缩态：正交相位压缩态、光子数压缩态和强度差压缩态。

8.2.1　光场压缩态的概念

按照量子力学的测不准关系，电磁场的场分量不可避免地存在着无规真空涨落，正是这种涨落从本质上限制着光学测量精度。一般情况下，当采用某种方式将电磁场某一场分量的噪声压缩到低于其真空噪声水平时，就说这一电磁场处于压缩态。设 $\hat{X}^-$ 和 $\hat{X}^+$ 为光场正交振幅和正交位相算符，这时可将对易关系及测不准关系表示为

$$[\hat{X}^+, \hat{X}^-] = 2i, \quad \Delta\hat{X}^+ \cdot \Delta X^- \geqslant 1 \tag{8.1}$$

这种由海森伯测不准关系所限定的正交分量起伏称为电磁场量子噪声（quantum noise）。当 $\Delta\hat{X}^+ \cdot \Delta\hat{X}^- = 1$ 时，是最小测不准态；量值 $\Delta\hat{X}^+ = \Delta\hat{X}^-$ 时，是相干态，即两正交

分量具有相同的量子起伏。在光学测量中，以它们的起伏作为量子噪声基准，称为散粒噪声或相干态噪声，此基准即为标准量子噪声极限。当光场某一场分量的量子起伏低于相干态相应分量起伏时，该光场称为光场压缩态。当 $\Delta \hat{X}^+$ 或 $\Delta \hat{X}^- < 1$ 时，称为正交振幅（或正交位相）压缩态。当光场光子数起伏的平方小于平均光子数时，称为光子数压缩态，即 $\Delta n < \sqrt{n}$。利用光学参量下转换产生孪生光束强度差之间的量子关联，使其强度差起伏低于相应的标准量子极限，这时，$\Delta(I_1 - I_2) < \Delta(I_1 + I_2)$ 成立，称为强度差压缩态。

以上三种压缩态性质完全不同，但又相互联系，从不同角度反映了电磁场的非经典性。

自 1985 年在实验上首次观察到光场压缩态以来，已发展了许多不同的产生光场压缩态的装置，从其基本工作原理来区分，这些装置大致可分为三类：

（1）通过光波场和物质非线性相互作用，在相敏放大与衰减过程中使光场正交位相或振幅之一的起伏被压缩到低于标准量子极限以下，获得正交压缩态光场。

（2）通过直接变换或反馈修正技术去控制半导体激光器电流驱动源，以获得光子数压缩态。

（3）利用光学参量下转换产生具有强度相关孪生光束（twin beams），其强度差量子起伏低于标准量子极限，获得强度差压缩态。

8.2.2　压缩态在亚散粒噪声光学测量及量子测量方面的应用

1. 亚散粒噪声高精度光学测量

（1）利用正交位相压缩态光场进行测量研究。

1987 年，J. Kimble 研究小组和 R. E. Slusher 研究小组率先将正交压缩真空态光场用于填补干涉仪的"暗"通道，使相移、偏振及光谱测量灵敏度突破散粒噪声水平，信噪比改善 3 dB。

1992 年，E. S. Plozik 将频率可调的正交压缩真空态光场应用于铯原子光谱测量，测量灵敏度较散粒噪声水平提高 3.1 dB。

（2）利用强度差压缩光进行亚散粒噪声的微弱吸收测量。

1988 年，P. R. Tapster 使用氩离子激光器（413.4 nm）泵浦 KDP（10 mm）晶体产生 60 pW孪生光束。随后，他们用此孪生光束实现了亚散粒噪声极限的调制吸收测量，测得信噪比较散粒噪声极限提高 4 dB。1990 年，C. D. Nabors 等用频率非简并的强度差压缩光进行微弱信号恢复实验研究，获得了信噪比低于散粒噪声极限 2.2 dB 的实验结果。同年，J. J. Snyder 等提出利用孪生光束进行微小散射与偏振面旋转的测量方案，这要求孪生光束的频率简并。1996 年，彭堃墀院士领导的山西大学光电研究所提出了利用孪生光束进行微弱吸收光谱学测量的理论方案，并进行了无调制样品微弱吸收测量的实验研究，测量灵敏度较散粒噪声极限提高 2.5 dB。随后，他们改进探测装置并提高孪生光束强度差压缩度，使测量灵敏度较散粒噪声极限提高 7 dB。1997 年，C. Fabre 等人利用孪生光束完成了双光子吸收光谱学测量，突破散粒噪声极限 1.3 dB。山西大学光电研究所的实验装置原理如图 8.2 所示。

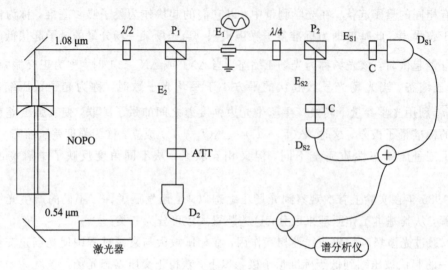

图 8.2　亚散粒噪声的微弱吸收测量实验装置

在具体的实验中，山西大学使用 Nd:YAP 激光器为光源，沿 EO 晶体 x 轴加 3.6 MHz 调制电压，调制系数 $M = 2 \times 10^4$，E_{S1} 光路中插入可调光衰减器，使 D_{S1}、D_{S2} 两通道交流信号平衡，插入损耗使压缩度由 3.5 dB 下降到 2.5 dB。在样品池中滴入微量 $Sm(CPEX)_2 Cl_3$ $(H_2O)_4$ 破坏了 E_{S1}、E_{S2} 的平衡，频率为 ω_m 的调制信号 $\langle i_{sig} \rangle = e^\gamma \gamma (M \delta L \sin \omega_m t - \delta L / 2)$ 将会出现。用相干光测量，信号淹没在量子噪声背景中，用强度相关孪生光束进行测量，则微弱信号就显现出来，如图 8.3 所示。其中，迹线 1 为用相干光测量，迹线 2 为用孪生光束测量。

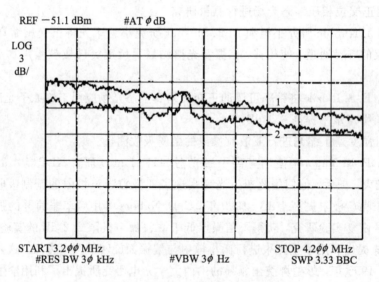

图 8.3　有吸收介质时的实验结果

1998 年，山西大学使用 Nd:YAG 光源，α 角切割 KTP 晶体参量振荡腔获得 9.2 dB（88%）强度差压缩光，大大改善了测量精确度，信噪比相对于总光束散粒噪声极限改善 7 dB，相对于信号光束改善 4 dB。

2. 量子测量

由于量子力学测不准原理的限制，对某一微观客体力学量进行测量时，将不可避免对其共轭分量产生一个扰动，这一扰动又将反作用于原可观测量。测量精度愈高，扰动程度愈大，因而产生了"测量噪声"，这种测量中的反作用干扰是微观客体量子特性所固有的，它的存在限制了人们对物理量的测量精确度。

为了解决这一问题，V. B. Braginsky 等人在 20 世纪 70 年代提出了量子非破坏 (Quantum Nondemolition，QND)测量的概念。其主要思想是：合理选择系统的待测力学量和与之相互作用的测量仪器，迫使测量过程引入的外部干扰完全进入待测变量的共轭物理量，使待测变量"逃逸"量子反作用而保持自身的初始量子态不被破坏。

在量子光学领域，量子噪声极限易于获得，且具有成熟的非线性光学技术，QND 研究工作在此领域发展迅速。光学 QND 技术的核心思想是：通过非线性耦合器件，使得信号场和探针场产生非线性耦合，通过对探针场的测量，间接推知信号场信息。其原理如图 8.4所示。

图 8.4 光学 QND 技术核心思想示意图

我们把信噪比

$$SNR_{s(m)}^{in(out)} = \frac{|\langle X_{s(m)}^{in(out)}(\omega)\rangle|^2|}{\langle \delta X_{s(m)}^{in(out)}(\omega)\rangle^2|}$$

定义为某一可观测量在给定频率 ω 处平均信号强度与噪声功率之比。传输系数 $T_m = \frac{SNR_m^{out}}{SNR_s^{in}}$ 和 $T_s = \frac{SNR_s^{out}}{SNR_s^{in}}$ 分别描述测量装置对传输信息的非破坏性和测量装置对读出信号的有效性。

态制备能力（条件方差）为

$$V_{s/m} = V_s^{out}(1 - C_{s,m}^2)$$

式中，V_s^{out} 是信号输出场可观测量 δX_s^{out} 的归一化噪声谱，$C_{s,m}^2$ 表示信号输出场与探针输出场之间的量子关联系数，

$$C_{s,m}^2 = \frac{|\langle \delta X_s^{out}(\Omega)\delta X_m^{out}(\Omega)\rangle|^2}{\langle |\delta X_s^{out}(\Omega)|^2\rangle\langle |\delta X_m^{out}(\Omega)|^2\rangle} \tag{8.2}$$

1992 年，法国 P. Grangier 提出可实验检测 QND 测量判据。当满足 $T_s + T_m > 1$，$V_{s/m} < 1$ 条件时，测量为 QND 测量，特别是当 $T_s = 1$，$T_m = 1$，$V_{s/m} = 0$ 时，信号输出场、探针输出场与信号输入场完全关联，这样测量就是理想 QND 测量。所谓"类 QND 测量"是测量满足 QND 条件，但待测可观测量通过测量装置后可被线性放大或衰减。

1999 年，山西大学光电研究所利用量子相关孪生光束完成了"类 QND"测量。其实验装置原理如图 8.5 所示。

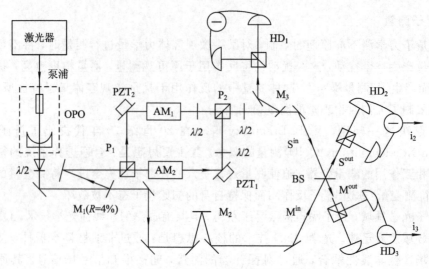

图 8.5 强度差类 QND 量子测量实验装置图

将倍频稳频 Nd：YAP 激光器输出的 $0.54~\mu\mathrm{m}$ 的绿光作为 OPO 腔的泵浦光，获得 7 dB 的强度差压缩光。经反射率为 4% 的反射镜 M_1 后，透射部分仍为压缩光，将它作为探针光输入 M_{in}，微弱反射光具有相干光噪声。两偏振正交孪生光束经偏振棱镜 P_1 后，分别通过振幅调制器 AM_1 和 AM_2，其调制频率和深度相同，位相相反。而后在偏振棱镜 P_2 处会合，50/50 反射镜将反射部分光束用于信号信噪比探测，透射部分作为信号输入 S_{in}，利用 P_2 棱镜后的 $\lambda/2$ 波片及压电陶瓷 PZT_1、PZT_2，使信号输入光的 S、P 偏振模与探针输入光的 S、P 偏振模在分束器 BS 处方向一致，且具有确定位相关系。信号输入信噪比由 HD_1 得到，信号输出信噪比由 HD_2 得到，探针光输出信噪比由 HD_3 得到。实验结果为

$$T_s + T_m = 1.31 > 1, \quad V_{s/m} = -2.1~\mathrm{dB}(0.62) < 1$$

上述以两正交偏振模的强度差起伏作为观测变量，以分束器作为测量耦合装置，用量子相关孪生光束作为探针输入光，填补分束器真空通道的"类 QND 测量"理论方案，得到了实验验证。假设探测器的效率提高到 $\eta = 96\%$（去掉探测器盖即可），使用同一系统可测得 $T_s + T_m = 1.51$，$V_{s/m} = -3.7~\mathrm{dB}$。这是一个使用孪生光束强度差起伏作为可观测变量实现的量子测量，它将在实现无噪声光学提取方面有重要应用。

8.3 量子纠缠态及其在量子度量中的应用

随着量子信息的进展，纠缠态已被广泛使用在量子信息的各个领域，如量子密集编码、量子隐形传态、量子计算、量子网络等。近年来人们发现纠缠态可以用来提高测量精度，可以通过纠缠态对标准量子极限进行突破。例如，如果使用下面的纠缠态：

$$\frac{1}{\sqrt{2}} \underbrace{(|0\rangle \cdots |0\rangle}_{N~\text{times}} + \underbrace{|1\rangle \cdots |1\rangle)}_{N~\text{times}}$$

其中 N 是粒子数。状态是一个 N 个粒子的薛定谔猫态。当我们对模式 $|1\rangle$ 添加一个相位 φ 时，这个态的两个模式之间将有一个 $N\phi$ 的相位差，$\frac{1}{\sqrt{2}} \underbrace{(|0\rangle \cdots |0\rangle}_{N~\text{times}} + \mathrm{e}^{iN\varphi} \underbrace{|1\rangle \cdots |1\rangle)}_{N~\text{times}}$。一个合

适的量子测量后，可以得到一个振荡周期为 $2\pi/N$ 的曲线，如图 8.6 所示。断续线的曲线是 $N=4$ 粒子的量子纠缠态的结果，实线的曲线是经典状态的结果。很容易证明，量子纠缠态可以提高精度到 $1/N$，相比于经典状态的精确度放大了 $\sqrt{N}$ 倍。

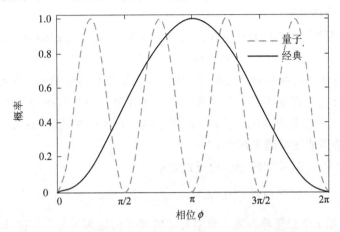

图 8.6　薛定谔猫态和经典态的量子相位估计

下面具体介绍光场压缩态和量子纠缠态是如何提高测量精度的。

1. 利用经典相干脉冲

由于测量对于空间各个方向是独立的，因此仅分析一维情况便可说明问题。为简单起见，考虑通过 Alice 给 M 个放在已知相同位置的探测器中的每一个发送脉冲，以测量她的具体位置 x 的大小（各探测器到 Allce 的距离均为 x，探测器的数目和脉冲数目相同，即每一个探测器探测一个脉冲），见图 8.7。

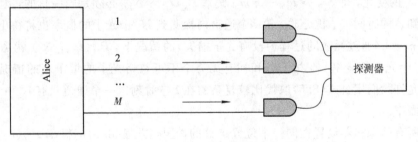

8.7　理想实验布置的示意图

Alice 发送 M 个光脉冲分别给 M 个探测器。通过对所有脉冲到达时间取平均来确定 Alice 的位置 x。其实示意图可以有很多种情况。例如，探测器不全在同一位置的情况；又如，仅用一个探测器检测 M 个时间相干的脉冲；再如，脉冲由参考点产生且由 Alice 测量（GPS），等等。Alice 的位置可由下式给出：

$$x = c\,\frac{1}{M}\sum_{i=1}^{M} t_i$$

其中，t_i 是第 i 个脉冲的传播时间，c 是光速。

由于光谱特性和第 i 个脉冲的光子平均数 N，变量 i 存在固有的不确定性。例如，考虑频率宽度为 $\Delta\omega$ 的高斯脉冲，利用中心极限理论，t_i 的测量精度不大于 $1/(\Delta\omega\sqrt{N})$。因此，

如果 Alice 用 M 个同频率宽度的高斯脉冲，则测量到达平均时间的精度为

$$\Delta t = \frac{1}{\Delta\omega \ \sqrt{MN}}$$

2. 利用纠缠态定位

用拥有无穷时间分解的理想光电探测器在 t 时刻、x 位置处探测到一个光子的概率：

$$P(t) \propto \langle E^{(-)}(t-x/c)E^{(+)}(t-x/c) \rangle \tag{8.3}$$

其中，系统平均值是辐射场的量子态的平均值。当然，所有实际的光电探测器是非理想的，但是由非理想的光电探测器的特性引起误差的基本极限是由光电探测器的带宽决定的，而不是由被测光量子的带宽决定的。另外，原则上通过对光电探测器的探测过程提供更多的光脉冲，这些误差可能变得越来越小。

在方程(8.3)中，t 时刻的信号场由下式表示：

$$E_i^{(-)}(t) \equiv \int d\omega \, a_i^+(\omega) \ e^{i\omega t}, \ E_i^{(+)} \equiv (E_i^{(-)})^+ \tag{8.4}$$

其中，$a_i(\omega)$ 是在第 i 个测量器位置、频率为 ω 的光子的湮灭算符。方程(8.4)在连续 Fock 空间内，湮灭算符具有物理特性且满足连续关系：

$$[a_i(\omega), a_j^+(\omega')] = \delta_{ij}\delta(\omega - \omega') \tag{8.5}$$

由于电磁场已被量子化，因此每秒探测到光子的概率为 $E^{(-)}E^{(+)}$。由于 M 个不同的信息通道，每个通道可能拥有不止一个光子，所以方程(8.3)扩展为如下形式：

$$P_M(t_{i,k}; N_i) \propto \langle : \prod_{i=1}^{M} \prod_{k=1}^{N} E_i^{(-)}(t_{i,k})E_i^{(+)}(t_{i,k}) : \rangle \tag{8.6}$$

$t_{i,k}$ 是第 i 个通道的第 k 个光子到达的时间，N_i 是第 i 个通道探测到的光子数。测量时间随测量位置 x_i 的变化，即 $t_{i,k} \to t_{i,k} + x_i/c$。概率 $P_M(t_{i,k}; N_i)$ 必须是归一化的，因此当对所有的光子到达的时间 $t_{i,k}$ 积分时，第 i 个通道内探测到 N_i 个光子的概率也将得出。在单位量子化率 $\eta = 1$（通过耗散的过程中没有光子损失）的情况下，$P_M(t_{i,k}; N_i)$ 就是每个通道上拥有 N_i 个光子的概率。在相干态和拥有无穷个不可忽略光子的量子态的情况下，归一化的选择允许我们用公式(8.6)取代比较复杂的在 $t_{i,k}$ 时刻每一个通道只有 N_i 个光子被探测的条件概率。

考虑所有的探测器设置在同一个位置 x 处的情况，方程(8.6)的概率 $P_M(t_{i,k}; N_i)$ 包含了由 Alice 发出的与传播脉冲有关的所有时间信息。事实上，需要定位测量的光子到达的平均时间可以通过数量的平均得到：

$$T \equiv \frac{1}{M}\sum_{i=1}^{M} \frac{1}{N_i}\sum_{k=1}^{N_i} t_{i,k} \tag{8.7}$$

概率为 $P_M(t_{i,k}; N_i)$ 的光子到达的时间平均值为

$$\langle t \rangle = \sum_{N_i} \int dt_{i,k} \, P_M(t_{i,k}; N_i)T \tag{8.8}$$

此式对所有的时间和所有通道上的光子数求和，由于 T 的变化，给出了测量结果的统计误差。T 的变化取决于概率 P_M 的形状，根据方程(8.6)，T 的变化依靠的是冲击光脉冲的量子态。

3. 经典测量

$\eta = 1$ 的情况（光子没有损失）。用方程(8.9)的辐射场的态来描述 M 个相干脉冲，这些脉冲由 Alice 发给参考探测器。

$$|\psi\rangle_{\mathrm{cl}} = \bigotimes_{i=1}^{M} \bigotimes_{\omega} |\alpha[\phi(\omega)\sqrt{N}]\rangle_i \tag{8.9}$$

其中，ω 是脉冲的载波频率，$\phi(\omega)$ 是其光谱函数。$|\alpha[\lambda(\omega)]\rangle$ 是频率为 ω、振幅为 $\lambda(\omega)$ 的相干态。N 是指每一个脉冲的有效光子数。脉冲光谱 $|\phi(\omega)|^2$ 已经归一化，因此 $\int \mathrm{d}\omega |\phi(\omega)|^2 = 1$。应用性质

$$\alpha(\omega')\bigotimes_{\omega} |\alpha[\lambda(\omega)]\rangle = \lambda(\omega') \bigotimes_{\omega} |\alpha[\lambda(\omega)]\rangle \tag{8.10}$$

计算方程(8.7)的系统平均值，具体的演化过程为

$$\langle\psi_{\mathrm{cl}}|E_i^{(-)}(t_{i,k})E_i^{(+)}(t_{i,k})|\psi_{\mathrm{cl}}\rangle$$

$$= \langle\psi_{\mathrm{cl}}|\int \mathrm{d}\omega\, a_i^+(\omega)\mathrm{e}^{i\omega t}\int \mathrm{d}\omega a_i(\omega)\mathrm{e}^{-i\omega t}|\psi_{\mathrm{cl}}\rangle$$

$$= \bigotimes_{\omega}\langle\alpha(\phi_\omega\sqrt{N})|\int \mathrm{d}\omega' a_i^+(\omega')\mathrm{e}^{i\omega' t}\int \mathrm{d}\omega' a_i(\omega')\mathrm{e}^{-i\omega' t}\bigotimes_{\omega}|\alpha(\phi_\omega\sqrt{N})\rangle$$

$$= \bigotimes_{\omega}\langle\alpha(\phi_\omega\sqrt{N})|\int \mathrm{d}\omega' \phi_{\omega'}^*\sqrt{N}\,\mathrm{e}^{i\omega' t}\int \mathrm{d}\omega' \phi_{\omega'}\sqrt{N}\mathrm{e}^{-i\omega' t}\bigotimes_{\omega}|\alpha(\phi_\omega\sqrt{N})\rangle$$

$$= N\bigotimes_{\omega}\langle\alpha(\phi_\omega\sqrt{N})|\int \mathrm{d}\omega'\phi_{\omega'}^*\,\mathrm{e}^{i\omega' t}\int \mathrm{d}\omega'\phi_{\omega'}\,\mathrm{e}^{-i\omega' t}\bigotimes_{\omega}|\alpha(\phi_\omega\sqrt{N})\rangle$$

令

$$g(t) = \frac{1}{\sqrt{2\pi}}\int \mathrm{d}\omega'\phi_{\omega'}\mathrm{e}^{-i\omega' t}$$

这样可以得到

$$\psi_{\mathrm{cl}}|E_i^{(-)}(t_{i,k})E_i^{(+)}(t_{i,k})|\psi_{\mathrm{cl}}\rangle = 2\pi N|g(t)|^2\bigotimes_{\omega}\langle\alpha(\phi_\omega\sqrt{N})|\bigotimes_{\omega}|\alpha(\phi_\omega\sqrt{N})\rangle$$

$$= 2\pi N|g(t)|^2$$

因此有

$$\langle\psi_{\mathrm{cl}}|\prod_{i=1}^{M}\prod_{k=1}^{N_i}E_i^{(-)}(t_{i,k})E_i^{(+)}(t_{i,k})|\psi_{\mathrm{cl}}\rangle = 2\pi N\prod_{i=1}^{M}\prod_{k=1}^{N_i}|g(t)|^2$$

即

$$P_M(\{t_{i,k}\})\propto \prod_{i=1}^{M}\prod_{k=1}^{N_i}|g(t)|^2$$

其中，$g(t) = \frac{1}{\sqrt{2\pi}}\int \mathrm{d}\omega\,\phi(\omega)\,\mathrm{e}^{-i\omega t}$，$g(t)$ 为光谱函数 ϕ_ω 的傅里叶变换。

根据均值与方差的运算性质，若 $\xi_1, \xi_2, \cdots, \xi_n$ 为互相独立的随机变量，均值 $E\xi_k = \mu$（E 为均值算符）和方差 $D\xi_k = \sigma^2 (k = 1, 2, \cdots, n)$（$D$ 为方差算符），则随机变量 $\eta = \frac{1}{n}\sum_{i=1}^{n}\xi_k$ 的均值与方差分别为 $E\eta = \mu$ 和 $D\eta = \frac{\sigma^2}{n}$。因此方差为

$$(\Delta t)^2 = D\left(\frac{1}{M}\sum_{i=1}^{M} \frac{1}{N}\sum_{k=1}^{N_i} t_{i,\,k}\right) = \frac{1}{(MN)^2}\sum_{i=1}^{M}\sum_{k=1}^{N_i} D(t_{i,\,k})$$

$$= \frac{1}{MN}(\Delta\tau)^2$$

其中，$\Delta\tau$ 为单个光子到达时间的方差，Δt 为所有光子到达时间平均的方差。

对到达时间 $t_{i,\,k}$ 和在每个脉冲中所测得的光子数取平均值，有

$$\langle t\rangle = \left\langle \frac{1}{M}\sum_{i=1}^{M}\frac{1}{N}\sum_{k=1}^{N_i} t_{i,\,k}\right\rangle = \bar{\tau}\,;\quad \Delta t \geqslant \frac{\Delta\tau}{\sqrt{MN}} \tag{8.11}$$

$N\gg 1$ 时近似取等号。而 $\bar{\tau} = \int dt\,t\,|g(t)|^2$ 和 $\Delta\tau^2 = \int dt\,t\,|g(t)|^2 - \frac{1}{\bar{\tau}^2}$ 独立于 i、k，因为所有光子有同样的光谱。方程(8.11)对非高斯脉冲也普遍适用。

4. 利用纠缠态特性的量子测量

光量子可表现出经典情况所没有的纠缠和压缩现象，这将对确定到达的平均时间精度给以极大的增强。首先将纠缠脉冲和非纠缠脉冲所得结果进行比较。为简化起见，先考虑单个光子纠缠脉冲($N=1$)。

定义单个光子的频率状态为 $|\omega\rangle$，则 $\int d\omega\,\phi_\omega|\omega\rangle$ 代表光谱为 $|\phi_\omega|^2$ 单光子波包。考虑 M 个光子组成的频率纠缠态：

$$|\psi\rangle_{en} \equiv \int d\omega\,\phi_\omega|\omega\rangle_1|\omega\rangle_2\cdots|\omega\rangle_M \tag{8.12}$$

其中，右矢下标表示每个光子所要到达的探测器。将 $|\psi\rangle_{en}$ 代入方程(8.6)，并考虑 $N_i = 1$ 的特例（即 $k=1$），有

$$\left\langle\psi_{en}\left|\prod_{i=1}^{M} E_i^{(-)}(t_i)E_i^{(+)}(t_i)\right|\psi_{en}\right\rangle$$

$$= \langle\psi_{en}|\prod_{i=1}^{M}\int d\omega' a_i^+(\omega')e^{i\omega' t_i}\int d\omega' a_i(\omega')e^{-i\omega' t_i}|\psi_{en}\rangle \tag{8.13}$$

$$= \langle\omega|_M\langle\omega|_{M-1}\cdots\langle\omega|_1\int d\omega\,\phi_\omega^*\prod_{i=1}^{M}\left(\int d\omega' a_i^+(\omega')e^{i\omega' t_i}\int d\omega' a_i(\omega')e^{-i\omega' t_i}\right)$$

$$\cdot\int d\omega\,\phi_\omega|\omega\rangle_1|\omega\rangle_2\cdots|\omega\rangle_M$$

其中

$$\langle\omega|_M\langle\omega|_{M-1}\cdots\langle\omega|_1\int d\omega\,\phi_\omega^*\prod_{i=1}^{M}\int d\omega' a_i^+(\omega')e^{i\omega' t_i} = {}_1\langle 0|_2\langle 0|\cdots_M\langle 0|\int d\omega'\phi_{\omega'}^*\,e^{i\omega'\sum_{i=1}^{M} t_i}$$

右边为

$$\prod_{j=1}^{M}\int d\omega' a_i(\omega')e^{-i\omega' t_i}\int d\omega\,\phi_\omega|\omega\rangle_1|\omega\rangle_2\cdots|\omega\rangle_M = \int d\omega'\,\phi_{\omega'}e^{-i\omega'\sum_{i=1}^{M} t_i}|0\rangle_1|0\rangle_2\cdots|0\rangle_M$$

其中，$\sum_{1}^{M} t_i = t$，且令 $g(t) = \frac{1}{\sqrt{2\pi}}\int d\omega'\phi_{\omega'}e^{-i\omega' t}$。这样式(8.12)变为

$$\left\langle \psi_{en} \left| \prod_{i=1}^{M} E_i^{(-)}(t_{i,k}) E_i^{(+)}(t_{i,k}) \right| \psi_{en} \right\rangle$$

$$= {}_1\langle 0| {}_2\langle 0| \cdots {}_M\langle 0| \int d\omega' \phi_{\omega'}^* \ e^{i\omega' \sum_1^M t_i} \int d\omega' \ \phi_{\omega'} e^{-i\omega' \sum_1^M t_i} |0\rangle_1 |0\rangle_2 \cdots |0\rangle_M$$

$$\cdot 2\pi g\left(\sum_{i=1}^{M} t_i\right)^* g\left(\sum_{i=1}^{M} t_i\right) = 2\pi \left| g\left(\sum_{i=1}^{M} t_i\right) \right|^2$$

因此,最后可以得到:

$$p(t_1, \cdots, t_M) \propto \left| g\left(\sum_{i=1}^{M} t_i\right) \right|^2 \tag{8.14}$$

也就是说,频率纠缠被转换成不同脉冲光子到达时间的集合,尽管它们各自到达的时间是随机的,但平均时间 $t \equiv \dfrac{1}{M}\sum_{i=1}^{M} t_i$ 是高度集中的(t 的测量由在不同探测器的到达时间的关联确定)。的确,从方程(8.13)可得 t 的概率分布是 $|g(Mt)|^2$,这就暗含着到达的平均时间决定精度:

$$\Delta t = \frac{\Delta \tau}{M} \tag{8.15}$$

其中,$\Delta\tau$ 与方程(8.11)中的一样,即单个光子到达的时间。与经典情况相比,该结果精度增加了 $\sqrt{M}$(其中 N 被假设为1)。

方程(8.6)为考虑量子纠缠时所得结果,与非纠缠情况比较,定义非纠缠态的表示为

$$|\psi\rangle_{un} \equiv \bigotimes_{i=1}^{M} \int d\omega_i \ \phi_{\omega_i} |\omega_i\rangle_i \tag{8.16}$$

该式描述了每个光谱函数为 $\phi_{\omega i}$ 的 M 个非相关单光子态。对非相关 M 个光子态 $|\psi\rangle_{un}$ 利用方程(8.10),有

$$p(t_1, \cdots, t_M) \propto \prod_{i=1}^{M} |g(t_i)|^2 \tag{8.17}$$

这与经典状态式(8.9)下所得结果一样。因此方程(8.11)中当 $N=1$ 时对 $|\psi\rangle_{un}$ 也有效。比较方程(8.11)和方程(8.14)可知,考虑纠缠时对时间 t 的测量其精度提升了 $\sqrt{M}$ 倍。

5. 利用压缩态特性的量子测量

考虑利用光子数压缩态特性以增强定位测量精度。在这种情况下,所需的光场状态由 $|N_\omega\rangle$ 给出,这种状态定义除了处于 Fork 态频率为 ω 的模式外,所有模式都在真空状态下。单脉冲中 N 个量子在 $t_1, \cdots, t_N$ 时刻,$M=1$ 个探测器时的测量概率由方程(8.6)给出。由前面的证明过程可直接看出用 $\int d\omega \ \phi_\omega |N_\omega\rangle$ 代替 $|\psi\rangle_{en} \equiv \int d\omega \ \phi_\omega |\omega\rangle_1 |\omega\rangle_2 \cdots |\omega\rangle_M$ 便可。对于 $\int d\omega \ \phi_\omega |N_\omega\rangle$ 形式的状态,到达时间的概率是:

$$p(t_1, \cdots, t_N) \propto \left| g\left(\sum_{k=1}^{N} t_k\right) \right|^2 \tag{8.18}$$

该结果可与利用平均光子数为 N 个,例如 $M=1$ 状态的经典脉冲 $|\psi\rangle_{cl}$ 所得结果相比较。它的概率说明,利用 N 个光子 Fork 态得到 $\sqrt{N}$ 倍精度增强,而 N 个平均光子数的相干态

则不行。

　　光子数压缩态和纠缠脉冲对精度增强都有贡献。在 M 个纠缠态式 (8.11) 下，用 $|N_\omega\rangle$ 代替光子数压缩态 $|\omega\rangle$，并利用每个含 N 个光子的 M 个经典脉冲可立即得到 $\sqrt{MN}$ 倍精度的提升。

8.4　量子成像

　　量子成像是从利用量子纠缠成像开始逐渐发展起来的一种新的成像技术。量子成像利用光学成像和量子信息进行并行处理，与经典成像相比，两者获取物体信息的物理机制、理论模型、具体光学系统以及成像效果均不相同。量子成像增加了辐射场空间涨落这一获取目标图像及控制图像质量的新的独立信息通道。限制经典成像质量和精度的光场量子涨落这一因素，在量子成像中反而扮演着获取目标图像信息的重要角色。同时，量子成像在成像探测灵敏度、成像系统分辨率、扫描成像速率等方面均可突破经典成像的极限。

　　量子成像中的一种比较奇妙的现象称为"鬼"成像、关联成像或符合成像。与经典光学成像只能在同一光路得到该物体的像不同，"鬼"成像可以在另一条并未放置物体的光路上再现物体的空间分布信息。将纠缠光子对的双光子分别输入两个不同的线性光学系统中，在其中一个光学系统（取样系统）放置待成像的物体，通过双光子关联测量，在另一个光学系统（参考系统）中再现物体的空间分布信息。其所表现出来的奇特性质已经成为近年来量子光学领域研究前沿的热点问题之一。图 8.8 是关联成像示意图。

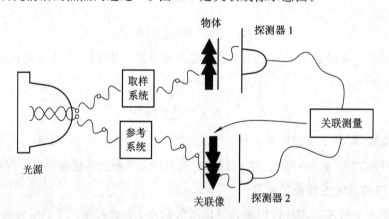

图 8.8　关联成像示意图

　　最初，人们认为量子纠缠是实现关联成像的必要条件，后来这种观点在理论上和实验上都受到了挑战。进一步的研究表明，经典关联也可以模仿量子纠缠的某些性质。随后，采用赝热光源和真热光源的量子成像相继完成。利用高阶关联的热光源的关联成像，为在不同空间位置产生多个成像提供了可能性。关联成像还可以为量子擦除、量子全息摄影术和无镜共轭成像奠定实验基础。

　　量子成像技术可以使用几乎任何光源——荧光灯泡、激光甚至太阳，从而避免云、雾和烟等使常规成像技术无能为力的气象条件的干扰，获得更为清晰的图像。目前，红外探测技术已被广泛应用于军事、医疗、救援等各个领域，然而经典成像中物象同处同一空间成为制约高分辨率红外图像获得的因素之一。量子成像技术可以很轻松地解决此类问题。

例如,用一束红外激光对目标对象进行测量,通过使用灵敏的红外点探测器记录单个光子的到达时间,而另外一束激光束(频率成像最优频段)用电子照相机来生成高分辨率图像。早在 2009 年,美国陆军研究实验所的量子物理学家罗恩·迈耶斯在实验室中完成量子成像实验后认为,若干年后,会出现这样的情景:一名军人使用一台量子成像机,透过战场上的硝烟,辨清敌友,实现精确打击。如果将量子成像技术应用于空间遥感领域,将大大降低平台上成像系统的复杂性,特别适合于微小卫星遥感应用。在医学领域和搜救行动中,经典光学成像只能利用相干 X 射线才能完成,但量子成像可以采用非相干 X 射线源,实现纳米级的衍射成像。量子成像有着广阔的应用前景,将在红外成像、军事侦察、航空探测等领域发挥重要的作用。下面给出经典成像和量子成像的区别:

1. 经典成像

建立在电磁波的确定性理论模型和经典信息论基础之上,通过记录辐射场的平均光强(或相位)分布获取目标的图像信息。

光场的量子涨落为一个"坏"因素,限制了成像和测量的精度。经典成像存在以下几点不足:

(1) 成像探测灵敏度无法超越探测系统的量子噪声极限;

(2) 成像系统分辨率无法超越其分辨率衍射极限;

(3) 扫描成像速率无法超越经典信息论的奈奎斯特采样极限。

2. 量子成像

建立在光场的量子统计的不确定性理论模型之上,通过记录辐射场的强度、位相和空间涨落获得物体的图像。

对量子成像来说,光场的量子涨落为一个"好"的因素。量子成像中,利用统计平均(热光场)或单光子(量子纠错)意义上的光场涨落关联获取目标的图像信息。

(1) 成像探测灵敏度可以超越探测系统的量子噪声极限;

(2) 成像系统分辨率可以超越其分辨率衍射极限;

(3) 扫描成像速率可以超越经典信息论的奈奎斯特采样极限。

8.4.1　量子成像的原理和优势

量子成像是基于双光子符合探测恢复待测物体空间信息的一种新型成像技术,其物质基础是纠缠的光子对。产生纠缠光子的方法很多,其中自发参量下转换(SPDC)方法是最常用的一种。自发参量下转换双光子场是一种非经典场,它由单色泵浦光子流(Ar 量子激光器)和量子真空噪声对非中心对称的非线性晶体的综合作用,使得每个入射光子以一定概率自发地分裂为能量较低的两个光子,由这些在时间和空间上高度相关的光子对所构成的场就是自发参量下转换双光子场。它具有从泵浦波频率一直到晶格共振频率的宽范围光谱分布。将辐射频率为 ω_p、波矢为 k_p 的泵浦光射向一个二阶非线性极化率 $\chi(2)$ 不为 0 的非线性晶体,则该泵浦辐射的每一个光子在被非线性晶体散射的过程中会以一定的概率转化为频率较低的两个光子,分别称为信号光子(signal light)和闲置光子(idle light)。这两束光的频率和波矢分别为 $\omega_1 + \omega_2$ 和 $k_1 + k_2$,它们满足关系式 $\omega_1 + \omega_2 = \omega_p$ 和 $k_1 + k_2 = k_p$。根据纠缠光子产生方法的不同,可以实现光子的频率纠缠、极化纠缠和自旋纠缠等模式。

一个典型量子成像系统的基本光路结构图如图 8.9 所示，其中 BS 是分束器，物光路 $h_1(x, x_1)$ 和参考光路 $h_2(x, x_2)$ 分别代表光源平面 x 到探测平面 x_1 和 x_2 的相干传输函数，物光路 $h_1(x, x_1)$ 上的光信号探测器 D_1 是一个不具备空间分辨能力的"点"（或"桶"）探测器，待成像物体包含在不具备成像探测能力的 $h_1(x, x_1)$ 物光路中。具备空间分辨能力的光探测器 D_2 位于不包含待成像物体的参考光路 $h_2(x, x_2)$ 上，量子成像通过物光路 D_1 和参考光路 D_2 所测信号之间的互关联获得物体的图像信息。从图像信息调制和解调的角度来看，可以认为量子成像是利用物光路和参考光路之间的近场（或远场）互关联，实现了对物光路上被随机涨落光场编码调制后的实空间（或 Fourier）图像信息的解调。

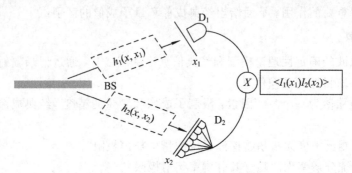

图 8.9　量子成像系统的光路结构

现有的研究结果表明，光量子的纠缠特性并不是实现量子成像的必要条件，热光源同样可以实现量子成像。但是，由于光场关联形式的差异，热光量子成像的可见度较低（单缝成像时的最大可见度为 33%），且热光量子成像遵循的高斯成像公式与纠缠量子成像公式不同。当物体和成像透镜都在同一个光路中时，纠缠量子成像与两个光路的纵向距离之和有关，而热光量子成像和两个系统的纵向距离之差有关。对于相同的物距，两种量子成像的放大率是相同的，但是成像的位置不同。由上述量子成像的原理可知，量子成像比常规的激光全息成像更方便。但是，量子成像需要的成像时间较长，一般要几秒时间，不适于快速成像的场合，而且就目前的技术而言，产生大量的纠缠光子对还有困难。不过随着量子信息技术的发展，这些问题都有望解决，因此量子成像将成为成像领域中的一个重要分支。要在红外波段获得高分辨率图像很难，使用量子成像却能很容易获得成像效果良好的图像，所以量子成像技术将以其高清晰的图像在航空探测、军事侦察、远红外成像等领域发挥重要作用。

8.4.2　量子成像的研究现状

1994 年，巴西的 Ribeiro 等人通过参量下转换的动量纠缠光源，以符合计数的方式观测到第一例双光子干涉条纹。1995 年，美国马里兰大学史砚华小组也通过参量下转换获得的动量纠缠光源，观察到鬼干涉和衍射。这些工作揭开了量子成像研究的序幕。

2002 年，Rochester 大学的 Bennink 等人巧妙利用一个随机旋转的反射镜反射激光，得到了和量子符合成像类似的结果，虽然没有解释经典光源实现鬼成像的原因，但这项工作却引起了人们的极大关注。Bennink 等人的模拟实验和历史上定域实在论的两粒子纠缠模型十分接近，两个实验背后的机理却有很大不同，双光子的振幅概率和振幅的相关叠加是不可能在经典领域内模拟的。但是 GATTI A、BRAMBILLAE 和 LUGIATOLA 在理论上提出采用宏观的多光子探测也可以实现鬼成像。同年，曹德忠和汪凯戈在研究高增益的Ⅰ型下转换晶体的亚波长效应时，发现了两类亚波长干涉。从非线性晶体发出的下转换光照亮双缝，由分光镜分成两束投射到两个探测平面上，光场在探测平面的联合强度关联项中，除了存在纠缠光亚波长干涉的二阶关联项，还有一个与纠缠光类似的新的关联项，其后的研究发现这是经典热光的关联效应。

2004 年，Bennink 等人又通过经典相关光重现了物体的衍射图，但在实验中对实验装置做了改变，如成像物体的位置、棱镜设备等，以确定量子纠缠是否是实现鬼成像和鬼干涉实验的必要条件。BENNINK RS、BENTLEY SJ 与 ANGELO MD、KIM YH 等明确指出，参量下转换产生的纠缠光子对所形成的 EPR 态实现了动量和位置关联，这种纠缠特性是任何经典光（非纠缠光）的关联性达不到的。在此基础上，BENNINK RS 和 BENTLEY SJ 认为理想的纠缠光源具有的关联性——位置和动量的同时相关性，使之可以在任意像平面上得到高质量的符合图像，经典光并不具备这一性质。在 Bennink 与 Bentley 的文献中还讨论了纠缠光鬼成像实验方案，认为它可以得到比任何经典关联光束更高质量的关联图像。但是，GATTI A、BRAMBILLA E、GATTI A、BRAMBILLA E 与 CAI Y、ZHU SY 等指出，理论上热光可以实现远场和近场的鬼成像，经典的非相干光除了可见度比较低以外，可以模拟量子成像的所有相关特性。CAO D ZH、XIONG J 等进一步讨论了热光关联成像的高斯透镜成像公式。上海光机所的程静、韩申生从理论上分析了利用高斯随机分布光源做关联成像，并提出 X 射线光源的实现方案。2004 年年底，VALENCIA A、SCAR-CELLI G 与 FERRI F、MAGATTI D 等用类热光作为光源实现了关联成像的实验。吴令安等人完成了真正热光的符合成像实验。关于经典热光源和量子纠缠光源成像的讨论还在继续，最终会形成统一结论。由于热光场量子成像在现有技术条件下更容易转化为实际技术，因此更引人关注。量子成像已受到国际学术界的广泛重视，据不完全统计，目前世界上已有 10 多个著名实验室在开展量子成像理论与技术的研究。欧盟从 2001 年起就专门设立了包括 12 个子课题在内的欧盟量子成像研究计划（QUANTIM 项目），目的是研究量子纠缠光束的空间性质对光学成像和信息并行处理的影响，并探索利用量子成像技术突破当前成像品质极限的方法，以达到最终的量子极限。美国国家自然科学基金会、美国海军研究局、国家航空和宇宙航行局以及美国国防部的国防先进技术研究计划署等机构均给予量子成像研究大量的资助。2005 年，美国国防部组织美国多所国际一流大学，启动了针对国防应用需求、包含量子成像系统及量子成像技术两个层次共 8 个子课题的量子成像大学联合研究计划（MURI 计划），美国波士顿大学还成立了专门的量子成像实验室。在上述欧美各国的量子成像研究计划中，强度关联成像都是其中的重要研究方向。2005 年，美国马里兰大学的史砚华小组提出了将强度关联成像技术应用于空间对地观测的设想，并获得了美国军方的大力支持。2009 年 11 月，美国国防部新闻网站又报道了美国陆军装备研究实验室（ARL）开展强度关联遥感成像研究的最新进展。此外，从美国麻省理工学院量子成像课题组的报告及其他相关课题组研究论文中披露的信息来看，除被动式强度关联遥感成像研究外，美国有可能也已经开展了（或即将开展）主动式光强强度关联遥感成像雷达及新概念微波强度关联凝视成像雷达的研究工作。将量子成像应用于遥感探测领域，可以同时对目标进行探测和识别，并具有成像速度快、抗侦察、抗干扰、抗反辐射导弹能力强的优势，还可以对动、静目标成像，因此具有很好的应用前景。一种微波关联成像雷达的原理框图如

图 8.10 所示,它利用电磁波形成"成像底版",将电磁波照射到目标产生的各向散射的回波信号上进行强度相关处理,可实现目标成像。在该系统中,发射信号产生→多辐射源系统辐射→卡塞格伦天线聚焦的过程代替了量子成像过程中的激光光束产生链路,图像底版的制作过程取代了量子成像过程中参考臂强度分布记录过程,目标回波则相当于目标反射后的物臂强度。这样,微波关联成像的机理和处理过程都可以与量子成像对应起来,所以是将光学理论用于微波领域的一种全新的探测技术。其工作过程为:多个辐射源同时向目标发射 N 个幅度、相位随机可控的单元信号,同时记录各个发射信号的状态,并根据目标距离信息制作"成像底版";接收到目标回波信号后,"成像底版"和目标回波进行关联处理,得到一幅"单帧关联信息图",最后通过对若干组"单帧关联信息图"作平滑处理得到目标成像。

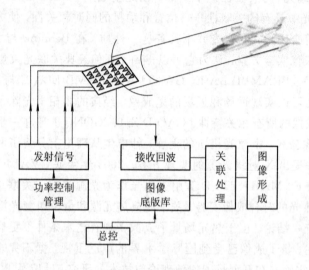

图 8.10　微波关联成像雷达的原理框图

8.4.3　关联光学的基本原理

1. 基本原理

传统的光学观察是基于光场的强度分布测量。关联光学则基于光场的强度的关联测量,测量装置如图 8.11 所示。

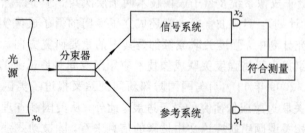

图 8.11　利用光束强度关联获取相干信息示意图

从光源发出的光被分束器分成两部分:一部分经过参考系统,用脉冲响应函数 $h_1(x_1, x_0)$ 表示;另一部分经过信号系统,用脉冲响应函数 $h_2(x_2, x_0)$ 表示。光源输出平面、参考系统和信号系统探测平面的横向位置坐标分别用 x_0、x_1 和 x_2 表示。光场强度关联测量由两个系统输出平面上的探测器分别记录强度，输入关联器作乘法运算，再对乘积进行多次平均后得到强度关联分布。

假设两个线性光学系统的输入光场来源于同一光源，输出平面上光场的横向分布为

$$E_i(x_i) = \int h_i(x_i, x_0) E_0(x_0) \mathrm{d}x_0 \qquad (i = 1, 2) \qquad (8.19)$$

其中，$E_0(x_0)$ 为光源平面的光场。输出平面上的光场强度分布为

$$I_i(x) = \langle E_i^*(x) E_i(x) \rangle$$
$$= \int h_i^*(x, x_0) h_i(x, x_0') \langle E_0^*(x_0) E_0(x_0') \rangle \mathrm{d}x_0 \mathrm{d}x_0' \qquad (i=1, 2) \qquad (8.20)$$

两系统输出平面任意两点光场的二阶关联函数定义为

$$G^{(2)}(x_1, x_2) = \langle E_1^*(x_1) E_2^*(x_2) E_2(x_2) E_1(x_1) \rangle$$
$$= \int h_1^*(x_1, x_0) h_2^*(x_2, x_0') h_2(x_2, x_0'') h_1(x_1, x_0''') \qquad (8.21)$$
$$\times \langle E_0^*(x_0) E_0^*(x_0') E_0(x_0'') E_0(x_0''') \rangle \mathrm{d}x_0 \mathrm{d}x_0' \mathrm{d}x_0'''$$

输出光场的关联性质取决于光源光场的关联。当 E_1 和 E_2 可以对易时（例如对于满足经典统计的光场或满足 $x_1 \neq x_2$ 的量子光场），该二阶关联函数就等同于强度关联，即 $G^{(2)}(x_1, x_2) = \langle I_1(x_1) I_2(x_2) \rangle$。比较式（8.20）和式（8.21）可以看出，一般情况下 $\langle I_1(x_1) I_2(x_2) \rangle \neq \langle I_1(x_1) \rangle \langle I_2(x_2) \rangle$，称为光场具有强度关联，否则称两光场的强度独立。显然在强度独立的情况下，二阶关联函数不可能给出任何多于强度本身的信息，例如相干光源就属于这种情况。然而对于某些光源来说，光路中的信息在强度分布中被抹去，却可以在强度关联中再现，这是关联光学的物理基础。下面先介绍双光子纠缠源的关联光学。

2. 双光子纠缠源的关联光学

当用一激光束照射某些非线性晶体时，在合适条件下会产生两低频光束：信号光和闲置光，这一现象称为自发参量下转换过程。在下转换过程中产生的一对信号和闲置光子具有量子纠缠特征，这是在目前量子信息实验中最常用的量子纠缠光源，由于抽运光子与信号和闲置光子要满足能量守恒及动量守恒，当这 3 个光子共线近轴传播时，下转换产生的双光子纠缠态可以近似地表示为

$$|\psi\rangle = \iint \mathrm{d}q_1 \mathrm{d}q_2 \delta(q_1 + q_2) a_1(q_1) a_2(q_2) |0\rangle \qquad (8.22)$$

其中，q_1 和 q_2 为光子波矢量的横向分量。该纠缠态与 EPR 文章中提出的纠缠态十分接近，因此也可称为 EPR 态。在这对光子中，如果经过测量获知其中一个光子的横向动量为 q，那么就可以确定地预言另一个光子的横向动量为 $-q$。

1）"鬼"成像

20 世纪 80 年代，苏联学者 Klyshko 根据自发参量下转换光子对的纠缠行为，提出了"鬼"成像方案。若干年后，美国马里兰大学的史砚华小组首次在实验上实现了双光子纠缠源的"鬼"成像。实验装置如图 8.12 所示，一激光束抽运 BBO 晶体产生的信号光和闲置光被一偏振分束器分开，其中信号光经过透镜照射一透光物体（见图 8.13(a)）后被探测器 D_1 收集（D_1 固定不动，集束透镜收集通过物体各部位的光子被 D_1 记录，这种方法称为桶测量）。

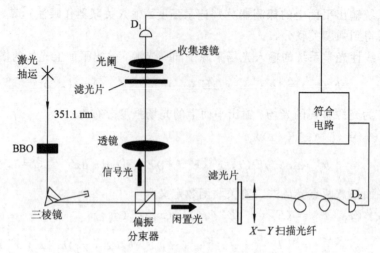

图 8.12　纠缠双光子源的"鬼"成像实验

　　闲置光经过一定距离的自由传播，在探测平面由探测器 D_2 进行逐点空间扫描测量。两路探测器连接到符合线路进行符合测量（coincidence measurement），得到了物体的空间分布信息（见图 8.13(b)）。

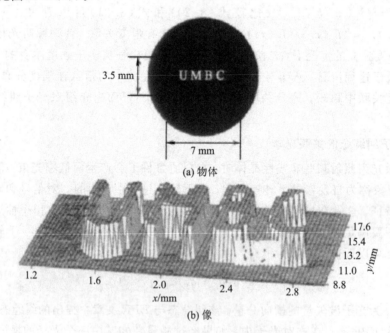

图 8.13　鬼成像实验中的物体和像

　　实验中有两个令人困惑的特征：一是对任何单路光强度的测量（即单光子测量）均不能得到有关物体的信息；二是符合测量中的空间分辨部分是在没有物体的参考光路中进行的，而对有物体的信号光路只执行桶测量。这些性质难以由传统的光学成像理论来理解，因此称为"鬼"成像。"鬼"成像可以用双光子纠缠性质来解释。在关联测量中，两路光并不独立，可将信号光路相对晶体作镜面对折，使相互关联的信号光和闲置光处在同一直线上。物体到透镜的距离 z_3 看做物距，而把 BBO 晶体到透镜和探测器的几何距离（z_2 和 z_1）之和看做像距，则"鬼"成像的物像关系同样满足几何光学中的高斯成像公式：

$$\frac{1}{z_3} + \frac{1}{z_2 + z_1} = \frac{1}{f} \tag{8.23}$$

其中 f 为透镜的焦距。

2)"鬼"干涉

"鬼"干涉和"鬼"成像的原理相仿。将自发参量下转换过程产生的信号光和闲置光分开,在信号光路中放置一双缝,闲置光路自由传播。由于信号光和闲置光均为自发辐射产生,它们的传播方向并不确定(参见式(8.22)),因此探测器扫描任何单路光束的强度分布(单光子测量)观察不到干涉条纹。在实验中固定信号光路(含有双缝)探测器的位置不动,而对闲置光路(不包含双缝)的探测器进行空间分辨扫描,在两个探测器符合测量中获得如图 8.14 所示的干涉条纹。"鬼"干涉的实验解释如图 8.15 所示。由于下转换产生的纠缠光子对相互不独立,将信号光路经晶体对折后与参考光路构成联合系统,因此可以通过双光子符合测量获取双缝的干涉信息。

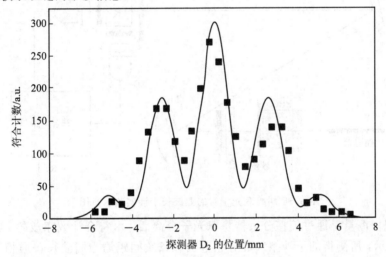

图 8.14　纠缠双光子的干涉条纹

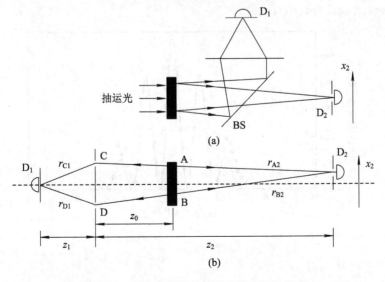

图 8.15　纠缠双光子的"鬼"干涉实验示意图

3）亚波长干涉

　　光学成像系统的分辨率不能一味地提高，它的极限是瑞利衍射分辨条件，提高瑞利衍射分辨极限的经典方法一般有两种：一种是改善成像系统的光的性能；另一种是采用较短波长的光源。2000 年，Boto 等人从理论上分析了 N 个纠缠光子系统的性质，提出利用 N 个光子纠缠系统来做 N 个光子符合探测的量子刻录（quantum lithography）方案。该方案可以在不改变光波波长的情况下，把光学系统的瑞利衍射分辨极限提高 N 倍。

　　实际上，1999 年巴西 Fonseca 等人首次报道了利用自发参量下转换产生的双光子态作光源，观察到了双缝的亚波长干涉效应。两年后，史砚华小组也报道了类似的实验结果，他们的实验装置如图 8.16 所示。由激光抽运 BBO 晶体产生的双光子对通过双缝，在观察平面上实行双光子强度测量。

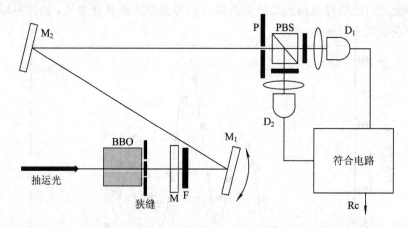

图 8.16　纠缠双光子对的亚波长干涉实验示意图

　　双光子强度测量是通过偏振分束器将双光子分离后，由符合计数完成的。实验结果如图 8.17(a) 所示，所测得的干涉条纹的分布范围和条纹间距均为同波长普通相干光双缝干涉条纹（图 8.17(b)）的一半，即相当于波长减少一半的干涉条纹，因此这一效应称为亚波长干涉（subwavelength interference）。

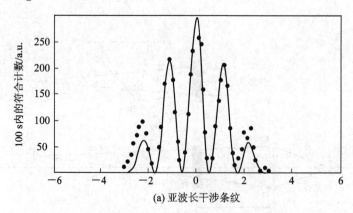

(a) 亚波长干涉条纹

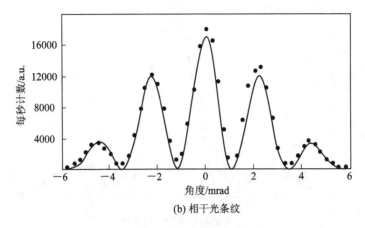

(b) 相干光条纹

图 8.17　亚波长干涉实验结果

4）非定域双缝干涉

量子非定域性是量子纠缠的本性。这里再介绍一个有趣的实验，以更直观地展现非定域性，它也是由 Fonseca 等人完成的。该实验采用会聚的抽运光束入射到非线性晶体上，使得参量下转换产生的信号光和闲置光具有特殊的空间关联性质。在信号光路和闲置光路分别置入两个不同的光阑 A_1 和 A_2，如图 8.18 所示。假如将这两个光阑合在一起，正好形成一双缝。由于在单路中并不存在双缝，自然在每一路的观察平面上作强度扫描时不可能出现干涉条纹。然后对两路光作符合测量，可观察到如图 8.19 所示的干涉条纹。在符合测量中，可以固定任意一路中的探测器的位置，而扫描另一路中的探测器。上面介绍的这些实验事实似乎有悖于经典光学的理论和朴素的物理直观。很明显，这些实验中都使用了量子纠缠光源。因此人们有理由相信这些实验是纠缠光源的量子非定域性的反映。为此，Abourad-dy 等人在 2001 年研究了双光子成像中量子纠缠的作用，认为成像系统中纠缠光子所表现出的效应是其他双光子源所不能模仿的，纠缠是获得量子成像的先决条件。不过，一年后一个新实验的报道，进一步挑战了人们的物理直观，并引起了对关联光学机制更深入的思考。

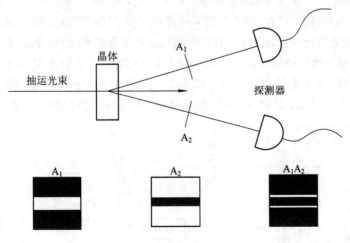

图 8.18　非定域双缝干涉原理示意图

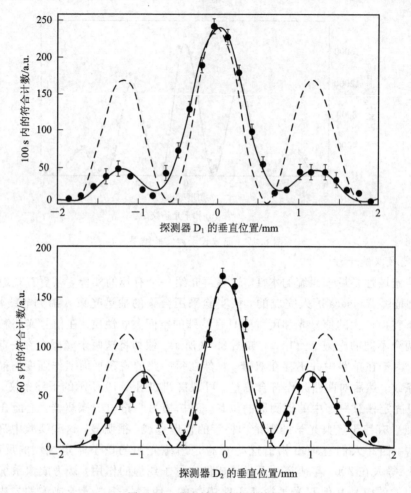

图 8.19　非定域双缝实验结果

3. 经典关联光源的关联光学

美国 Rochester 大学从事非线性光学的 Boyd 小组，在 2002 年设计了一个模拟经典关联光源的"鬼"成像实验（他们还在 2004 年用同样方案完成了"鬼"干涉实验）。实验装置如图8.20所示，He-Ne 激光通过一个斩波器，被一个随机旋转的反射镜反射，再经光学分束器分成两路。反射光束经过一透镜和物体后被一探测器收集（桶测量），透射光束经过一透镜后被 CCD 记录。在关联器中，以物光探测信号作为 CCD 的记录开关来实现两路光的强度关联测量。实验中的物体由两个字母 U、R 组成，关联测量得到的该物体的像如图8.20所示。

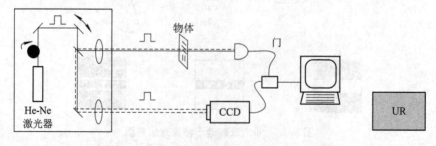

图 8.20　经典关联光源的符合成像实验装置图

由于实验中的光源是 He - Ne 激光,它不存在任何量子纠缠,因此实验结果挑战了上述命题:"鬼"成像效应中量子纠缠光源是否是必需的? 显然,实验结果给出了否定的答案。那么进一步的问题是,实验中人工制造的经典关联光源能够在多大程度上模拟量子纠缠光源,它们的物理本质有何异同? Boyd 小组的研究发表后不久,某些学者认为,经典关联光源并不能真正模拟量子纠缠光源实现"鬼"成像,前者的光场关联仅仅是一种点对点的投影,而后者实现的是真正的相干光学成像,满足高斯透镜成像公式。他们还进一步指出,由于经典关联不能模仿双光子波包的相干叠加,因而不能实现"鬼"干涉、亚波长干涉或其他光的衍射效应。另外一些学者也提出了新的见解,并在随后的实验中被验证。

4. 热光源的关联光学

2004 年,有一批理论研究成果报道了具有空间非相干性质的热光源能够模拟量子纠缠光源实现关联光学中的量子成像和干涉效应。意大利 Lugiato 研究小组提出采用热光源可以实现"鬼"成像。中国科学院上海光学精密机械研究所程静和韩申生提出用非相干光源实现无透镜傅里叶变换成像。香港浸会大学的朱诗尧研究小组利用黑体辐射理论研究了非相干的"鬼"干涉。北京师范大学的汪凯戈研究小组详细分析比较了热光和双光子纠缠两种光源的关联性质,提出使用热光源也可以模拟双光子纠缠源实现类似的亚波长干涉。在热光"鬼"成像的研究中,汪凯戈小组首次得到热光"鬼"成像的透镜公式,它与量子纠缠源的公式略有不同。更重要的是,汪凯戈小组指出热光源的分束类似于一个相位共轭镜,可以实现真正的无透镜成像。不久,他们采用赝热光源和真热光源的"鬼"成像、"鬼"干涉和亚波长干涉实验相继完成。这些理论和实验成果充分证明,热光源可以类似于量子纠缠光源完成关联光学中的成像和干涉效应。下面以汪凯戈小组的研究成果为主线,围绕该领域研究中的争论问题,介绍热光源关联光学的基本原理、主要现象以及与量子纠缠光源的异同。

1) 热光场强度关联的波性

干涉和衍射现象是波的本性,历史上证明光的波动性的著名实验是杨氏双缝干涉和泊松亮斑,干涉衍射斑图的实现要求光源具有空间相干性。空间非相干的热光能否通过强度关联再现这两个实验,可以鉴别热光关联是否具有波动本性,而不限于光线间的投影关联。热光亚波长干涉实验的装置(见图 8.21)与量子纠缠源的亚波长干涉实验装置(见图8.16)极为相似。He - Ne 激光经透镜会聚到旋转毛玻璃上形成赝热光源,然后照射双缝。

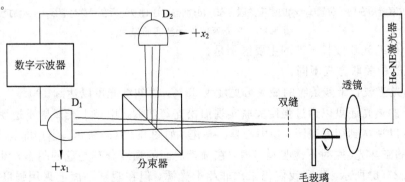

图 8.21 赝热光源的亚波长干涉实验装置图

汪凯戈小组采用一个光学分束器和两个探测器来完成观察平面上两个位置的同步强度测量，$I_1(x_1)$ 和 $I_2(x_2)$ 再由数字示波器记录并进行强度关联运算，得到 $\langle I_1(x_1)I_2(x_2)\rangle$。其实验结果如图 8.22 所示。其中，图中点线为实验数据，实线为理论模拟结果。其中，图 8.22(a) 为干涉平面上的强度分布，它不存在干涉条纹，这是我们熟知的非相干性的结果。作为比较，图 8.22(b) 为相干光通过双缝产生的干涉条纹。图 8.22(c) 和图 8.22(d) 均为两个探测器的强度关联分布，其中，图 8.22(c) 表示两个探测器在同一横向位置上（$x_1 = x_2$）同步扫描，不存在干涉条纹，图 8.22(d) 表示它们在对称位置上（$x_1 = -x_2$）同步扫描，得到了明晰的干涉条纹，条纹间隔是同波长相干光条纹（图 8.22(b)）的一半。它相当于波长减小一半的光的条纹，因此称为亚波长干涉。如果我们像观察纠缠双光子源的双缝干涉的方法一样，即在同一位置进行强度关联，则不能观察到干涉效应，如图 8.22(c) 所示。

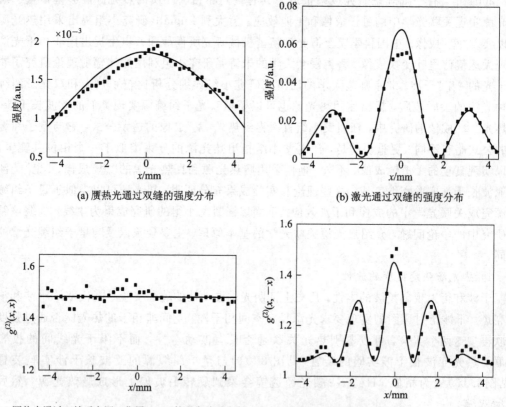

(a) 赝热光通过双缝的强度分布　　　　　　　(b) 激光通过双缝的强度分布

(c) 赝热光通过双缝后在同一位置($x_1=x_2$)的强度关联分布　(d) 赝热光通过双缝后在对称位置($x_1=-x_2$)的强度关联分布

图 8.22　热光亚波长干涉实验结果

热光和纠缠光亚波长干涉的主要区别是：

（1）观察中关联方式不同；

（2）热光亚波长干涉条纹的最大可见度为 33%，而纠缠光可以达到 100%。

非相干的热光还可以通过强度关联实现泊松亮斑实验。用相干光照射不透明圆盘，在圆盘后面可以观察到衍射斑图，在中心是一亮斑，如图 8.23(a) 所示。当用非相干光（例如图 8.20 中的赝热光）照射不透明圆盘时，在圆盘后面的强度分布是盘的阴影，没有中心亮斑，如图 8.23(b) 所示。现在我们仍采用非相干光源，但在观察平面上采用强度关联的方法，即将一个探测器固定在中心位置（也可以是其他位置），另一个探测器扫描整个平面，然后对两个探测器记录的强度进行关联，观察到的泊松亮斑如图 8.23(c)所示。

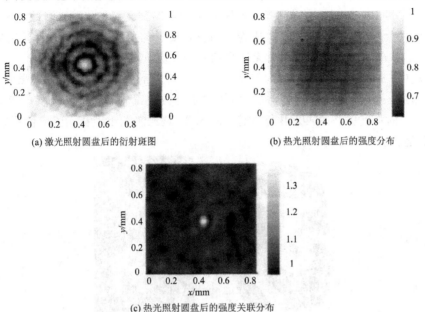

(a) 激光照射圆盘后的衍射斑图　　　　　　(b) 热光照射圆盘后的强度分布

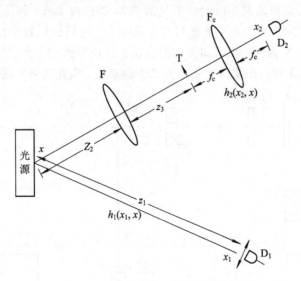

(c) 热光照射圆盘后的强度关联分布

图 8.23　不同光源照射圆盘效果比较

热光的"鬼"成像方案如图 8.24 所示。汪凯戈小组证明了热光的"鬼"成像同样有类似于纠缠光"鬼"成像的透镜成像公式

$$\frac{1}{z_2 - z_1} + \frac{1}{z_3} = \frac{1}{f} \tag{8.24}$$

其中：f 为透镜的焦距；z_3 是物距；z_1 和 z_2 分别是光源到成像平面和透镜的距离，它们之差为像距。而对于纠缠光源的公式(8.24)像距应取它们之和。

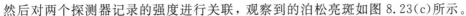

图 8.24　热光"鬼"成像方案示意图

2）热光的无透镜成像

汪凯戈小组发现热光和量子纠缠光成像公式中的正负号的差别，带来了十分有趣的物

理现象。在上面的公式(8.24)中，令 $f \to \infty$，得到 $z_1 = z_2 + z_3$。这表明在不使用透镜时，仍能得到一个实像($z_1 > 0$)，实像到光源的距离等于物体到光源的距离。因此，热光源类似于一个相位共轭镜可以实现无透镜成像。相反，量子纠缠光源如同一个普通的平面镜($z_1 = -(z_2 + z_3)$)在不使用透镜时无法得到一个实像。

在实验中，热光束用分束器分为信号光和参考光。信号光照射物体后其强度由一探测器实行桶测量，参考光路的探测器置于物体关于光源镜面对称的位置，实行空间扫描测量。在两束光的强度关联中再现物体的像。图 8.25 是汪凯戈小组在实验中使用的物体(北京 2008 奥运会会标)和观察到的像。

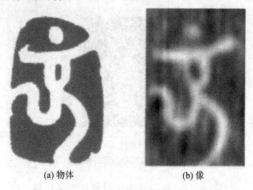

(a) 物体   (b) 像

图 8.25 热光无透镜成像实验中的物体和像

3) 热光的非定域双缝干涉

由上述可见，热光可以模拟纠缠光完成"鬼"成像、"鬼"干涉和亚波长干涉，说明热光场中的关联和量子纠缠在一些方面具有相似性。一个挑战性的问题是：在关联光学中能否找到属于量子纠缠特有的效应，它不能被热光关联效应所模拟。我们知道，量子非定域性是量子纠缠区别于经典关联的基本属性，那么上面提到的纠缠光源的非定域双缝干涉是否属于这样的实验？为此汪凯戈小组设计了与图 8.18 类似的实验，如图 8.26 所示。两个光阑(物体)A_1 和 A_2 分别放置入信号系统和参考系统中，它们的位置恰好关于分束器对称。A_1 是一个长方形孔，A_2 为一黑条，如将它们合在一起正好构成一个双缝。由于 A_1 和 A_2 空间上完全分离，两光束没有照射一个物理意义上的双缝。实验结果如图 8.27 所示，图中三

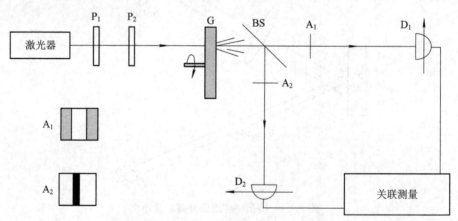

图 8.26 热光非定域双缝干涉实验图

角为单路强度,空心圆点为强度关联实验数据,实线为理论拟合曲线。由于光源是非相干光,在单路的强度平均测量中均无法获得物体的信息。而在关联测量中,固定其中一个探测器而扫描另一个,则都能观察到双缝的干涉条纹。因此实验的结论是,实现非定域双缝干涉量子纠缠不是必需的!

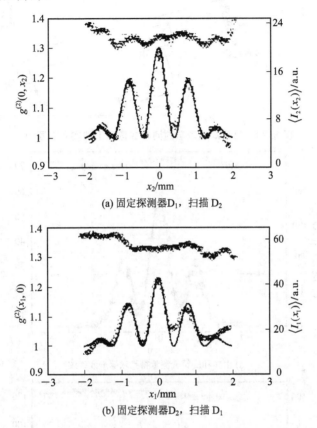

(a) 固定探测器D$_1$,扫描 D$_2$

(b) 固定探测器D$_2$,扫描 D$_1$

图 8.27　热光非定域双缝干涉实验结果

4) 同时观察"鬼"成像和"鬼"干涉

在关联光学中,"鬼"成像缘于两光路中位置的关联,而"鬼"干涉缘于两光路中动量的关联。另一方面,EPR 纠缠双光子态的特征是通过对其中一个粒子的位置和动量的测量,可以确定地预言另一个粒子的位置和动量。因此一些学者提出,双光子纠缠态可以同时实现"鬼"成像和"鬼"干涉,而热光中的关联不具有 EPR 态的特征,从而不可能做到。为此,D Angelo M、Kim Y H、Kulik S P 等人于 2004 年提出了一个新的实验方案,希望通过该实验来区分量子纠缠系统和经典关联系统。该实验装置如图 8.28 所示,实验结果如图 8.29 所示。

由非线性 BBO 晶体自发参量下转换产生的信号光和闲置光被分离,将双缝放入信号光路中,信号光路的光子由探测器 D$_1$ 收集。成像透镜置入闲置光路,在透镜后放入一个光学分束器,将闲置光束再分为两束,分别由放在焦平面的探测器 D$_2$ 和放在成像平面的探测器 D$_3$ 测量。探测器 D$_1$ 和 D$_2$ 的双光子符合测量给出双缝的干涉条纹,而探测器 D$_1$ 和 D$_3$ 的符合测量给出双缝的像。图 8.29 所示的实验结果证明了该方案可以同时实现"鬼"成像和"鬼"干涉。

该成果发表一年后,Lugiato 小组的实验表明,热光源同样能够同时执行高分辨成像

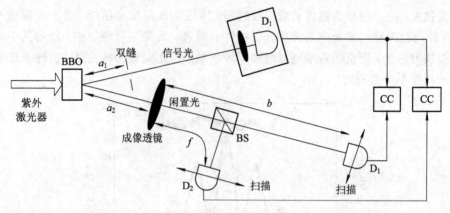

图 8.28 纠缠双光子源的同时成像和干涉实验装置图

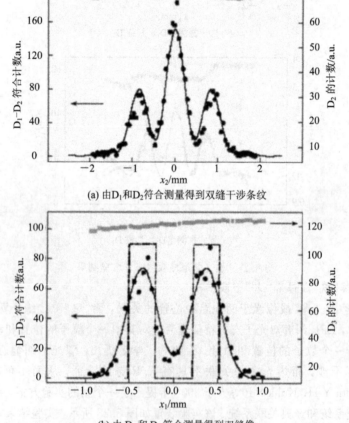

(a) 由 D_1 和 D_2 符合测量得到双缝干涉条纹

(b) 由 D_1 和 D_3 符合测量得到双缝像

图 8.29 纠缠双光子源的同时成像和干涉实验结果

和干涉效应。汪凯戈小组也研究了这一效应，与 Lugiato 小组不同的是，汪凯戈小组在实验中没有使用任何透镜（见图 8.30），从而能更直观地表示近场中的位置关联和远场中的动量关联。两个光学分束器把赝热光源发出的光束分为三束，其中一路中放置双缝，另外两路光束自由传播。三路光强度分别由 3 个 CCD 探测器进行同步记录，CCD_1 仅测量任意固定位置的光强，CCD_2 放在与双缝对称的位置，作近场测量，CCD_3 远离分束器完成远场测量，CCD_2 和 CCD_3 进行空间分辨的测量。

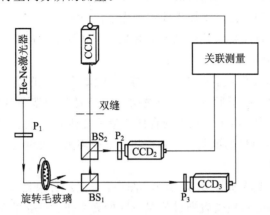

图 8.30　汪凯戈小组利用热光源的同时成像和干涉实验装置图

　　实验结果表明，CCD_1 和 CCD_2 之间的强度关联分布再现双缝的像（无透镜成像），CCD_1 和 CCD_3 之间的强度关联分布展现干涉条纹，如图 8.31 所示。图中，圆圈为强度关联的实验数据，黑点为单臂强度分布，实线为理论拟合。

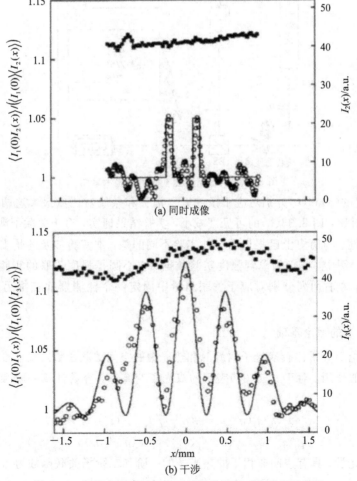

图 8.31　汪凯戈小组基于热光关联的同时成像和干涉实验

由此看来，在关联光学中的同时成像和干涉可能并不涉及 EPR 效应。事实上，在两个参考光路中，参与成像和干涉的不属于同一个光子。

在下面的实验中，我们将看到热光场中的光子关联的量子特征。

5）利用热光关联验证量子互补原理

量子互补原理告诉我们，不可能同时观察一个微观系统的波的行为和粒子行为。例如，在双缝干涉实验中，粒子通过哪一个缝的路径信息与干涉条纹的可见度是相互排斥的。在互补实验的设计中，由于对粒子的直接测量只能进行一次（测量后粒子被湮灭），因此在对两个不对易的共轭量的测量中，必有其一要采用间接测量方法，热光场中光子的关联提供了间接测量系统。

汪凯戈小组的实验装置如图 8.32 所示。图中，热光经分束器分为两路，在其中的一路放置一双缝，在另一路的对应位置通过放置不同的光阑作为间接测量系统，然后对两光束作强度关联测量。当该光阑为一单缝，并且其位置与双缝的一条缝的位置对应时，由于关联成像中位置与位置间的对应，就可以获取关联光子对的路径信息。当探测光阑换成完全相同的双缝时，路径信息完全消失。

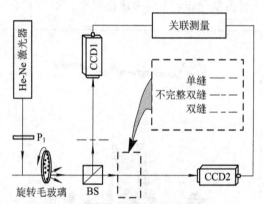

图 8.32　验证量子互补原理实验示意图

图 8.33 中的（a）和（c）分别对应于条纹完全消失和条纹对比度最大这两种情况的测量结果。为了作对比，图 8.33（b）的可见度减小。实验结果证实，对于关联干涉，同样要满足量子力学互补性。与历史上已报道的互补实验不同的是，本实验涉及的是多光子的宏观系统和宏观测量。图中，方点为单臂强度实验数据，空心圆是强度关联的实验数据，实线是理论拟合曲线，左右两列分别对应于关联测量中固定一个探测器而扫描另一个探测器的结果。

5. 关联光学的理论基础

如果在理论上分析比较双光子纠缠源和热光源的空间关联函数，就不难理解它们在关联光学中的相似作用。对于式(8.22)表示的双光子纠缠态，容易计算一阶和二阶场关联函数为

$$\langle a'_i(q)a_i(q')\rangle = \delta(q-q') \qquad (i=1,2) \tag{8.25a}$$

$$\langle a'_1(q_1)a'_2(q_2)a_2(q'_2)a_1(q'_1)\rangle = \delta(q_1+q_2)\delta(q'_1+q'_2) \tag{8.25b}$$

根据统计光学，具有空间非相干的热光场的一阶和二阶场关联函数为

$$\langle E^*(q)E(q')\rangle = S(q)\delta(q-q') \tag{8.26a}$$

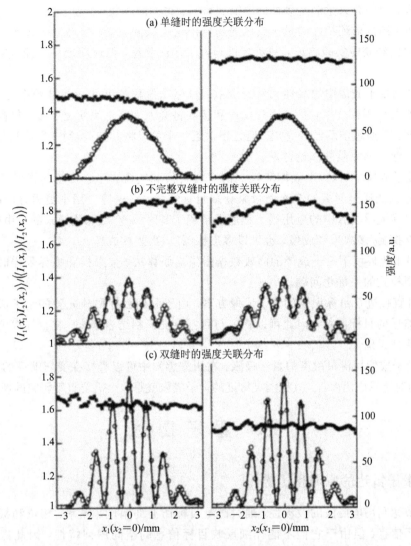

图 8.33　量子互补原理实验结果图

$$\langle E^*(q_1)E^*(q_2)E(q_2')E(q_1')\rangle$$

$$= S(q_1)S(q_2)[\delta(q_1-q_1')\delta(q_2-q_2')+\delta(q_1-q_2')\delta(q_2-q_1') \tag{8.26b}$$

比较两种光场的关联函数可以看出，它们具有类似的空间关联。不同之处在于二阶关联函数，纠缠双光子之间的关联满足横向动量守恒，热光场的关联只存在于相同动量之间。当运用式(8.25b)计算两个空间位置的强度关联时，在等式右边对称的两项中，当一项给出强度背景时，另一项贡献出场的相干信息。热光中的空间关联反映了 HBT 效应的内涵：由两个独立的发光源各辐射一个光子到达两个分离的空间接收点时，在关联测量中，两粒子的交换对称性产生干涉项。

8.4.4　量子成像的关键技术

作为一类正在探索的全新概念的成像技术，量子成像虽然在突破奈奎斯特采样定理限定的图像获取效率和成像孔径衍射极限的超分辨能力方面得到了实验验证，并逐渐进入应用实验阶段，但仍有大量的基础性问题需要研究。这些问题包括：

（1）基于图像稀疏特性的量子成像的超分辨理论极限。主、被动量子成像原理方案的超分辨能力已经获得实验验证，并对其机理做了定性解释，但还缺乏一个经过实验考核的定量理论。

（2）主动量子成像中的线性无关光源数、目标图像稀疏度和成像分辨率之间的关系。在量子成像的应用模式中，稀疏阵列发射和接收将会大大降低系统复杂度，提高目标图像的获取速度，其原理演示已经完成，但是还缺乏一个可以将其与 MIMO 雷达和稀疏阵列天线理论统一起来的完整的理论体系。

（3）量子成像中时域-空域探测模式的自由转换和实现方法。传统的强度关联成像的一个缺点是只能通过时域的多次测量来获取目标图像，在遥感应用中更适合于凝视成像。该技术在更多遥感场合中的应用很大程度上依赖于其时域-空域探测模式的自由转换程度，既可以单点探测/多次采样成像，也可以多点探测/一次采样成像。

（4）强干扰环境下量子成像的高效数据图像复原算法、欠采样和临界采样时的图像复原以及探测模式的最优化问题。

（5）可直接进行目标识别的量子成像方案。由于利用目标稀疏先验的量子成像可以直接探测压缩后的目标图像，因此可以将其与目标特征识别结合起来，在目标探测阶段直接进行目标特征识别。

（6）量子成像探测灵敏度的量子极限。在压缩感知中可以直接探测压缩后的图像数据，因此（特别对遥感应用而言）其探测灵敏度的量子极限就是一个需要重新研究的新课题。

8.5 量子雷达

8.5.1 量子雷达的原理和优势

传统雷达利用电磁波的波动性，通过测量目标回波的幅度、频率、相位和极化等参数来获取目标信息，但由于它们不能详细反映目标信息的空间序列特性，因此探测能力有限。根据电磁波的波粒二象性，如果对其粒子性进行测量，可以获得信号的动量和位移，其中包含目标信息的空间序列特性。以此作为目标探测的信息载体，将会获得目标状态的大量精准信息，这就是量子雷达的工作机理。凡是采用微波光子进行远程目标探测，利用光子的某些特性来提高其探测、识别和分辨目标能力的电子系统就称为量子雷达。

量子雷达的探测信号是原子中的电子从一个能级跃迁到另一个能级时辐射的电磁波，它具有特定的状态，一般是指电子的自旋。多个已知自旋状态（相当于信号编码）的电子辐射电磁波，该电磁波经过目标反射后被接收机接收。接收机通过分析电子吸收反射波后自旋状态的改变规律，可以获取目标信息。所以，电磁波与电子自旋状态之间的关系及其持续时间很重要，它决定了量子雷达的探测能力和探测距离。一个典型量子雷达的工作原理图如图 8.34 所示。多光子（N 个纠缠量子的集合）从 A 点的雷达纠缠源发射出来，穿过 B 点的纠缠器输出端口，分成两路：一路沿 j—y—z—a—b 到检测器和处理器；另一路沿 k—l 到目标，被目标反射后沿 m—n 到接收镜。标有 n—o—p 和 j—n 的路径形成系统固定相位 sc。C 处的接收镜在纠缠器发射多光子时是透明的，在接收反射光子时是镜面，具有反射入射光子的功能。接收镜 C 也可以认为同时具有反射和透射功能，可以在发射和接收时快速及时地切换。或者，认为 C 处有一个小孔径（类似于一个镜子），多光子可以穿过它，接收时由于折射和海森堡不确定性使它不能碰撞源孔径，而是被接收镜 C 反射后到达检测器和处理器。

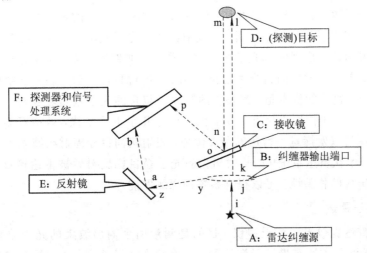

图 8.34 量子雷达的原理图

量子雷达具有常规雷达无法比拟的灵敏性，这是因为信息以量子信息的形式调制在单个光子状态上，接收机识别单个光子的能量模式，而常规雷达的信息是调制在大量光子组成的电磁波上，接收机识别大量光子组成的能量模式，因此量子接收机对信息的感知更灵敏。

当存在散粒噪声时，海森堡不等式为

$$\Delta\Phi \geqslant \frac{1}{\sqrt{N}}$$

式中，N 表示量子系统的光子数，$\Delta\Phi$ 表示相对相位 Φ 的波动。该不等式是电磁场离散特性和经典理论中泊松统计的结果。当量子光特性转换成真空波动时，会影响到电磁场幅度的测量，所以现代大多数传感器的灵敏度都受到标准量子极限的限制。而量子雷达采用纠缠光子时，可以克服标准量子极限限定的相位测量极限，达到海森堡极限，这就是其重要的超灵敏性。

量子雷达的另一个显著优势是其固有的抗干扰性。来源于光量子的一个奇异特性，即在测量光子的同时往往会改变其量子特性，通过对量子特性的检测可以发现是否受到干扰，这对雷达对抗日益严重的欺骗式干扰非常有效。而且，已有的研究结果表明，即使在嘈杂和有干扰的环境里，量子照射也能提供更高的信噪比，从而提升对隐身目标的探测能力和识别能力。用量子雷达替代经典雷达进行观测，用量子力学定义的量子雷达散射截面使接近镜面方向的目标"有效能见度"增加，可以提高对目标的探测能力。量子雷达未来的工作频段最可能处于微波频段（如 X 波段），从而继承微波的许多优点，如微波光子能够穿透云层和雾气，具有全天时、全天候的工作能力，比光学传感器具有更好的穿透性，使导弹制导、海事监测、气象、地面警戒和机场交通导航等成为其潜在的应用领域。

8.5.2　量子雷达的研究现状

量子雷达的概念是量子信息理论在遥感探测领域的具体应用，通过对量子不同物理特性的观测和测量，可以构成不同原理和形式的量子雷达。根据系统采用的量子效应的不同，可以把量子雷达分成三种基本类型，即发射非纠缠态光子的量子雷达、发射量子态光并与接收机中的光量子纠缠的量子雷达、发射经典态光但使用量子光探测提升性能的量子雷达。在量子雷达领域出现的单光子量子雷达采用了非纠缠态光子，工作过程与传统雷达类似，即由量子雷达发射机向目标发射单个光子，经过目标反射后被雷达接收机接收并进行测量。这种量子雷达的优点是，当发生的脉冲中包含的光子数目较少时，目标的雷达散射截面被放大，有利于探测小尺寸目标，而且信号几乎不受干扰，效率极高。基于光的纠缠态的量子雷达可以发挥量子雷达的最大优势，发射机向目标辐射纠缠光子对中的一个光子，另一个光子留在雷达系统中，辐射出去的光子经目标反射后被雷达接收机接收，测量光子纠缠态所包含的相关性，可以提高系统的探测性能。

1. 干涉量子雷达

干涉量子雷达类似于一个干涉仪，目的是测量两个输出波束的光子数来计算相位延迟。目前研究的测量方法有量子干涉测量法、衰减量子干涉测量法、可分离态测量法、大气量子干涉测量法等。理论研究表明，使用高纠缠态的干涉相位测量可以达到海森堡极限，只有在无衰减的情况下衰减量子干涉测量法才能获得海森堡极限，而对于可分离态法即使没有衰减也无法突破标准量子极限。研究人员仔细研究了大气衰减对量子干涉测量相位误差的影响，结果表明采用 NOON 状态的基本量子干涉测量法进行远程相位估计可能受到大气衰减的严格限制，单独的 NOON 态不足以建立实用的干涉测量的量子雷达。由于大气衰减的影响，NOON 状态的使用不足以保证量子雷达的超级灵敏度，因此美国海军研究室（NRL）的 J. F. Smith 开发了一种自适应光学校正方法，在大气的电磁性能发生显著变化时可使超级灵敏度的范围达到 5000 km。

2. 量子照明

量子照明是 MIT 的 S. Slloyd 发明的一个革命性的远程光子量子传感技术，它提高了光在嘈杂和耗散环境中的光电探测灵敏度。理论上，量子照明不局限于任何特定的频率，可以被量子雷达使用。研究结果表明，纠缠可以提高检测系统的灵敏度，而且在嘈杂和耗散的环境中表现更明显。

3. 量子雷达散射截面

常规雷达的散射截面 σ_C 确定了目标的雷达可见度，但量子雷达在一瞬间只发射一小束光子，它与目标的相互作用是光子—原子的散射过程，由量子电动力学决定，因此需要定义一个量子雷达散射截面 σ_Q 的新概念，它应具有满足量子信息理论的新特性。合理定义 σ_Q 的表达式为

$$\sigma_Q = \lim_{R \to \infty} 4\pi R^2 \frac{\langle \hat{I}_s(\boldsymbol{r}_s, \boldsymbol{r}_d, t) \rangle}{\langle \hat{I}_i(\boldsymbol{r}_s, t) \rangle}$$

式中，$\boldsymbol{r}_s$ 和 $\boldsymbol{r}_d$ 分别为源和检测点的位置矢量。对于单光子量子雷达，σ_Q 有一个纯粹量子力

学的副瓣结构，而当量子雷达脉冲有多个光子时，矩形目标在接近镜面方向的区域 $\sigma_Q \geqslant \sigma_C$，且多光子脉冲会增加 σ_Q 的镜面反射，缩小峰值，减小副瓣结构。研究结果表明，可以利用量子雷达的副瓣结构检测目标，但还需做更深入的研究。在量子信息技术提高常规雷达探测性能的激励下，一些研究者提出了实现量子雷达的方案，并申请了专利。如 Ockheed Martin 的专利中提出了一个基于量子纠缠原理的扫描仪概念，专利号为 EP1750145 的一项欧洲专利描述的量子雷达是"使用纠缠量子的雷达系统和方法"。为验证这些方案和雷达性能的提高，研究人员做了一系列有益的实验探索。

2012 年，美国罗彻斯特大学光学研究所 Me-hul Malik 等人建立了一个成像系统，利用光子的位置或飞行时间信息对目标进行成像，利用光子的极化检测来发现欺骗干扰。其基本原理是，干扰者在实施欺骗干扰时，必然会扰乱成像光子微妙的量子态，从而在极化特性检测时引入误差，根据误差可以判断是否受到干扰。这个安全成像系统的结构如图 8.35 所示。

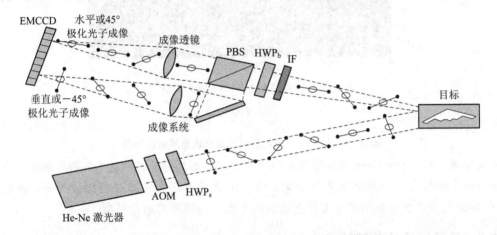

图 8.35 基于光子极化检测的安全成像系统结构图

HeNe 激光器发出一个极化单光子脉冲，经目标反射后，通过干扰滤波器（IF）进入电子增强 CCD 相机（EMCCD），其中的半波平板（HWP）和极化波束分解器（PBS）用于适当的极化基测量，EMCCD 作为单光子检测器可以得到四个极化测量的图像。联合这四个极化图像可以得到目标的图像，如图 8.36 所示。图 8.36(a) 为一个隐身飞机的真实图像，其中不同颜色的像素点对应于不同的极化；图 8.36(b) 为受到欺骗干扰后的成像结果。通过检测光子的极化误差率，成像系统很容易检测到人为干扰的存在与否，如图 8.36(a) 的平均误差率为 0.84%，远小于 25% 的安全限，因此成像结果是安全的，而图 8.36(b) 的平均误差率高达 50.44%，表明受到了人为干扰，图像不可信。

量子的远距离传输一直是影响量子通信和量子雷达发展的关键技术之一，近年来研究人员通过各种试验装置增加量子的传输距离，已由最初的 16 km 扩展到 97 km。研究人员用紫外光激发水晶，制造出纠缠光子，使其穿越了青海湖，达到了前所未有的传输距离。进一步研究光子的远距离传输，达到通信和雷达工作所需的传输距离仍是今后的研究课题。

美国等军事大国和一些著名的研究结构非常重视量子雷达的研究，如美国国防高级研究局（DAR-PA）提出了"量子传感器计划（QSP）"；美国海军研究办公室（ONR）近期专门组织了一场研讨会，讨论量子雷达的科学性；美国海军实验室（NRL）的研究发现，即使考

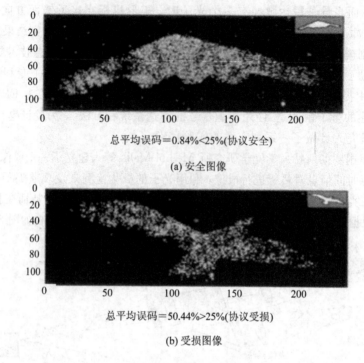

总平均误码=0.84%<25%(协议安全)

(a) 安全图像

总平均误码=50.44%>25%(协议受损)

(b) 受损图像

图 8.36　基于光子极化检测的安全成像系统的结果

虑大气衰减，工作于 9 GHz 的量子雷达理论上也可以提高目标探测能力；荷兰莱顿大学的一个研究小组提出了一种机械装置方案，可利用量子点产生纠缠态的微波光子；西班牙 PaisVasco 大学已经开发出多个工作在微波的单光子探测器的理论模型。

8.5.3　量子雷达的关键技术

实现量子雷达从概念到工程应用的转化还有大量的基础性理论问题需要研究，其中主要的方面有量子雷达工作频率的选择、系统结构设计、工作性能的评价指标、信道容量、散射截面及其目标结构影响，以及量子雷达的低观测隐身平台设计等。由于与传统雷达在工作机理、信息载体、信号处理和信息提取等方面有很大区别，量子雷达的基础理论需要重新构建，这将是量子雷达走向实用化要完成的基本任务。根据量子通信的系统结构，量子雷达的实现会涉及以下关键技术。

1. 量子信息调制

量子信息调制包括量子信道编码、量子信息调制和量子信号发射。其中，量子信息编码又包括电子自旋态辨识和量子信息编码。电子自旋态辨识就是要通过一定的方法产生 100% 单一极化的自旋状态，目前的方法还不能满足这一要求；量子信息编码的目的是通过量子编码纠正或防止量子信息论中普遍存在的消相干引起的量子错误。量子信息调制就是将电子的自旋与激发出的电磁波特性进行关联(如电磁波的频率和极化形式)，实现电子自旋态在电磁波上的调制。由于在解调量子信息时要测量微观粒子的状态，这会引起量子状态的变化，从而模糊原有的调制信息，因此在调制量子信息时必须考虑如何消除量子态的变化引起的调制信息丢失，这也是量子信息调制要解决的关键问题之一。

2. 量子信息解调

量子信息解调包括量子信息解调和量子信息解码，其中量子信息解调就是从发射的光子(电磁波)中辨识出电子的自旋态。目前主要是通过光学方法或电学方法来探测自旋极化，其中光学方法包括光致/电致发光、Hanle 效应、时间分辨的 Faraday 旋转和 Kerr 效应；电学方法是利用铁磁材料和半导体界面的自旋的输运性质，比如测量通过不同磁化方向的铁磁电极的电阻差来给出自旋极化度。量子信息解码主要是纠正微观粒子状态变化引起的编码错误。所以，电子自旋态辨识和编码纠错是量子信息解调要解决的关键问题。

3. 量子信息处理

量子雷达通过调制、传输、解调所传递的目标信息，最终要通过量子信息处理器提取出来。由于信息载体和传递的信息量均不同于传统雷达，因此在处理内容、处理方法和处理速度上也不同于传统信号处理器，主要取决于量子计算和量子计算机技术的发展。当前的量子信息处理是通过构造量子算法和量子神经网络来获得一定的应用，远不能满足量子雷达的要求。因此，构建新的量子信息处理方法和体系结构是实现量子雷达的一个关键问题。

无论量子雷达的系统结构如何变化，其工作过程都包括量子信息的调制、解调和传输过程，与这些过程有关的量子态特殊性都需要研究，如量子的纠缠特性、相干性、量子微弱能量的接收与处理等。

量子信息技术是当前科学攻关的主要领域之一，美国、日本以及欧洲一些国家很早就意识到它的军事和民用价值，不断加大投入，促进理论研究成果向实用技术转化。近几年来，有关量子计算、量子通信、量子雷达等方面的研究论文日益增多，昭示着该领域研究热潮的到来。未来量子信息技术的主要应用领域将瞄准安全信息传输、高速信息处理、武器控制、网络攻击、目标探测以及更深入的思维模拟与攻击等方面。值得期待的是，随着量子信息技术在遥感探测领域的发展，以量子成像和量子雷达为代表的两个主要研究方向将研制出具有更高灵敏度、更高精确度的量子接收机，它将弥补现有雷达系统的缺陷和不足，实现人类对远距离目标精准探测的梦想。

参 考 文 献

[1] Zhou ZhengWei, Chen Wei, Sun FangWen, et al. A survey on quantum information technology. Science Bulletin, 2012, 57(17): 1498 – 1525.

[2] Bennett C H, Divincenzo D P. Quantum information and computation. Nature, 2000, 404: 247 – 255.

[3] Mansfield, Alex. BBC News Nasa buys into"quantum"computer. Bbc. co. uk. [2013 – 05 – 16].

[4] Raussendorf R, Briegel H J. A one-way quantum computer. Phys Rev Lett, 2001, 86: 5188 – 5191.

[5] Gross D, Eisert J. Novel schemes for measurement-based quantum computation. Phys Rev Lett, 2007, 98: 220503.

[6] Kitaev A Y. Fault-tolerant quantum computation by anyons. Ann Phys, 2003, 303: 2 – 30.

[7] Farhi E, Goldstone J, Gutmann S, et al. Quantum computation by adiabatic evolution. arXiv: quant-ph/0001106.

[8] Aharonov D, van Dam W, Kempe J, et al. Adiabatic quantum computation is equivalent to standard quantum computation. SIAM J Comput, 2007, 37: 166 – 194.

[9] Monz T, Schindler P, Barreiro J T, et al. 14-qubit entanglement: Creation and coherence. Phys Rev Lett, 2011, 106: 130506.

[10] Van Weperen I, Armstrong B D, Laird E A, et al. Charge—state conditional operation of a spin qubit. Phys Rev Lett, 2011, 107: 030506.

[11] Lin Z R, Guo G P, Tu T, et al. Generation of quantum-dot cluster states with a superconducting transmission line resonator. Phys Rev Lett, 2008, 101: 230501.

[12] Guo G P, Zhang H, Hu Y, et al. Dispersive coupling between the super-conducting transmission line resonator and the double quantum dots. Phys Rev A, 2008, 78: 020302.

[13] Xiao M, House M G, Jiang H W. Measurement of the spin relaxation time of single electrons in a silicon metal-oxide-semiconductor-based quantum dot. Phys Rev Lett, 2010, 104: 096801.

[14] Shaji N, Simmons C B, Thalakulam M, et al. Spin blockade and lifetime-enhanced transport in a few-electron Si/SiGe double quantum dot. Nat Phys, 2008, 4:540 – 544.

[15] Hu Y J, Churchill O H, Reilly D J, et al. A Ge/Si heterostructure nanowire-based double quantum dot with integrated charge sensor. Nat Nanotech, 2007, 2:622 – 625.

[16] Ponomarenko L A, Schedin F, Katsnelson M I, et al. Chaotic Dirac billiard in

graphene quantum dots. Science, 2008, 320: 356 – 358.

[17] Wang L J, Cao G, Tu T, et al. Ground states and excited states in a tunable graphene quantum dot. Chin Phys Lett, 2011, 28: 067301.

[18] Hao X J, Tu T, Cao G, et al. Strong and tunable spin-orbit coupling of one-dimensional holes in Ge/Si core/shell nanowires. Nano Lett, 2010, 10: 2956 – 2960.

[19] Wang L J, Cao G, Tu T, et al. A graphene quantum dot with a single electron transistor as an integrated charge sensor. Appl Phys Lett, 2010, 97: 262113.

[20] Kurtsiefer C, Mayer S, Zarda P, et al. Stable solid-state source of single photons. Phys Rev Lett, 2000, 85: 290 – 293.

[21] Faraon A, Barclay P E, Santori C, et al. Resonant enhancement of the zero-phonon emission from a colour centre in a diamond cavity. NatPhotonics, 2011, 5: 301 – 305.

[22] Buckley B B, Fuchs G D, Bassett L C, et al. Spin-light coherence for single-spin measurement and control in diamond. Science, 2010, 330: 1212 – 1215.

[23] Togan E, Chu Y, Trifonov A S, et al. Quantum entanglement between an optical photon and a solid-state spin qubit. Nature, 2010, 466: 730 – 734.

[24] Fuchs G D, Dobrovitski V V, Toyli D M, et al. Gigahertz dynamics of a Strongly driven single quantum spin. Science, 2009, 326: 1520 – 1522.

[25] Shi F Z, Rong X, Xu N Y, et al. Room-temperature implementation of the Deutsch-Jozsa algorithm with a single electronic spin in diamond. Phys Rev Lett, 2010, 105: 040504.

[26] Neumann P, Mizuochi N, Rempp F, et al. Multipartite entanglement among single spins in diamond. Science, 2008, 320: 1326 – 1329.

[27] Maurer P C, Maze J R, Stanwix P L, et al. Far-field optical imaging and manipulation of individual spins with nanoscale resolution. NatPhys, 2010, 6: 912 – 918.

[28] Neumann P, Kolesov R, Naydenov B, et al. Quantum register based on coupled electron spins in a room-temperature solid. Nat Phys, 2010, 6: 249 – 253.

[29] Zhu X B, Saito S, Kemp A, et al. Coherent coupling of a superconducting flux qubit to an electron spin ensemble in diamond. Nature, 2011, 478: 221 – 224.

[30] Arcizet A, Jacques V, Siria A, et al. A single nitrogen-vacancy defect coupled to a nanomechanical oscillator. Nat Phys, 2011, 7: 879 – 883.

[31] Aharonovich I, Greentree D A, Prawer S. Diamond photonics. Nat Photonics, 2011, 5: 397 – 405.

[32] Gao W B, Yao X C, Cai J M, et al. Experimental measurement-based quantum computing beyond the cluster-state model. Nat Photonics, 2011, 5: 117 – 123.

[33] Cai XD, Weedbrook C., Su Z E, et al. Experimental quantum computing to solve systems of linear equations. Phy Rev Lett, 100, 23051(2013).

[34] Weitenberg C, Endres M, Sherson J F, et al. Single-spin addressing in an atomic Mott insulator. Nature, 2011, 471: 319 – 324.

[35] Jaksch D, Cirac J I, Zoller P. Fast quantum gates for neutral atoms. Phys Rev Lett, 2000, 85: 2208 - 2211.

[36] Holger P. Specht, Andreas Reiserer, Manuel Uphoff, Eden Figueroa, Stephan Ritter& Gerhard Rempe. A single-atom quantum memory. 190 NATURE VOL 473 12 MAY 2011.

[37] Chris Duckett. Scientists produce most stable qubit, largest quantum circuit yet. nature. photonics November 18, 2013.

[38] 美国安局斥巨资研发量子计算机破解加密技术. 网易新闻[引用日期 2014 - 01 - 3].

[39] 美国研发量子计算机欲攻破全球加密技术. 新浪[引用日期 2014 - 01 - 5].

[40] mer B. Classical concepts in quantum programming. Int J Theor Phys, 2005, 44/7: 943 - 955.

[41] Feng Y, Duan R, Ying M. Bisimulation for quantum processes. In: Proceedings of the 38th Annual ACM SIGPLAN-SIGACT Symposium on Principles of Programming Languages. Austin, Texas, USA, 2011. 523 - 534.

[42] Sasaki M, Fujiwara M, Ishizuka H, et al. Field test of quantum key distribution in the Tokyo QKD network. Opt Express, 2011, 19: 10387 - 10409.

[43] Weier H, Krauss H, Rau M, et al. Quantum eavesdropping without interception: An attack exploiting the dead time of single-photon detectors. New J Phys, 2011, 13: 073024.

[44] Fung C H F, Qi B, Tamaki K, et al. Phase-remapping attack in practical quantum-key-distribution systems. Phys Rev A, 2007, 75: 032314.

[45] Li H W, Yin Z Q, Han Z F, et al. Security of practical phase-coding quantum Key distribution. Quant Inf Comput, 2010, 10: 771 - 779.

[46] Li H W, Yin Z Q, Han Z F, et al. Security of quantum key distribution with state-dependent imperfections. Quant Inf Comput, 2011, 11: 937 - 947.

[47] Li H W, Wang S, Huang J Z, et al. Attacking a practical quantum-key-distribution system with wavelength-dependent beam-splitter and multiwavelength sources. Phys Rev A, 2011, 84: 062308.

[48] Wang Y, Shen H, Jin X, et al. Experimental generation of 6 dB continuous variable entanglement from a nondegenerate optical parametric amplifier. Opt Express, 2010, 18: 6149 - 6155.

[49] Lanyon B, Hempel C, Nigg D, et al. Universal digital quantum simulation with trappedions. Science, 2011, 334: 57 - 61.

[50] Zhang D W, Xue Z Y, Yan H, et al. Macroscopic Klein tunneling in spin-orbit-coupled Bose-Einstein condensates. Phys Rev A, 2012, 85: 013628.

[51] Du J, Xu N, eng X, et al. NMR implementation of a molecular hydrogen quantum simulation with adiabatic state preparation. Phys Rev Lett, 2010, 104: 030502.

[52] Lu D, Xu N, Xu R, et al. Simulation of chemical isomerization reaction dynamics on a NMR quantum simulator. Phys Rev Lett, 2011, 107: 020501.

[53] Jing J, Liu C, Zhou Z, et al. Realization of a nonlinear interferometer with parametric amplifiers. Appl Phys Lett, 2011, 99: 011110.

[54] Brida G, Genovese M, Ruo Berchera I. Scanning-probe spectroscopy of semicon-ductor donor molecules. Nat Photonics, 2010, 4: 227 – 233.

[55] Rathe U V, cully M O. Theoretical basis for a new subnatural spectroscopy via correlation interferometry. Lett Math Phys, 1995, 34: 297 – 307.

[56] Boto A N, Kok P, Abrams D S, et al. Quantum interferometric optical litho-graphy: Exploiting entanglement to beat the diffraction limit. Phys Rev Lett, 2000, 85: 2733 – 2736.

[57] Modi K, Paterek T, Son W, et al. Unified view of quantum and classical cor-relations. Phys Rev Lett, 2010, 104: 080501.

[58] Li C F, Xu J S, Xu X Y, et al. Experimental investigation of the entangle-ment assisted entropic uncertainty principle. Nat Phys, 2011, 7: 752 – 756.

[59] Prevedel R, Hamel D R, Colbeck R, et al. Experimental investigation of the uncer-tainty principle in the presence of quantum memory. Nat Phys, 2011, 7: 757 – 761.

[60] Zhao N, Wang Z Y, Liu R B. Anomalous decoherence effect in a quantum bath. Phys Rev Lett, 2011, 106: 217205.

[61] Huang P, Kong X, Zhao N, et al. Observation of an anomalous decoherence effect in a quantum bath at room temperature. Nat Commun, 2011, 2: 1579.

[62] [美]Marco Lanzagorta. 量子雷达. 周万幸,吴鸣亚,胡明春,等译. 北京:电子工业出版社,2013.

[63] 王取泉,程木田,刘绍鼎,等. 基于半导体量子点的量子计算与量子信息. 合肥:中国科学技术大学出版社,2009.

[64] 李承祖,黄明球,陈平形,等. 量子通信和量子计算. 长沙:国防科技大学出版社,2000.

[65] 张永德. 量子信息物理原理. 北京:科学出版社,2006.

[66] 杨伯君. 量子通信基础. 北京:北京邮电大学出版社,2007.

[67] 裴昌幸,朱畅华,聂敏,等. 量子通信. 西安:西安电子科技大学出版社,2013.

[68] Orazag, M. Quantum Optics: Including Reduction, Trapped Ions, Quantum Trajec-tories, and Decoherence(影印版). 北京:科学出版社,2007.

[69] Nielsen M A, Isaac L. Chuang, Quantum Computation and Quantum Information(影印版). 北京:高等教育出版社,2003.

[70] 张镇九,张昭理,李爱民,等. 量子计算与通信加密. 武汉:华中师范大学出版社,2002.

[71] 马瑞霖. 量子密码通信. 北京:科学出版社,2006.

[72] 戴葵,宋辉,刘芸,等. 量子信息技术引论. 长沙:国防科技大学出版社,2001.

[73] 何广平. 通俗量子信息学. 北京:科学出版社,2012.

[74] 陈小余. 量子连续变量系统的信道和纠缠. 北京:科学出版社,2012.

[75] 赵生妹,郑宝玉. 量子信息处理技术. 北京:北京邮电大学出版社,2010.

［76］［日］广田修：光通信理论：量子论基础. 程希望，苗正培，译. 西安，西安电子科技大学出版社，1991.

［77］曾谨言. 量子力学. 北京：科学出版社，2005.

［78］［美］Loepp S，Wootters W K. 信息保护：从经典纠错到量子密码. 吕欣，马智，许亚杰，译. 北京：电子工业出版社，2008.

［79］丛爽. 量子力学系统控制导论. 北京：科学出版社，2006.

［80］许定国. 多态叠加多模叠加态光场等幂次高次压缩特性研究. 西安电子科技大学博士论文，指导教师安毓英教授、杨志勇教授，2005.5.

［81］陈小余等. 量子信道容量研究. 浙江大学博士论文，指导教师仇佩亮教授，2002. 12.

［82］葛家龙等. 量子成像和量子雷达在遥感探测中的发展评述. 中国电子科学研究院学报，2014 年 2 月.

［83］Giralio Chiribella，Quantum replication at the Heisenberg limit，12th Intl. Conference on auantum Measurement and Computting，Nouemher 2 - 6，2014.

［84］Mete Atature，Quantum optics with solid - state spins and photons. 12th Intl. Conference on Quantum Communication，Measurement and Computing. November 2 - 6，2014.